Hugo von Ziemssen

Handbuch der speciellen Pathologie und Therapie

Hugo von Ziemssen

Handbuch der speciellen Pathologie und Therapie

ISBN/EAN: 9783744632621

Hergestellt in Europa, USA, Kanada, Australien, Japan

Cover: Foto ©berggeist007 / pixelio.de

Weitere Bücher finden Sie auf **www.hansebooks.com**

HANDBUCH

der

Speciellen Pathologie und Therapie

bearbeitet von

Prof. Geigel in Würzburg, Dr. Hirt in Breslau, Dr. Merkel in Nürnberg, Prof.
Liebermeister in Tübingen, Prof. Lebert in Vevey, Dr. Haenisch in Greifswald,
Prof. Thomas in Leipzig, Dr. Riegel in Cöln, Dr. Curschmann in Berlin,
Prof. Heubner in Leipzig, Dr. Oertel in München, Prof. Schrötter in Wien, Prof.
Baeumler in Freiburg, Prof. Heller in Kiel, Prof. Bollinger in München, Prof.
Böhm in Dorpat, Prof. Naunyn in Königsberg, Dr. v. Boeck in München, Dr.
Fraenkel in Berlin, Prof. v. Ziemssen in München, weil. Prof. Steiner in Prag,
Dr. A. Steffen in Stettin, Prof. Fraentzel in Berlin, Prof. Jürgensen in Tübingen,
Prof. Hertz in Amsterdam. Prof. Rühle in Bonn, Prof. Rindfleisch in Würz-
burg, Prof. Rosenstein in Leiden, Dr. Bauer in München, Prof. Quincke in
Bern, Prof. Vogel in Dorpat, Prof. E. Wagner in Leipzig, Prof. Zenker in
Erlangen, Prof. Leube in Erlangen, weil. Prof. Wendt in Leipzig, Dr. Leichten-
stern in Tübingen, Prof. Thierfelder in Rostock, Prof. Ponfick in Rostock, Prof.
Schüppel in Tübingen, Prof. Friedreich in Heidelberg, Prof. Mosler in Greifswald,
Prof. Bartels in Kiel, Prof. Ebstein in Göttingen, Prof. Seitz in Giessen, Prof.
Schroeder in Berlin, Prof. Nothnagel in Jena, Prof. Hitzig in Zürich, Prof. Ober-
nier in Bonn, Prof. Kussmaul in Freiburg, Prof. Erb in Heidelberg, Prof.
A. Eulenburg in Greifswald, Prof. Senator in Berlin, Prof. Immermann in Basel,
Dr. Zuelzer in Berlin, Prof. Jolly in Strassburg, Prof. Huguenin in Zürich,
Dr. Birch-Hirschfeld in Dresden

herausgegeben

von

Dr. H. v. Ziemssen,

Professor der klinischen Medicin in München.

ELFTER BAND.

ZWEITE HÄLFTE.

LEIPZIG,

VERLAG VON F. C. W. VOGEL.

1876.

HANDBUCH DER KRANKHEITEN

DES

NERVENSYSTEMS I.

ZWEITE HÄLFTE

VON

Dr. WILHELM ERB,

PROFESSOR AN DER UNIVERSITÄT HEIDELBERG.

KRANKHEITEN DES RÜCKENMARKS.

ERSTE ABTHEILUNG.

MIT 5 HOLZSCHNITTEN.

LEIPZIG,

VERLAG VON F. C. W. VOGEL.

1876.

INHALTSVERZEICHNISS.

Krankheiten des Rückenmarks und seiner Hüllen.

Seite

Einleitung 3

I. ALLGEMEINER THEIL.

I. Anatomische Einleitung 7
  Makroskopische Anatomie des Rückenmarks etc. 7
  Innere Structur des Rückenmarks 13
  Blut- und Lymphgefässe des Rückenmarks 18
  Histologie des R.-M. 19
  Faserverlauf im R.-M. 29

II. Physiologische Einleitung 33
  Sensible Leitung im R.-M. 34
  Motorische Leitung im R.-M. 37
  Coordination der Bewegungen 38
  Vasomotorische Bahnen und Centren 41
  Trophische Bahnen und Centren 44
  Reflexthätigkeit des R.-M. 45
    Sehnenreflexe 47
    Reflexhemmung 51
  Centren und Bahnen für die Innervation der Eingeweide . . 52
    Muskeltonus, Gefässtonus 55
  Auf die Pathologie anwendbare physiologische Lehrsätze . 58
  Functionelle und anatomische Ausgleichung im R.-M. . . . 62

III. Allgemeine Pathologie des Rückenmarks 64
  A. Allgemeine Symptomatologie 65
    1. Störungen der Sensibilität 65
      Verminderung der sensiblen Thätigkeit (Anästhesie) . 66
      Steigerung der sensiblen Thätigkeit 72
    2. Störungen der Motilität 78
      Abnahme der Motilität, Lähmung 78
      Mangelhafte Coordination der Bewegung (Ataxie) 82
      Störung in der Erhaltung des Gleichgewichts etc. . . 93
      Pathologische Gangarten 95
      Steigerung der Motilität, Krampf 96
      Anomale motorische Leitungsgeschwindigkeit 103
      Elektrisches Verhalten der motorischen Apparate . . . 104

	Seite
3. Störungen der Reflexthätigkeit	105
Verminderung der Reflexe	106
Steigerung der Reflexe	107
4. Vasomotorische Störungen	110
5. Trophische Störungen	112
An den Nerven und Muskeln	113
An den Hautgebilden	118
Decubitus	120
An den Knochen und Gelenken	124
Allgemeine Ernährung	126
Verhalten der Körpertemperatur	127
6. Störungen im Harn- und Geschlechtsapparat	129
Störung der Nierensecretion	129
Störungen der Blase und Harnbeschaffenheit	130
Störungen der Harnentleerung (Blasenlähmung)	131
Störungen der Geschlechtsfunction	135
7. Störungen der Verdauung und Stuhlentleerung	137
8. Störungen der Respiration und Circulation	139
9. Störungen der Hirnnerven und des Gehirns	141
Schlussbemerkungen	145
B. Allgemeine Aetiologie	145
Prädisponirende Ursachen	146
Neuropathische Disposition	146
Geschlechtliche Ausschweifungen	147
Ueberanstrengung	150
Lebensalter, Geschlecht, Allgemeinkrankheiten	150
Veranlassende Ursachen	151
Trauma, Compression etc.	151
Erkältung	151
Ueberanstrengung, psychische Einwirkung etc.	152
Intoxication und Infection	153
Reizung peripherer Organe	154
C. Allgemeine Diagnostik	155
IV. Allgemeine Therapie der Rückenmarkskrankheiten	160
Vorbemerkungen	160
1. Physikalische Heilmittel. Aeussere Mittel	162
Kälte	162
Wärme	163
Bäder	164
Thermen	165
Soolbäder	168
Stahl- und Moorbäder	169
Kaltwassercur	171
Seebad und klimatische Curen	174
Elektricität	177
Ihre Wirkungsweise	178
Methoden der Anwendung	181
Blutentziehungen	185
Ableitungsmittel	185
Aeussere Einreibungen	186
2. Chemische Heilmittel. Innere Mittel	187
3. Symptomatische Mittel und Methoden	191
Sedativa, Irritantia etc.	191
Behandlung der Cystitis	192
Behandlung des Decubitus	194
4. Allgemeines Verhalten. Lebensweise	195

II. SPECIELLER THEIL.

Seite

I. Krankheiten der Rückenmarkshäute 198
  1. *Hyperämie der Rückenmarkshäute (und des Rückenmarks selbst)* . . 198
    Aetiologie und Pathogenese 199
    Pathologische Anatomie 201
    Symptomatologie 202
    Diagnose und Prognose 204
    Therapie 206
  2. *Blutungen der Rückenmarkshäute. Meningealapoplexie* . . 207
    Aetiologie und Pathogenese 208
    Pathologische Anatomie 209
    Symptomatologie 210
    Diagnose und Prognose 213
    Therapie 214
  3. *Entzündungen der Dura spinalis. Pachymeningitis. Perimeningitis* . 215
    Einleitung 215
    a. Pachymeningitis spinalis externa 216
      Aetiologie 216
      Pathologische Anatomie 217
      Symptomatologie 218
      Diagnose, Prognose, Therapie 219
    b. Pachymeningitis spinalis interna 220
      Aetiologie, Pathologische Anatomie 220
      Symptomatologie 222
      Diagnose. Therapie 224
  4. *Entzündung der Pia mater und Arachnoides spinalis. Leptomeningitis* 224
    Vorbemerkungen 225
    a. Leptomeningitis spinalis acuta 227
      Aetiologie und Pathogenese 227
      Pathologische Anatomie 230
      Symptomatologie 233
      Verlauf, Dauer, Ausgänge 242
      Diagnose 244
      Prognose 246
      Therapie 247
    b. Leptomeningitis spinalis chronica 251
      Aetiologie 251
      Pathologische Anatomie 252
      Symptomatologie 254
      Verlauf, Dauer, Ausgänge 257
      Diagnose 257
      Prognose und Therapie 258
  5. *Geschwülste der Rückenmarkshäute* 261
    Einleitung 262
    Pathologische Anatomie 263
    Aetiologie und Symptomatologie 267
    Diagnose 273
    Prognose und Therapie 275
    Anhang: Anatomische Veränderungen der Rückenmarks-
      häute ohne klinische Bedeutung 276

II. Krankheiten des Rückenmarks selbst 278
  Einleitung 278
  1. *Hyperämie des Rückenmarks* 280
  2. *Anämie des Rückenmarks* 280
    Pathogenese und Aetiologie 281
    Pathologische Anatomie 284
    Symptomatologie 285
    Diagnose, Prognose, Therapie 288

Seite

3. *Blutungen des Rückenmarks. Hämatomyelie. Spinalapoplexie* . . . 290
   Begriffsbestimmung 291
   Pathogenese und Aetiologie 292
   Pathologische Anatomie 293
   Symptomatologie 296
   Diagnose 301
   Prognose und Therapie 303
4. *Wunden. Quetschung, Zerreissung des Rückenmarks* 305
   Aetiologie 305
   Pathologische Anatomie 307
   Symptomatologie 309
   Verlauf. Dauer. Ausgänge 315
   Diagnose. Prognose 316
   Therapie 317
5. *Langsame Compression des Rückenmarks* 318
   Aetiologie und Pathogenese 319
   Pathologische Anatomie 323
   Symptomatologie 326
   Verlauf. Dauer. Ausgänge 338
   Diagnose 339
   Prognose 340
   Therapie 341
6. *Erschütterung des Rückenmarks. — Commotion* 343
   Einleitung 343
   Aetiologie und Pathogenese 344
   Pathologische Anatomie. Wesen der Krankheit 346
   Symptomatologie 347
   Diagnose 352
   Prognose 354
   Therapie 355
7. *Functionelle Reizung des Rückenmarks — Spinalirritation* . . . 357
   Einleitung 357
   Aetiologie 359
   Symptomatologie 360
      Wesen der Krankheit 364
   Diagnose 365
   Prognose. Therapie 366
8. *Functionelle Schwäche des Rückenmarks. — Neurasthenia spinalis* 368
   Einleitung 369
   Aetiologie 370
   Symptomatologie 372
      Wesen der Krankheit 377
   Diagnose 378
   Prognose 379
   Therapie 380

KRANKHEITEN

DES

RÜCKENMARKS UND SEINER HÜLLEN

VON

PROFESSOR DR. WILHELM ERB.

EINLEITUNG.

Die Lehre von den Krankheiten des Rückenmarks ist gegenwärtig in einer ziemlich rapiden Entwicklung begriffen. Lange Zeit hindurch vernachlässigt und wenig beachtet, finden diese häufigen, wichtigen und interessanten Krankheitsformen gegenwärtig eine vielseitige, eingehende Würdigung und eine nach vielen Richtungen hin fruchtbare Bearbeitung.

Neben dem allgemeinen Aufschwung, welchen die wissenschaftliche Medicin und mit ihr die specielle Pathologie in den letzten Decennien genommen haben, sind es wohl wesentlich drei Momente, welchen ein Hauptantheil an der Entwicklung der Lehre von den Rückenmarkskrankheiten zuzuschreiben ist.

In erster Linie sind hier die Fortschritte zu nennen, welche die experimentelle Physiologie des Rückenmarks in den letzten 2—3 Decennien gemacht hat. Die experimentelle Inangriffnahme dieses Theils des Centralnervensystems hat zu höchst merkwürdigen und wichtigen Resultaten geführt, unter welchen freilich viele noch streitig und zweifelhaft geblieben sind. Das anscheinend einfache Object bot unerwartete und nicht selten unübersteigliche Schwierigkeiten, welche zu immer mehr vertiefter und vervollkommneter Forschung anreizten. Das Resultat ist eine grosse Fülle von Einzelthatsachen, die zum grossen Theil von dem höchsten Werth für die Pathologie sind.

Von ähnlicher Bedeutung sind die verbesserten Methoden der pathologisch-anatomischen Untersuchung für die Lehre von den Rückenmarkskrankheiten gewesen. Dieselben haben, seit wenig mehr als 10 Jahren im Gebrauch und in beständiger Vervollkommnung begriffen, unsere Kenntnisse und unser Verständniss schon sehr erheblich gefördert. Viele Krankheiten hat man

1 *

durch dieselben kennen gelernt, von deren Existenz die frühere,
unvollkommene Untersuchung nichts ahnte; eine früher nicht ge-
kannte Genauigkeit in der Localisation der einzelnen Erkrankungen
ist durch sie möglich geworden; und zahlreiche krankhafte Erscheinungen haben wir durch sie auf bestimmte, locale Veränderungen
im Rückenmark zurückführen lernen.

Zusammen mit der physiologischen Forschung und im Bunde
mit einer verbesserten, nach bewussten Zielen strebenden, klinischen
Untersuchung hat so die pathologisch-histologische Untersuchung
wesentliche Aufklärungen der allgemeinen Pathologie des Rückenmarks vermittelt und zu den interessantesten Aufschlüssen über
pathologische sowohl wie physiologische Vorgänge geführt.

Endlich haben wir noch der Fortschritte der Therapie
zu gedenken, welche dem Interesse für nicht wenige Formen der
Rückenmarkserkrankung neuen Impuls verliehen haben. Die neuere
Zeit hat manche früher für unheilbar gehaltene solche Krankheitsformen heilen lernen und wenigstens die traurige Prognose vieler
derselben in günstiger Weise zu modificiren gewusst. Es ist dies im
Wesentlichen ein Verdienst der Elektrotherapie, welche ja überhaupt
so viel zur Förderung der Pathologie des Nervensystems beigetragen
hat; und auch nicht wenige Fortschritte in der Rückenmarkspathologie
sind an die Namen von Elektrotherapeuten geknüpft. Nicht minder
ist der Balneotherapie, die in neuerer Zeit einen beachtenswerthen
Aufschwung in wissenschaftlicher Beziehung genommen hat, ein Antheil an diesen Fortschritten zuzuschreiben.

Das Gebiet der Rückenmarkskrankheiten ist dadurch nicht bloss
zu einem wissenschaftlich interessanten und höchst anziehenden,
sondern auch zu einem praktisch recht fruchtbaren und wichtigen
geworden, und man kann mit Befriedigung sagen, dass die Fortschritte auf demselben in den letzten Jahren höchst erfreuliche und
erhebliche gewesen sind.

Gleichwohl muss entschieden betont werden, dass wir doch noch
erst im Anfang einer gedeihlichen Entwicklung stehen und dass noch
überaus viel zu thun übrig bleibt.

Wir können uns nicht verhehlen, dass die an sich so reichen
und dankenswerthen Ergebnisse der physiologischen Forschung noch
in vielen und ganz wesentlichen Punkten sehr lückenhaft und unsicher
sind; dass die Resultate oft von Tag zu Tag, mit jeder neuen
Methode und jedem neuen Beobachter wechseln und durchaus nicht
immer jenen Grad von Exactheit und Zuverlässigkeit besitzen, welchen die physiologische Forschung so gern für sich in Anspruch

nimmt. Die ungemein grosse Schwierigkeit des Gegenstandes macht es erklärlich, dass in Vielem vielleicht die Hauptsache noch zu thun bleibt.

Nicht minder ist es sicher, dass die pathologisch-anatomischen Forschungen und Ergebnisse noch in vielen Beziehungen sehr wenig zuverlässig sind, dass sie nur einzelne Punkte bis jetzt in hinreichender Weise aufzuklären vermochten; dass sie über die allgemein pathologische Bedeutung der häufigsten und wichtigsten Krankheitsvorgänge im Rückenmark noch nicht ins Reine kommen konnten. Die Unmöglichkeit, alle Verhältnisse am frischen Rückenmarke genau zu erkennen, die Fehlerquellen und Unsicherheiten, welche der Untersuchung am gehärteten Präparat anhaften, und endlich die unläugbare Thatsache, dass es nicht wenige Rückenmarkskrankheiten und Stadien solcher Krankheiten gibt, über welche uns die pathologisch-anatomische Forschung bis jetzt ohne allen Aufschluss gelassen hat — alles dies nöthigt zu grosser Vorsicht gegenüber jener Anschauung, welche die Rückenmarkskrankheiten jetzt schon vom rein pathologisch-anatomischen Standpunkte aus betrachten will.

Endlich lehrt auch jeder Blick in die Praxis, dass die Therapie der Rückenmarkskrankheiten noch in vieler Beziehung eine trostlose ist. Die vielen verzweifelten Fälle, welche aller und jeder Therapie trotzen, weisen immer aufs Neue und immer eindringlicher darauf hin, wie viel hier noch zu leisten und zu forschen übrig bleibt.

In um so erfreulicherer Weise schreitet aber auch die Arbeit vorwärts. Zahlreiche Forscher beschäftigen sich mit der Physiologie und Pathologie des Rückenmarks, jeder Tag bringt neue Entdeckungen, neue Bereicherung unserer Kenntnisse, Erweiterung und Klärung unserer Anschauungen.

Dass es mitten in dieser drängenden Entwicklung der Lehre überaus schwierig ist, ein Handbuch der Rückenmarkskrankheiten zu schreiben, liegt auf der Hand. Den sich täglich verschiebenden gegenwärtigen Stand unseres Wissens in einigermassen abschliessender und abgerundeter Weise wiederzugeben, ist vielleicht unmöglich; und eine wesentlich dogmatische Darstellung, welche sich von monographischer Breite und vom Eingehen auf die brennenden Streitfragen des Tages möglichst fern zu halten hat, bedarf in jeder Beziehung der Nachsicht.

Es geht wohl aus den vorstehenden Bemerkungen zur Genüge hervor, warum wir den klinischen Standpunkt zur Zeit für den hauptsächlich berechtigten halten. Wir schreiben für den Praktiker, dem

der tägliche Beruf die einzelnen Krankheitsformen vor Augen führt.
Die Einheit und Klarheit des Krankheitsbildes ist für ihn die Hauptsache und das, woran er sich in der Praxis halten kann. Wir haben
deshalb auch auf die klinische Darstellung und ihre möglichst sorgfältige Begründung durch die pathologische Physiologie den Hauptwerth gelegt, ohne dabei der pathologischen Anatomie die ihr gebührende Berücksichtigung zu versagen.

Noch Eins möge hier erwähnt werden. Nach langer und reif-
licher Ueberlegung haben wir uns entschlossen, der speciellen Schilderung der Rückenmarkskrankheiten einen allgemeinen Theil vorausgehen zu lassen, der ziemlich umfangreich geworden, aber wie wir
hoffen, nicht überflüssig und werthlos ist.

Dass wir eine anatomische Einleitung, eine kurze Darstellung
der makroskopischen und mikroskopischen Anatomie des Rückenmarks
und seiner Hüllen und ebenso einen Abriss der Physiologie des
Rückenmarks vorausgeschickt haben, rechtfertigt sich wohl daraus:
dass diese Dinge unerlässlich nothwendig sind zum Verständniss der
Rückenmarkskrankheiten; dass sie dabei dem praktischen Arzte im
Laufe der Zeit grösstentheils entfallen; dass sie aus unter den Praktikern wenig verbreiteten Handbüchern und Zeitschriften mühsam
zusammengesucht werden müssen und dass sie selbst in diesen nicht
immer mit Rücksicht auf die Pathologie und auch nicht immer mit
dem nöthigen Verständniss für dieselbe abgehandelt sind. ·

Eine Darstellung der allgemeinen Symptomatologie der Rückenmarkskrankheiten hielten wir für ganz besonders zweckmässig zum
Verständniss der pathologischen Erscheinungen und zur Ersparung
von Wiederholungen und weitläufigen Auseinandersetzungen im speciellen Theil. Wir haben uns bemüht, gerade diesen Abschnitt mit
Rücksicht auf die physiologische und pathologisch-anatomische Forschung und auf die Ergebnisse der klinischen Beobachtung kurz und
klar zu bearbeiten und dabei besonders auf die noch bestehenden
Lücken in unseren Kenntnissen hinzuweisen.

Endlich schien uns eine Darstellung der allgemeinen Therapie
der Rückenmarkskrankheiten, besonders in Bezug auf die so wichtigen Methoden der Elektrotherapie und Balneotherapie, welche bisher einer zusammenhängenden wissenschaftlichen Darstellung noch
fast völlig entbehren, nicht unerwünscht — wenn auch hier ebenfalls
vielleicht noch unerwartet viele Lücken und Unklarheiten aufzuzeigen
waren.

I.

ALLGEMEINER THEIL.

I. Anatomische Einleitung.

Vgl. Longet, Anat. u. Physiol. des Nervensystems. Deutsch von Hein. 1847.
— Kölliker, Mikroskop. Anatomie. Handbuch der Gewebelehre. 5. Aufl. —
Stilling, Neue Untersuchungen über den Bau des Rückenmarks 1857. —
Bidder und Kupffer, Untersuch. über die Textur des Rückenmarks u. s. w.
1857. — Schröder van d. Kolk, Bau und Function der Medulla spinalis und
oblongata. Braunschweig 1859. — Goll, Denkschr. der med.-chir. Gesellsch des
Cantons Zürich. 1860. — Frommann, Untersuch. über die normale u. pathol.
Anatomie des Rückenmarks. 1864. — Deiters, Untersuch. über Gehirn und
Rückenmark des Menschen u. s. w. 1865. — M. Schultze in Stricker's Handb.
der Gewebelehre. — Gerlach, Ebendaselbst. — Henle, Handb. der Anatomie
III. Bd. 2. Hälfte. — Wundt, Physiologische Psychologie. Leipzig 1874. —
C. Lange, Ueber chron. Rückenmarksentzündung. Kopenhagen 1874. s. Schmidt's
Jahrb. Bd. 168. S. 238. 1875. — Leyden, Klinik der Rückenmarkskrankheiten I.
1874. — Huguenin, Allg. Pathol. der Krankheiten des Nervensystems 1873. —
Boll, Histiologie und Histiogenese der nerv. Centralorgane. Arch. f. Psych. und
Nervenkrankheiten IV. S. 1. 1874. — Schiefferdecker, Beitr. zur Kenntniss
des Faserverlaufs im Rückenmark. Arch. f. mikrosk. Anatomie. X. 1874. und
viele Andere.

Das Rückenmark hängt fast frei und ziemlich leicht beweglich in dem Wirbelcanal.

Eine Beschreibung dieses Wirbelcanals hier zu geben ist
überflüssig. Es mag nur als praktisch wichtig hervorgehoben werden, dass derselbe nur vorn eine durchweg feste und solide, aus den
Wirbelkörpern und den dazwischen liegenden Bandscheiben gebildete
Wand besitzt; dass dagegen seine hintere Wand und seine seitlichen
Wände eine Anzahl von Lücken aufweisen, welche nur durch Bänder
und andere Weichtheile (austretende Nerven, Blutgefässe u. dergl.)
ausgefüllt werden. Die seitlichen Lücken — Zwischenwirbellöcher —
sind längs der ganzen Wirbelsäule vorhanden; die Lücken der hinteren Wand dagegen — die Zwischenwirbelspalten — sind nur an
der Halswirbelsäule (und hier besonders an den zwei obersten Hals-

wirbeln) und dann wieder vom 10. Brustwirbel abwärts besonders
an der Lendenwirbelsäule ausgesprochen. Im grössten Theil der
Brustwirbelsäule dagegen schliessen die sich dachziegelförmig decken-
den Wirbelbögen diese Spalten nach hinten vollständig ab. Es
ergibt sich daraus leicht, in welchen Abschnitten der Wirbelsäule
das Rückenmark (R.-M.) für äussere Einwirkungen, Verletzungen,
Waffen u. dgl. am leichtesten zugänglich ist.

Der Wirbelcanal wird durch das R.-M. und seine Hüllen bei
weitem nicht ausgefüllt; und eben dadurch ist das R.-M. in den am
meisten beweglichen Theilen der Wirbelsäule — im Hals- und Lendentheil — vor nachtheiligem Druck geschützt. Der Wirbelcanal
hat an verschiedenen Stellen verschiedene Weite; am weitesten ist
er in der Hals- und Lendengegend, am engsten innerhalb der Brustwirbelsäule, besonders vom 6.—9. Brustwirbel; auch innerhalb des
Kreuzbeins nimmt seine Weite rasch ab. Die Form seines Querschnitts ist im Brusttheil nahezu die kreisrunde, im Hals- und Lendentheil dagegen mehr in die Breite gezogen und annähernd stumpf-
winklig dreiseitig, mit der Basis nach vorn gerichtet; innerhalb des
Kreuzbeins zeigt der Canal einen halbmondförmigen Querschnitt,
dessen Convexität nach hinten gerichtet ist.

Auch in der Länge bleibt das R.-M. weit hinter dem Rückgratscanal zurück. Die äusserste Spitze des R.-M. (das Ende des Conus
terminalis) liegt vielmehr bei Erwachsenen ungefähr an der Grenze
zwischen 1. und 2. Brustwirbel. Nach Febst[1]) soll hierin ein Unterschied zwischen beiden Geschlechtern vorhanden sein: bei Männern
bilde der untere Rand des ersten, bei Weibern der untere Rand des
zweiten Lendenwirbels die äusserste Grenze des R.-M.

Es ist von nicht unerheblicher praktischer Wichtigkeit, dass
man die verschiedenen Abschnitte des Wirbelcanals leicht von aussen
erkennen und dadurch in vielen Fällen die Localisation krankhafter
Veränderungen genauer bestimmen kann: und zwar durch Palpation
und Abzählen der Dornfortsätze. So erkennt man an der Halswirbelsäule leicht den Dornfortsatz des 2. und jenen des 7. Halswirbels
(Vertebra prominens) und kann von hier aus leicht die Dornfortsätze
der einzelnen Wirbel der Reihe nach palpiren. Weniger leicht und
sicher ist der Dornfortsatz des 12. Brustwirbels an der Insertion der
12. Rippe zu erkennen.

Die Höhlung des Wirbelcanals ist an ihrem grössten Theile ausgekleidet von einem derben Periost, welches die knöchernen Wand-
theile allenthalben überzieht.

1) Centralbl. f. d. med. Wiss. 1874. Nr. 47.

Innerhalb dieses Canals ist das R.-M. zunächst eingehüllt von einem relativ weiten, cylindrischen fibrösen Sack, der Dura mater spinalis. Dieselbe beginnt am Foramen occipitale magnum, mit dessen Rand sie fest verwachsen ist, und endigt, indem sich ihre untere Spitze um das Filum terminale zusammenzieht und sich in dem Periost der Steisswirbel verliert. Die äussere Fläche der Dura hängt nicht fest mit den Wandungen des Wirbelcanals zusammen, sondern wird von denselben durch ein lockeres, feuchtes fettreiches Bindegewebe getrennt, welches die Dura allenthalben in verschiedener Mächtigkeit einhüllt. Die innere Fläche der Dura ist glatt und glänzend, mit einem mehrschichtigen Pflasterepithel bedeckt. Das Neurilemm der den Sack der Dura durchbohrenden Nervenwurzeln verschmilzt mit dem Gewebe derselben.

Die Dura wird aus den Vertebral-, Intercostal- und Lumbalarterien mit arteriellem Blute versorgt; sie gibt ihr venöses Blut an Venen ab, welche in dem lockeren Zellgewebe an der vorderen und hintern Fläche der Dura mächtige Plexus bilden, welche nach aussen mit den äusseren Wirbelplexus in Verbindung stehen. Ausserdem durchziehen reichliche Nervenfasern das Gewebe der Dura sowohl wie das Periost des Wirbelcanals.

Viel enger als von der Dura mater wird das R.-M. von der sog. Gefässhaut, der Pia mater spinalis umkleidet. Dieselbe umhüllt das R.-M. von oben bis unten auf das engste; sie bildet eine genau anschliessende cylindrische Scheide für das R.-M., sie enthält die Gefässe für dasselbe und ist mit seiner Oberfläche überall ziemlich innig verwachsen; sie sendet zahlreiche scheidenartige Fortsätze in das Innere des Marks, welche radiär verlaufend sich vielfach verästeln und sich nach allen Richtungen zwischen den nervösen Elementen des R.-M. verbreiten, ein Gerüst für die Aufnahme dieser Elemente bildend und dem R.-M. die nöthige Festigkeit verleihend; der mächtigste und auch makroskopisch leicht darzustellende von diesen Fortsätzen liegt im Sulcus medianus anterior des R.-M., ein schwächerer im Sulcus posterior; aber von der ganzen innern Peripherie der Pia dringen zahllose feinere Fortsätze in die Substanz des R.-M. ein.

Die Pia mater ist eine bindegewebige Membran von ziemlicher Derbheit und Festigkeit; sie besteht fast nur aus welligem Bindegewebe, ist ungemein gefässreich (ihre Gefässe werden unten zu erwähnen sein, wo von der Blutversorgung des R.-M. die Rede sein wird), auch reich an Nerven, welche aus den hintern Wurzeln stammen. Manchmal, besonders bei älteren Leuten, zeigt die Pia einen

auffallenden Pigmentreichthum, so dass sie leicht grau oder bräunlich tingirt erscheint; das wird am häufigsten am Halstheil wahrgenommen und ist keineswegs immer pathologisch.

Die Pia steht mit der Dura in Verbindung durch eine doppelte
Reihe von (20—23) Zacken von dreieckiger Gestalt, welche mit ihrer
Basis der Pia angeheftet und senkrecht übereinander stehend jeder-
seits längs des Rückenmarks zu einer Reihe angeordnet sind, während
ihre Spitzen sich der Dura inseriren (Ligamentum denticulatum).

Auch die Pia geht in das Filum terminale über und begleitet
dasselbe bis zum Ende des Rückgratcanals, um hier mit der Dura
und dem Periost des Steissbeins zu verschmelzen.

Zwischen Dura und Pia befindet sich aber noch die A r a c h -
n o i d e a.   H e n l e charakterisirt dieselbe als ein ungewöhnlich
lockeres, areoläres, wassersüchtiges Gewebe, welches sich nach aussen
gegen die Dura hin zu einer zusammenhängenden, zarten, resistenten
Schicht verdichtet (e i g e n t l i c h e A r a c h n o i d e a), während es nach
innen unmittelbar in das Gewebe der Pia übergeht. Zwischen der
innern und äussern Verdichtungsschicht (der Pia und der Arachnoidea)
befindet sich also dieses lockere, areoläre Gewebe, welches man wohl
auch passend als s u b a r a c h n o i d e a l e s G e w e b e bezeichnet.

Die Flüssigkeit, welche dieses Gewebe in reichlicher Menge erfüllt, ist von grosser Wichtigkeit und bildet den im Rückgratscanal
enthaltenen Theil der C e r e b r o s p i n a l f l ü s s i g k e i t.

Sie stellt eine klare Flüssigkeit dar, die wenig feste Bestandtheile enthält und auch arm an mikroskopischen Beimengungen erscheint. Ihre Menge beträgt bei Erwachsenen ungefähr 60 Gramm,
schwankt jedoch in ziemlich weiten Grenzen. Sie steht unter einem
gewissen, jedoch mässigen, positiven Druck; sie fliesst ab, wenn man
die Dura ansticht und dabei zugleich die Arachnoidea verletzt.

Die Wirkung dieser Flüssigkeit ist offenbar die, das Rücken-
mark vor mechanischen Insulten sicher zu stellen, dasselbe in einer
Flüssigkeit schwebend und somit unter möglichst gleichmässigem
Druck zu erhalten, vielleicht auch die Circulationsverhältnisse und
den Druck in den Blutgefässen zu regeln. Plötzliches Abfliessen der
Flüssigkeit bei Verletzungen der Dura hat erhebliche Störungen zur
Folge, die aber wohl auf die gleichzeitige Betheiligung des Gehirns
zu beziehen sind.

Die Spinalflüssigkeit ist nicht eine ruhende, sondern befindet
sich, wie neuerdings Q u i n c k e[1]) in exacter Weise nachgewiesen

---

1) Zur Physiologie der Cerebrospinalflüssigkeit. Reichert's und Dubois-
Reymond's Archiv 1572. Heft 2.

hat, beständig in einer doppelten Bewegung: einmal zeigt sie eine
von den Respirationsbewegungen abhängige und geförderte Hin- und
Herbewegung in dem subarachnoidealen Gewebe und zweitens fliesst
sie, nachdem sie von den Blutgefässen unter einem bestimmten
Druck abgesondert wurde, continuirlich auf bestimmten Bahnen in
die Lymphgefässe ab. Diese Bahnen liegen für die Spinalflüssigkeit
grösstentheils in den den Rückgratscanal verlassenden Nervenstämmen.
— Dass diese Bewegungen der Spinalflüssigkeit für die Fortleitung
meningealer Krankheitsprocesse, für die Verschleppung und den
Transport entzündlicher und anderer Krankheitsproducte von nicht
gering zu achtender Bedeutung sein können, liegt auf der Hand.

Das Rückenmark (Medulla spinalis) stellt einen cylindrischen,
im grössten Theil seiner Länge von vorn her etwas abgeplatteten
Strang dar von 35—40 Cm. Länge und nicht überall gleichmässiger
Dicke. Es füllt den Sack der Dura bei weitem nicht aus, wird dagegen von der Pia eng umschlossen. Nach Entfernung der anhän-
genden Nervenwurzeln erkennt man leicht zwei Anschwellungen am
R.-M., die eine im Cervicaltheil desselben — die Halsanschwellung —, die andere im Lumbaltheil — die Lendenanschwellung.
Während der dünnste Theil des R.-M., in der Brustwirbelsäule, ungefähr 10 Mm. queren auf 8 Mm. sagittalen Durchmesser hat, zeigt
die Halsanschwellung 13—14 auf 10 Mm., die Lendenanschwellung
12 auf 9 Mm. Durchmesser. Der Durchmesser des oberen Halstheils
bleibt auf ca. 11—12 Mm.

Das R.-M. beginnt in nicht scharf abzugrenzender Weise am
verlängerten Mark; seine obere Grenze wird am besten dicht über
die Austrittsstelle des ersten Cervicalnervenpaares verlegt und liegt
ungefähr in gleicher Höhe mit dem obern Rand des hintern Bogens
des Atlas. Seine konische Spitze (Conus terminalis) findet sich wie
oben erwähnt am Körper des ersten bis zweiten Lendenwirbels. Die
Lendenanschwellung reicht vom Anfang des Conus terminalis bis
hinauf zum 10. Brustwirbel, die Cervicalanschwellung erstreckt sich
vom 2. Brustwirbel nach oben etwa bis zur Mitte der Halswirbelsäule, zum 4.—3. Halswirbel. Das untere Ende des Conus terminalis setzt sich in das Filum terminale fort, welches bis zum Ende
des Wirbelcanals reicht.

Die Consistenz des R.-M. ist in den einzelnen Fällen eine
etwas verschiedene; im ganz frischen Zustande ist dasselbe ziemlich
zähe und elastisch, leicht zu schneiden; seine Schnittfläche ist dann
glatt, selten über die Ränder vorquellend; einige Zeit nach dem Tode

wird es mehr und mehr weich und zerfliesslich und bietet so der
Untersuchung viel grössere Hindernisse.

Ausser der angegebenen Form bemerkt man an dem R.-M. zunächst eine Anzahl von Furchen, welche von aussen schon eine
Andeutung der innern Construction des R.-M. darbieten.

Auf der etwas abgeplatteten Vorderfläche sieht man von oben
bis unten herabziehen die sog. vordere Längsfurche (vordere
Medianfurche), welche sich zur breiten vorderen Längsspalte (Fissura
longitudin. anterior) vertieft, die in sagittaler Richtung gegen das
Centrum des R.-M. vordringt und einen mächtigen Fortsatz der Pia
einschliesst.

Auf der Hinterfläche zieht sich eine ähnliche Furche von oben
bis unten hinab: die hintere Längsfurche (hintere Medianfurche),
welche sich ebenfalls zu einer hinteren Längsspalte (Fissura longi-
tudinal. posterior) vertieft, welche ebenfalls in sagittaler Richtung
gegen das Centrum des R.-M. eindringt. Auch diese Spalte enthält
einen, jedoch viel schwächeren Fortsatz der Pia mater, der aber mit
den dicht anliegenden Wandungen der Spalte ziemlich innig verwachsen ist.

Beide Fissuren zusammen theilen bis auf eine verhältnissmässig
schmale Brücke (Commissura alba et grisea) das ganze R.-M. in zwei
symmetrische Seitenhälften. Die vordere Fissur ist breiter, aber
weniger tief als die hintere.

Ausser diesen Furchen fallen zunächst die vom R.-M. abgehenden
Nervenwurzeln auf, welche in zwei Längsreihen auf jeder Hälfte
des R.-M. dasselbe verlassen. Die hinteren Wurzelfäden liegen in
einer senkrechten Linie übereinander und bilden eine fast continuirliche Reihe, welche in einem bestimmten Abstande von der hintern
Medianfurche liegt, sich derselben nach unten hin jedoch allmälig
etwas nähert. Entfernt man sämmtliche Wurzelfäden, so bilden ihre
Austrittstellen eine Art von Längsfurche, das ist die hintere Seitenfurche (Sulcus lateralis posterior).

Die vorderen Wurzelfäden dagegen treten nicht in einer einfachen Reihe, sondern zerstreut über einen ungefähr 2 Mm. breiten
Streifen jeder vorderen Markhälfte aus, ebenfalls in bestimmter,
allmälig etwas abnehmender Entfernung von der vorderen Medianfurche. Nach Beseitigung der Wurzelfäden markirt sich dieser
Streifen deutlich und wird als vordere Seitenfurche (Sulcus
lateralis anterior) bezeichnet.

In der oberen Hälfte des Marks taucht dann noch eine weitere
Furche auf, welche ungefähr in der Mitte zwischen der hintern

Median- und der hintern Seitenfurche, der ersteren etwas näher, gelegen ist und als Sulcus intermedius posterior bezeichnet wird.

Diese Furchen werden gewöhnlich zu einer Abgrenzung einzelner das R.-M. zusammensetzender Theile benützt, nämlich zur ungefähren Begrenzung der weissen Substanz; und zwar wird in jeder Seitenhälfte des R.-M. die zwischen vorderer Median- und vorderer Seitenfurche liegende weisse Markmasse als Vorderstrang;

die zwischen der vordern und hintern Seitenfurche liegende Masse als Seitenstrang;

und die zwischen der hintern Seiten- und der hintern Medianfurche befindliche weisse Markmasse als Hinterstrang bezeichnet. Im obern Abschnitt des R.-M. wird dieser Hinterstrang durch den oben erwähnten Sulcus intermed. poster. abermals in zwei Stränge geschieden, welche schon genetisch von einander wohl zu trennen sind (Pierret) und auch in der Pathologie eine ganz besondere Bedeutung beanspruchen: der der hintern Längsspalte anliegende, mediale Theil des Hinterstrangs heisst zarter Strang (Goll'scher Keilstrang, Funiculus gracilis), der der hintern Seitenfurche zunächst anliegende laterale Theil dagegen führt den Namen Keilstrang (Funicul. cuneatus).

Die meisten von diesen Trennungen innerhalb der weissen Markmassen haben etwas mehr oder weniger Willkürliches; die feinere Anatomie des R.-M. kennt nur eine scharfe Trennung durch die beiden Medianfurchen. Pathologische Thatsachen aber berechtigen nicht bloss zu der eben erwähnten weiteren Theilung der Hinterstränge, sondern erlauben auch eine allerdings nicht scharf durchzuführende Scheidung in äussern und innern Vorderstrang, in hintern und vordern Seitenstrang.

Die von den Seitenhälften des R.-M. abgehenden vordern und hintern Nervenwurzeln je einer Seite convergiren miteinander und streben, nachdem sie die Dura durchbohrt haben, den Intervertebrallöchern zu; die hintere Wurzel jedes Spinalnerven schwillt vor dem Eintritt in das betreffende Foram. intervertebr. zu einem Ganglion an (Gangl. spinale), während die dazu gehörige vordere Wurzel an diesem Ganglion vorbeizieht und sich erst nachher mit der hintern zu dem Spinalnerven vereinigt. Da die Abstände der Wurzelursprünge am R.-M. geringer sind, als die Abstände der einzelnen Intervertebrallöcher, so müssen die unteren Wurzeln immer schräger und steiler nach abwärts steigen; von dem Conus terminal. an laufen sie fast parallel in einem Bündel innerhalb des Sackes der Dura mater nach abwärts und bilden so die Cauda equina.

Das ist so ziemlich Alles, was man bei der äussern Betrachtung des R.-M. wahrnimmt.

Um die innere Structur des R.-M. genauer kennen zu lernen, muss man sich vor allen Dingen an die Betrachtung von Querschnitten wenden; sie geben darüber die besten Aufschlüsse und indem man die Ergebnisse der verschiedenen Querschnittsbilder durch das ganze R.-M. in Gedanken zusammenfügt, erhält man erst eine richtige Vorstellung von dem eigenthümlich complicirten, säulenartigen Bau des Marks.

Auf jedem beliebigen Querschnitt des R.-M. erkennt man nun vor Allem eine Scheidung in zwei Substanzen: in eine centrale, in eigenthümlicher (im Allgemeinen die Form eines H darbietender) Weise gestaltete, unregelmässig begrenzte, graue oder grauröthliche Masse — die graue Substanz; und in eine diese nach aussen hin umgebende, periphere weisse Masse, welche die Unregelmässigkeiten der grauen Substanz ausgleicht und dem R.-M. seine cylindrische Form verleibt — die weisse Substanz. Diese letztere wird durch die schon erwähnten Furchen und die abgehenden Nervenwurzeln in die schon genannten Stränge zerlegt, eine Trennung, die aber in den Seitentheilen nur an der Oberfläche deutlich ist und sich nicht scharf in die Masse der weissen Substanz hinein fortsetzt.

Betrachtet man einen Rückenmarksquerschnitt genauer, so entdeckt man in seinem Centrum einen feinen, häufig mit Gewebselementen oder Krankheitsproducten erfüllten Canal, den Canalis centralis. Dieser Canal öffnet sich nach oben in den vierten Ventrikel, am untern Ende des Rückenmarks, in der Spitze des Conus terminalis, erweitert er sich zu einer kleinen Höhle, dem von Krause[1]) neuerdings beschriebenen Ventriculus terminalis, der seinerseits wieder in die Höhlung des Filum terminale übergeht.

Den Centralcanal umgibt zunächst eine unpaare, theils graue, theils weisse Masse, welche die beiden Markhälften mit einander verbindet; der graue Theil dieser Verbindungsbrücke, welcher den Centralcanal enthält, liegt nach hinten und wird als graue oder hintere Commissur bezeichnet; der weisse Theil liegt nach vorn, unmittelbar an die vordere Längsspalte angrenzend und heisst die weisse oder vordere Commissur (s. Fig. 2. r u. q).

Von diesem mittleren Theile aus erstreckt sich nun die graue Substanz in erheblicher Masse und eigenthümlicher Form in jede Markhälfte hinein. Ihr vorderer Theil ist abgerundet und breiter, erstreckt sich gegen den Vorderseitenstrang hin; ihr hinterer Theil

_____

1) Centralbl. f. d. med. Wiss. 1874. Nr. 48.

dagegen ist schmaler und mehr zugespitzt, direct gegen die hintere
Seitenfurche gerichtet; er begrenzt die Hinterstränge nach aussen und
trennt dieselben von den Seitensträngen. Beide
zusammenhängende Theile der grauen Substanz
werden durch eine im Allgemeinen nach aussen
concave Linie mit einander verbunden und begrenzt. Diese Linie wird jedoch an vielen Stellen in unregelmässiger Weise durch vorspringende
graue Massen nach aussen gedrängt und hat
fast auf jedem Querschnitt eine andere Gestalt
(s. Fig. 1).

Den vorderen abgerundeten Theil der grauen
Substanz bezeichnet man als Vorderhorn (oder
besser mit Rücksicht auf die Configuration in
der ganzen Länge des R.-M. als Vordersäule);
den hinteren mehr zugespitzten Theil dagegen
als Hinterhorn oder besser Hintersäule.
Die spätere genauere Betrachtung wird zeigen,
dass die graue Substanz in verschiedener Höhe
des R.-M. eine sehr verschiedene und ungleich-
mässige gewebliche Zusammensetzung darbietet.

Dies zeigt sich schon für die makroskopische
Betrachtung daran, dass die Form des Querschnitts der grauen Substanz in den einzelnen Rückenmarksabschnitten eine äusserst verschiedene ist, wie ein Blick auf Fig. 1 lehrt.

Am kleinsten und am meisten der Form
eines lateinischen H, mit abgerundeten vorderen
und zugespitzten hinteren Schenkeln, ähnlich ist
der Querschnitt im Brusttheil des R.-M. (Fig. 1,
4 u. 5); weit mächtiger und mit kolbig ange-
schwollenen, mehr oder weniger abgerundeten
Hörnern sich zeigend, durch mannigfach geformte
Anlagerungen vermehrt, erscheint er in der Hals-
und Lendenanschwellung (Fig. 1, 2—3, 6—7)
und es unterliegt keinem Zweifel, dass gerade
diese Anschwellungen des R.-M. vorwiegend,
wenn nicht ausschliesslich durch Massenzunahme
der grauen Substanz bedingt sind.

An vielen Stellen des R.-M. geben von den Seitenrändern der
grauen Substanz verschiedene Fortsätze derselben, meist Nervenfaser-

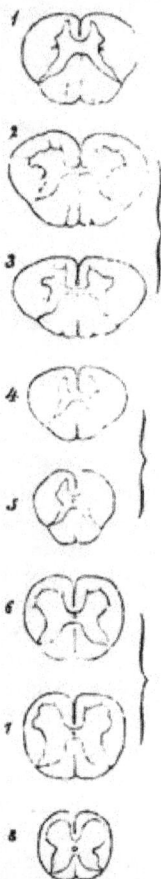

Fig. 1.
Querschnitte aus verschie-
dener Höhe des menschlichen
R.-M. 3/2. — 1. vom obern
Cervicaltheil. 2., 3. von der
Halsanschwellung. 4., 5. vom
Dorsaltheil. 6., 7. von der
Lendenanschwellung. 8. vom
Conus terminalis.

bündel enthaltend, radiär verschieden weit in die weisse Substanz
hinein; diese Fortsätze treten wieder mit einander in Verbindung
und bilden eine Art Netzwerk, welches abgetrennte Partien der
weissen Stränge einschliesst; durch alles dies werden die Grenzen

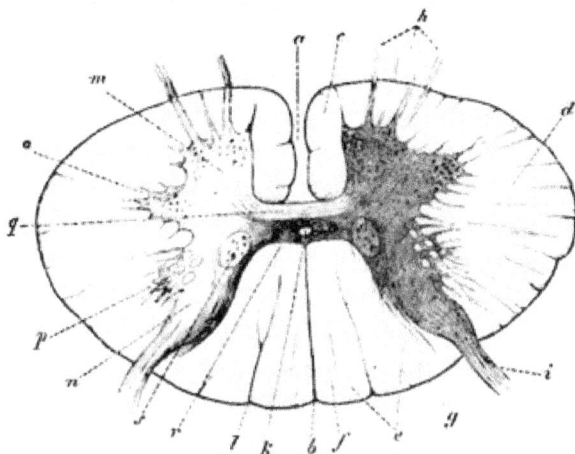

Fig. 2.

Halbschematischer Querschnitt des R.-M. etwa vom untern Ende der Halsanschwellung. 6/1. *a* vordere Längsfurche. *b* hintere Längsfurche. *c* Vorderstrang. *d* Seitenstrang. *e* Hinterstrang. *f* Zarter Strang (Goll'scher Kollstrang). *q* Keilstrang. *h* Vordere Wurzeln. *i* Hintere Wurzeln. *k* Centralcanal. *l* Sulcus intermedius posterior.
m Vordersäule. *n* Hintersäule. *o* Tractus intermedio-lateralis. *p* Processus reticulares.
q Vordere oder weisse Commissur. *r* Hintere oder graue Commissur. *s* Clarke'sche
Säule oder Columna vesicularis.

der grauen Substanz nach aussen sehr uneben und zackig. Diese
grauen Faserbündel bezeichnet man als Processus reticulares.
Sie finden sich am ausgesprochensten an der Grenze zwischen
Vorder- und Hintersäule (Fig. 2*p*). Im Cervical- und oberen Dorsaltheil des Marks ragt vor diesen Process. reticulares ein dreiseitig-
prismatischer Fortsatz von der Basis der Vordersäule in den Seitenstrang herein, den man als Tractus intermedio-lateralis bezeichnet hat (Fig. 2*o*).

Ein genaues Bild über diese Formen erhält man nur durch
wiederholte Betrachtung guter, vom gehärteten R.-M. entnommener,
Querschnitte bei verschiedener Vergrösserung.

Alle Unebenheiten, Einkerbungen, Lücken in dem Contur der
grauen Substanz werden nun in gleichmässiger Weise ausgefüllt
durch die weisse Substanz, welche mantelartig in verschiedener
Mächtigkeit die graue Substanz umgibt und die nach aussen hin

mehr oder weniger abgerundete, cylindrische Form des R.-M. bedingt. Die Masse der weissen Substanz nimmt von unten nach oben allmälig, aber deutlich zu (Gerlach); sie schwindet beim Uebergang in das Filum terminale gänzlich.

Die weisse Substanz ist durchzogen von zahlreichen, radiär stehenden, feinen und feineren Septis und wird durchsetzt von den die graue Substanz ebenfalls in radiärer Richtung verlassenden, gegen die Rückenmarksoberfläche strebenden Nervenwurzeln. Die Septa stehen durch zahlreiche Verzweigungen mit einander in Verbindung und theilen dadurch die weisse Substanz in zahllose grössere und kleinere rhombische Felder, in welche die Nervenfasern der weissen Substanz eingelagert sind. Die Septa und Septula stellen so ein feines und vielverzweigtes Netzwerk dar, welches die Gefässe des R.-M. enthält und die Nervenfasern einschliesst.

Ganz nach aussen, unmittelbar unter der Pia, ist aber die weisse Substanz noch einmal umgeben von einer ganz feinen Schichte grauer Substanz. Dieselbe umgibt die weisse Substanz wie ein dünner Ueberzug, begleitet auch die Piafortsätze, welche in das R.-M. eindringen und grenzt die eigentlichen Nervenbündel von diesen Septis ab; sie sendet zahlreiche Fortsätze aus, welche von diesen Septis her zwischen die einzelnen Nervenfasern eindringen und dieselben allseitig einhüllen. Es geht aus der feineren histologischen Zusammensetzung dieser Substanz hervor und wird wohl von den meisten neueren Forschern als zweifellos angesehen, dass dieselbe, wenn nicht ausschliesslich, so doch zum weitaus grössten Theil der Bindesubstanz des R.-M. (Neuroglia) zuzurechnen ist.

Setzt man sich nun in Gedanken die einzelnen Querschnitte mit ihren Bildern alle zusammen, so erhält man folgende plastische An-schauung von dem Bau des Rückenmarks:

Der Kern desselben wird gebildet von einer das ganze R.-M. durchziehenden Säule von grauer Substanz. Dieselbe kann annähernd verglichen werden mit einer cannelirten Säule von etwas unregelmässiger Form, die in ihrem Centrum von einem feinen Canal durchbohrt ist, vier Hauptkanten und vier dazwischen liegende Rinnen zeigt. Diese Säule ist dünn und schlank in der ganzen Länge des Dorsalmarks, sie wird mächtiger und dicker durch Auflagerung neuer Massen im Hals- und Lendenmark.

Ihre vorderen Kanten sind mehr abgerundet, breit, massiger, das sind die Vordersäulen; ihre hinteren Kanten sind mehr zugeschärft, schlanker, schmäler, das sind die Hintersäulen. Von jeder der vier Kanten gehen als franzenförmige Anhänge die Nervenwurzeln ab.

Von den 4 Rinnen sind die vorderen und hinteren tiefer, glatter,
regelmässiger geformt; die beiden seitlichen dagegen sind flacher,
unregelmässiger: überall ist durch Auflagerung grauer Massen, durch
Vorsprünge und Höcker, die sich an der Säule finden, ihr Grund
unregelmässig geworden; sie sind auf ganze Strecken zum Theil
ausgefüllt, da und dort springt eine Längsleiste in dieselben vor.

In diese Rinnen nun ist die weisse Substanz gleichsam hinein
gepresst, ähnlich wie wenn eine weiche Thonmasse zur Ausfüllung
der Rinnen einer cannelirten Säule verwendet wäre, um ihre Lücken
und Unebenheiten auszufüllen. Indem diese weissen Ausfüllungs-
massen nach aussen abgerundet sind, ergänzen sie die centrale
kantige Säule zu einer runden. Man kann sich auch denken, dass
die weisse Substanz in Form von langgezogenen Bändern (Strängen),
welche genau in die vorhandenen Lücken und Räume passen, in die
Rinnen der centralen grauen Säule eingelegt seien.

Das Ganze ist dann noch umhüllt von einem feinen grauen
Mantel, der ebenso wie die Pia die ganze Säule fest umschliesst.

Blut- und Lymphgefässe des Rückenmarks. Das Gewebe des R.-M. ist reich an **Blutgefässen**, besonders in der
grauen Substanz findet sich ein reiches Capillarnetz. Alle diese
Gefässe stammen aus der Pia; sie treten mit den Fortsätzen derselben in das R.-M. ein und verästeln sich mit diesen, indem sie reichliche Capillaren in die graue und weisse Substanz aussenden.

Die Arterien der Pia stammen aus den Artt. vertebrales. Jede
Vertebralis gibt eine vordere und eine hintere Arter. spinalis ab.
Die beiden vorderen Arteriae spinales vereinigen sich zu einem
unpaaren Stämmchen, welches längs der ganzen Vorderfläche des
R.-M., ohne an Kaliber merklich abzunehmen, herabläuft bis zum
Conus terminalis; diese unpaare Arterie erhält Verstärkungen in der
Höhe jedes Nervenwurzelpaares durch kleine Arterien, welche aus
den Intercostales und Lumbales stammen und mit den Nervenwurzeln
durch die Intervertebrallöcher eintreten; auf der anderen Seite ent-
sendet sie zahlreiche feine Zweige in die Pia und das R.-M., endlich
gibt sie unten zwei Anastomosen mit den Art. spinales poster. ab.
Diese letzteren laufen beiderseits unter den hintern Wurzeln herab
und erhalten regelmässig mit jedem Nervenpaar feine Verbindungsästchen von den Intercostalarterien und geben zahlreiche feine Zweige
zu der Pia und dem R.-M. ab.

Es erscheint sonach nicht zweifelhaft, dass es nächst den Vertebralarterien besonders die Intercostalarterien sind, welche die Pia
und das R.-M. mit Blut versorgen.

Die Capillaren des R.-M. ergiessen ihr Blut zunächst in zwei centrale Venenstämmchen, welche beiderseits neben dem Centralcanal innerhalb der grauen Commissur liegen (Fig. 2) und durch die ganze Länge des R.-M. verlaufen. Sie geben durch zahlreiche horizontale Verbindungsästchen ihr Blut an die äusseren Venen des R.-M. ab; von diesen ist die grösste und wichtigste die Vena mediana spinal. anter., welche durch die ganze Höhe des R.-M. in der vorderen Medianfurche hinter der Art. spin. anter. verläuft. Längs der hintern Medianfurche herab verläuft die Vena median. spin. poster., welche nach unten zu allmälig stärker wird. Zahlreiche Venennetze, welche nach abwärts ebenfalls an Kaliber zunehmen, verbinden diese äusseren Venen mit einander. Diese geben ihr Blut durch mit den Nervenwurzeln verlaufende und die Dura durchbohrende Aeste an die mächtigen Plexus spinales ab, welche in dem die Dura umgebenden lockeren Fettgewebe liegen und mit den äusseren Wirbelplexus u. s. w. anastomosiren.

Ueber die Lymphbahnen innerhalb des R.-M. ist nicht viel Genaues bekannt. Die von His zuerst genauer beschriebenen perivasculären Lymphbahnen (über welche später Boll und neuerdings Adler weitergehende Angaben gemacht haben — s. Archiv für Psychiatr. u. Nervenkr. Bd. IV. u. V.) sollen auch im R.-M. vorhanden sein. Sie stehen in Verbindung mit einem zwischen der Pia und dem R.-M. gelegenen grösseren Lymphraum, aus welchem die Lymphe durch die in der Pia gelegenen Lymphgefässe abgeführt wird. Nach Schwalbe ist auch der Subarachnoidealraum ein Lymphraum, der jedoch mit den perivasculären Lymphbahnen des R.-M. nicht in directer Verbindung steht.

Feinerer histologischer Bau des Rückenmarks. Das R.-M. setzt sich zusammen aus sehr verschiedenen Gewebselementen, für deren genauere histologische Beschreibung wir auf die Handbücher der Histologie verweisen; speciell über die feinere Structur der so wichtigen nervösen Elemente vergl. man den Aufsatz von M. Schultze in „Stricker's Handbuch der Lehre von den Geweben". Hier kann nur Einzelnes flüchtig angedeutet werden.

Von Nervenfasern kommen im R.-M. sowohl markhaltige wie marklose vor. Allen diesen Fasern fehlt die Schwann'sche Scheide vollständig, oder sie ist wenigstens durch die bisherigen Untersuchungsmethoden nicht nachzuweisen gewesen. Die markhaltigen Fasern bilden die grösste Masse der weissen Substanz und der vorderen Commissur; es kommen Fasern von sehr verschiedener

Dicke vor; die dicksten finden sich in den Vordersträngen; ausschliesslich feine Fasern enthalten die zarten Stränge. An allen ist auf Querschnitten der Axencylinder deutlich zu sehen und steht sein Durchmesser ungefähr im Verhältniss zum Durchmesser der Markscheide. Die allerfeinsten markhaltigen Fasern finden sich in der grauen Substanz und bilden einen überwiegenden Bestandtheil derselben. Sie durchziehen die graue Substanz nach den verschiedensten Richtungen, theils in Bündeln, theils isolirt; sie theilen sich vielfach. Die marklosen Nervenfasern, nackten Axencylindern analog, kommen ausschliesslich in der grauen Substanz vor und verästeln sich darin in sehr ausgedehnter Weise; ihre feinsten Verzweigungen treten endlich zu engmaschigen Netzen zusammen, welche neben den Ganglienzellen für die graue Substanz besonders charakteristisch sind (Gerlach). Ausserdem durchziehen aber auch einzelne Bündel stärkerer markhaltiger Fasern kurze Strecken der grauen Substanz, von den Nervenwurzeln stammend.

Die zelligen nervösen Elemente, die Ganglienzellen, finden sich fast ausschliesslich in der grauen Substanz und bilden den zumeist in die Augen fallenden Gewebsbestandtheil derselben; nur vereinzelt und fast nur in unmittelbarer Nähe der grauen Substanz finden sich Ganglienzellen auch in den weissen Strängen.

Sie stellen relativ grosse, zum Theil mit blossem Auge schon sichtbare, hüllenlose, multipolare Zellenkörper dar, welche einen grossen Kern mit deutlichem, glänzendem Kernkörperchen besitzen und meist auch eine Anhäufung von Pigmentkörperchen einschliessen. Sie zeichnen sich durch ihre zahlreichen, vielstrahligen Fortsätze aus, welche fast alle reichliche Verästelungen darbieten (Protoplasmafortsätze), während ein einziger darunter (Nervenfortsatz) glatt und ungetheilt bleibt und nach kürzerem oder längerem Verlauf sich mit einer Markscheide umgibt und zu einer markhaltigen Nervenfaser wird. Dieser ungetheilte Fortsatz wird deshalb auch als Axencylinderfortsatz bezeichnet.

Nach Gerlach besitzen nicht alle Ganglienzellen einen Nervenfortsatz, sondern manche von ihnen stehen nur durch ihre vielfach verästelten Protoplasmafortsätze mit dem feinen Nervenfasernetz in Verbindung; und zwar sollen dies besonders die in den Hinterhörnern vorkommenden kleineren Formen der Ganglienzellen sein. Diese Zellen ständen also nur durch das Zwischenglied des feinen Nervenfasernetzes mit Nervenfasern in Verbindung. Boll hält jedoch die Existenz dieser Art Ganglienzellen für noch nicht hinreichend sicher gestellt.

Die Grösse der im R.-M. vorhandenen Ganglienzellen ist ebenso wie ihre Form eine äusserst verschiedene. Man findet kleine, mitt-

lere und grosse. Weitaus die grössten von hervorragend vielstrahliger Form finden sich in den Vordersäulen, die kleinsten und mehr
spindelförmigen ·in den Hintersäulen; solche von mittlerer Grösse
und mehr rundlicher Form in den sog. Clarke'schen Säulen.

Sie finden sich in Gruppen und Haufen beisammenliegend, in
verschiedenen Partien der grauen Substanz durch längere Strecken
des R.-M. förmliche Zellensäulen bildend; besonders reichlich und
in bestimmter Vertheilung finden sie sich in den grauen Vordersäulen, während sie in den Hintersäulen nur spärlich und in ganz
unregelmässiger Weise zerstreut vorkommen.

Man hat vielfach den Versuch gemacht, die Form und Grösse
der Ganglienzellen in nähere Beziehung zu ihrer Function zu bringen.
Jakubowitch hat es zuerst bestimmt ausgesprochen, dass die grossen vielstrahligen Ganglienzellen der Vordersäulen motorische Zellen
seien, während die kleineren als sensible, die kleinsten spindelförmigen als sympathische (vasomotorische) zu betrachten wären. Andere
Forscher haben ähnliche Aufstellungen gemacht und besonders hat
man in neuerer Zeit auf Grund pathologischer Thatsachen, den Ganglienzellen auch trophische Wirkungen zugeschrieben. Von allem diesem
scheint nur soviel sicher, dass die grossen vielstrahligen Ganglienzellen
der Vordersäulen mit den motorischen Apparaten in den innigsten
Beziehungen stehen; welches aber diese Beziehungen sind und wie sie
sich etwa in der Form und Grösse der Zellen, in ihrer Lagerung und
Gruppirung documentiren, ist noch völlig unbekannt; ebenso ist über
die Existenz, die Lage, Form und Grösse etwaiger „sensibler", „vasomotorischer", „trophischer", „reflectorischer", „automatischer" Ganglienzellen durchaus nichts Sicheres bekannt, obgleich manche in der letzten Zeit gesammelte pathologische Thatsachen wenigstens einen leisen
Anfang zur Lösung dieser Probleme zu bringen scheinen.

Die nervösen Fasern und Zellen, die ohne Zweifel wichtigsten
histologischen Bestandtheile des R.-M., sind eingehüllt in eine bindegewebige Grundsubstanz, die sog. Neuroglia, welche dem R.-M.
Stütze und Festigkeit verleiht. Diese Bindesubstanz dringt von der
Pia aus in zahlreichen, radiär gestellten Septis in das R.-M. ein,
welche die Gefässe enthalten, sich sehr vielfach verästeln und
schliesslich ein sehr feines Maschenwerk bilden, in welches die nervösen Elemente eingebettet sind. Die graue Rindenschichte und der
grösste Theil des von ihr ausgehenden Balkennetzes, ein grosser
Theil der grauen Substanz (besonders das, was man gewöhnlich
als Substantia gelatinosa bezeichnet), ebenso wie das ganze Stütz-
gewebe der weissen Substanz werden von dieser Neuroglia gebildet.
Ueber ihre feinere histologische Beschaffenheit sind die Meinungen
der competentesten Autoren (Kölliker, Frommann, Gerlach,

Henle, Boll, Ranvier, C. Lange u. A.) noch getheilt, da die
Schwierigkeiten der Untersuchung dieses Gewebes sehr erhebliche
sind. Darüber sind alle Beobachter einig, dass die Neuroglia hauptsächlich aus einem sehr dichten Netz aufs innigste mit einander
verflochtener allerfeinster Fasern besteht, welches in einer mehr oder
weniger reichlichen feinkörnigen Grundsubstanz eingelagert ist und
zahlreiche Kerne, Körner, zellige Elemente enthält. Aber über die
Deutung und genauere Charakterisirung dieser Fasern und Zellen
wird noch lebhaft gestritten. Die Einen halten die Fasern für elasti-
scher Natur (Gerlach), Andere mehr für bindegewebiger Art
(Henle, Ranvier), Andere für Zellenausläufer (Kölliker, Boll,
C. Lange) und ebenso sind die Meinungen über die Deutung der
zwischengelagerten zelligen und kernähnlichen Gebilde verschieden.

Boll hat in neuester Zeit eine genaue, von den früheren Dar-
stellungen abweichende Schilderung der Neuroglia gegeben. Er
findet als einzigen und hauptsächlichen Bestandtheil derselben multipolare Bindegewebszellen, die sich aus zahllosen feinen, nicht verästelten Fortsätzen und einem Kern zusammensetzen. Diese Zellen
umhüllen scheidenartig die Gefässe in den Septulis, zweigen sich
dann von diesen ab und bilden schliesslich allein die Septula, welche
die einzelnen Nervenfasern und Nervenfasergruppen einhüllen (ähnlich etwa wie ein feines Korbgeflecht eingeschobene Stäbe umhüllt,
oder wie wenn man die gespreizten Finger beider Hände so in einander schiebt, dass sie eine Scheidewand bilden). Die so eigenthümlich gestalteten Zellen, welche sich besonders durch ihre zahlreichen,
unverästelten Fortsätze charakterisiren, werden als Deiters'sche
Zellen oder auch als Spinnenzellen (Jastrowitz) bezeichnet
und sind besonders am pathologisch veränderten R.-M. häufig leicht
zu sehen. Zwischen ihren Fortsätzen ist eine körnige interfibrilläre
Substanz in geringer Menge enthalten; ihre Kerne sind nach Boll
das, was Henle als Körner bezeichnet. Eine im Wesentlichen
ähnliche Beschreibung von der Neuroglia gibt C. Lange[1]).

Dagegen hat Ranvier in allerneuester Zeit wieder eine Darstellung geliefert, nach welcher sich das Bindegewebe des R.-M.
genau in derselben Weise verhalten solle, wie das interstitielle
Bindegewebe der peripherischen Nerven. Es soll aus zahlreichen
feinen, nicht anastomosirenden, aber sich vielfach kreuzenden, bindegewebigen Fibrillenbündeln bestehen, an deren Kreuzungstellen platte,

---

1) s. Virchow-Hirsch's Jahresbericht pro 1873. Bd. II. S. 76 und Schmidt's
Jahrbuch. Bd. 168. S. 239. 1875.

kernhaltige Bindegewebszellen liegen[1]). Wir haben diese schwierigen histologischen Fragen hier nicht zu entscheiden; es genügt zu wissen, dass das ganze R.-M. in seiner weissen und grauen Substanz durchzogen ist von einem feinmaschigen Bindegewebsgerüste, welches hauptsächlich aus feinen Fibrillen mit eingelagerten zahlreichen Kernen besteht und die nervösen Fasern und Zellen aufs innigste umlagert.

Wenn sich die Boll'sche Anschauung als richtig erweisen sollte, würden dann doch die so unklaren Henle'schen „Körner" endlich ihre richtige Deutung erhalten; man hat dieselben in der verschiedensten Weise aufgefasst: als junge Bindegewebszellen, sogar als junge Nervenzellen, als Lymphzellen und als eingewanderte farblose Blutkörperchen von hoffnungsvoller Zukunft u. s. w. Es kann aber nicht verschwiegen werden, dass man im R.-M. nicht wenigen zellen- und kernähnlichen Gebilden begegnet, über deren genauere Deutung man nicht leicht ins Reine kommt.

Die Anordnung der histologischen Elemente des Rückenmarks ist eine äusserst complicirte und es hält ungemein schwer, dieselbe in allen Details und an allen Stellen des R.-M. richtig zu erkennen.

Verhältnissmässig sehr einfach ist der Bau der weissen Stränge. Sie enthalten das Bindegewebsgerüste in seiner einfachsten und am leichtesten zu überblickenden Form; es setzt sich aus der Neuroglia mit den von ihr eingeschlossenen Gefässen zusammen, enthält einzelne multipolare Ganglienzellen und umschliesst mit seinen Maschen die Nervenfasern, theils einzeln, theils zu mehreren in kleinen Bündeln beisammenliegend (Fig. 3).

Weitaus die Mehrzahl dieser Fasern verläuft mit der Längsaxe des R.-M. parallel, deshalb erscheinen auf Querschnitten die Fasern fast alle nur mit ihrem bekannten charakteristischen Querschnittsbild. Keineswegs jedoch halten alle die Längsbündel unter einander eine genau parallele Richtung ein; sie weichen vielfach

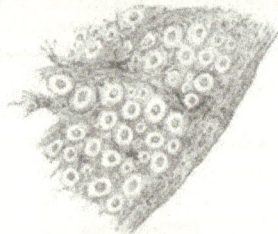

Fig. 3.

Ein Stückchen vom Querschnitt der weissen Substanz eines Seitenstranges. Neuroglia mit eingelagerten Deiters'schen Zellen umgibt die quer durchschnittenen, mit deutlichen Axencylindern versehenen Nervenfasern. 320 l.

von derselben etwas ab, kreuzen sich hie und da unter spitzen Winkeln, verflechten sich manchmal unter einander, oder sie rücken

1) s. Centrall-l. f. d. med. Wiss. 1874. Nr. 31.

auf dem Querschnitt allmälig mehr nach vorn oder nach hinten, der Peripherie oder dem Centrum des R.-M. sich zuneigend.

Eine gewisse Anzahl von Fasern verläuft aber quer durch die weissen Stränge, in mehr oder weniger vollkommen horizontaler Richtung. So besonders die eintretenden Wurzelfasern, welche man in breiten Bündeln in der Ebene des Querschnitts oder nur wenig von derselben abweichend verlaufen sieht. Sie streben von der Rinde her gegen die grauen Säulen hin in mehr oder weniger directer Richtung. Die vorderen Wurzeln erreichen die grauen Vordersäulen meist in kürzester und geradester Richtung, während die hinteren Wurzeln nach ihrem Eintritt in das R.-M. zahlreiche Verflechtungen ihrer einzelnen Faserbündel erkennen lassen und sich erst nach gewundenem und unregelmässigem Verlauf in die grauen Hintersäulen einsenken. — In horizontaler Richtung verlaufen auch die Fasern der weissen Commissur.

Endlich gibt es aber in den weissen Strängen auch noch einzelne schräg verlaufende Fasern und Faserbündel. Es sind das theils Wurzelfasern, welche nicht direct horizontal nach der grauen Substanz hin verlaufen, sondern erst eine Strecke weit in der weissen Substanz schräg auf- oder abwärts verlaufen, um dann erst in die graue Substanz abzubiegen; theils sind es Fasern, welche aus der grauen Substanz kommend aus der horizontalen in die verticale Richtung umbiegen: besonders massenhaft beobachtet man dies Verhalten an der Berührungsfläche der Seitenstränge mit der grauen Substanz; da treten reichliche Faserbündel aus der grauen Substanz aus, um in den Seitensträngen nach oben umzubiegen. Dagegen ist es zweifelhaft, obgleich neuerdings wieder behauptet, ob Wurzelfasern in den weissen Strängen direct nach oben verlaufen, ohne vorher die graue Substanz passirt zu haben; es wird von einzelnen Faserbündeln der hintern Wurzeln dies angegeben.

Erheblich complicirter und bis jetzt auch noch nicht in annähernd befriedigender Weise erforscht ist der Bau der grauen Säulen. Man unterscheidet in denselben gewöhnlich zweierlei graue Substanzen, die sich schon makroskopisch deutlich erkennen und trennen lassen, nämlich die spongiöse und die gelatinöse Substanz. Ihre Vertheilung auf dem Querschnitt der grauen Säulen ist eine sehr ungleiche. Die spongiöse Substanz bildet die Hauptmasse der grauen Säulen, während die gelatinöse Substanz nur die Spitze der Hintersäule als ein mantelartiger, halbmondförmiger, mehr oder weniger mächtiger Ueberzug umgibt (Rolando'sche Substanz); ausserdem umschliesst sie in einer mässig dicken Schichte den

Centralcanal. Als eine besondere Formation der grauen Substanz wurde auch vielfach eine an der Grenze zwischen Vorder- und Hintersäule, seitlich von der hinteren Commissur und dicht an der Spitze des weissen Hinterstrangs gelegene, prismatische Säule betrachtet: die Columna vesicularis, jetzt meistens als Clarke'sche Säule bezeichnet (Fig. 2 s). Diese an Ganglienzellen reiche Formation findet sich nur im Brusttheil des R.-M., beginnt im obern Ende der Lumbalanschwellung und endigt in der untern Partie der Cervicalanschwellung.

Die genauere Untersuchung lässt erkennen, dass die gelatinöse Substanz wohl hauptsächlich dem Neurogliagewebe zugehört: sie besteht aus der beschriebenen feinkörnigen, hier aber von spärlichen feinsten Bindegewebsfasern durchwebten Grundsubstanz und enthält auffallend zahlreiche Kerne (Gliazellen). Sie wird durchzogen von vielen Bündeln feiner Nervenfasern, welche sanft gekrümmt in verschieden gerichteten Bogen in der Richtung von hinten nach vorn verlaufen. Diese Faserbündel entstammen theils den hinteren Wurzelbündeln, theils den Hintersträngen und wohl auch den Seitensträngen. Ausserdem wird aber die gelatinöse Substanz noch durchsetzt von verticalen (der Längsaxe des R.-M. parallelen) Faserbündeln, die besonders im Lendenmark deutlich sind und vorwiegend die Mitte und die vordern Theile der gelatinösen Substanz einnehmen. Grössere Nervenzellen sind darin nur spärlich aufzufinden; auch soll das von Gerlach aufgefundene feine Nervenfasernetz darin fehlen.

Weit verwickelter ist der Bau der spongiösen Substanz. Dieselbe besteht aus einem anscheinend unentwirrbaren Gemisch von feinen Fasern und Faserbündeln, welche sich nach den verschiedensten Richtungen durchkreuzen, in feine Fasernetze auflösen, um sich aus diesen wieder in Faserbündel zu sammeln, und dabei zahlreiche, in bestimmten Gruppen angeordnete, vielstrahlige Ganglienzellen einschliessen. Gerade in der Spongiosa verästeln sich die feinen Nervenfasern wiederholt und ihre Verästelungen treten dann zu einem äusserst feinmaschigen Nervenfasernetz zusammen, welches Gerlach entdeckt hat. In ganz ähnlicher Weise bilden die Protoplasmafortsätze der vielstrahligen Ganglienzellen und ihre feinsten Verästelungen ebenfalls ein feinmaschiges Netzwerk und es ist im höchsten Grade wahrscheinlich, wenn auch durch die directe Beobachtung noch nicht sicher erwiesen, dass die feinen Nervenfaserbündel und die Ganglienzellen eben durch dieses Nervenfasernetz zahllose Verbindungen untereinander eingehen.

Boll hat die Gerlach'sche Entdeckung in allen Punkten bestätigt und dessen Angaben noch dahin erweitert, dass dieses feine
Nervenfasernetz nicht bloss durch die ganze graue Substanz verbreitet
sei, sondern auch durch die Septa der weissen Substanz hindurch bis
in die graue Rindenschicht hinein verfolgt werden könnte. Es würde
daraus eine Verbreitung dieses merkwürdigen und wichtigen Nervenfasernetzes über den ganzen Querschnitt des R.-M. resultiren.

Schiefferdecker hat neuerlichst versucht, das unglaubliche
Gewirr der Nervenfaserbündel in der grauen Substanz etwas genauer
zu verfolgen und die Verlaufsweise der Hauptzüge derselben festzustellen. Das wichtigste — physiologisch wie praktisch gleich schwer
zu verwerthende — Ergebniss dieser Untersuchungen ist, dass so
zu sagen alle Theile der grauen (und zum Theil auch der weissen)
Substanz untereinander in die vielseitigste und mannigfaltigste Verbindung gesetzt sind, durch Vermittelung der verschiedenen Nerven-
fasernetze: die eintretenden Nervenwurzeln treten mit allen vorhandenen Ganglienzellengruppen in Verbindung, diese werden unter sich
durch eigene Faserzüge in Verbindung gesetzt, sie entsenden Faserbündel nach den weissen Strängen, und alle Theile stehen durch die
Commissuren wieder mit allen Theilen der andern Rückenmarkshälfte
in Verbindung, und endlich werden auch höher und tiefer gelegene
Rückenmarksabschnitte durch vertical verlaufende Fasern miteinander
in Verbindung gesetzt.

Die Spongiosa wird an vielen Stellen durchsetzt von vertical
aufstrebenden Faserbündeln; dies ist besonders an der Grenze gegen
die weisse Substanz hin der Fall, und es handelt sich hier um Faserbündel, welche sich auf kurze Strecken von den übrigen Bündeln
der weissen Stränge loslösen, in die graue Substanz eindringen, um
sich dann wieder an die weissen Stränge anzulegen. Am ausgebil-
detsten ist dies Verhalten an den Processus reticulares. — Auch die
soeben erwähnten Längscommissuren in der grauen Substanz erscheinen
auf dem Querschnitt als vertical stehende Faserbündel.

Von hohem Interesse sind die in der grauen Substanz vorhandenen Ganglienzellengruppen, die in den Vorder- und Hintersäulen in verschiedener Zahl und Verbreitungsweise vorhanden sind.
Sie lassen sich auf Quer- und Längsschnitten in vortrefflicher Weise
übersehen mit ihren Fortsätzen und deren Verästelungen: es ist durch
wiederholte Einzelbeobachtungen festgestellt, dass ihr Nervenfortsatz
direct zur markhaltigen Nervenfaser wird und speciell für die grossen
Zellen der Vorderhörner, dass derselbe direct in die vorderen Wurzeln übergeht und sich ihren Faserbündeln beimischt; doch ist dies
nur für relativ wenige Zellen constatirt; von anderen schlägt der

Nervenfortsatz andere Richtungen ein, deren Zielpunkte meist noch unbekannt sind. Es ist ferner mit Sicherheit nachgewiesen, dass die Protoplasmafortsätze der Ganglienzellen nach vielfacher Verästelung sich in ein feines Nervenfasernetz auflösen (Gerlach, Boll, Schiefferdecker), und es ist wahrscheinlich, dass dieses Netz wieder mit den feinsten Nervenfasern und ihren Verästelungen in directer Verbindung steht.

Die meisten Ganglienzellen finden sich in den Vordersäulen und besonders in der Cervical- und Lumbalanschwellung sieht man auf jedem Querschnitt eine grosse Menge derselben. Ihre Vertheilungsweise ist nicht die gleiche durch das ganze R.-M.; doch kann man auf den meisten Querschnitten bestimmte Gruppen unterscheiden. So zunächst eine mediale Gruppe, dem vordern und innern Rande

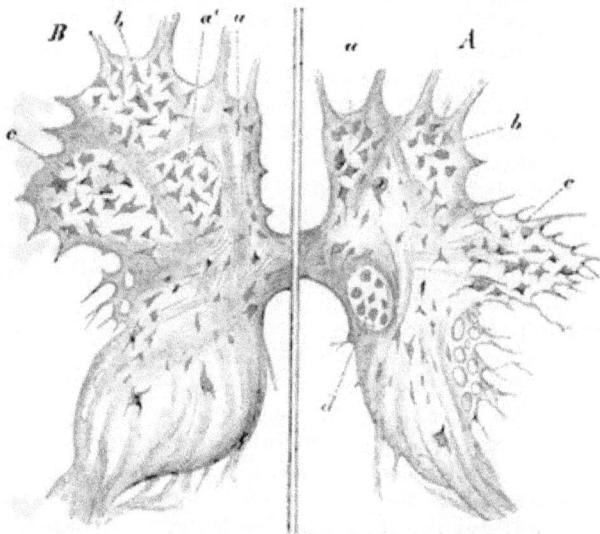

Fig. 4.

Halbschematische Querschnitte der grauen Substanz aus der Cervical- (A) und Lenden-anschwellung (B), um die Lage der Ganglienzellen zu zeigen. 12:1. A a mediale Gruppe, b vordere laterale, c hintere laterale Gruppe, d Columna vesicularis. B a mediale Gruppe, a' im Lendentheil neu auftretende Gruppe, vielleicht zur medialen gehörig. b vordere laterale, c hintere laterale Gruppe. In den Hintersäulen nur vereinzelte Ganglienzellen.

der Vordersäule anliegend, manchmal in einzelne kleinere Gruppen gespalten; ferner eine laterale Gruppe, welche in der vordern äussern Region der Vordersäule gelagert ist (Fig. 4 A a b) und sehr zahlreiche Zellen enthält; ausserdem findet sich im Cervical- und

obern Brusttheil im Tractus intermedio-lateralis noch eine dritte
Gruppe sehr grosser vielstrahliger Zellen, die man als hintere
laterale Gruppe bezeichnen kann (Fig. 4.1c). Ihr entspricht
auch im Lendentheil eine ähnlich gelagerte Zellengruppe; doch ist
gerade in diesem Theil des R.-M. die Sonderung in scharf abgegrenzte
Gruppen weniger deutlich und sind die Zellen hier mehr oder weniger
unregelmässig über den grössten Theil des Querschnitts der Vordersäulen zerstreut (s. Fig. 4 B). Ueberhaupt ist die Anordnung dieser
Zellengruppen auf den einzelnen Querschnitten eine äusserst wechselnde,
und es sind bald mehr, bald weniger Gruppen zu unterscheiden,
welche durch trennende Nervenfaserzüge abgegrenzt werden.

Alle diese Zellengruppen finden sich durch die ganze Länge der
Vordersäulen vor und bilden so förmliche Zellensäulen. — Zwischen
den einzelnen Gruppen und ebenso durch die ganze Masse der Vordersäulen finden sich aber noch viele vereinzelte vielstrahlige
Ganglienzellen, auf den einzelnen Querschnitten mehr oder weniger
zahlreich. Ja selbst in den weissen Strängen in der Nähe der
Vordersäulen kommen hie und da einzelne versprengte Zellen vor.

In den grauen Hintersäulen ist die Columna vesicularis die
Hauptganglienzellensäule. Ihre Lagerung und Ausdehnung ist oben
erwähnt. Sie besteht vorwiegend aus dicht gedrängten feinen Nervenfasern, von grösstentheils verticalem Verlauf; doch kommen auch
Fasern von allen möglichen andern Zugsrichtungen vor, welche die
Verbindung der Clarke'schen Säulen mit den andern Ganglienzellengruppen, mit den vordern und hintern Wurzelfasern u. s. w. vermitteln. Zwischen diesen Fasern liegen zahlreiche ziemlich grosse
Nervenzellen, meist von spindelförmiger Gestalt, mit ihrer Längsaxe
vertical gerichtet und mit zahlreichen Protoplasmafortsätzen versehen;
ein Nervenfortsatz ist an ihnen noch nicht mit Sicherheit nachgewiesen. Auf dem Querschnitt erscheinen die Zellen der Clarke'-
schen Säulen von vorwiegend rundlicher Gestalt. Ihre Grösse nimmt
nach oben und unten gegen die Enden der Säulen hin ab.

Im Uebrigen kommen in den Hintersäulen nur vereinzelte, über
den ganzen Querschnitt verbreitete Nervenzellen vor. Selten begegnet man einer grossen multipolaren Ganglienzelle; meist sind es
kleinere und kleinste Zellen, welche in unregelmässiger Weise und
sehr verschiedener Zahl in dem spongiösen Gewebe der Hintersäulen
zerstreut sind. Nervenfortsätze sind an denselben mit Sicherheit
noch nicht nachgewiesen; wohl aber ist ihr Antheil an der Bildung
des feinen Nervenfasernetzes als wohl constatirt zu betrachten.

Die centrale graue Substanz, welche die vier grauen

Säulen miteinander verbindet und den Centralcanal einschliesst, besteht der Hauptsache nach aus einer feinkörnigen und feinfaserigen Masse (Neuroglia, gelatinöse Substanz), welche zahlreiche Zellkörper oder Kerne einschliesst. Diese Substanz ist von einem weitmaschigen feinen Nervenfasernetz durchzogen (Gerlach) und enthält ausserdem mehr oder weniger mächtige Faserbündel, welche theils einfach transversal, theils schräg aufsteigend und absteigend vor und hinter dem Centralcanal aus einer Rückenmarkshälfte in die andere ziehen (vordere und hintere graue Commissurenfasern).

Die weisse Commissur besteht fast durchweg aus dunkelrandigen Nervenfasern, die vorwiegend in horizontalen Ebenen verlaufen, sich unter spitzen Winkeln kreuzen und in diagonal von vorn nach hinten gerichtetem Zuge aus einer Seitenhälfte des R.-M. in die andere übergehen. Einzelne Faserbündel aber steigen auch schräg nach aufwärts und biegen direct in die aufsteigende Richtung um. Die weisse Commissur verbindet die grauen Säulen der einen Seite zunächst mit den Vordersträngen der andern Seitenhälfte (Gerlach), indem die aus den ersteren kommenden Faserbündel in den letzteren aufsteigen; ferner verbindet sie die grauen Säulen mit ihren verschiedenen Zellengruppen untereinander; und endlich enthält sie auch Faserzüge, welche die graue Substanz durchsetzen und in die weissen Seitenstränge übergehen.

Der Centralcanal stellt einen sehr engen, häufig obliterirten und verstopften Canal von rundlichem oder elliptischem, stellenweise auch dreieckigem Querschnitt dar. Er wird von einem flimmernden Cylinderepithel ausgekleidet und seine Wand wird von dichtem welligen Bindegewebe von äusserst feinfaserigem Bau gebildet (Ependym). Er wird nach aussen von der centralen grauen Substanz begrenzt und von einer, wahrscheinlich mit der Cerebrospinalflüssigkeit identischen Flüssigkeit erfüllt.

Anatomische Daten über den Zusammenhang der histologischen Elemente und über den Faserverlauf im Rückenmark.

Vielfach sind die Studien und Arbeiten der Anatomen über den Zusammenhang der einzelnen Gewebselemente des R.-M., über den Verlauf der eintretenden Wurzelfasern, über ihre Verbindung mit anderen Fasern und mit den Ganglienzellen, und endlich über ihren weitern Verlauf, resp. ihre Fortsetzungen bis zum Gehirn. Unsägliche Mühe und Arbeit ist auf diese Untersuchungen verwendet worden; beschämend gering und unsicher sind die bis jetzt erreichten Re-

sultate; kaum irgend etwas ist mit Sicherheit festgestellt; fast über
alle Fragen bestehen noch die lebhaftesten Controversen. Jede neue
Untersuchung enthüllt aber auch neue Verwicklungen des Faserverlaufs, welche eine Entwirrung und genaue Verfolgung desselben
nahezu zur Unmöglichkeit machen; und je tiefer man in die feineren
Structurverhältnisse des R.-M. eindringt, um so klarer wird es, dass
überall nicht eine Trennung und Isolirung der einzelnen Faserzüge
und Nervenzellengruppen, sondern vielmehr eine möglichst allseitige
und vollständige Verbindung derselben angestrebt und erreicht ist.
Das erschwert natürlich die Erreichung des vorgesteckten Zieles ungemein.

Wir wollen versuchen, hier so kurz wie möglich zusammenzustellen, was gegenwärtig als einigermassen sicher, und ebenso das,
was wenigstens als wahrscheinlich betrachtet werden kann. Für alle
Details und weitere Ausführungen verweisen wir auf die Arbeiten
von Stilling, Clarke, Kölliker, Frommann, Gerlach,
Deiters, Goll, Henle, Boll, Schiefferdecker u. A.

Ziemlich sicher scheint nach unseren jetzigen Kenntnissen
zu sein:

Dass alle oder doch jedenfalls weitaus die meisten Nervenwurzeln sich direct zur grauen Substanz begeben und in diese eintreten;
dies gilt für die vorderen Wurzeln jedenfalls, für kleine Partien der
hinteren Wurzelfäden vielleicht nicht.

Dass eine grosse Zahl dieser eintretenden Wurzelfäden sich mit
den Ganglienzellen oder ihren nächsten Ausläufern verbindet; auch
dies scheint für die vorderen Wurzeln ganz sicher, für die hinteren
ist es noch zweifelhaft.

Dass in die Vorderseitenstränge, und besonders in die Seitenstränge zahlreiche Fasern aus der grauen Substanz austreten, nach
aufwärts umbiegen und in den weissen Strängen die Richtung nach
dem Gehirn einschlagen. Diese aus den vorderen grauen Säulen
austretenden Nervenfasern gehen theils in die weisse Commissur und
durch diese in den Vorderstrang der andern Seitenhälfte über (Kreuzung innerhalb des R.-M.) und verlaufen in diesem wahrscheinlich
zum Gehirn; theils aber treten sie lateralwärts in die Seitenstränge
über und verlaufen in diesen bis zum verlängerten Mark, um sich
erst hier in den Pyramiden zu kreuzen.

Dass ebenso aus den Hintersäulen zahlreiche Fasern in die
Hinterstränge (und die hinteren Partien der Seitenstränge?) eintreten,
hier nach aufwärts umbiegen, und in der Richtung zum Gehirn weiter
verlaufen.

Dass die Ganglienzellen der grauen Substanz durch zahlreiche Fortsätze in der mannigfaltigsten Weise mit einander verbunden sind und zwar sowohl in den Hinter- und Vordersäulen jeder Seitenhälfte, als auch durch Vermittlung der Commissuren mit jenen der andern Seitenhälfte; dass ferner von diesen Ganglienzellen Ausläufer theils direct in die Wurzelfasern übergehen, theils in die weissen Stränge eintreten und hier in die verticale Richtung umbiegen.

Dass die mit den hinteren Wurzeln eintretenden Fasern theils in horizontalen Ebenen direct nach vorn gehen, um sich in dem feinen Nervenfasernetz aufzulösen oder die Ganglienzellen der Vordersäulen zu erreichen, theils aber auch zur Seite der Hintersäule nach auf- oder abwärts verlaufen, um dann nochmals umzubiegen und nun erst in die graue Substanz einzutreten.

Dass durch das feine Nervenfasernetz und die darin sich auflösenden und daraus auftauchenden Faserzüge eine möglichst allseitige Verbindung der einzelnen Ganglienzellengruppen untereinander, mit den eintretenden Wurzelfasern, mit den weissen Strängen beider Rückenmarkshälften in sagittaler, transversaler und verticaler Richtung hergestellt ist.

Als mehr oder weniger wahrscheinlich und zur Zeit noch nicht sicher erwiesen mögen etwa folgende Sätze betrachtet werden:

Dass nach Eintritt der Wurzelfasern in bestimmte Ganglienzellen Ausläufer von eben diesen Zellen sich direct in die weisse Substanz (aus der Vordersäule in den Vorderseitenstrang, aus der Hintersäule in den Hinterstrang und den hintern Theil des Seitenstrangs) begeben und in dieser dann direct zum Gehirn aufsteigen.

Dass einzelne Fasern der vorderen und der hinteren Wurzeln sich in bestimmten Zellen innerhalb der grauen Substanz begegnen.

Dass einige Bündel aus den vorderen Wurzeln die graue Substanz nur passiren, um direct in die vorderen Theile des Seitenstrangs überzugehen und hier nach oben umzubiegen. Ihre Bedeutung ist noch unklar.

Dass die hinteren Wurzelfasern zunächst in das feine Nervenfasernetz der grauen Hintersäulen eingehen und durch dieses erst mit den Ganglienzellen selbst zusammenhängen (Gerlach).

Dass jede einzelne Ganglienzelle vermittelst ihrer verästelten Fortsätze in ein feines Netz nervöser Fasern übergeht, aus welchem sich alsdann wieder stärkere markhaltige Fasern entwickeln (Zusammenhang der Zellen mit den Nervenfasern).

Dass das Nervenfasernetz, in welches sich die hinteren Wurzelfasern auflösen, mit dem Nervenfasernetz der Vordersäulen in con-

tinuirlicher Verbindung steht; dass ferner aus diesem Netze zahlreiche
Fasern entstammen, welche in der grauen Commissur die Median-
ebene überschreiten, um theils in den verticalen Faserbündeln der
Hintersäulen, theils in den Hintersträngen gehirnwärts aufzusteigen
(totale sensible Kreuzung im R.-M.?). Es scheint sich demnach an
den Bahnen der hinteren Wurzelfasern die graue Substanz (durch
Vermittlung des feinen Nervenfasernetzes) in viel ausgiebigerer
Weise zu betheiligen, als an den Bahnen der vorderen Wurzelfasern.

Dass von den Clarke'schen Säulen Faserbündel nach aussen in
die Seitenstränge übergehen.

Dass die medialen Partien der Hinterstränge (sog. zarten Stränge)
entwicklungsgeschichtlich und histologisch eine besondere Bedeutung
haben, welche jedoch noch vollständig unklar ist. Pierret hält
dieselben für eine grosse Längscommissur, welche verschiedene Partien der grauen Substanz mit einander in Verbindung zu setzen hat.

Alle diese Resultate sind noch im höchsten Grade mangelhaft
und ungenügend; sie erlauben kaum eine exacte Vorstellung über
den verwickelten Faserverlauf im R.-M. — Als allgemeinstes Resultat kann man der anatomischen Untersuchung wohl nur entnehmen,
dass die von den peripheren Nerven her in das R.-M. eintretenden
Wurzelfäden zunächst in die graue Substanz des R.-M. eintreten und
hier ihre erste Endigung finden; dass sie dann nach mannigfachen
Verästelungen und Verbindungen die graue Substanz wieder verlassen
und in den weissen Strängen die Medulla oblongata erreichen. Diese
Verlaufsweise wiederholt sich stufenweise von unten nach oben für
jedes eintretende Wurzelpaar.

Mit diesem dürftigen Ergebniss ist aber gar nichts über die genauere Zugsrichtung der einzelnen Fasern, nichts über die einzelnen
Verbindungen derselben, nichts über die physiologische Bedeutung
der einzelnen Faserzüge ausgesagt. Darüber kann überhaupt die
Anatomie zur Zeit keinen sicheren Aufschluss geben; wir dürfen denselben vielmehr nur von der eingehendsten physiologischen
Untersuchung erwarten. Wie sich auf Grund derselben, mit Zu-
hülfenahme der hier sehr wichtigen pathologischen Erfahrungen die
Leitungsbahnen im R.-M. nach unseren jetzigen Kenntnissen ungefähr
gestalten, soll im folgenden Abschnitt dargelegt werden.

Hier sei nur noch beigefügt, dass die anatomische Gestaltung
des R.-M., die wir im Vorstehenden kurz zu skizziren versucht
haben, im obersten Theile des Halsmarks durch das Hinzutreten
einiger neuer Theile etwas modificirt wird. Es ist in dieser Beziehung zu erwähnen der Ursprung des Accessorius, dessen

Wurzelfäden man bis zum 5. oder 6. Halswirbel hinab am Seitenstrang austreten sieht. Innerhalb des R.-M. sind dieselben zu verfolgen bis zu den Ganglienzellen der hinteren lateralen Zellengruppe
der Vordersäule.

In analoger Weise ist die sogen. aufsteigende Wurzel des
Trigeminus im Halsmark bis etwa zur Höhe des 3. Halswirbels
zu verfolgen als ein starkes Faserbündel, welches in Beziehungen zu
der Substantia gelatinosa des Hinterhorns steht und in dieses allmälig
übergeht.

Endlich wird im obersten Theile des R.-M. durch die Pyramidenkreuzung eine Art Substantia reticularis — eine mannigfache Durchflechtung von Faserbündeln — erzeugt, welche in der
Mitte der vordern Rückenmarkshälfte sichtbar ist.

Ueber den weitern Verlauf der aus dem R.-M. kommenden
Nervenbahnen im verlängerten Mark s. u. den betreffenden Abschnitt.

II. Physiologische Einleitung.

Vgl. Longet, Anatomie und Physiologie des Nervensystems. Deutsch von
Hein 1847. — Schiff, Lehrb. der Physiol. des Nervensystems. Lahr 1858—59.
Centralbl. f. d. med. Wiss. 1872. Nr. 49. — Brown-Séquard, Experim. and
clinical researches on the physiol. of the spinal cord etc. Richmond 1855. Course
of lectures on the Physiol. and Pathol. of the central nervous system. Phila-
delph. 1860. — Sanders, Geleidingsbanen in het ruggemerg. Groningen 1866. —
Wundt, Physiologie 1873. 3. Aufl. Physiol. Psychologie. Leipzig 1874. — Her-
mann, Grundriss der Physiologie. 2 Aufl. 1874. — Leyden, Klinik der Rückenmarkskrankheiten I. 1874. — Ausserdem zahllose Aufsätze in Reichert u. Dubois-
Reymond's Archiv, Virchow's Archiv, Pflüger's Archiv der Physiologie, in der
Zeitschr. f. wissensch. Zoologie, Zeitschr. f. rationelle Medicin, in Moleschott's
Unters. z. Naturlehre, in den Monatsberichten der sächs. Academie, in Brown-
Séquard's Journal de la Physiol. de l'homme etc., in den Archives de la Physiol.
norm. et patholog. etc.

Die einfache Erfahrungsthatsache, dass die traumatische Zerstörung des R.-M. an irgend einer Stelle ebenso wie die experimentelle Durchschneidung desselben die sensible, motorische und vasomotorische Leitung zwischen Gehirn und Körperperipherie vollständig
aufhebt, bewies hinreichend, dass die betreffenden Leitungsbahnen
im R.-M. liegen und es kam nun darauf an, durch vielfach modificirte Versuche den Verlauf und die Lagerung dieser verschiedenen
Leitungsbahnen genauer zu bestimmen. Die Physiologie hat dazu
colossale Anstrengungen gemacht, und eine Reihe der werthvollsten,
aber immerhin noch in vieler Beziehung unvollständige Arbeiten ge-

liefert. In neuerer Zeit hat die Pathologie nicht wenig zur Erweiterung unserer Kenntnisse über die Physiologie des R.-M. beigetragen.

Leider sind aber die physiologischen sowohl wie pathologischen und besonders die pathologisch-anatomischen Untersuchungsmethoden noch sehr unvollkommene. Bei den am meisten geübten Durchschneidungsversuchen ist die Wirkung des primären Shocks einerseits und der secundären Entzündung anderseits schwer von der Wirkung der einfachen Trennung der Leitungsbahnen zu sondern; auch die so häufig eintretende secundäre Degeneration kann die Versuchsresultate trüben. Daher rührt offenbar viele Unsicherheit und Verwirrung in den physiologischen Angaben. Dieselbe wird noch erhöht durch die Schwierigkeit, an Thieren genaue objective Befunde von den vorhandenen Störungen zu erhalten. Beim Menschen dagegen ist in pathologischen Fällen die Feststellung der Art, des Grades und der Ausbreitung der Functionsstörung verhältnissmässig leicht; schwieriger aber und dem blossen Zufall anheimgegeben ist es, für die anatomische Untersuchung gerade das richtige Stadium der Krankheit zu treffen und noch schwieriger, eine genaue und zweifellose Umgrenzung der histologischen Veränderungen zu finden. Das muss man immer im Auge behalten, um sich auf diesem schwierigen Gebiet nicht in allzugrosse Sicherheit über die Gediegenheit unserer Kenntnisse einwiegen zu lassen.

Wir wollen versuchen, das, was in der Physiologie des R.-M. feststeht, oder was wenigstens wahrscheinlich und für die Pathologie zur Zeit verwerthbar ist, im Folgenden kurz zusammenzustellen.

Sensible Leitung im Rückenmark.

Die von der Körperperipherie kommenden sensiblen Eindrücke werden sämmtlich[1] durch die hinteren Wurzeln dem R.-M. zugeführt; sie treten zunächst in die graue Substanz ein und von dieser führt dann die Leitung zurück in die weissen Hinterstränge und einen Theil der Seitenstränge und in diesen hinauf zum Gehirn.

Die Hauptleitung für die Tast-, Druck-, Temperatur-, Kitzel- und ähnliche Empfindungen ist in den weissen Hintersträngen zu suchen.

Durchschneidung der weissen Hinterstränge hebt die Tastempfindung der dahinter gelegenen Theile dauernd auf (Schiff); sie vernichtet aber nicht jede Empfindung, es tritt vielmehr für einige Zeit eine allmälig abnehmende Hyperästhesie besonders gegen schmerzhafte

---

[1] Nach Brown-Séquard sollen die Bahnen für den „Muskelsinn" in den vordern Wurzeln liegen.

Erregungen auf. — Ob getrennte Leitungsbahnen für die einzelnen Tastsinnsqualitäten existiren, ist noch nicht ausgemacht, wird aber von Brown-Séquard behauptet und mit gewichtigen pathologischen Thatsachen gestützt; diese Leitungen sollen nach ihm grösstentheils in der grauen Substanz liegen. — Die neuesten, sehr bemerkenswerthen Versuche von Woroschiloff (aus dem Ludwig'schen Laboratorium) weisen den Seitensträngen eine weit grössere Bedeutung für die sensible Leitung zu, als man bisher annahm. Doch beziehen sich diese Versuche zunächst nur auf das Lendenmark des Kaninchens und können noch nicht zu weitergehenden Schlüssen verwendet werden. Es scheint nach denselben, dass jeder Seitenstrang sensible Fasern für die beiden Beine führt. Die wichtigeren derselben scheinen gekreuzt zu verlaufen.

Die Schmerzempfindung wird ausschliesslich oder vorwiegend durch die graue Substanz geleitet.

Nach Schiff hebt Durchschneidung der Hinterstränge wohl die Tastempfindung, nicht aber die Schmerzempfindung auf; Durchschneidung der ganzen grauen Substanz bei Erhaltung der Hinterstränge hebt die Schmerzempfindung auf und lässt die Tastempfindung bestehen (das, was man in der Pathologie als Analgesie bezeichnet). Da diese Thatsachen sich angesichts des von der Histologie nachgewiesenen Nervenfasernetzes nur schwer durch die Annahme getrennter Leitungsbahnen erklären lassen, hat Wundt (Physiol. Psychologie S. 117) zur Erklärung derselben die Hypothese einer verschiedenen Erregbarkeit der grauen und weissen Substanz aufgestellt: die graue reagirt erst auf viel höhere und intensivere Reize als die weisse, aber dann auch mit um so grösserer Intensität, mit Schmerz. Ist also nur die graue Substanz für die Leitung erhalten, so sind im Allgemeinen stärkere Reize erforderlich, aber die dann eintretenden Empfindungen sind auch heftiger, sie sind schmerzhaft; sind aber nur die weissen Stränge erhalten, so erreicht bei wachsender Reizstärke die Reizung schon sehr bald ihr Maximum und wird niemals so stark, dass Schmerz entsteht.

Die graue Substanz leitet auch nach der Durchschneidung aller weissen Stränge noch Empfindungen und zwar in ihrem ganzen Querschnitt und mit jedem beliebigen Theil desselben; dabei ist die graue Substanz gegen directe Reize ganz unerregbar und wird deshalb als ästhesodische Substanz (Schiff) bezeichnet. Aesthesodisch in diesem Sinne glaubte man auch die weisse Substanz mit Ausnahme der durchtretenden hinteren Wurzelfasern; die Versuche von Engelken, Fick und Dittmar scheinen jedoch endgültig darüber entschieden zu haben, dass auch die Empfindungsbahnen, welche die graue Rückenmarkssubstanz einmal passirt haben, noch erregbar sind.

Die Vorderstränge und der grösste Theil der Seitenstränge haben mit der Empfindungsleitung durchaus nichts zu thun.

3*

Die sensible Leitung erleidet schon im R.-M. und zwar
bald nach dem Eintritt der Wurzelfasern eine Kreuzung, die für
den Menschen im Dorsalmark und Halsmark eine ziemlich vollständige zu sein scheint (Brown-Séquard, Schiff). Jedenfalls ist
im verlängerten Mark die Kreuzung der sensiblen Bahnen bereits
vollendet.

Ob diese Kreuzung die Bahnen sämmtlicher Empfindungsqualitäten trifft, ist noch nicht endgültig festgestellt; nach Schiff's neueren Angaben soll sie die Bahnen für die Tastempfindungen nicht betreffen; nach Brown-Séquard auch die Bahnen für den Muskelsinn
nicht. Der letztere Autor lässt ausserdem die Bahnen für die verschiedenen Empfindungsqualitäten sich in etwas verschiedener Höhe
kreuzen. Miescher constatirte auch eine Kreuzung der centripetalen
(sensiblen) Fasern, die aus dem Ischiadicus stammen und reflectorische
Blutdrucksteigerung bewirken. — Die Thatsache von der sensiblen
Kreuzung im R.-M. ist durch zahlreiche pathologische Beobachtungen
jetzt wohl über jeden Zweifel festgestellt.

Die isolirte Leitung der einzelnen sensiblen Eindrücke erklärt
sich angesichts des feinen Nervenfasernetzes nur dadurch, dass bestimmte Bahnen der Leitung einen geringeren Widerstand bieten
und deshalb für gewöhnlich benützt werden. Solche Bahnen sind
wohl die Fasern, welche zunächst aus dem Nervenfasernetz in die
Hinter-(Seiten-)Stränge eintreten und in diesen zum Gehirn gehen;
sie bieten unter normalen Verhältnissen die geringsten Widerstände.
— Die weitere Ausbreitung stärkerer sensibler Erregungen oder die
bei Unterbrechung der Hauptleitung dennoch stattfindende Leitung
derselben erklären sich wohl ungezwungen durch das Nervenfasernetz.

Durch ebendasselbe erklärt sich auch die Uebertragung stärkerer
Erregungen auf benachbarte oder entferntere sensible Bahnen — die
Mitempfindungen; man hat zu ihrem Verständniss nur eine Ver-
minderung der Leitungswiderstände in einzelnen Bahnen, oder eine
Zunahme der Reizstärke anzunehmen.

Eine Verlangsamung der Empfindungsleitung tritt ein, wenn die
Hinterstränge ganz durchschnitten sind und von der grauen Substanz
nur ein Theil erhalten ist; je mehr die graue Substanz eingeengt
wird, desto ausgesprochener wird diese Verlangsamung (Schiff);
diese Thatsache kann sehr wohl zur Erklärung der in pathologischen
Fällen nicht seltenen Verlangsamung der Schmerzempfindungsleitung
verwerthet werden.

In Bezug auf die Lage bestimmter sensibler Bahnen im R.-M.
lehrt die Physiologie, dass die sensiblen Bahnen der unteren Extremitäten anfangs in den Seitensträngen liegen und erst höher oben

in die Hinterstränge eintreten; die Hinterstränge des Lendenmarks sollen nur die Tastnerven für die Beckengegend, Geschlechtsorgane, Perineum und Aftergegend enthalten.

Motorische Leitung im Rückenmark.

Dieselbe ist noch durchaus nicht in allen Beziehungen genau erforscht. Die hauptsächlichste Leitung für die willkürlichen Bewegungen kommt vom Gehirn her und tritt durch die Pyramidenkreuzung (und wahrscheinlich noch in grösserer Ausdehnung durch andere Kreuzungsbahnen im verlängerten Mark und im Pons) in das R.-M. ein. Die motorischen (willkürlichen) Bahnen erleiden im R.-M. keine weitere Kreuzung mehr, sondern bleiben auf der Rückenmarksseite, welche der zu versorgenden Körperhälfte angehört.

Die Bahnen für die willkürlichen Bewegungen verlaufen wahrscheinlich vorwiegend in den Seitensträngen nach abwärts, treten in verschiedener Höhe in die graue Substanz ein, gehen durch Vermittlung des Nervenfasernetzes Verbindungen mit den grossen multipolaren Ganglienzellen ein und treten durch deren Axencylinderfortsatz in die vorderen Wurzeln über. Die willkürlich-motorischen Fasern liegen alle in den Vorderwurzeln; doch enthalten diese auch noch Fasern von anderer physiologischer Function.

Durchschneidung der Hinterstränge und der ganzen grauen Substanz hebt die willkürlichen Bewegungen des dahinter gelegnen Körpertheils nicht auf. — Durchschneidung der Vorderseitenstränge und der ganzen grauen Substanz vernichtet alle willkürliche Bewegung in den entsprechenden Theilen. — Durchschneidung des Vorder- und des Seitenstrangs vermindert die willkürliche Bewegung nur ganz vorübergehend; dieselbe kehrt um so rascher wieder, je vollständiger die graue Substanz erhalten ist. Ueber die Function der eigentlichen Vorderstränge ist man noch sehr im Unklaren; der willkürlichen Bewegung scheinen sie nicht zu dienen; sie sollen grösstentheils Fasern führen, welche vom Hirn ausgelöste Reflexe vermitteln (Huguenin); sie führen auch Fasern, welche im R.-M. noch eine Kreuzung erleiden — durch die vordere Commissur in die graue Vordersäule der andern Seitenhälfte übergehen. — Auch hier haben die Versuche Woroschiloff's (am Lendenmark) neue und unerwartete Thatsachen ans Licht gefördert, die aber jetzt nur mit grösster Vorsicht verwerthet werden können. Motorische Bahnen für beide Beine sind in jedem einzelnen Seitenstrang enthalten; die wichtigeren davon scheinen ungekreuzt zu verlaufen (die reflexvermittelnden, coordinatorischen u. s. w.).

Auch nach der Durchschneidung der Vorderseitenstränge ist noch eine Uebertragung motorischer Impulse auf die Hinterhälfte des Körpers möglich und zwar durch die graue Substanz und selbst einzelne

Theile des Querschnitts derselben. Dieselbe ist gegen die verschiedensten Reize gleichzeitig unerregbar, während sie die Bewegungsimpulse leitet; sie ist also kinesodisch (Schiff). Dasselbe gilt für die Längsfasern des Vorderseitenstrangs in keiner Weise; dieselben sind nicht kinesodisch, wie dies manche Physiologen behaupten, welche alle Bewegungserscheinungen bei Reizung der Vorderstränge von Reizung der durchtretenden Wurzelfasern ableiten wollen; die Versuche von Engelken und Fick lassen nicht den mindesten Zweifel darüber, dass die Vorder-(Seiten?-)Stränge des R.-M. ebenso gut reizbar sind, wie jede andere Nervenfaser.

Die isolirte Leitung der einzelnen motorischen Impulse erklärt sich wie die der sensiblen Erregungen aus der Annahme, dass von den zahlreichen offen stehenden Bahnen einzelne geringeren Leitungswiderstand bieten und deshalb für gewöhnlich benützt werden. Doch kommen auch auf diesem Gebiete vielfache Uebertragungen anf andere Bahnen (Mitbewegungen) vor, entweder wegen ungenügender Einübung der normalen Bahnen oder wegen Abnahme des Leitungswiderstandes anderer Bahnen oder wegen Zunahme der Reizstärke.

In Bezug auf die Lage bestimmter motorischer Bahnen im R.-M. sei hier die Angabe von Schiff erwähnt, dass die Seitenstränge des obern Halstheils die Bahnen für die Respirationsmuskeln enthalten und dass eine Durchschneidung derselben die Respirationsbewegungen auf der betreffenden Seite dauernd vernichte. Doch wird dieser Angabe von Anderen widersprochen. Woroschiloff fand im Lendenmark des Kaninchens die motorischen Bahnen des Fusses und Unterschenkels gegen den äusseren Umfang des Seitenstrangs, die des Oberschenkels mehr gegen die Mitte desselben liegend.

Coordination der Bewegungen.

Das R.-M. spielt bei dieser wichtigen physiologischen Function eine nicht unbedeutende Rolle; Störungen der Coordination der Bewegungen sind bei spinalen Krankheiten gar nicht selten und da dieselben Gegenstand vielfältiger und noch nicht geschlichteter Controversen geworden sind, können wir ein näheres Eingehen auf diese noch von vielen Räthseln umgebene Frage nicht vermeiden.

Der Begriff der Coordination der Bewegungen ist verhältnissmässig leicht zu umgrenzen: dieselbe besteht darin, dass zur Erreichung eines bestimmten Bewegungszweckes eine grössere Anzahl von Muskeln gleichzeitig und jeder

von diesen Muskeln mit einer bestimmten verschiedenen
Stärke innervirt wird.

Wie complicirt und ausgebreitet die Muskelactionen selbst bei
anscheinend einfachen Bewegungen, z. B. beim Heben einer Last,
beim Werfen eines Steins u. s. w. immer sein müssen, zeigt jede genauere Betrachtung dieser Vorgänge; in noch höherem Grade ist dies
der Fall bei complicirteren Bewegungen, beim Schreiben, Clavierspielen, Turnen u. s. w.

In welcher Weise dieser wunderbare Mechanismus, welcher die
coordinirten Bewegungen beherrscht, arbeitet und auf welchen Wegen
die Coordination der Bewegungen zu Stande kommt, lehrt am besten
das Studium bei Kindern, oder bei Solchen, welche irgend eine
coordinirte Bewegung, z. B. Schreiben, Clavierspielen, zu erlernen im
Begriff sind.

Beim Neugebornen scheinen nur wenige coordinirte Bewegungen
fertig vorhanden zu sein und alsbald ausgelöst zu werden, so die
Respirationsbewegungen, die Saug- und Schreibewegungen, die Schling-
bewegungen, vielleicht auch die Augenbewegungen. Alle übrigen
coordinirten Bewegungen müssen mühsam und durch tausendfache
Uebung erlernt werden: so das Stehen, Gehen, Laufen, und besonders das Sprechen, später das Schreiben und alle möglichen Hand-
fertigkeiten. Die Apparate für die Coordination der Bewegungen
scheinen wohl vorgebildet, aber nicht von vornherein in voller Function zu sein; sie erlangen erst durch Gebrauch und vielfache Uebung
ihre volle Ausbildung. Es ist denkbar und wahrscheinlich, dass
durch die häufige und vorwiegende Benützung die Leitungswiderstände in den einzelnen Nervenbahnen (feines Nervenfasernetz?) nach
und nach vermindert werden, so dass schliesslich ihre Benützung
sich fast von selbst versteht.

Der Vorgang beim Erlernen coordinirter Bewegungen dürfte ungefähr folgender sein: der Wille schickt Erregungen ab, und diese
gelangen zunächst in diejenigen centralen Apparate, welche die
Association und Coordination der einzelnen Bewegungsimpulse zu be-
sorgen haben. Dies geschieht unter fortwährender Controle des Gesichts (für die Sprache auch des Gehörs) und der peripheren (Haut- und
Muskel-) Sensibilität, welche die Richtigkeit oder Falschheit der ausgeführten Bewegungen zum Bewusstsein bringen und dadurch die
entsprechenden Correcturen veranlassen. Durch fortgesetzte Uebung
und Wiederholung werden die Bewegungen immer vollkommener und
können so allmälig zu einer hochgradigen Präcision gebracht
werden.

Ist die Coordination einmal so weit erlernt, sind die betreffenden motorischen Bahnen häufig genug betreten, so gehen dann die complicirten Bewegungen auf blosse Willensanregung hin ganz von selbst, in automatischer Weise, mit Hülfe des eingelernten Coordinationsapparates von statten. Eine sensorische Controle von Seiten des Gesichts oder der Sensibilität ist dann nicht mehr erforderlich. Das lässt sich leicht daran zeigen, dass wir nach einiger Uebung die complicirtesten Bewegungen mit einer Raschheit und Sicherheit ausführen können, welche jeden Gedanken an eine dabei thätige und bestimmende sensorische Controle ausschliessen (so z. B. Greifen nach . einem bestimmten Punkt, Werfen nach einem Ziel, Springen über einen Graben, Clavierspielen im raschesten Tempo u. s. w.). Wir vermögen also im Centralorgan die Anordnung und Stärke der einzelnen Innervationsvorgänge so zu bestimmen und durch den Willen mit Hülfe des Coordinationsapparates so eintreten zu lassen, dass eine vollkommen geordnete Bewegung entsteht. In dieser Weise kommen jedenfalls die meisten, einmal hinreichend geübten und eingelernten coordinirten Bewegungen zu Stande, so das Gehen, Laufen, Greifen, Schreiben, Sprechen u. s. w.

Die Frage nach dem anatomischen Sitze der Coordinationscentren und der dazu gehörigen centrifugalen Leitungsbahnen muss als eine noch nicht vollständig gelöste bezeichnet werden. Nach den neuesten Forschungen (unter welchen besonders die von Goltz hervorragend wichtig sind) scheinen die eigentlichen Coordinationscentren nur im Gehirn zu liegen. Die Corpora quadrigemina, die Thalami optici und das Kleinhirn sind die Organe, welche an der Coordination der Bewegungen in hervorragender Weise betheiligt zu sein scheinen.

Im Rückenmark dagegen scheinen solche Centren nicht zu liegen, wenn auch allerdings die unzweifelhafte Thatsache, dass geordnete Reflexbewegungen vom R.-M. ausgelöst werden können, hinreichend dafür spricht, dass auch im R.-M. combinirte, zu bestimmten Zwecken dienende Bewegungen zusammengeordnet werden können. Doch kommen die dazu dienenden Apparate wohl für die uns hier zunächst beschäftigende Coordination der willkürlichen Bewegungen nicht in Betracht.

Allem nach enthält das R.-M. vielmehr nur diejenigen Leitungsbahnen, welche die coordinatorischen Impulse zu den Muskeln leiten, welche also die Coordinationscentren im Gehirn mit den vorderen Wurzeln in Verbindung setzen.

In welchen Partien des R.-M. aber diese coordinatorischen Leitungsbahnen liegen und in welcher Weise sie mit den eigentlichen motorischen Bahnen in Verbindung treten, ist noch gänzlich unbekannt. Pathologische Thatsachen, auf die wir unten zurückkommen, lassen vermuthen, dass diese Bahnen in den weissen Hintersträngen oder in deren nächster Umgebung zu suchen sind; und für die herzustellende Verbindung der verschiedenen Nervenbahnen darf wohl auch das feine Nervenfasernetz herangezogen werden. Dagegen lehren die physiologischen Versuche von Woroschiloff, die aber nur für das Lendenmark gelten, dass die coordinatorischen Bahnen im mittleren Drittel der Seitenstränge, in der Bucht zwischen Vorder- und Hintersäule, liegen. Und damit stimmt eine Angabe von Schiff, dass man im Lendenmark durch Läsion der Seitenstränge die Symptome der Ataxie hervorrufen könne.

Im engsten Anschluss an die Coordination der Bewegungen möge hier kurz an diejenigen Vorgänge erinnert werden, welche die Erhaltung des Gleichgewichts des Körpers ermöglichen. Es handelt sich dabei um eine grosse Zahl genau und fein coordinirter Muskelcontractionen, welche den Schwerpunkt des Körpers beständig in einer Weise verlegen, dass das Gleichgewicht des Körpers erhalten und dieser in aufrechter Stellung bleibt. Dazu ist nun, wie es scheint, eine beständige sensorische Controle erforderlich, welche uns Aufschluss gibt über die Lage des Körpers im Raum und über die Haltung und Stellung unserer Körpertheile. Die Controle wird ausgeübt theils von der Sensibilität der Fusssohlen, der Gelenke, der Muskeln, der Haut u. s. w., theils von dem Gesichtssinn (vielleicht auch von den Bogengängen des Ohrlabyrinths). Die beständig einwirkenden centripetalen Erregungen werden im Centralorgan in bestimmte, coordinirte Bewegungen umgesetzt, welche das Gleichgewicht des Körpers erhalten. Das Coordinationscentrum, welches der Erhaltung des Körpergleichgewichts dient, soll in den Corpor. quadrigem. und den Thalam. optic. liegen. Die dazu gehörigen Leitungsbahnen liegen natürlich im R.-M. (mit Ausnahme der vom Seh- und Gehörorgan kommenden). Die sensiblen Bahnen, welche hierher gehören, haben wir ohne Zweifel in den Hintersträngen und in der grauen Substanz zu suchen; wo die centrifugalen, coordinatorischen Bahnen für die Erhaltung des Gleichgewichts liegen, ist unbekannt.

Vasomotorische Bahnen und Centren im Rückenmark.

Sie sind der Gegenstand vielfacher, auch in neuester Zeit wiederholter physiologischer Untersuchung gewesen. Durchschneidung des

R.-M. an irgend einer Stelle bewirkt eine (vorübergehende) hochgradige Erweiterung aller Arterien unterhalb des Schnittes; Reizung
des R.-M. dagegen bewirkt Verengerung der Arterien unterhalb der
Reizungsstelle. Daraus ist zu schliessen, dass im R.-M. vasomotorische Bahnen in centrifugaler Richtung verlaufen. Sie sollen
grösstentheils in den Seitensträngen (zum Theil wohl auch in der
grauen Substanz) verlaufen und für einzelne Theile des Körpers
(speciell für die Gefässe des Oberschenkels und des Rumpfs S c h i f f)
eine Kreuzung erleiden. Doch wird dieser Angabe widersprochen
(v. B e z o l d).

Die Centren für die vasomotorische Innervation liegen jedenfalls
im R.-M. und im verlängerten Mark. Bisher hat man allgemein angenommen, dass das Hauptcentrum im verlängerten Marke liege; es
ist aber durch Versuche von G o l t z, S c h l e s i n g e r, V u l p i a n und
M o r. N u s s b a u m jetzt über jeden Zweifel festgestellt, dass vasomotorische Centren durch das ganze R.-M. bis hinab zum Lendenmark sich finden. Von diesen Centren aus wird der Tonus der
Gefässe wieder hergestellt, wenn nach Durchschneidung des R.-M.
eine Erweiterung der Gefässe eingetreten ist. Die Centren werden
durch den ersten operativen Eingriff erschüttert und vorübergehend
gelähmt — daher die der Durchschneidung unmittelbar folgende Erweiterung. Sobald die Centren sich wieder erholt haben, kehren
die Gefässe zu ihrem normalen Volumen zurück; jede neue Durchschneidung des R.-M. weiter hinten ruft dieselbe Erscheinungsreihe
hervor. Erst wenn das ganze Lendenmark zerstört ist, sind die Gefässe für längere Zeit oder selbst dauernd gelähmt und es kann
dann durch Reizung peripherer sensibler Nerven keine reflectorische
Verengerung oder Erweiterung derselben mehr erzielt werden, wie
dies bei intactem Lendenmark, also bei Erhaltung der vasomotorischen Centren, der Fall ist.

Aber selbst wenn das Lendenmark total zerstört ist, bleiben die
Gefässe des Hinterkörpers nicht dauernd und nicht ganz vollständig
gelähmt; ihre ursprüngliche Erweiterung geht allmälig zurück, die
anfangs erheblich gesteigerte Hauttemperatur sinkt wieder auf die
Norm oder selbst unter dieselbe. Dasselbe ist der Fall nach Durchschneidung des N. ischiadicus. Man hat sich dadurch zu der Annahme genöthigt gesehen, dass an den Gefässen sich auch noch
periphere Ganglienapparate befinden (ähnlich wie am Herzen), welche
den Tonus der Gefässe erhalten und denselben eine bestimmte Weite
sichern, auch wenn sie von aller Verbindung mit den Nervencentren
gelöst sind.

Goltz[1]) hat neuerdings versucht, alle die bei den verschiedenen Durchschneidungsversuchen eintretenden vasomotorischen Erscheinungen auf Reizung gefässerweiternder Nerven zurückzuführen. Dieselben sollten als eine Art von Hemmungsnerven auf die peripheren Gefässganglien wirken, durch ihre Reizung die Thätigkeit derselben lähmen und dadurch Erschlaffung der Gefässe bewirken. Das R.-M. würde nach dieser Anschauung nur solche vasomotorische Centren enthalten, welche Gefässerweiterung bewirken. Trotz der sehr ausführlichen Begründung dieser Anschauung, welche auch in Vulpian einen Vertreter besitzt, hat sich dieselbe aber nicht stichhaltig erwiesen und Putzeys und Tarchanoff haben im Laboratorium von Goltz eine Reihe von weiteren Versuchen angestellt, welche die Theorie der gefässerweiternden Nerven wieder wankend gemacht haben[2]). Sie führen die Erscheinungen zurück auf grosse Erschöpfbarkeit und Ueberreizung der vasomotorischen Bahnen, so dass alsbald Gefässerweiterung eintritt, welcher sie regelmässig eine kurz dauernde Verengerung vorhergehen sahen.

Es steht also der Gefässtonus unter dem Einfluss sehr complicirter nervöser Apparate: zunächst unter dem der peripheren Nervenapparate, welche dann wieder den Centren im R.-M. untergeordnet sind; werden diese letzteren ausgeschaltet, so brauchen die ersteren einige Zeit, um ihre ganze Wirksamkeit zu entfalten und den Tonus der Gefässe wieder herzustellen. Diese Erhöhung der Thätigkeit der peripheren Ganglienapparate wird vielleicht begünstigt durch das gesteigerte Einströmen von Blut nach Ausschaltung der spinalen Centren. Ein ähnliches Verhältniss mag für die spinalen Centren gegenüber dem vasomotorischen Centrum im verlängerten Mark existiren.

Wo die vasomotorischen Centren im R.-M. liegen, ist noch unbekannt; wahrscheinlich hat man sie in den grauen Vordersäulen zu suchen. — Die von diesen Centren kommenden vasomotorischen Nerven liegen grösstentheils in den Seitensträngen; sie verlassen das R.-M. in den vordern Wurzeln; die für den Kopf bestimmten treten vom Cervicalmark ab, die für die oberen Extremitäten vom obern Dorsalmark, die für Becken und untere Extremitäten vom untern Dorsal- und vom Lendenmark; die Unterleibseingeweide beziehen ihre vasomotorischen Nerven durch den N. splanchnicus, der Urogenitalapparat aus den Lumbalnerven.

---

1) Pflüger's Archiv Bd. IX. S. 174.
2) Centralbl. f. d. med. Wiss. 1874. Nr. 41.

Trophische Centren und Bahnen im Rückenmark.

Die Physiologie ist über die Existenz und Wirkungsweise trophischer Nerven noch völlig im Unklaren. So sehr auch zahlreiche pathologische Thatsachen immer und immer wieder auf trophische Einflüsse der Nervencentren hinwiesen, so wenig ist es bisher geglückt, eine allgemein anerkannte physiologische Grundlage für die Lehre von den trophischen Nerven und ihren Functionen zu schaffen. Wir können uns deshalb auf wenige Bemerkungen beschränken, und ein genaueres Eingehen auf den betreffenden Abschnitt in der allgemeinen Pathologie des R.-M. versparen.

Der Einfluss des Nervensystems auf secretorische Vorgänge ist wohl heutzutage, angesichts unserer Kenntnisse über die Speichelsecretion, unzweifelhaft. Dass diese Vorgänge die allergrösste Analogie mit Ernährungsvorgängen haben, liegt auf der Hand. Dass die Ernährung der meisten peripheren Theile, der Nerven, Muskeln, Knochen, Gelenke, der Haut, Haare, Nägel u. s. w. in vielen Beziehungen vom R.-M. abhängig ist, scheint aus zahlreichen pathologischen Beobachtungen hervorzugehen, welche Charcot in übersichtlicher Weise zusammengestellt hat.[1] Diese Beobachtungen lehren, dass zahlreiche und verschiedenartige trophische Störungen (theils entzündliche und gangränöse Vorgänge, theils einfache Atrophien und Degenerationen) in allen den genannten Theilen eintreten, wenn ihre Nervenverbindung mit dem R.-M. getrennt ist, oder wenn dieses selbst in bestimmter Weise und an bestimmten Stellen erkrankt ist.

Freilich ist über die Art dieser trophischen Einflüsse, und über die Bahnen, welche der Leitung derselben dienen, noch das Meiste fraglich und problematisch. Die eigentlichen Centren für diese Einflüsse sind wahrscheinlich die Ganglienzellen, und zwar vorwiegend in den grauen Vordersäulen. Die Bahnen, welche die trophischen Einflüsse nach der Peripherie hin übermitteln, verlaufen in den motorischen und sensiblen Nerven; es ist aber noch fraglich, ob dafür eigne, trophische Nervenfasern existiren, oder ob die motorischen und sensiblen Fasern selbst gleichzeitig der Uebertragung trophischer Einflüsse dienen. Jedenfalls sind eigne trophische Nerven zur Zeit anatomisch nicht nachgewiesen.

In Bezug auf die Lage der trophischen Centren für einzelne Gewebe ist einiges ermittelt, das meiste aber noch dunkel. Für die

---

[1] Klinische Vorträge über die Krankheiten des Nervensystems. Deutsch von Fetzer. 1874.

sensiblen Nerven scheinen die Ernährungscentren in den Spinalganglien zu liegen, wie schon Waller gefunden und Schiff bestätigt hat; auch zahlreiche, wohlconstatirte pathologische Thatsachen (Degeneration der hintern Wurzeln bei völlig intacter Ernährung der peripheren sensiblen Nerven, Fälle von Charcot, Vulpian, Schüppel u. A.) sprechen für diese Anschauung.

Die trophischen Centren für die motorischen Nerven und die Muskeln liegen ohne Zweifel in den grauen Vordersäulen und werden gewöhnlich in die grossen vielstrahligen Ganglienzellen verlegt; ebenda liegen, nach pathologischen Erfahrungen, wohl auch die Ernährungscentren für Knochen und Gelenke (s. die spinale Kinderlähmung!). Dagegen liegen hier wohl die Ernährungscentren für die Haut und ihre Adnexa nicht, dieselben scheinen vielmehr in der centralen grauen Substanz oder den Hintersäulen gesucht werden zu müssen, und mit den hintern Wurzeln auszutreten; vielleicht sind sie ebenfalls in den Spinalganglien zu suchen.

Ueber alles dies können erst weitere Erfahrungen definitive Entscheidung bringen. Auf experimentellem Wege sind neuerdings Eichhorst und Naunyn[1]) zu dem Schluss gelangt, dass in dem R.-M. selbst die Bedingungen seiner Erhaltung und Ernährung gegeben sind.

Reflexthätigkeit des Rückenmarks.

Die Erzeugung von Reflexbewegungen — d. h. die directe Uebertragung sensibler Erregungen auf motorische Bahnen ohne Mitwirkung des Vorstellens und des Willens — darf wohl unwidersprochen in die graue Substanz verlegt werden. Alle spinalen Reflexe, d. h. alle nach Lostrennung des Gehirns vom R.-M. noch auftretenden Reflexbewegungen bedürfen ohne Zweifel zu ihrem Zustandekommen der grauen Substanz des R.-M. — Die mannigfach modificirten physiologischen Versuche ebenso wie zahllose pathologische Erfahrungen stimmen in diesem Resultat überein.

Freilich sind wir trotzdem über die eigentlichen Reflexapparate und über die genaueren Bahnen, welchen die Erregung bei der Reflexaction folgt, noch nicht vollständig im Klaren. Immerhin ist es nahezu zweifellos, dass Ganglienzellen die eigentlichen Reflex-vermittelnden Apparate sind, dass in ihnen die Uebertragung der centripetalen sensiblen Erregung auf centrifugale, motorische Bahnen stattfindet; und zwar lehren die Versuche, dass es Ganglienzellen sein müssen, mit welchen sich die eintretenden Wurzelfasern sehr bald nach ihrem Eintritt in die graue Substanz verbinden.

1) Arch. f. experim. Path. u. Pharmak. II. S. 242.

Die centripetalen, Reiz zuführenden Bahnen liegen ohne Zweifel in den hintern Wurzeln; die die Reizung abführenden, centrifugalen, motorischen, Bahnen in den vordern Wurzeln. Was aber zwischen diese Bahnen eingeschaltet ist und wie sich das histologisch gestaltet, entzieht sich noch unserer genauen Kenntniss. Wir können aber vermuthen, dass von der sensiblen sowohl wie von der motorischen Leitungsbahn im R.-M. an verschiedenen Stellen Zweigleitungen abgehen, welche sich in bestimmten Ganglien und Gangliengruppen (Reflexcentren) begegnen und miteinander in leitende Verbindung treten; dass aber ferner diese Leitungen durch Vermittlung des feinen Nervenfasernetzes auf weite Entfernungen hin mit allen möglichen andern Bahnen in der grauen Substanz in Verbindung gesetzt sind, so dass von einem einzigen Punkte aus mehr oder weniger ausgebreitete motorische Erregung reflectorisch ausgelöst werden kann. Es kann somit die reflectorische Erregung auf viele oder selbst auf alle motorischen Bahnen übergehen, geht aber vorzugsweise auf einzelne, oft nur eine einzige motorische Bahn über. Es sind zahllose Bahnen mit sehr verschiedenen Leitungswiderständen vorhanden; diejenigen welche den geringsten Leitungswiderstand bieten, werden zuerst betreten; nimmt die Reizstärke zu oder der Leitungswiderstand der Reflexbahnen ab, so gewinnen die reflectorischen Bewegungen eine immer weitere Verbreitung.

Es entspricht diesen verwickelten Bahnen, dass die für die Reflexleitung erforderliche Zeit vielmal (nach Helmholtz 11—14 mal) grösser ist als die für einfache motorische Leitung erforderliche.

Der Grad der Reflexerregbarkeit ist bei den einzelnen Individuen ein sehr verschiedener; bei manchen Menschen erhält man äusserst leicht alle möglichen Reflexe, bei andern sehr schwer oder gar nicht. Verschiedene physiologische Zustände, manche Gifte, besonders aber pathologische Zustände vermögen den Grad der Reflexerregbarkeit erheblich zu modificiren.

Zunächst und gewöhnlich folgt auf einen kurz dauernden sensiblen Reiz eine einfache, kurze Muskelzusammenziehung oder eine länger dauernde tetanische Contraction; weiterhin kommen aber auch wiederholte convulsivische Zuckungen vor; Freusberg[1]) und Goltz[2]) haben neuerdings auch rhythmisch intermittirende Reflexe auf einfachen oder constanten Reiz eintreten sehen; bei den höheren Graden der Erregung kommt es zu immer weiter verbreiteten Muskel-

---

1) Reflexbewegungen beim Hunde. Pflüger's Arch. IX. S. 358.
2) Ueber die Functionen des Lendenmarks des Hundes. Ibid. VIII. S. 460.

contractionen und schliesslich kann fast die gesammte Körpermusculatur in reflectorische Action gerathen (manche allgemeine Krampfformen).

Die Art und Weise der Verbreitung der Reflexe bei zunehmender
Stärke der Erregung hat Pflüger genau untersucht und Folgendes
gefunden; die Erregung geht von einer sensiblen Faser zunächst
über auf motorische Fasern auf der gleichen Seite und im selben
Niveau des R.-M.; weiterhin ergreift sie die symmetrischen Fasern
der andern Seite, aber in etwas schwächerem Grade; weiterhin
werden auch motorische Fasern in andern Querschnitten des R.-M.
ergriffen und zwar zunächst die nach oben, gegen die Medulla
oblongata hin, gelegenen, später auch die nach unten gelegenen;
endlich kommt es zu allgemeinen Reflexcontractionen im grössten
Theil der Körpermusculatur.

Die Reflexe sind nicht immer bloss einfache Bewegungen; es
kommen auch mehr oder weniger complicirte Bewegungen vor,
welche selbst den Anschein einer gewissen Zweckmässigkeit haben
können (Abwehrbewegungen, Fluchtbewegungen u. dgl.), es handelt
sich dabei offenbar um gleichzeitige Erregung mehrfacher motorischer
Bahnen, welche im R.-M. zu bestimmten Zwecken associirt oder
durch Uebung mit einander verbunden sind. Es kommen aber auch
förmliche Bewegungsreihen, auf einander folgende Bewegungen vor,
die bestimmten Zwecken dienen (z. B. die rhythmischen Zuckungen
der Hinterbeine, welche Freusberg beschreibt, die Vorgänge bei
der Kotbentleerung u. dgl.). Hier handelt es sich theils um eine
von der ersten Reflexaction gesetzte Anregung zu neuer Bewegung,
oder um die Erregung ganzer Centren, welche verschiedenen physiologischen Mechanismen vorstehen.

Reflexe können von allen sensiblen Theilen des Körpers ausgelöst werden. Am bekanntesten sind die Hautreflexe, welche von
Reizung der Haut ausgehen; am empfindlichsten ist in dieser Beziehung die Haut der Fusssohle, des Gesichts, der vordern Bauch-
wand, der innern Oberschenkelfläche. Hautreize erregen bei verschiedenen Individuen mehr oder weniger ausgebreitete Reflexe, die
sich genau den Pflüger'schen Reflexionsgesetzen entsprechend
verhalten.

Nicht minder prägnant und für die Pathologie sehr wichtig sind
die Sehnenreflexe, welche von Westphal[1]) und von mir[2])

1) Ueber einige Bewegungserscheinungen an gelähmten Gliedern. Arch. für
Psych. u. Nervenkrankh. V. S. 803. 1875.
2) Ueb. Sehnenreflexe bei Gesunden und bei R.-M.-Kranken. Ibid. V. S. 792.

jüngst beschrieben worden sind. Die Sehne des Quadriceps und das
Ligam. patellae, die Achillessehne und die Tricepssehne am Oberarm
sind die geeignetsten Orte, um diese bis jetzt nur beim Menschen
bekannten Reflexe zu demonstriren. Sie entstehen nur auf mechanische Reize (leichtes Aufklopfen mit dem Finger oder dem Percussionshammer), sind von den Hautreflexen sehr leicht zu unterscheiden und beschränken sich genau auf die den betreffenden
Sehnen angehörigen Muskeln und Muskelgruppen. Aehnliche Reflexe
kann man, wenigstens bei pathologisch-gesteigerter Erregbarkeit,
auch vom Periost mancher Knochen, von Fascien und Gelenkbändern
her auslösen.

Ich sehe nachträglich aus der erst, nachdem ich Vorstehendes
niedergeschrieben hatte, erschienenen Arbeit von Westphal, welche
eine grosse Menge interessanten und werthvollen thatsächlichen Ma-
terials über die fraglichen Phänomene bringt (Westphal bezeichnet
den von mir so genannten Patellarsehnenreflex als „Unterschenkelphäno-
men", den weiter unten — in dem Abschnitt über allgemeine Symptomatologie bei der „Steigerung der Reflexthätigkeit" — noch zu be-
schreibenden Reflexklonus bei passiver Dorsalflexion des Fusses als
„Fussphänomen"), dass Westphal diese Erscheinungen nicht für
reflectorische hält, sondern glaubt, dass diese Muskelcontractionen
durch- mechanische Dehnung und Erschütterung der Muskelsubstanz
selbst in directer Weise ausgelöst werden. Dass dies von der
Sehne aus am leichtesten geschehe, hänge davon ab, dass man eben
von der Sehne her so ziemlich alle Muskelfasern gleichzeitig der
mechanischen Reizung aussetzen könne. Westphal hält also das
Phänomen für die Folge einer directen Muskelreizung und bringt es
in pathologischen Fällen mit abnormen Spannungs- und Contractions-
zuständen der Muskeln in Zusammenhang.

Ich glaube, dass zum Verlassen der nächstliegenden und zahl-
reiche physiologische Analogien bietenden Theorie sehr zwingende
Gründe vorhanden sein müssen, besonders wenn für die entgegenge-
setzte Anschauung so sehr wenig positive Grundlagen vorhanden sind.
Die Existenz solcher, gegen die Auffassung dieser Phänomene als
Reflexe sprechenden Gründe kann ich in keiner Weise anerkennen.
Ausserdem spricht aber eine grosse Anzahl positiver Thatsachen, die
ich seitdem gesammelt habe, und die an jedem hierher gehörigen
Kranken und selbst bei vielen Gesunden leicht zu constatiren sind,
mit solcher Entschiedenheit für die reflectorische und gegen die
Entstehung durch directe Muskelreizung, dass schon dadurch allein
mir jeder Zweifel über die reflectorische Entstehung beseitigt schien.
Ich will nur einige von diesen Thatsachen kurz anführen: Bei manchen Kranken kann der Quadricepsreflex auch ausgelöst werden durch
mässiges Aufklopfen auf einen grossen Theil der freiliegenden Fläche
der Tibia. Aufklopfen auf Sehnen an Stellen, wo sie einer festen
Unterlage aufliegen (z. B. Sehne des Tibial. postic. unterhalb des

Malleolus) löst den Reflex aus; dabei ist ebenso wie im vorhergehenden Fall jede mechanische Zerrung des Muskels vermieden. Am Biceps femoris gelingt es (bei Kranken) durch kurzes Quetschen der ganz erschlafften Sehne zwischen den Fingern den Reflex auszulösen, selbst wenn man dabei die Sehne dicht oberhalb mit der andern Hand fixirt. Der Reflex im Supinator longus kann vom untern Ende des Radius her ausgelöst werden. In einem Falle sah ich bei leisem Beklopfen des Capitulum ulnae eine Reflexcontraction im Deltoideus und von einer Stelle dicht daneben eine solche im Triceps brachii eintreten. (In allen diesen Fällen wurde durch sorgfältige Controlversuche bewiesen, dass der Reflex nicht von der Haut ausgehe und dass nicht eine irgendwie auf den entfernten Muskel übertragene mechanische Erschütterung die Ursache davon sein könne.) Manchmal sieht man beim Beklopfen der Patellarsehne einer Seite Zuckung im Adductorengebiet der andern Seite auftreten (bei Hemiplegischen). In einem Falle von Compression des Lendenmarks fehlte der Patellarsehnenreflex; mit der Wiederkehr der Motilität kehrte auch der Reflex wieder — ein Beweis, dass die Herstellung einer centralen Leitung für denselben nothwendig ist. Bei Tabes sieht man nicht selten, dass der Patellarsehnenreflex vollständig fehlt, während die mechanische Erregbarkeit des Quadriceps erhalten oder selbst gesteigert ist.

Aber die Sache ist seitdem auch von experimenteller Seite in Angriff genommen, und wie mir scheint unzweifelhaft entschieden worden. Die Herren F. Schultze und P. Fürbringer[1]) haben eine Reihe von Versuchen angestellt, welche alle im Sinne der Reflextheorie ausgefallen sind. Zunächst stellte sich heraus, dass bei Kaninchen (und ebenso bei Hunden) der Patellarsehnenreflex zu den ganz constanten Vorkommnissen gehört und also der Physiologie seither wohl nur deshalb unbekannt geblieben ist, weil dieselbe sich nicht darum bekümmert hat; besonders von der blossgelegten Sehne kann der Reflex mit grösster Evidenz und Leichtigkeit ausgelöst werden. — Die mit und ohne Durchschneidung des Brustmarks ausgeführten Versuche, die in mannigfachster Weise mit Nerven- und Muskeldurchschneidung, Curarevergiftung etc. modificirt wurden, lehrten übereinstimmend: Dass es sich bei den in Frage stehenden Phänomenen nicht um mechanisch durch die Sehne direct vermittelte Muskelcontractionen handeln kann; dass dieselben vielmehr auf einem Reflexmechanismus beruhen, dessen Reflexbögen für die untere Extremität in den untern Abschnitten des R.-M. gelegen sind; und endlich dass dabei von Hautreflexen nicht die Rede sein kann.

Durch diesen letzten Satz erledigen sich auch, um dies gleich hier zu anticipiren, die Behauptungen von Joffroy[2]), dass es sich dabei, wenigstens in pathologischen Fällen wesentlich um von der Haut ausgehende Reizung handle, dass die Erregung der Sehnen da-

---

1) Centralbl. f. d. med. Wiss. 1875. Nr. 54.
2) De la trépidation épileptoide du membre infér. etc. Gaz. méd. de Paris 1875. No. 33 et 35.

bei nur eine untergeordnete Rolle spiele. Joffroy führt mehrfache Beispiele an, in welchen Reizung der Haut das weiter unten zu beschreibende Phänomen des Reflexklonus in der Wadenmusculatur auslöse. Das habe auch ich wiederholt gesehen. Ich habe mich aber dabei auch überzeugt, dass dies wieder nur durch secundäre Reizung der Sehne geschieht. Jeder Hautreiz am Fusse ruft in solchen Fällen eine reflectorische Dorsalflexion des Fusses hervor und diese genügt, den Reflexklonus auszulösen gerade so gut wie die passive Dorsalflexion. Ob es nicht auch Fälle gibt, in welchen direct von der Haut aus das krampfhafte Zittern ausgelöst werden kann, muss ich vorläufig noch dahingestellt sein lassen.

Es ist endlich noch anzuführen, dass auch O. Berger sich auf Grund ähnlicher Thatsachen, wie sie oben von mir angeführt wurden, ganz entschieden für die reflectorische Natur des Phänomens ausspricht.[1]

Wir dürfen also wohl mit Fug und Recht für diese Erscheinungen den Namen „Sehnenreflexe" einführen.

Eine nicht unwesentliche Stütze für unsere Anschauung ist der ganz jüngst von C. Sachs[2] gelieferte Nachweis von Nerven in den Sehnen, welche wohl keine andere als sensible Function haben können.

Es ist ferner bekannt und durch Freusberg's Angaben neuerdings bestätigt, dass auch von den Eingeweiden her zahlreiche Reflexe ausgelöst werden können; so von der Blase, vom Mastdarm und After aus, von den Gedärmen je nach ihrem Füllungszustand u. s. w. Freusberg hat es endlich wahrscheinlich zu machen gesucht, dass auch von den sensiblen Muskelnerven her (durch Zerrung und Dehnung der Muskeln u. s. w.) Reflexe ausgelöst werden können. Alle diese Dinge finden auch ihre Belege in der menschlichen Pathologie.

Wir haben bisher fast nur von Reflexen gesprochen, welche die willkürliche quergestreifte Musculatur betreffen. Es ist aber leicht zu zeigen, dass Reflexe sich auf sämmtliche centrifugale Fasern verbreiten können und dass dieselben gerade in der vegetativen Sphäre eine ganz hervorragende Rolle beim Zustandekommen vieler Bewegungserscheinungen spielen: wir erinnern an die reflectorischen Vorgänge, welche bei der Harn- und Kothentleerung, bei der Magen- und Darmbewegung, bei der Erection und Ejaculation, bei den Uterusbewegungen so wichtig sind; an die reflectorische Erregung der Secretionen; und endlich an die wichtigen Reflexvorgänge, welche sich durch Vermittlung der vasomotorischen Bahnen an den Gefässen nachweisen lassen.

---

1) Schles. Gesellsch. f. vat. Cult. Medic. Sect. Sitzg. v. 23. Juli 1875.
2) Die Nerven der Sehnen. Reichert und Dubois' Archiv 1875. S. 402.

Reflexhemmung.

Die Versuche über die Reflexthätigkeit haben zu gleicher Zeit gelehrt, dass durch die Reizung bestimmter Theile das Auftreten von spinalen Reflexen gehemmt oder unterdrückt werden könne. Und zwar zeigt sich, dass dies von verschiedenen Seiten her der Fall sein kann.

Zunächst geht von dem Gehirn ein mächtiger reflexhemmender Einfluss aus (Setchenow). Die tägliche Erfahrung lehrt, dass wir viele Reflexe durch den Willen unterdrücken können; doch betrifft dies nur solche Bewegungen, welche überhaupt unter dem Einfluss des Willens stehen und auch willkürlich hervorgerufen werden können. Das Experiment lehrt, dass Abtrennung des Gehirns vom R.-M. die spinalen Reflexe erheblich steigert; das wird ja immer beim Studium der Reflexvorgänge benützt. Ferner, dass Reizung gewisser Theile des Gehirns (beim Frosch der sog. Lobi optici) die spinalen Reflexe vermindert und verlangsamt oder gänzlich aufhebt. Die Leitungsbahnen für diese hemmenden Einflüsse, welche vom Hirn herabkommen, sollen in den weissen Vordersträngen liegen.

Reflexhemmung kann aber auch von der Peripherie her eingeleitet werden. Zahlreiche physiologische Experimente der letzten Jahre haben gelehrt, dass durch Reizung sensibler Nerven die spinalen Reflexe gehemmt und vollständig unterdrückt werden können (Lewisson, Setchenow, Nothnagel, Goltz, Freusberg). Die verschiedensten sensiblen Bahnen können dazu dienen: am sichersten geschieht die Hemmung von der Haut aus und zwar sowohl durch starke Reizung einer umschriebenen Stelle, wie durch schwache Reizung grösserer Hautflächen; ferner durch Erregung der sensiblen Nervenstämme, von den sensiblen Muskelnerven her, von den Eingeweiden aus (z. B. durch Füllung der Gedärme und des Magens). Die Bahnen, welche diese Hemmungsvorgänge vermitteln, liegen ohne Zweifel in den hintern Wurzeln.

In welcher Weise jedoch im R.-M. selbst diese Reflexhemmung zu Stande kommt, darüber besitzen wir nur Vermuthungen. Wir wissen, dass die Reflexe gehemmt werden, wenn die sensorischen Zellen des Reflexbogens gleichzeitig von andern sensorischen Gebieten (central oder peripher) her Einwirkungen empfangen. „Die Erregbarkeit gewisser Centren für den Reflexact wird also vermindert, wenn diese Centren gleichzeitig von andern Nervenbahnen aus Erregungen empfangen" (Goltz). Dass damit keine genügende Erklärung gegeben ist, liegt auf der Hand. Vielleicht existiren eigne reflexhemmende Apparate im R.-M.

4*

Centren und Bahnen für die Innervation der Ein-
geweide.

Die Innervation des Herzens ist ausser von den im Herzen selbst gelegenen Centren abhängig von bestimmten Centren im verlängerten Mark. Ueber den Antheil, welchen das R.-M. an der so äusserst complicirten Herzinnervation hat, sind die Meinungen noch nicht völlig einig. Man nimmt an, dass das erregende Centrum für die Herzbewegungen ganz oder theilweise im obern Halsmark gelegen ist und dass die von ihm abgehenden Bahnen eine Strecke weit im R.-M. nach abwärts verlaufen, um dann auf verschiedenen Wegen zum Sympathicus und durch diesen zum Herzen zu gelangen. Reizung der betreffenden Bahnen im Halsmark soll Beschleunigung der Herzthätigkeit bewirken.

Inwiefern die weit in das Halsmark herabgehenden Wurzeln des Accessorius für die Herzinnervation von Wichtigkeit sind, ist noch nicht klar gelegt. — Dagegen steht dem R.-M. ein mächtiger Einfluss auf die Herzbewegungen zu durch die vasomotorische Innervation; es ist bekannt, dass Reizung oder Lähmung der vasomotorischen Nerven von grossem Einfluss auf die Frequenz und Stärke der Herzaction ist.

Die Thätigkeit der Respirationsorgane hängt ebenfalls von den in der Medulla oblongata gelegenen (Respirations-) Centren ab. Nach neueren Untersuchungen von P. Rokitansky[1]) sollen aber (analog den vasomotorischen) auch respiratorische Centren im obern Theil des R.-M. liegen, deren Function nach der Lostrennung vom verlängerten Mark deutlicher hervortritt.

Die Bahnen, welche die Erregung von den Respirationscentren zu den Respirationsmuskeln führen, sollen sämmtlich in den Seitensträngen des Halsmarks und obern Brustmarks liegen. Diese Annahme wird von Schiff auch neuerdings noch gegenüber den Einwänden von Brown-Séquard u. A. aufrecht erhalten.

Auf die Bewegungen des Verdauungsapparates scheint das R.-M. ebenfalls von hervorragendem Einfluss zu sein. Alle diese Bewegungen (Schlingen, Peristaltik des Magens und Darms) sind reflectorischer Natur und werden wahrscheinlich durch im R.-M. gelegene Centren vermittelt. Anderseits hat aber das R.-M. auch reflexhemmende Wirkungen auf diese Bewegungen. So hat Goltz[2]) einen hemmenden Einfluss des R.-M. auf die Bewegungen des Oeso-

---

1) Untersuch. üb. d. Athemnervencentra. Wien. med. Jahrb. 1874. I. S. 30.
2) Pflüger's Archiv VI. 1872.

phagus und des Magens nachgewiesen und gibt ausserdem an, dass
Zerstörung des R.-M. ausgedehnte und lebhafte Peristaltik des Darms
hervorrufe und Diarrhoe verursache. — Genauere Untersuchungen
über diese Verhältnisse und über die Lage der betreffenden Centren
und Bahnen wären sehr wünschenswerth.

Nach einem complicirteren Mechanismus erfolgt die Entleerung
des Mastdarms. Dieselbe gestaltet sich folgendermassen: Der
in den Mastdarm eingetretene Darminhalt ruft reflectorisch die Peristaltik des Mastdarms hervor; das Centrum für diesen Reflex liegt
im Lendenmark. Das Andrängen des Inhalts gegen den Ausgang
ruft wohl zunächst auf reflectorischem Wege den Tonus des Sphinc-
ters hervor, welcher vorerst die Entleerung hindert. Gleichzeitig
wird durch die sensiblen Nerven dem Bewusstsein das Herannahen
der Entleerung mitgetheilt und es kann nun durch den Willenseinfluss die Contraction des Sphincter verstärkt und die Entleerung eine
Zeitlang verhindert werden. Wird die reflectorisch erregte Contraction stärker oder wird der Sphincter willkürlich erschlafft, so tritt
die Entleerung ein. Dieselbe wird unterstützt durch die Wirkung
der Bauchpresse, welche entweder willkürlich in Thätigkeit gesetzt,
oder bei stärkerer Reizung der Mastdarmschleimhaut (Tenesmus) auch
direct reflectorisch in Action gebracht wird. Das Durchtreten der
Kothmassen durch den After ruft jene reflectorischen, rhythmischen
Contractionen des Sphincter hervor, welche Goltz [1] beschrieben hat
und deren Reflexcentrum ebenfalls im Lendenmark zu suchen ist.
Diese Contractionen schliessen dann den Mastdarm wieder ab.

Die Centren für alle diese Vorgänge liegen wie erwähnt im
Lendenmark; die von demselben zum Mastdarm führenden Bahnen
liegen theils in den Sacralnerven, theils in den sympathischen Ge-
flechten. Da ferner die im R.-M. zum Gehirn aufsteigenden sensiblen
und motorischen Bahnen des Mastdarms (über deren Lage auf dem
Querschnitt des R.-M. noch nichts Genaueres bekannt ist) ebenfalls
bei der Kothentleerung in Mitwirkung treten, lässt sich leicht erkennen, von wie' vielen verschiedenen Punkten aus pathologische
Störungen dieses Entleerungsvorganges eintreten können.

Ganz analoge Verhältnisse finden sich bei der Harnentleerung,
deren Störungen bei Rückenmarkskrankheiten so ungemein häufig
und so wichtig sind. Nach Goltz' neuen und vorzüglichen Untersuchungen [2] ist der normale Vorgang dabei folgender: Die zuneh-

---

1) Pflüger's Archiv VIII. 1573.
2) Ueber die Functionen des Lendenmarks des Hundes. Ibid. VIII. S. 474.

mende Füllung der Blase ruft eine zunehmende Reizung der Blasenwand hervor; durch diesen sensiblen Reiz wird eine Reflexcontraction des Detrusor ausgelöst, die durch ein im Lendenmark gelegenes
Centrum vermittelt wird; zu gleicher Zeit kommt der Drang zum
Harnlassen zum Bewusstsein; die Entleerung kann nun durch willkürliche Contraction des Sphincter vesicae (resp. der als Sphincter
wirkenden Harnröhrenmuskeln) verhindert werden, bis die Blasenmuskeln ermüden und der Harndrang nachlässt (vielleicht wird auch
durch das Eintreten der ersten Tropfen Harn in die Harnröhre der
Tonus des Sphincter reflectorisch gesteigert). Nach einiger Zeit tritt
erneute und stärkere Contraction des Detrusor ein, bis endlich der
Sphincter überwunden oder willkürlich erschlafft wird; dann erfolgt
die Entleerung; dieselbe kann beschleunigt werden durch willkürliche
(oder bei starkem Harndrang reflectorische Action der Bauchpresse
und wird ebenfalls von einzelnen rhythmischen Contractionen der
Harnröhrenmuskeln beschlossen.

Der eigentliche Act der Blasenentleerung ist also ein rein
reflectorischer; das dazu gehörige Reflexcentrum liegt im Lendenmark.

Nach Durchschneidung des Dorsalmarks tritt die Blasenentleerung
noch in ganz regulärer Weise ein, wenn der nöthige Füllungsgrad
der Blase erreicht ist oder die Blasenwand auf andre Art gereizt wird.
Wenn in den ersten Tagen nach der Operation die Blase völlig gelähmt erscheint und keine Entleerung eintritt, so rührt dies daher,
dass durch die eingreifende Operation eine Erschütterung des Lendenmarks und Lähmung seiner Centren eingetreten ist. Dieselben pflegen
sich nach kurzer Zeit zu erholen und wieder in Function zu treten.

Die Entleerung wird angeregt durch sensible Reize: am wirksamsten ist Reizung der Blasenwand selbst durch Füllung der Blase,
Ausdehnung ihrer Wandung und Druck auf dieselbe; auch Reizung
der Aftergegend kann die Entleerung hervorrufen. Die sensiblen
und motorischen Blasennerven, welche die Bahnen für diesen Reflexvorgang darstellen, verlassen das Lendenmark mit den Wurzeln der
Sacralnerven (wahrscheinlich des 3. — 5.) und gelangen mit diesen
direct oder durch die sympathischen Geflechte zu der Schleimhaut
und den Muskeln der Blase und der Harnröhre.

Ausserdem verlaufen aber auch noch motorische und sensible
Bahnen von der Blase im R.-M. aufwärts bis zum Gehirn: es ist
Budge gelungen, durch Reizung des R.-M. bis hinauf in die
Pedunculi cerebri Contractionen der Blase herbeizuführen; diese
Bahnen sollen in den Vordersträngen des R.-M. liegen. Dass ferner
die Bahnen für die willkürliche Erregung des Sphincter und der

Harnröhrenmuskeln ebenfalls durch das R.-M. bis zum Gehirn verlaufen, versteht sich von selbst.

Trotzdem steht wie es scheint dem Willen kein directer Einfluss
auf die Contraction des Detrusor zu. Wenn wir dennoch, auch ohne
gerade vorhandenen Harndrang, willkürlich die Blase entleeren können, so geschieht dies nach Goltz wahrscheinlich so, dass wir den
Sphincter entspannen und durch kräftige Action der Bauchpresse
einen Druck auf die Blasenwand ausüben, durch welchen dann die
reflectorische Contraction des Detrusor ausgelöst wird. Dass aber
durch unwillkürliche, reflectorische Einwirkung vom Gehirn aus der
Reflexmechanismus im Lendenmark in Thätigkeit gesetzt und Harnentleerung bewirkt werden kann, beweisen die Fälle, in welchen
nach psychischen Einwirkungen plötzliche Harnentleerung eintritt;
ferner die Thatsache, dass bestimmte Vorstellungen den Drang zur
Harnentleerung hervorrufen und erheblich steigern können. Die für
diese Einwirkungen bestimmten Verbindungsbahnen werden bei Reizung des R.-M. erregt und rufen Contraction der Blase hervor.

Dass für den Mechanismus der Blasenentleerung ebenso wie für
alle andern Reflexe auch Hemmungswirkungen bestehen, braucht kaum
erwähnt zu werden und wird durch die tägliche Erfahrung bestätigt.

Die Richtigkeit der im Vorstehenden entwickelten Anschauungen
kann man leicht durch sorgfältige Selbstbeobachtung constatiren und
sie findet auch in pathologischen Fällen reichliche Bestätigung. Man
muss nur auch hier genau beachten, dass Störungen der Harnentleerung nicht bloss von dem Centrum im Lendenmark ausgehen können, sondern auch von den sensiblen und motorischen Bahnen,
welche die Blase einerseits mit diesem Centrum, anderseits mit dem
Gehirn in Verbindung setzen. Die Verhältnisse können dabei allerdings auch sehr complicirte sein.

Ganz ähnliche Verhältnisse treffen wir bei den Vorgängen der
Erection und Ejaculation, die ebenfalls grösstentheils vom
R.-M. abhängen und über welche ebenfalls die Untersuchungen von
Goltz (l. c.) neues Licht verbreitet haben.

Die Erection des Penis wird bekanntlich nach Eckhard's
Untersuchungen[1] hervorgebracht durch directe Reizung der sog.
Nervi erigentes, die aus dem Plexus sacralis stammen und sich in
den Schwellkörpern verbreiten. Der Vorgang wird jetzt allgemein
betrachtet als eine Hemmungswirkung, welche die Nn. erigentes auf die
an den Penisgefässen vorhandenen Ganglienapparate (Lovén) aus-

---

1) Beitr. z. Anatomie und Physiol. Giessen. Bd. III., IV. u. VII.

üben; es tritt dadurch Nachlass des Gefässtonus und ein mächtiges
Einströmen von Blut in die Corpp. cavernosa ein, welches die Erection bedingt.

Diese Reizung der Nn. erigentes kommt auf reflectorischem Wege
zu Stande; das Centrum für diesen Reflex liegt im Lendenmark
(Goltz), denn man kann bei Hunden mit durchschnittenem Brustmark noch sehr leicht auf reflectorischem Wege Erection erzielen.

Der Reflex wird ausgelöst am sichersten durch Reizung (leichte
Reibung) der Haut des Penis und der Eichel; ferner auch von der
Haut der Unterbauch- und Dammgegend; von Reizung der Blase und
des Mastdarms, durch Einführen des Katheters, wahrscheinlich auch
durch Reizung der Hoden, durch stärkere Füllung der Samen-
bläschen u. s. w.

Der Reflex kann gehemmt und unterdrückt werden durch starke
periphere Reize sowohl, wie durch Einflüsse, welche vom Gehirn
kommen. Völlige Zerstörung des Lendenmarks macht ihn unmöglich.

Auch dem Gehirn steht ein gewisser Einfluss auf das Zustandekommen der Erection zu; allerdings besteht ein directer Einfluss des
Willens auf die Erection nicht; dieselbe kann nicht willkürlich
herbeigeführt werden. Wohl aber kann durch lüsterne Vorstellungen,
durch Anregung der Phantasie, durch den Anblick von Dingen welche
den Geschlechtstrieb erregen, Erection erzielt werden. Der Geschlechtstrieb hat offenbar seinen Sitz im Gehirn: von diesem cerebralen Centrum aus kann das mechanisch-reflectorische Centrum im
Lendenmark erregt werden. Die Bahnen, welche diese Erregung
vom Gehirn zum Lendenmark hinführen, müssen im R.-M. liegen.
In der That konnte Eckhard durch Reizung des R.-M. bis hinauf
in den Pons und die Pedunculi Erection herbeiführen. Dasselbe ist
der Fall bei manchen Rückenmarkskrankheiten. Wo aber diese
Bahnen auf dem Querschnitt des R.-M. liegen, ist noch unbekannt.

Ganz dieselben Verhältnisse wie für die Erection gelten auch
für die Ejaculation; auch diese ist ein einfacher Reflexvorgang,
dessen Centrum im Lendenmark liegt. Zu seiner Erregung scheint
aber ein etwas stärkerer und länger fortgesetzter Reiz erforderlich
zu sein. Die dazu gehörigen Nervenbahnen verlaufen wohl auch
grösstentheils im Plexus sacralis.

Auch auf die Uterusbewegungen ist das R.-M. von Einfluss.
Die motorischen Nerven für den Uterus liegen im R.-M. und lassen
sich durch Reizungsversuche bis hinauf ins verlängerte Mark verfolgen (W. Schlesinger[1]). Auch können reflectorisch vom

---

1) Ueb. d. Centra der Gefäss- u. Uterusnerven. Wien. med. Jahrb. 1874. I. S. 1.

Ischiadicus aus Uterusbewegungen ausgelöst werden. Das Centrum
für diese Bewegungen liegt nicht, wie man früher annahm, ausschliesslich in der Medulla oblongata, sondern es lassen sich im
ganzen R.-M. solche Bewegungscentren nachweisen (Schlesinger).
Das Hauptcentrum für die Wehenthätigkeit liegt nach Goltz[1]) im
Lendenmark. Nach Durchtrennung des Brustmarks finden sowohl
die den Begattungsact begleitenden Reflexe, wie die Wehenthätigkeit
und Geburt in normaler Weise statt. Auch die Vorgänge der Ovulation, der Entwicklung des schwangeren Uterus und der Milch-
drüsen, die Ausbildung der an die Fortpflanzung geknüpften Triebe
erleiden durch diese Operation keine nachweisbare Störung.

Auch beim Menschen hat man (Nasse) nach Zerquetschung
des Cervicalmarks normales Vonstattengehen des Gebäracts gesehen.

Auch die Irisinnervation ist zu einem Theile abhängig von
dem R.-M. — Die motorischen Bahnen für den Dilatator pupillae
liegen im Hals- und oberen Brustmark. Reizung dieser Partie bedingt Erweiterung der Pupille; sie wurde deshalb von Budge
als Centrum ciliospinale bezeichnet. Nach Salkowski (Dissert.
Königsb. 1867) soll aber dies Centrum viel höher oben, in der
Medulla oblongata, liegen. Die von ihm ausgehenden motorischen
Fasern verlaufen im Halsmark ungekreuzt nach abwärts, treten mit
den vordern Wurzeln der untern Hals- und der obern Brustnerven
aus, gelangen von hier in den Halssympathicus und von diesem aus
zum Auge. Durchschneidung dieser Fasern bewirkt Verengerung
der Pupille. (Denselben Weg nehmen die vasomotorischen Bahnen
für den Kopf und für das äussere Ohr.)

Der Einfluss des R.-M. auf die verschiedenen Secretionsvor-
gänge im Körper ist noch sehr wenig untersucht. Es ist wahrscheinlich, dass ein solcher Einfluss auf die Schweisssecretion, die
Speichelsecretion, wohl auch auf die Samenbereitung und Ovulation,
auf die Absonderung der Verdauungssäfte u. s. w. existirt. Genaueres
darüber wissen wir jedoch noch nicht.

Die einzigen positiven Angaben in dieser Richtung hat Eckhard[2]) in Bezug auf die Harnsecretion gemacht: Durchschneidung des Halsmarks soll eine dauernde vollständige Stockung der
Harnsecretion bewirken. Eckhard folgert aus seinen Versuchen,
dass ein Centrum für die Anregung der Harnsecretion in der Höhe

---

1) Pflüger's Archiv Bd. IX. S. 552.
2) Untersuchungen über Hydrurie. Beitr. zur Anatomie und Physiologie.
Bd. V. S. 147. 1570.

der Rautengrube liegen müsse; dass die von diesem Centrum ab-
gebenden erregenden Bahnen das R.-M. durch die obern Brustnerven verlassen, dass aber ferner die Harnsecretion hemmende
Bahnen im Splanchnicus liegen. — Die bei Rückenmarkskrankheiten
so gewöhnlichen qualitativen Veränderungen des Harns sind wohl
grösstentheils bedingt durch die Stauung des Harns in der gelähmten Blase und durch die zersetzenden Einflüsse, welche von secundären Blasenerkrankungen ausgehen.

Einer sehr kurzen Erwähnung nur bedarf die Lehre vom
Muskeltonus, welche vielfache Untersuchungen hervorgerufen hat,
aber für die Pathologie kaum zu verwerthen ist. Man versteht unter
Muskeltonus eine beständige schwache Innervation der quergestreiften
Muskeln durch eine vom R.-M. ausgehende Erregung. Neuere Untersuchungen haben gezeigt, dass es sich dabei wohl nur um eine
schwache reflectorische Erregung handelt, welche von sensiblen Erregungen der Haut, der Muskeln, Gelenke u. s. w. ausgeht und
hauptsächlich durch die verschiedene Lage und Stellung der Glieder
ausgelöst wird.

In Beziehung damit steht wohl auch die vieldiscutirte Frage
von dem Einfluss der hintern Wurzeln auf die Erregbarkeit der vordern. Während einige Physiologen (Harless,
Cyon, Steinmann u. A.) mit aller Entschiedenheit behaupten,
dass nach Durchschneidung der hintern Wurzeln die Erregbarkeit
der vordern sinke, wird von andern Beobachtern (v. Bezold,
Uspensky, G. Heidenhain u. A.) diese Angabe mit ebenso
viel Entschiedenheit bestritten. Die im Falle ihrer Richtigkeit dieser
Thatsache zugeschriebene grosse Bedeutung für die Pathologie existirt
jedoch nicht.

Ein Tonus der Gefässmuskeln scheint sicher zu existiren.
Die vasomotorischen Nerven sind die Leitungsbahnen für denselben;
sie werden in beständiger leiser Erregung erhalten durch die im
verlängerten Mark und im R.-M. nachgewiesenen Centren, und, nach
Ausschluss dieser, durch periphere Ganglienapparate, welche ebenfalls den Tonus der Gefässe erhalten können.

Der Tonus der Sphincteren der Blase und des Mastdarms
ist jedenfalls reflectorischer Natur und in erster Linie vom Lendenmark abhängig.

Die Anwendung der physiologischen Ergebnisse auf die Pathologie ist natürlich von der grössten Wichtigkeit; nur durch sie
erhalten wir Licht über so viele pathologische Vorgänge und ihren
Zusammenhang. Freilich kann uns die Physiologie bei Weitem

nicht Alles erklären und Vieles kann nur durch pathologische Beobachtungen und Untersuchungen zur Klarheit gebracht werden.

Das physiologische Experiment setzt ja in vielen Fällen einen pathologischen Zustand (Durchschneidung, Compression, Reizung u. s. w.); ähnliche Verhältnisse kommen gelegentlich auch beim Menschen durch die verschiedensten zufälligen Einwirkungen und durch Krankheiten vor; und gerade in diesen Fällen wird eine directe Anwendung der physiologischen Sätze auf die Pathologie besonders fruchtbringend sein.

Aber die beim physiologischen Experiment gesetzten Einwirkungen sind lange nicht so verschiedenartig, so umfassend und selten so genau localisirt, wie die pathologischen Veränderungen. Sie müssen der Natur der Sache nach ganz örtlich beschränkt sein, es handelt sich meist um Gewebstrennungen von sehr geringem Umfang und besonders von relativ geringer Längsausdehnung in der Richtung der Rückenmarksaxe. Sind ja doch einfache Durchschneidungsversuche bisher fast die einzige Grundlage der experimentellen Pathologie des R.-M.; und es wäre wohl an der Zeit, die mit so viel Glück am Gehirn angewendete Nothnagel-Fournié'sche Methode auch auf das R.-M. auszudehnen.

Eine einfache Ueberlegung zeigt, dass das physiologische und pathologische Experiment ausser Stande sind, nachzuahmen: die in der Längsaxe des R.-M. weit verbreiteten, auf bestimmte Theile localisirten Anomalien; die langsam progressiven Reizungs- und Lähmungszustände; die mässigen und allmälig zunehmenden und wechselnden Grade des Drucks; die feineren Ernährungsstörungen an Fasern und Zellen und die verschiedenen Arten dieser Ernährungsstörungen.

Speciell muss dann darauf hingewiesen werden, dass möglicher und sogar wahrscheinlicher Weise die Erregbarkeitsverhältnisse der Rückenmarkssubstanz durch pathologische Vorgänge wesentlich geändert werden können, so dass z. B. die kinesodische Substanz motorisch, die ästhesodische sensibel wird. So dürfen also die aus Versuchen am gesunden R.-M. entnommenen Schlüsse nur mit einiger Vorsicht und Reserve auf das R.-M. unter krankhaften Verhältnissen übertragen werden.

Diese Gründe mögen die Bedenken rechtfertigen, welche einer directen Uebertragung der physiologischen (in vieler Beziehung ja noch schlecht genug begründeten) Sätze auf die Pathologie des R.-M. entgegenstehen. Gleichwohl halten wir es nicht für unangemessen, einige von den aus physiologischen und pathologischen Erfahrungen abstrahirten Sätzen, soweit dieselben für das praktische Bedürfniss verwerthbar erscheinen, hier zusammenzustellen, gleichsam als einen Leitfaden für die Deutung und Erkenntniss der verwickelten pathologischen Vorgänge [1]).

1) Durchschneidung oder beschränkte Erkrankung der Hinterstränge hebt die Tastempfindung in den dahinter gelegenen Theilen auf, lässt aber die Schmerzempfindung bestehen.

2) Leitungsstörung der grauen Substanz in beschränkter Längsausdehnung hebt die Schmerzempfindung auf und lässt die Tastempfindung bestehen (Analgesie).

3) Erkrankung oder Zerstörung der eintretenden hintern Wurzelfasern (oder des von ihnen zunächst gebildeten Nervenfasernetzes) muss die Tastempfindung ebenso wie die Schmerzempfindung und die übrigen Empfindungsqualitäten in gleicher Weise beeinträchtigen.

4) Verletzung oder Erkrankung der Hinterstränge in der Höhe des Lendenmarks führt zur Abnahme der Tastempfindung am Anus, Perineum u. s. w., während Sensibilität und Motilität der untern Extremitäten intact bleiben; während dieselben Läsionen in den Seitensträngen des Lendenmarks für die untern Extremitäten dieselbe Bedeutung haben wie die der Hinterstränge im Dorsal- und Halsmark.

5) Wenn ein Theil des Querschnitts der grauen Substanz zerstört ist bei gleichzeitiger Erkrankung der Hinterstränge, tritt Verlangsamung der Empfindungsleitung auf und zwar um so hochgradiger, je kleiner der Querschnitt erhaltener grauer Substanz ist; ist aber dabei die Leitung in den Hintersträngen erhalten, so scheint sich diese Verlangsamung nur auf die Schmerzempfindung zu erstrecken, während die Leitung der Tastempfindung mit normaler Geschwindigkeit geschieht.

6) Zerstörung der Hinterstränge in ihrer ganzen Ausdehnung (einschliesslich der durchtretenden sensiblen Wurzelfasern) muss entsprechend ausgebreitete Anästhesie im Gefolge haben.

7) Beschränkte Zerstörung des ganzen Querschnitts der Hinterstränge und des ganzen Querschnitts der grauen Substanz hat völlige Anästhesie der dahinter gelegenen Körpertheile (und geschwächte Bewegung oder partielle Lähmung) zur Folge.

8) Ein die Hinterstränge in beschränkter Längsausdehnung treffender Reiz (Entzündung, Hyperämie u. s. w.) bewirkt: spontanen

---

1) Man vergl. darüber die von Schiff (Physiolog. S. 292) aufgestellten „Corollarien für die Pathologie" und die Sätze Brown Séquard's in dessen Course of Lect. on the Physiol. and Pathol. of the central nerv. system. 1860.

Schmerz nur in denjenigen Wurzeln, welche die erkrankte Stelle durchsetzen (Gürtelschmerz); subjective Tastempfindungen (Formication, Kriebeln, Taubsein, Hitze- und Kältegefühl) und etwas Hyperästhesie in den dahinter gelegenen Abschnitten.

9) Eine die Hinterstränge ebenso treffende Lähmungsursache bewirkt: einen dem Bereiche der gelähmten Nervenwurzeln entsprechenden völlig anästhetischen Reif; unterhalb dieses Reifs fehlen die sog. Tastempfindungen (oder sind erheblich vermindert); die Schmerzempfindung ist erhalten, wird aber schlecht localisirt.

10) Schreitet eine anfangs reizende, später lähmende Affection nach oben fort, so wandert der schmerzende Reif nach oben und hinterlässt einen allmälig an Breite zunehmenden anästhetischen Reif; in dem dahinter gelegenen Theil ist die Tastempfindung erloschen, doch können subjective Tastempfindungen (Formication, Pelzigsein u. dgl.) vorhanden sein.

11) Ist bei ungestörter Bewegung ein schmerzender Reif ohne Alienation des Tastgefühls vorhanden, so sind nur die Nervenwurzeln innerhalb oder ausserhalb des Marks erkrankt.

12) Bei Leiden der Hinterstränge und der grauen Substanz können hinter der erkrankten Stelle nur veränderte Tastempfindungen, aber keine excentrischen Schmerzen vorkommen (?); sind solche vorhanden, so deuten sie auf eine Mitbetheiligung der weiter hinten gelegenen Nervenwurzeln.

13) Desorganisation eines Vorderstrangs und Seitenstrangs und des grössten Theils der grauen Substanz ruft auf der gleichen Seite Lähmung hervor.

14) Zerstörung der Vorderstränge (und Seitenstränge) auf ihrem ganzen Querschnitt (einschliesslich der durchtretenden motorischen Wurzelfasern) hat entsprechend ausgebreitete Lähmung im Gefolge.

15) Beschränkte Zerstörung des ganzen Querschnitts der Vorderstränge (und Seitenstränge) und der grauen Substanz hat völlige Paralyse, ausserdem Analgesie, aber Erhaltung der Tastempfindung im Gefolge.

16) Erkrankung der Vorderseitenstränge und der kinesodischen Substanz allein bedingt Paralyse ohne Sensibilitätsstörung.

17) Erkrankung der motorischen Ganglien, in welche die motorischen Wurzeln zunächst eintreten, bewirkt Lähmung im Bereiche der zugehörigen Wurzeln, ohne Sensibilitätsstörung (aber mit trophischen Störungen).

18) Leiden der Vorderseitenstränge und der entsprechenden grauen Substanz ruft Contractur oder Convulsionen nur in den von

der erkrankten Stelle und ihren motorischen Wurzeln unmittelbar abhängigen Muskeln hervor; dagegen werden durch dasselbe Contracturen in den hinter der Erkrankungsstelle abgehenden Wurzeln und ihren Muskeln nicht bedingt (?).

19) Durch schwachen Druck auf das R.-M. kann Lähmung der Extensoren und dadurch secundäre Beugecontractur entstehen; dieselbe ist aber niemals sehr hochgradig.

20) Contracturen und Convulsionen der untern Extremitäten kommen auch bei Leiden höherer Markabschnitte als das Lendenmark vor; sie sind dann Folge der Miterkrankung der hintern Stränge und entstehen reflectorisch; auf dieselbe Weise kommen bei Krankheiten der Hinterstränge Krampferscheinungen in den weiter vorn gegen den Kopf gelegenen Theilen zu Stande.

21) Desorganisation der ganzen grauen Substanz in grösserer Längsausdehnung muss Anästhesie und Lähmung im Hinterkörper im Gefolge haben; ist die Läsion nur auf eine Stelle beschränkt, so kann die sensible und motorische Lähmung partiell sein.

22) Ist bei Affection des Halsmarks, welche die Extremitäten und den Rumpf lähmt, die Respirationsbewegung ganz intact, so sind die Seitenstränge nicht erkrankt.

23) Reizungszustände im Halsmark werden Dilatation, Lähmungszustände daselbst aber Verengerung der Pupille bewirken.

24) Halbseitenläsion des R.-M. hat nahezu vollständige Lähmung und erhöhte sensible Reizbarkeit auf der verletzten Seite, sehr geringe Bewegungsstörung und aufgehobene Sensibilität auf der entgegengesetzten Seite zur Folge.

25) Völlige Compression oder Trennung des R.-M. erhöht die Reflexe in dem dahinter gelegenen Abschnitt.

26) Bei umschriebener Zerstörung des Brustmarks gehen die vom Lendenmark vermittelten Reflexe (Harn- und Kothentleerung, Gefässtonus etc.) in nahezu ungestörter Weise vor sich; sie können nur nicht mehr durch den Willen modificirt werden.

27) Die Ernährung peripherer Theile (Muskeln, Nerven, Knochen, Gelenke, Haut etc.) bleibt bei den verschiedenen Rückenmarkskrankheiten intact, soweit die dazu gehörige graue Substanz normal bleibt.

Von nicht zu unterschätzender Wichtigkeit für die Pathologie ist der von Schiff aufgestellte Satz von der functionellen Ausgleichung partieller Rückenmarksläsionen; die Thatsache, dass bei Rückenmarksverletzungen ohne Ausgleichung der anatomischen

Läsion, doch eine anscheinend vollständige Herstellung der Function erfolgt. Schiff spricht sich dahin aus[1]), dass bei Verletzungen fast aller Rückenmarkspartien die dadurch entstandenen Functionsstörungen in der Weise compensirt werden können, dass eine intacte Rückenmarkspartie die Function der verletzten Partie mit übernimmt; nur die Verletzung der Hinterstränge führe zu einem dauernden Verlust der Tastempfindung, welcher nicht ausgeglichen werden könne.

Es handelt sich bei dieser functionellen Ausgleichung natürlich vorwiegend um vicariirende Uebernahme von Leitungsvorgängen durch die intacten Rückenmarksabschnitte. An und für sich hat diese Thatsache nicht viel Wunderbares, da wir ja in dem feinen nervösen Fasernetz wohl die anatomisch präformirten Bahnen für solche Leitungsübernahme erkennen dürfen.

Wie weit auch in der menschlichen Pathologie eine solche vicariirende Ausgleichung gehen kann, ist noch nicht ermittelt, aber es ist klar, von welch weittragender Bedeutung dieselbe für die Prognose und Heilung partieller Rückenmarksläsionen sein muss.

Hier dürften einige Bemerkungen am Platze sein über die anatomische Ausgleichung partieller Rückenmarksläsionen. Dass dieselbe recht häufig vorkommt und ziemlich weit gehen kann, lehrt die tägliche Erfahrung; Heilung von anscheinend recht schweren Rückenmarksläsionen ist ja nicht selten. Doch sind die genaueren histologischen Vorgänge dabei nicht bekannt: es ist noch nicht genauer erforscht, wie die etwa vorhandene chronische Entzündung, wie die verschiedenen degenerativen Vorgänge, die Sklerosen, Erweichungen, Hämorrhagien u. s. w. sich wieder ausgleichen und wie weit diese Ausgleichung geht.

Auch experimentell ist diese Frage noch sehr wenig untersucht, obgleich die Physiologen dazu Material genug gehabt hätten. Nach einigen in Bezug auf die Regeneration positiven Ergebnissen von Flourens, Brown-Séquard, H. Müller stellten in neuerer Zeit zuerst Masius und Vanlair[2]) eingehende Experimente an Fröschen an und constatirten nach Ablauf einer Reihe von (mindestens sechs) Monaten eine weitgehende Regeneration excidirter Rückenmarksabschnitte. Motilität und Sensibilität waren wieder hergestellt und in der Narbe fanden sich Nervenzellen und Fasern vor. — Bei den höheren Thierclassen besonders den Säugethieren

1) Centralbl. f. d. med. Wiss. 1872. Nr. 49.

2) Centralbl. f. d. med. Wiss. 1869. Nr. 39 und Arch. de Physiol. norm. et path. IV. p. 268.

scheint die Regeneration schwieriger und unvollständiger. Das geht
auch aus der neuesten Arbeit von Eichhorst und Naunyn[1]) hervor,
welche an ganz jungen Hunden experimentirten. Nach Durchschneidung oder Zerquetschung des unteren Brustmarks tritt zuerst völlige
Degeneration und Verflüssigung der unmittelbar getroffenen Theile
ein; später bildet sich eine Zwischensubstanz von neurogliaähnlichem,
zellenreichem Gewebe, welches eine centrale Höhlung umschliesst.
Weiterhin kommt es zur Regeneration von doppeltconturirten Nervenfasern, welche in spärlicher Zahl die Zwischensubstanz durchsetzen.
Eine Regeneration von Ganglienzellen wurde niemals gesehen. Diesen
Verhältnissen entsprechend kommt nach vielen Wochen (mindestens
8 — 10) eine theilweise Wiederherstellung der Function zu Stande:
zuerst treten wieder willkürliche, aber unvollkommene und „ataktische"
Bewegungen ein; die Sensibilität kehrt erst später wieder. Die Thiere
gehen trotzdem späterhin zu Grunde — wahrscheinlich an den Folgen
eines secundären Hydromyelus.

Diesen Resultaten gegenüber haben Goltz und Freusberg
bei ihren zahlreichen Experimenten an Hunden, die z. Th. ausserordentlich lange am Leben erhalten wurden, niemals Regeneration
und Wiederherstellung der Function eintreten sehen. Freusberg
kann deshalb auch seine Zweifel an der Richtigkeit der von Naunyn
und Eichhorst erhaltenen Resultate bezüglich der Herstellung der
Function nicht unterdrücken.[2])

Jedenfalls geht aus diesen Versuchen hervor, dass bei höheren
Thieren und wohl auch beim Menschen die Regeneration des völlig
zerstörten R.-M. immer eine sehr unvollkommene bleiben wird, wenn
sie überhaupt theilweise erfolgt.

III. Allgemeine Pathologie des Rückenmarks.

Wir beabsichtigen, in diesem Abschnitt eine kurze Zusammenstellung der hierher gehörigen Thatsachen und Erfahrungen zu geben,
aber nur insoweit als sie für die Praxis gegenwärtig von Wichtigkeit
und von Interesse zu sein scheinen. Wir werden dabei das Hauptgewicht auf die allgemeine Symptomatologie und die allgemeine
Therapie legen, während wir die allgemeine pathologische Anatomie übergehen zu dürfen glauben, da dieselbe zur Zeit einer für

1) Arch. f. experim. Pathol. und Pharmacol. Bd. II. S. 225. 1874.
2) Pflüger's Arch. Bd. IX. S. 390.

den Praktiker förderlichen Darstellung noch nicht fähig ist. Auch
die allgemeine Aetiologie und Diagnostik werden wir ihrem gegenwärtigen Stande entsprechend nur kurz zu berühren haben.

A. Allgemeine Symptomatologie der Rückenmarkskrankheiten.

Es handelt sich hier um eine systematische Aufzählung der
einzelnen Störungsformen bei Rückenmarkskrankheiten, theils um
ihre Bedeutung und Bezeichnung für den weiteren Text klar zu
machen, theils um dieselben auf ihre nächsten Ursachen zurückzuführen und ihre Pathogenese zu entwickeln, theils um jetzt schon
auf die häufigeren Gruppirungen derselben aufmerksam zu machen
Wir werden dadurch im speciellen Theil manche Wiederholung und
Weitläufigkeit ersparen.

1) Störungen der Sensibilität.

Sie kommen ungemein häufig und oft in sehr charakteristischer
Weise und Gruppirung vor; sie haben grosse Bedeutung für die
Diagnose und die Beurtheilung krankhafter Vorgänge im R.-M. Sie
müssen deshalb in allen Fällen genau ermittelt werden.

Bei der Untersuchung der sensiblen Störung müssen die einzelnen Empfindungsqualitäten streng von einander getrennt werden.
Man prüfe an der Haut das Tast-, Temperatur- und Kitzelgefühl, den
Drucksinn, Raumsinn und die Schmerzempfindung. Ueber die zweckmässigsten Methoden dazu vgl. Band XII. 1 dieses Handbuchs S. 190.
— Ferner hat man aber auch die unter dem Namen des Muskelgefühls und des Muskelsinns zusammengefassten Empfindungsqualitäten
zu prüfen. Ausser den im Band XII. 2 S. 209 und 210 angegebenen
Methoden empfiehlt es sich noch, eine von Leyden[1]) angegebene
Methode zur exacten Prüfung der Empfindung passiver Bewegungen
anzuwenden. Eines umfangreichen Apparates bedarf es dazu nicht;
man erzielt dieselben exacten Resultate, wenn man das Bein in ein
breites Handtuch hängt und dasselbe entweder in gestreckter Stellung
(zur Prüfung des Hüftgelenks) oder in halbgebeugter Stellung (zur
Prüfung des Kniegelenks) verschiedene Winkelbewegungen — nach
oben, unten, aussen und innen — vermittels dieses Handtuchs ausführen, und den Kranken die Grösse und Richtung dieser Bewegungen
angeben lässt. Zur Prüfung der passiven Bewegungen im Fussgelenk
umfasst man den Vorderfuss gleichmässig mit der Hand und führt die
passiven Bewegungen mit demselben aus. Da es sich dabei gewöhnlich um Kranke mit herabgesetzter Hautsensibilität handelt, genügt
diese Methode vollkommen.

---

1) Ueber Muskelsinn und Ataxie. Virch. Arch. Bd. 47. 1869.

a. Verminderung der sensiblen Thätigkeit. Anästhesie.

Sämmtliche durch die Haut, die Muskeln und andere tiefere
Theile vermittelten Sensationen können bei Rückenmarkskrankheiten
gelegentlich herabgesetzt sein; entweder nur in mässigem oder in
erheblichem Grade herabgesetzt, oder wohl auch vollständig vernichtet. Sie können alle gleichzeitig erloschen sein, oder es sind
nur einzelne vernichtet, die andern erhalten.

Gewöhnlich tritt die Sensibilitätsstörung zuerst an den untern
Extremitäten auf, sich allmälig nach oben weiter verbreitend, auch
auf die obern Extremitäten. Manchmal sind aber auch diese zuerst
befallen und die Anästhesie verbreitet sich nach abwärts. Sehr
gewöhnlich treten in Begleitung der Anästhesie verschiedene subjective Empfindungen auf: Gefühl von Pelzigsein, unsicheres Erkennen des Bodens, Gefühl des Gehens auf Watte oder einer mit Wasser
gefüllten Blase u. s. w.

Im Allgemeinen lässt das Auftreten von Anästhesie auf eine
Betheiligung der hintern Rückenmarkshälfte an der Erkrankung
schliessen.

Weit verbreitetes Auftreten einer totalen (alle Empfindungsqualitäten betreffenden) Empfindungslähmung kommt nur
vor bei Zerstörung des ganzen Querschnitts der Hinterstränge und
der grauen Substanz — also vorwiegend bei diffus über den ganzen
Querschnitt und über einen verschieden grossen Theil der Längsaxe
des R.-M. verbreiteten Erkrankungen, ferner bei völliger Trennung,
Quetschung oder Compression des R.-M. an irgend einer Stelle: dann
besteht die Anästhesie in allen Körpertheilen, deren Nerven hinter
der Läsionsstelle vom R.-M. abgehen.

Beschränkteres Auftreten einer totalen Empfindungslähmung kann in verschiedener Weise vorkommen:

als halbseitige Anästhesie — auf ein Bein, oder auf ein
Bein und die gleiche Rumpfseite, oder endlich auch noch auf den
gleichseitigen Arm localisirt; das kommt vor bei der traumatischen
oder spontan entstandenen Halbseitenläsion des R.-M. und zwar auf
der dem Sitze der Läsion entgegengesetzten Körperseite (wegen der
Kreuzung der sensiblen Bahnen im R.-M.). Der Muskelsinn bleibt
aber dabei gewöhnlich intact, weil sich die Fasern für denselben
höher oben kreuzen.

als gürtelförmige Anästhesie — als eine anästhetische
Zone von verschiedener Breite, welche in verschiedener Höhe das
Becken, oder das Abdomen, oder den Thorax oder wohl auch die

Schulter- und Halsgegend auf einer Seite oder auf beiden Seiten umzieht. Sie ist das Resultat einer localen, in Bezug auf die Längsausdehnung beschränkten, Erkrankung der hintern Wurzeln ausserhalb oder innerhalb des Marks; oder einer umschriebenen Erkrankung der grauen Hinterhörner, welche das durch die eintretenden Wurzelfasern gebildete Nervenfasernetz und die innerhalb der grauen Substanz vor ihrem Wiedereintritt in die Hinterstränge verlaufenden Bahnen betrifft.

endlich als circumscripte Anästhesie, auf einzelne Extremitäten oder Theile von solchen, auf das Bereich einzelner Nervenstämme beschränkt. Erkrankungen einzelner Wurzelbündel sind wohl hiervon die häufigsten Ursachen; doch können auch locale (in Bezug auf den Querschnitt des R.-M. partielle) Erkrankungen, welche nur bestimmte Längsfaserbündel treffen, diese Form hervorrufen; doch wird es sich dabei eher um partielle Empfindungslähmungen handeln. Es ist wahrscheinlich, dass die sensiblen Bahnen für die obern und untern Extremitäten, für die vordere und hintere Körperseite u. s. w. in bestimmter Weise im R.-M. angeordnet liegen; und es lässt sich leicht entnehmen, wie verschieden je nach horizontaler oder verticaler Ausbreitung der Rückenmarksläsion solche circumscripte Anästhesien sein können.

Es kommen aber auch partielle (auf einzelne Empfindungsqualitäten beschränkte) Empfindungslähmungen vor, und zwar nirgends häufiger als gerade bei den Rückenmarkskrankheiten; besonders ist es die Casuistik der Tabes dorsalis, welche davon die zahlreichsten Beispiele enthält.

Es können hier alle möglichen Combinationen vorkommen, wie sie im Band XII. 1. S. 180 angedeutet sind. Dem Untersuchenden am leichtesten auffallend und wohl auch die häufigste Form ist die Analgesie; doch können, wie gesagt, die verschiedensten Kategorien der partiellen Empfindungslähmung auftreten. Jede Empfindungsqualität kann gelegentlich einzeln ausfallen oder herabgesetzt sein, und wiederum können mehrere die gleiche Veränderung zeigen und nur eine einzelne ganz oder theilweise erhalten bleiben.

Man kann sich angesichts dieser Thatsachen kaum der Ansicht verschliessen, dass die verschiedenen Empfindungen getrennte Leitungsbahnen im R.-M. benützen und dass bei verschiedener Localisation der Erkrankung auf dem Querschnitt des R.-M. eben bald die eine und bald die andere Bahn vorwiegend betroffen wird. Genaueres darüber ist aber noch nicht mit Sicherheit ermittelt. Wahrscheinlich erscheint nur, dass die Schmerzempfindung nur durch

die graue Substanz geleitet wird und dass die Leitung der Tastempfindungen nur durch die Hinterstränge geschieht (Schiff). Dem
gegenüber nimmt Brown-Séquard an, dass alle Empfindungen
vorwiegend durch die graue Substanz geleitet werden, und er gibt
selbst bestimmte Theile derselben an, welche die betreffenden Faserbündel enthalten sollen. Je nach der Ausbreitung einer Erkrankung
über verschiedene Theile des Rückenmarksquerschnitts wird man
also ein verschiedenes Verhalten in dieser Beziehung zu erwarten
haben.

Praktisch Verwerthbares ist aus diesen dürftigen und unsicheren
Thatsachen nur wenig zu entnehmen. Sind Störungen der Sensibilität vorhanden, so wird man sich im Einzelfalle die Frage vorzulegen haben, ob eine Erkrankung der hinteren Wurzeln ausserhalb
oder innerhalb des R.-M. vorliegt, oder ob eine Leitungshemmung
innerhalb der grauen Substanz vorliegt oder ob gewisse sensible
Bahnen höher oben getroffen sind, nachdem sie die graue Substanz
schon wieder verlassen haben. Welche Merkmale wir zur Anstellung
dieser Unterscheidung dieser Angaben besitzen, aber auch wie
dürftig und ungenügend dieselben sind, ergibt sich leicht aus den
hier und in der physiologischen Einleitung gegebenen Daten.

Das Gleiche wie für die Hautsensibilität gilt auch für die sog.
Muskelsensibilität: sowohl der Muskelsinn wie das, was man
als Muskelgefühl bezeichnet[1]), kann bei spinalen Erkrankungen
herabgesetzt oder aufgehoben sein. Die Kranken haben das Schmerz-
gefühl in den Muskeln bei verschiedenen äusseren Einwirkungen
ebenso wie das Ermüdungsgefühl verloren; sie sind im Dunkeln und
bei geschlossenen Augen über die Lage ihrer Glieder im Unklaren,
haben das Gefühl für passive Bewegungen in denselben verloren,
ihre Fähigkeit zur Erhaltung des Körpergleichgewichts ist vermindert u. s. w.

Ueber die Lage der Bahnen, welche diese Empfindungen vermitteln im R.-M., wissen wir nur sehr wenig. Nach Brown-
Séquard soll wenigstens ein Theil dieser Leitungsbahnen auf der
gleichen Markhälfte bleiben und erst im verlängerten Mark eine
Kreuzung erfahren. Die Schlüsse für die Pathologie ergeben sich
daraus von selbst.

Eine unter physiologischen Verhältnissen nicht gerade seltene
Erscheinung ist die Verlangsamung der Empfindungsleitung. Dieselbe ist zuerst von Cruveilhier[2]) ohne Mittheilung

---

1) Vgl. darüber Bd. XII. 1. S. 209.
2) Anatom. patholog. Livrais. XXXVIII. p. 9.

specieller Fälle erwähnt, seitdem wiederholt und vielfach beobachtet,
aber erst in neuerer Zeit genauer untersucht worden.   Immerhin
aber ist diese merkwürdige Erscheinung noch lange nicht eingehend
genug geprüft.

Es handelt sich dabei um eine sehr merkbare und messbare
Verzögerung der Empfindung; während unter normalen Verhältnissen
die Empfindung unmittelbar auf die Einwirkung des Reizes folgt,
ist dieselbe in solchen Krankheitsfällen durch ein merkbares Zeit-
intervall von der Einwirkung des Reizes getrennt; häufig beträgt
dies Intervall nur Bruchtheile einer Secunde, nicht selten aber auch
eine und selbst mehrere Secunden; ja man hat einzelne Fälle gesehen, wo die Empfindung dem Reize nach 15 — 20 Secunden
(Cruveilhier), 30 Sec. (Topinard) und selbst nach mehreren
Minuten erst folgte. In solchen Fällen ist die Erscheinung natürlich
sehr leicht zu constatiren; in weniger ausgesprochenen Fällen kann
man durch exacte Messungsmethoden die Existenz und den Grad
der Verzögerung feststellen, wie dies Leyden und Goltz gethan
haben[1]). Je stärker die angewandten Reize sind, desto geringer
fällt die Verzögerung der Leitung aus.

In neuester Zeit ist die schon wiederholt gemachte Beobachtung
genauer constatirt worden, dass diese Verlangsamung sich nur auf
einzelne Empfindungsqualitäten bezieht und zwar vorwiegend auf die
Schmerzempfindung. E. Remak[2]) hat einen Fall publicirt, in welchem bei Application von Nadelstichen zuerst jedesmal eine Tastempfindung (Gefühl der Berührung durch die Nadelspitze) mit normaler Schnelligkeit erfolgte, an welche sich dann eine um 3 Sec.
verlangsamte Schmerzempfindung anschloss. In solchen Fällen ruft
jeder starke Reiz eine doppelte Empfindung hervor: zuerst eine
normal rasche Tastempfindung und dann eine verlangsamte Schmerzempfindung. Auch der von Naunyn in derselben Zeitschrift[3]) ver-
öffentlichte Fall scheint in gewisser Beziehung hierher zu gehören:
es bestand Verlangsamung der Schmerzempfindung mit gleichzeitiger
Hyperästhesie, während die Tastempfindung normal war. Vulpian[4])
sah Aehnliches in einem Falle von Tabes mit finaler Apoplexie:
nach einem Nadelstich tritt rasch ein leichter Reflex und erst nach
2—3 Sec. eine sehr ausgiebige und anhaltende Abwehrbewegung
ein. Ich selbst beobachte jetzt eben einen Tabiker, bei welchem

---

1) Leyden, Klinik der Rückenmarkskrankh. I. S. 146.
2) Arch. f. Psych. u. Nervenkrankh. Bd. IV. S. 763. 1574.
3) Ebendaselbst S. 760.
4) Arch. de Physiol. norm. et path. I. p. 405.

ich diese doppelte Empfindung sowohl für Nadelstiche und Kneifen, wie für schmerzhafte faradische Ströme constatiren konnte.

E. Remak hat in sehr eingehender Weise die Frage erörtert, ob nicht diese Verlangsamung der Leitung sich immer nur auf die Schmerzempfindung erstrecke und für die Tastempfindung nicht vorkomme; nach den bis jetzt vorliegenden Beobachtungen will es fast scheinen, als ob dies wirklich der Fall wäre; doch bedarf diese Frage noch weiterer sorgfältiger Untersuchung und es ist vorläufig nicht abzusehen, warum die Verlangsamung nicht gelegentlich auch die Tastempfindung betreffen sollte. In der Regel werden allerdings solche Fälle geprüft (Tabes dorsalis), in welchen die Tastempfindung mehr oder weniger herabgesetzt, die Schmerzempfindung aber noch erhalten ist. Sind beide erhalten, dann kann die Doppelempfindung eintreten. — Auch Topinard gibt an, dass es sich meist um eine Verlangsamung der Schmerz- und Temperaturempfindung handle [1]).

Durch physiologische Untersuchungen von Schiff ist es bekannt, dass eine Einengung des Querschnitts der grauen Substanz (bei intacten sowohl, wie bei durchschnittenen Hintersträngen) eine entsprechende Verlangsamung der Empfindungsleitung bedingt, die um so hochgradiger wird, je kleiner der Querschnitt intacter grauer Substanz ist [2]). Schiff konnte sogar auf Grund seiner Versuche das gelegentliche Vorkommen der Doppelempfindung beim Menschen vorhersagen, welches durch die schöne Beobachtung von E. Remak neuerdings constatirt wurde; er erwartet das Auftreten dieses Phänomens überall, wo bei Einengung des Querschnitts der grauen Substanz durch pathologische Processe die Hinterstränge intact geblieben sind [3]).

Es ist auf Grund dieser Thatsachen anzunehmen, dass überall da, wo die verlangsamte Empfindungsleitung vorhanden ist, eine Alteration der grauen Substanz vorliegt; es würde mit dieser Annahme in vollständiger Uebereinstimmung sein, wenn sich die Thatsache weiterhin bestätigen sollte, dass diese Verlangsamung immer nur die Schmerzempfindung und niemals die Tastempfindung

---

1) In neuester Zeit hat Hertzberg (Beitr. zur Kenntniss der Sensibilitätsstörungen bei Tabes. Diss. Jena 1875) an einigen genau untersuchten Fällen nachgewiesen, dass allerdings die Verlangsamung der Schmerzempfindung allein das häufigste Vorkommen bildet, dass aber auch nicht gerade sehr selten die Tast- und Temperaturempfindung, wenn auch in geringerem Grade, verlangsamt gefunden werden.

2) s. Schiff, Physiologie S. 245.

3) s. Physiol. S. 294. Coroll. 3. c.

betrifft. Von dem Verhalten der Hinterstränge würde es dann (nach Schiff) abhängen, ob die Tastempfindung überhaupt fehlt, oder wenn auch vermindert vorhanden ist, dann aber mit normaler Schnelligkeit eintritt.

Von grossem Interesse für diese Frage sind die Untersuchungen von Burckhardt[1]), welcher die spinalen sensiblen Leitungen isolirt zu messen versucht hat. Er fand, dass das R.-M. Schmerzeindrücke erheblich langsamer leitet als Tasteindrücke, und vermuthet deshalb, dass die graue Substanz überhaupt langsamer leitet als die weisse. Die Verlangsamung der tactilen Leitung unter pathologischen Verhältnissen führt er zunächst zurück auf einen Ausfall der weissen Substanz (Degeneration der Hinterstränge); je mehr die graue Substanz für die Leitung in Anspruch genommen wird, desto langsamer fällt dieselbe aus. Er ist aber fernerhin der Ansicht, dass jede Einengung der an und für sich schon langsamer leitenden grauen Substanz die Leitung noch mehr verlangsamen muss und zwar wird sie dann erst für die gröbere Untersuchung mit der Secundenuhr merkbar. So lange die graue Substanz intact ist, kann die Leitungsverzögerung nur mit feinen physiologischen Messapparaten constatirt werden.

Mit der Verlangsamung der Empfindungsleitung hängt vielleicht noch eine andere, bei den gleichen Kranken meist zu beobachtende Erscheinung zusammen, nämlich das Unvermögen, mehrere rasch auf einander folgende Gefühlseindrücke (z. B. Nadelstiche) richtig zu zählen. Gesunde vermögen mit vollkommener Sicherheit die Zahl selbst sehr rasch hinter einander applicirter Nadelstiche (2—6) anzugeben, während die Kranken dies nur dann vermögen, wenn die einzelnen Gefühlseindrücke in grösseren Intervallen auf einander folgen. Diese Intervalle sollen in einem directen Verhältniss zur gleichzeitig vorhandenen Verlangsamung der Empfindungsleitung stehen. Es dürfte also auch für diese Erscheinung eine Veränderung in der grauen Substanz verantwortlich zu machen sein. Uebrigens ist nicht wohl einzusehen, warum denn die Eindrücke nicht doch gesondert wahrgenommen werden, da doch für jeden einzelnen wohl die gleiche Leitungsverlangsamung stattfindet.

Es ist vielmehr wahrscheinlich, dass dies Phänomen mit einer andern Störung zusammenhängt, die man gewöhnlich gleichzeitig mit diesen Erscheinungen beobachtet, nämlich mit auffallend lange

---

1) Physiolog. Diagnostik der Nervenkrankheiten. Leipzig 1575.

dauernden Nachempfindungen nach Schmerzeindrücken. Die
Kranken äussern, nachdem man ihre Haut gekniffen oder mit einer
Nadel gestochen hat, weit länger und lebhafter Schmerz, als dies
bei Gesunden der Fall zu sein pflegt. Rasch auf einander folgende
Empfindungseindrücke fliessen deshalb zu einem zusammen, weil die
neue Empfindung mit der Nachempfindung der vorhergehenden zu-
sammenfällt. Auf welcher Veränderung des R.-M. diese Erscheinung
beruht, können wir zur Zeit nicht sicher angeben. Es kann dabei
an gleichzeitige Veränderung in den Hintersträngen und der grauen
Substanz gedacht werden.

b. Steigerung der sensiblen Thätigkeit.

Dieselbe gehört zu den gewöhnlichsten Erscheinungen bei Rückenmarkskrankheiten und kann in verschiedenen Formen auftreten:

- 1. als einfache Hyperästhesie: als eine mehr oder weniger
hochgradig gesteigerte Empfindlichkeit gegen alle möglichen sensiblen
Eindrücke, welche sich alsbald zum Schmerz steigern. Diese Hyperästhesie kommt gar nicht selten vor, in ähnlicher Weise und Verbreitung wie die Anästhesie und nicht selten dieser vorausgehend;
so kann z. B. eine gürtelförmige Hyperästhesie oberhalb oder unterhalb eines anästhetischen Gürtels zur Beobachtung kommen und mit
diesem ihre Lage am Rumpfe allmälig ändern. Es kann sich ferner
die Hyperästhesie auf einzelne Empfindungsqualitäten (Schmerz,
Temperaturempfindung, besonders für Kälte u. dgl.) beschränken
und sie kann in Verbindung mit particller Empfindungslähmung vorkommen.

Durch physiologische Untersuchungen ist bekannt, dass Durchschneidung der Hinterstränge eine anfangs rasch und selbst bis zu
grosser Höhe wachsende, dann sehr allmälig abnehmende und allmälig wieder verschwindende Hyperästhesie der hintern Körperhälfte im Gefolge hat[1]) und dass bei Trennung bloss eines Hinter-
stranges die Hyperästhesie auf die gleiche Seite beschränkt bleibt.
Diese Hyperästhesie nimmt noch zu, wenn man den Schnitt in die
Seitenstränge und einen Theil der grauen Substanz fortsetzt (Brown-
Séquard); sie tritt in viel schwächerem Grade auf, wenn bei intacten Hintersträngen die Seitenstränge oder die Vorderstränge durchschnitten werden.

Eine sichere Deutung dieser merkwürdigen Erscheinung ist
schwer zu geben: nach Türck und Schiff ist sie die Folge eines

---

1) s. Schiff, Physiol. S. 274.

Reizzustandes an den durchschnittenen Theilen und in ihrer Nachbarschaft und zwar speciell eines Reizzustandes der Hinterstränge.
Der feinere Mechanismus dieser Vorgänge ist aber noch unklar;
ebenso sind die dabei fungirenden Leitungsbahnen noch unbekannt.
Ob nicht dabei die durch den Schnitt gesetzte Einengung der sensiblen Leitungsbahnen und dadurch bedingte stärkere Erregung der
intacten Bahnen eine gewisse Rolle spielt?

Jedenfalls ist mit der Schiff'schen Annahme eines Reizzustandes in den Hintersträngen die Thatsache in befriedigender Uebereinstimmung, dass wir solchen Hyperästhesien weitaus am häufigsten
bei jenen Krankheitsformen begegnen, die wir auf Degeneration der
Hinterstränge zu beziehen uns gewöhnt haben. Gleichwohl ist es nicht
unwahrscheinlich, dass auch noch andere Vorgänge, z. B. an den
Nervenwurzeln bei Meningitis u. dgl. Hyperästhesie hervorrufen können.

2. als Parästhesie. Nichts ist gewöhnlicher, als Rückenmarkskranke über abnorme Sensationen klagen zu hören, die man
wohl am passendsten als subjective Tastempfindungen bezeichnet. So das Gefühl von „Pelzigsein“, „Taubsein“, „Kriebeln“,
„Formication“ u. dgl. Diese Empfindungen werden von Schiff auf
mässige Erregungen der Tastgefühlsbahnen in den Hintersträngen
zurückgeführt — eine Annahme, die angesichts der behaupteten
Unerregbarkeit der Hinterstränge (mit Ausnahme der durchtretenden
Wurzelfasern) etwas gewagt erscheint. Man müsste denn die —
gewiss nicht sehr unwahrscheinliche — Annahme machen, dass pathologische Vorgänge im Stande sind, die Erregbarkeit der Hinterstränge
dergestalt zu ändern, dass pathologische Reize Empfindungen auslösen.

Jedenfalls kann aber nicht ausgeschlossen werden, dass auch
Erregungen der eintretenden hintern Wurzeln die Quelle solcher
subjectiven Tastempfindungen sein können und ferner, dass ein
Theil derselben einfach auf eine Abstumpfung der Sensibilität (der
Tastempfindung) durch verschiedene Rückenmarkskrankheiten zurück-
zuführen ist.

Es kommen fernerhin subjective Temperaturempfindungen vor, ein Gefühl von Brennen oder von Kälte, das sehr
lebhafte Grade erreichen kann. Diese Empfindungen werden von
Brown-Séquard zum Theil geradezu auf directe Erregung der
die Temperaturempfindungen leitenden Fasern in der grauen Substanz zurückgeführt. Schiff dagegen glaubt, dass Veränderungen
in der Blutfülle der Haut, durch vasomotorische Störungen bedingt,
in den gleichzeitig hyperästhetischen Theilen mit erhöhter Lebhaftigkeit das Gefühl einer Steigerung oder Herabsetzung der Hautwärme

vermitteln; diese letztere Erklärung dürfte aber doch kaum für alle
Fälle ausreichen.

Hierher gehört wohl auch das Gürtelgefühl, jene eigenthümliche Empfindung, welche reifartig den Rumpf oder die Extremitäten umzieht und in den Kranken die Vorstellung erweckt, als
seien sie an den betreffenden Stellen mit einem Gürtel oder breiten
Bande fest umschnürt. Dieses Gefühl kann, wenn es oben am
Thorax sitzt, mit lebhafter Oppression einhergehen und wird immer
von den Kranken als sehr lästig empfunden. Es ist schon von
Cruveilhier beschrieben, kann am Rumpf in verschiedener Höhe
seinen Sitz haben, aber auch an den untern Extremitäten an verschiedenen Stellen, mit Vorliebe in der Gegend des Knie- und Fuss-
gelenks, ein- oder doppelseitig, auftreten.

Dies Gefühl wird wahrscheinlich hervorgerufen durch eine
schwache Erregung der eintretenden hintern Wurzelfasern bei einer
beschränkten Längsausdehnung der Rückenmarkserkrankung. Es
entspricht gewöhnlich entzündlichen oder andern irritativen Zuständen des R.-M. und geht aus von den an der oberen Grenze derselben
befindlichen Wurzelfasern. Doch können auch alle möglichen andern
localen Erkrankungen des R.-M. und seiner Nachbartheile, falls sie
die hintern Wurzeln in mässigem Grade irritiren, dies Symptom hervorrufen.

3. als Schmerz. Er fehlt selten bei Rückenmarkskrankheiten
vollständig, tritt vielmehr häufig in den allerverschiedensten Formen
und Verbreitungsweisen auf.

Sehr charakteristisch sind besonders die sog. lancinirenden
oder neuralgiformen Schmerzen, die für das Prodromalsta-
dium der Tabes dorsalis fast pathognomonisch sind. Man versteht
darunter meist sehr heftige, periodisch und nach bestimmten Veranlassungen (besonders bei Witterungswechsel, Regen, Sturm, Schnee-
gestöber) auftretenden, manchmal mehr continuirlich vorhandene
Schmerzen, die sich auf einen bestimmten Nerven oder auf einzelne
Fasern desselben oder auf bestimmte Hautstellen localisiren, hier
eine Zeit lang toben, um dann alsbald an einer andern Stelle aufzutreten, während sie selten längere Zeit an einer Stelle verweilen.
Diese Schmerzen werden als reissend, schiessend, blitzähnlich durch-
fahrend geschildert; die Kranken haben die Empfindung als werde
ihnen ein Messer oder ein glühender Draht ins Fleisch gebohrt;
oder es ist ihnen, als seien einzelne Theile der Extremitäten wie in
einen Schraubstock gespannt u. dgl.; häufig sind diese Schmerzen
in die Tiefe, in die Knochen localisirt, nicht selten aber auch in die

Haut und hier sind sie oft mit circumscripten Hyperästhesien verbunden. Sie treten mit Vorliebe des Nachts auf, sind nicht selten mit circumscripten vasomotorischen Störungen, hie und da auch mit reflectorischen Muskelzuckungen verbunden. Sie können in allen möglichen Nervengebieten vorkommen, sind allerdings am häufigsten in den untern Extremitäten und am Rumpf, hier die Intercostalneuralgie oft täuschend genug copirend, kommen aber auch in den obern Extremitäten und selbst im Trigeminusgebiet vor.

Fast allgemein führt man die Entstehung dieser Schmerzen auf Reizung der hintern Wurzelfasern zurück; von ihrer Betheiligung an der Erkrankung (es handelt sich in solchen Fällen fast nur um Degeneration und Sklerose der Hinterstränge und zwar nach Charcot ausschliesslich der sog. äusseren Bänder derselben, welche die inneren Wurzelfasern enthalten) wird die Ausbreitung und Localisation der Schmerzen bestimmt. — Immerhin aber bleibt die Möglichkeit offen, dass unter pathologischen Verhältnissen auch eine Reizung der Längsfasern der Hinterstränge oder der grauen Substanz zur Entstehung solcher excentrischer Schmerzen führen könne, obgleich diese letztere für gewöhnlich nur ästhesodisch ist.

Die Localisation solcher und ähnlich bedingter Schmerzen auf die Dorsal- und einen Theil der Lumbalnerven bedingt den Gürtelschmerz. Das sind neuralgiforme Schmerzen, welche unter dem Bilde einer doppelseitigen Intercostal- oder Lumbo-abdominalneuralgie in verschiedener Höhe des Rumpfes auftreten können, manchmal auch nur auf eine Seite beschränkt sind. Dieselben kommen vor bei umschriebenen Reizzuständen im Dorsalmark, noch häufiger bei Erkrankungen, welche die sensiblen Wurzeln direct irritiren, so besonders bei Entzündung, Caries, Carcinom der Wirbel etc.; sie sind ein werthvolles Zeichen gerade für diese letzteren Erkrankungen und verrathen oft sehr frühzeitig den Beginn und Sitz eines schweren Leidens, welches allmälig zur Compression des R.-M. selbst führt.

Gelegentlich und gerade nicht selten beobachtet man aber auch mehr oder weniger diffuse Schmerzen in den untern Extremitäten und in den unterhalb der Erkrankungsstelle gelegenen Rumpfabschnitten. Diese Schmerzen können sehr verschiedenen Grades sein und werden von den Kranken als ein mehr oder weniger verbreitetes, höchst unangenehmes und schwer zu beschreibendes Wehgefühl geschildert, das meist continuirlich ist, zu Zeiten jedoch exacerbirt. Bei dem einen Kranken sind die Füsse und Unterschenkel vorwiegend der Sitz dieser Schmerzen, der andere klagt mehr über den Rücken, das Kreuz oder die Oberschenkel; sehr gewöhnlich werden diese Schmerzen hervorgerufen oder gesteigert durch spontane oder reflectorische Zuckungen und Krämpfe in den unteren (gelähmten) Extremitäten oder durch Bewegungsversuche. Sie kommen vor in den verschiedensten Fällen von diffuser, transversaler Myelitis, bei Compression des R.-M. mit nachfolgender Myelitis, bei acuter und chronischer Meningitis spinalis u. s. w.

Die Entstehungsweise dieser Schmerzen ist z. Th. noch dunkel. Zunächst hat man wohl an eine directe Reizung der Wurzelfasern innerhalb oder ausserhalb des R.-M. zu denken; es ist aber wahrscheinlich, dass auch eine Reizung der ästhesodischen Bahnen im R.-M. dieselbe Wirkung haben kann, obgleich das nach Schiff nicht möglich sein soll; er meint, dass in solchen Fällen sich die Erkrankung immer auf die betreffenden Wurzelfasern erstrecke. Es ist aber aus vielen Thatsachen wahrscheinlich, dass pathologische Zustände die Erregbarkeit der ästhesodischen Substanz erheblich ändern können und es ist möglich, dass pathologische Reize anders wirken als unsere grobmechanischen oder elektrischen Einwirkungen. Auch eine etwa vorhandene Hyperästhesie kann bei der Entstehung solcher Schmerzen mitwirken.

Eine besondere Erwähnung verdient der bei Rückenmarkskrankheiten so gewöhnliche Rückenschmerz. Er begleitet eine grosse Anzahl spinaler Erkrankungen, tritt in sehr mannigfaltiger Weise auf und ist in den einzelnen Fällen wohl auf verschiedene Entstehungsursachen zurückzuführen. So kommen zunächst rheumatische oder rheumatoide Schmerzen im Rücken vor; sie sind auf einzelne Muskeln localisirt, treten bei bestimmten Bewegungen, bei der Respiration, bei Druck auf und sind fast immer auf Erkältung zurückzuführen. Während sie schon bei Gesunden gelegentlich vorkommen, sind sie bei Spinalleidenden, die gegen Kälteeinwirkung sehr empfindlich sind, ganz besonders häufig und werden bei diesen auch in ähnlicher Weise durch mancherlei das R.-M. schwächende oder irritirende Einwirkungen (z. B. reichlichen Alkoholgenuss, geschlechtliche Excesse) hervorgerufen.

Ferner beobachtet man hyperästhetische Schmerzen im Rücken; sie erscheinen als Brennen, Reissen, oder auch als mehr dumpfer Schmerz in der Haut des Rückens, besonders zwischen den Schulterblättern, oder an einzelnen Dornfortsätzen, welche gegen Druck und Berührung dann hochgradig empfindlich sind (Spinalirritation). Dieser Schmerz deutet auf abnorme Reizungszustände und Hyperästhesie der hintern Wurzeln und der Hinterstränge und kann je nach der Ausbreitung dieser Vorgänge mehr oder weniger diffus

sein. — Die früher erwähnten excentrischen neuralgiformen
Schmerzen können natürlich ebenfalls am Rücken vorkommen.
Sie sind sehr heftig, reissend, bohrend, an verschiedenen Stellen
localisirt, mit Vorliebe in der Nacken- oder Lendengegend je nach
dem Sitze der Läsion. Entzündungen, Blutungen, Tumoren, Degenerationen etc. des R.-M. rufen diese Schmerzen hervor und sie
deuten wohl zumeist auf pathologische Irritation der Wurzelfasern.
— Von besonderer Bedeutung ist häufig der Schmerz bei Wirbelerkrankungen: er ist auf einen oder mehrere Dornfortsätze localisirt, tritt besonders bei Druck auf diese und bei Bewegungen hervor, ist meist mit excentrischen Gürtelschmerzen verbunden und die
Wirbelsäule pflegt dabei sehr steif gehalten zu werden; doch kommt
dies auch bei andern Arten des Rückenschmerzes ohne Wirbeler-
krankung vor.[1])

Man prüft die an der Wirbelsäule localisirten Schmerzen am
besten durch Druck auf die Dornfortsätze oder Beklopfen derselben
mit dem Percussionshammer oder mit der Faust; ferner durch starke
Beugungen der Wirbelsäule, durch einen kräftigen Stoss auf die
Schultern oder den Kopf u. dgl.; die hyperästhetischen Partien
kann man aber auch sehr gut durch Ueberfahren des Rückens mit
einem in kaltes oder heisses Wasser getauchten Schwamm oder
durch die elektrische Untersuchung ermitteln.

Einer kurzen Erwähnung bedarf endlich noch der Kopfschmerz,
welcher auch abgesehen von zufälligen Complicationen (Fieber, Ge-
hirnleiden) bei Spinalleiden eine nicht allzu seltene Erscheinung ist.
Eine directe Betheiligung der sensiblen Fasern des Plexus cervicalis
an der Rückenmarksläsion kann zu demselben (Occipitalschmerz)
Veranlassung geben; ebenso wird nicht selten der Trigeminus in
Mitleidenschaft gezogen, der ja eine aufsteigende Wurzel aus dem
Cervicalmark erhält; endlich beobachtet man auch nicht selten Kopf-
schmerzen, die an Hemicranie erinnern und vielleicht auf eine Betheiligung der im Halssympathicus liegenden und aus dem Cervicalmark stammenden Bahnen zurückzuführen sind. Es ergibt sich daraus, dass irgend wie andauernde und heftigere Schmerzen am Kopfe
vorwiegend auf Affectionen des Cervicalmarks zurückzuführen sind.
Sie kommen in entsprechender Weise bei Tabes, bei Herdsklerose,
Bulbärparalyse, Tumoren des Halsmarks u. s. w. vor.

---

1) Vergl. auch A. Mayer, Die Bedeutung des Rückenschmerzes bei Erkrankungen des Rückenmarks und der umgebenden Theile. Arch. der Heilk. I.
S. 319. 1860.

2) Störungen der Motilität.

Sie sind die gewöhnlichsten und in vielen Fällen das Krank-
heitsbild dominirenden und die Kranken am schwersten belästigenden
Symptome der Rückenmarkskrankheiten. Sie verlangen in allen
Fällen ein ganz besonders genaues Studium.

Ueber die Art und Weise, wie die Untersuchung der motorischen Apparate am besten vorzunehmen sei, habe ich mich
im Bd. XII. dieses Handbuchs, 1. Abth. S. 239 ff. ausführlich ausgesprochen und verweise auf die daselbst gegebene Anleitung. Es
kann nicht genug betont werden, dass eine möglichst eingehende und
allseitige Untersuchung dieser Verhältnisse in allen Fällen dringend
geboten ist; nur dadurch wird in vielen diagnostisch schwierigen Fällen eine genauere Einsicht in den Krankheitsfall ermöglicht und nur
dadurch werden wir allmälig dahin gelangen, schärfer definirte Krankheitsbilder zu umgrenzen, als dies bis jetzt möglich ist.

a. Abnahme der Motilität.   Schwäche und Lähmung.

Die verschiedensten Grade der „Lähmung", von der leichtesten
Parese bis zur vollständigen Paralyse kommen bei Rückenmarks-
krankheiten vor; und ebenso beobachtet man die mannigfachste
Localisation der Lähmung, wenn auch in sehr verschiedener
Häufigkeit.

In den frühesten Stadien klagen die Kranken über rascheres
Ermüden, über herabgesetzte Leistungsfähigkeit und Ausdauer ihrer
Extremitäten dann über eine geringe, nur ihnen selbst bemerkbare
Schwäche und Unsicherheit gewisser Bewegungen; endlich bemerkt
man ein leichtes Nachschleppen der Beine. Besonders auffällig ist
in solchen frühen Stadien häufig die Unfähigkeit, längere Zeit ruhig
zu stehen.

Allmälig werden die Schwächeerscheinungen deutlicher: es
wird den Kranken zunehmend schwerer auf einen Stuhl zu steigen,
Treppen zu steigen; jedes kleine Hinderniss auf ihrem Wege belästigt sie und hält sie auf; die Leistungsfähigkeit wird immer geringer, kurze Wege erschöpfen die Kranken schon völlig, sie müssen
alle paar Schritte stehen bleiben oder sitzen u. s. w.

So geht die Sache nach und nach der völligen Lähmung, der
absoluten Unbeweglichkeit der Muskeln entgegen; es können in dieser
langsamen Weise Wochen, Monate und Jahre vergehen, bis die Paralyse complet geworden ist.

Andererseits kann aber die vollständige Lähmung auch in fast
plötzlicher Weise, im Laufe von wenigen Minuten oder Stunden entstehen; nicht selten bemerken bettlägerige Kranke erst in dem Mo-

mente, wo sie ihre Glieder gebrauchen wollen, dass dieselben mehr oder weniger vollständig gelähmt sind: so unbemerkt und rasch kann sich die Lähmung entwickeln. Das hängt von der zu Grunde liegenden Erkrankung des R.-M. ab.

So weit unsere jetzigen Erfahrungen reichen (und sie sind gerade in dieser Beziehung noch mangelhaft genug), haben wir bei vorhandenen spinalen Lähmungserscheinungen zunächst an eine Affection der vorderen Rückenmarkshälfte zu denken, und zwar scheinen es nach pathologischen Erfahrungen speciell die Seitenstränge und die grauen Vordersäulen zu sein, von welchen die schwersten Störungen der willkürlichen Beweglichkeit ausgehen. Ueber die Rolle der eigentlichen Vorderstränge beim Menschen befinden wir uns noch im Unklaren. — Es ist klar, dass die Lähmungsursache an verschiedenen Stellen ihren Sitz haben kann: in den vordern Wurzeln innerhalb oder ausserhalb des Marks, in den grossen (motorischen) Ganglienzellen der grauen Vordersäulen und ihren nächsten Ausläufern, oder endlich in den weiterhin in den Vorderseitensträngen zum Gehirn ziehenden Bahnen. Ferner kann die Läsion eine circumscripte sein, oder sie kann über einen grösseren Theil des Längsschnitts des R.-M. sich verbreiten.

Es ist weniger die Art und Weise und die Verbreitung der Lähmung selbst, als vielmehr die Combination derselben mit anderweitigen Erscheinungen, welche mancherlei Anhaltspunkte für die genauere Feststellung dieser Localisationen gibt. So kann das Fehlen oder Vorhandensein der Reflexbewegungen, der secundären Muskelatrophie, der Muskelspannungen und Contracturen, der elektrischen Erregbarkeitsänderungen u. s. w. für manche Fälle sehr wichtige Merkmale für den Sitz der lähmenden Ursache abgeben und es ist wohl erlaubt, einiges hierher Gehörige kurz anzudeuten:

Lähmung mit rasch eintretender hochgradiger Atrophie und mit Entartungsreaction[1] deutet auf Erkrankung der vordern Wurzeln (selten) oder der grauen Vordersäulen (häufiger). Dabei fehlen alle Reflexe.

Lähmung mit Muskelspannungen und Contracturen und ohne Atrophie ist mit grosser Wahrscheinlichkeit auf eine Affection der Seitenstränge zu beziehen.

Lähmung mit erhaltenen Reflexen und ohne Atrophie deutet auf Affection der zum Gehirn aufsteigenden Bahnen jenseits der grauen Substanz (oder doch jenseits der Vordersäulenganglien). Es handelt

---

1) s. Bd. XII. 1. S. 357.

sich hier gewöhnlich um circumscripte Leitungsstörungen, während das unterhalb gelegene Ende des R.-M. intact bleibt.

Lähmung mit trophischen Störungen lässt eine Affection der grauen Substanz vermuthen, da primäre Wurzelaffectionen sehr selten sind.

Sehr verbreitete Lähmung mit hochgradiger Atrophie, Entartungsreaction, Fehlen der Reflexe deutet auf eine weit verbreitete Läsion der vorderen grauen Substanz.

Lähmung im Bereiche bestimmter Wurzelpaare (z. B. der obern Extremitäten allein, oder beider Nervi crurales u. dgl.) deutet auf genau localisirte Wurzelerkrankung oder Läsion der grauen Vordersäulen.

Natürlich sind diese Sätze keineswegs erschöpfend und geben nur ungefähre Anhaltspunkte; die Schwierigkeit dieser Unterscheidungen ist gegenwärtig noch sehr gross; sie kann durch mannigfache anderweite Combinationen (Krämpfe, Anästhesie, Schmerzen, Blasenlähmung u. dgl.) in manchen Fällen gemindert, häufig genug aber auch noch gesteigert werden. Solche Combinationen sind sehr gewöhnlich und treten besonders bei den verschiedenen Formen der Myelitis in buntester Weise auf.

Noch viel unsicherer als auf den Sitz der Läsion sind die Schlüsse, welche aus den Lähmungserscheinungen auf die Art der Läsion im R.-M. gezogen werden können. Die Diagnose derselben ergibt sich gewöhnlich aus dem Gesammtkrankheitsbild.

In Bezug auf die Ausbreitung der Lähmung sind noch einige Bemerkungen zu machen.

Weitaus der häufigste Fall ist der, dass die untern Extremitäten und zwar meist beide zugleich oder doch kurz nach einander von der Parese oder Paralyse befallen werden und dass diese dann allmälig nach oben weiter fortschreitet, successive den Rumpf und die obern Extremitäten ergreifend. In der That ist die Paraplegie eine so charakteristische Form der spinalen Lähmung, dass man bei dem Vorkommen derselben immer zuerst an eine spinale Erkrankung zu denken hat. (Eine in dieser Form auftretende Parese wird wohl auch als Paraparese bezeichnet.) Lähmung beider untern Extremitäten und des Rumpfs bis zu verschiedener Höhe, begleitende Sensibilitätsstörung, Blasen- und Mastdarmlähmung, Decubitus — das ist das gewöhnliche Bild; doch können die letzteren Erscheinungen auch völlig fehlen.

Am häufigsten sind es in Bezug auf den Querschnitt diffuse Markerkrankungen, welche die Paraplegie bedingen; oder völlige

Compression des R.-M. durch Wirbelcaries, Geschwülste u. dgl.; doch
kommt Paraplegie auch vor bei streng auf die motorischen Apparate
localisirten Affectionen (z. B. bei der spinalen Kinderlähmung, bei
Blutergüssen in die grauen Vordersäulen u. s. w.).

Werden bei einer Paraplegie auch die obern Extremitäten und
schliesslich die Respirationsmuskeln mitergriffen, so entsteht das Bild
der Paralysis spinalis universalis, wie es bei verschiedenen
im speciellen Theil zu schildernden Spinalleiden beobachtet wird.

Sind bloss die beiden obern Extremitäten von der Lähmung
ergriffen, die Beine dagegen frei, so hat man die Paraplegia
brachialis oder cervicalis. Sie ist eine im Ganzen seltene
Lähmungsform. Sie kommt vor bei Processen, welche die vordern
Wurzeln der Cervicalanschwellung isolirt betreffen, oder bei ganz
circumscripten Läsionen der grauen Vordersäulen in der Halsanschwellung (so bei der spinalen Kinderlähmung, der progressiven
Muskelatrophie, vielleicht auch der Bleilähmung?). Bei Erkrankungen
der weissen Stränge wird nur selten eine isolirte Affection der Bahnen für die obern Extremitäten vorkommen.

Als Hemiplegia spinalis (Brown-Séquard) bezeichnet
man eine gleichseitige Lähmung der einen obern und untern Extremität aus spinaler Ursache; das Gesicht bleibt dabei frei. Das
kommt bei halbseitiger Erkrankung oder Verletzung des R.-M. vor
und befindet sich dann die motorische Lähmung auf der gleichen
Seite mit der Rückenmarksläsion, während auf der andern Seite
sensible Lähmung vorhanden ist. Beschränkt sich diese Lähmung
auf eine untere Extremität, so nennt man das Hemiparaplegia
spinalis. Das Nähere darüber siehe unten in dem Abschnitt über
Halbseitenläsion des R.-M.!

Es kommen endlich aber auch noch in zahlreichen Fällen
partielle Lähmungen aus spinaler Ursache vor. Sie können
auf eine einzelne Extremität, auf einzelne Muskelgruppen und Nervengebiete und selbst auf einzelne Muskeln beschränkt sein. Das hängt
ganz von der Art und Ausbreitung der Läsion im R.-M. ab. Es
sind gewöhnlich ganz umschriebene örtliche Veränderungen, welche
keine grosse Neigung haben sich weiter auszubreiten, die solchen
partiellen Lähmungen zu Grunde liegen: kleine Blutergüsse in das
Mark, umschriebene myelitische Herde in der grauen Substanz,
kleine sklerotische Inseln u. s. w. Die Unterscheidung von circumscripten Wurzelaffectionen oder von andern peripheren Lähmungen
ist häufig schwierig oder selbst unmöglich.

b. Mangelhafte Coordination der Bewegungen. Ataxie.

Diese eigenthümliche und häufige Bewegungsstörung ist in den letzten Decennien, seit Duchenne die „Ataxie locomotrice" in die Nosologie eingeführt hat, der Gegenstand zahlreicher Debatten gewesen.

Die Ataxie charakterisirt sich dadurch, dass die Kranken alle combinirten oder complicirten Bewegungen unsicher und unexact ausführen, ja selbst schliesslich gar nicht mehr ausführen können, obgleich die einfachen Einzelbewegungen und ebenso auch die grobe Kraft der Muskeln erhalten oder nur unerheblich gestört sind.

Diese Störung wird zumeist beim Stehen und Gehen bemerkt: Unsicherheit des Gehens und Stehens, stampfendes Aufsetzen der Füsse, excessive, schleudernde Bewegungen derselben; falsche Richtung und Ausdehnung der vielfach stossweise und zuckend auftretenden Bewegungen der Beine sind die Hauptcharakteristica dieser Störung.

Bald ist eine erhöhte Controle von Seiten der Augen nöthig; die Kranken müssen beim Gehen auf ihre Füsse und auf den Boden sehen; im Dunkeln oder bei geschlossenen Augen nimmt die Unsicherheit erheblich zu, besonders wenn gleichzeitig Sensibilitätsstörungen der Beine vorhanden sind. — Bald ist das Gehen nur noch mit Hülfe eines Stockes oder zweier Stöcke, und schliesslich gar nicht mehr möglich; ebenso das Stehen.

Im Liegen dagegen sind anfangs alle Einzelbewegungen noch leicht und sicher ausführbar, selbst mit normaler Kraft; jedoch ist meist schon früh eine deutliche Abnahme der Kraft und besonders auch der Ausdauer der Bewegungen wahrzunehmen. Alle complicirten Bewegungen dagegen (Beschreiben eines Kreises oder einer andern Figur mit der Fussspitze, Berühren vorgehaltener Gegenstände mit den Zehen etc.) sind auch im Liegen mehr oder weniger gestört: ihre Regelmässigkeit wird durch Zickzackbewegungen unterbrochen. Das macht sich schliesslich auch bei den einfachen Bewegungen geltend: da und dort wird das Bein ruckweise aus der beabsichtigten Bewegung gerissen, oder es fällt an einer andern als der beabsichtigten Stelle auf die Unterlage zurück.

In den höchsten Graden der Ataxie setzt jeder Innervationsversuch eine Menge von Muskeln in Bewegung; die Glieder werden in unregelmässiger Weise hin und her geschleudert und gerathen in klonische, schüttelnde Bewegungen, welche der Herrschaft des Willens entzogen sind. Diese Bewegungen können sich von einem Bein auf das andere verbreiten, in den höheren Graden selbst auf den Rumpf und die Arme; sie hören auf, sobald keine willkürlichen Bewegungen intendirt werden.

In den Armen und Händen beobachten wir denselben Verlauf der Bewegungsstörung: alle complicirten, feineren Bewegungen werden unsicher, schleudernd, zappelnd, zuletzt ganz unausführbar. Beim Greifen nach einem vorgehaltenen Gegenstand fahren die Kranken daran vorbei, sie spreizen die Finger in dem Moment wo sie zugreifen wollen, sie bewegen die Hand in lebhaften Zickzackbewegungen vorwärts und erreichen nur mit Mühe und nach vielen Umwegen das Ziel. Sie können die Speisen nicht mehr zum Munde führen, verschütten den Inhalt des Löffels und des Glases, stossen sich mit diesen Gegenständen ins Gesicht etc. Das Zuknöpfen der Kleider, das Nähen, Schreiben, Klavierspielen werden bald unmöglich durch die unwillkürlichen störenden Bewegungen. Auch hier kommt es in den höchsten Graden zu einem Schütteln und Zappeln, das jede motorische Intention begleitet und die Kranken vollkommen hülflos macht.

Aber auch in den Armen bleibt die grobe Kraft oft sehr lange erhalten, die einfachen Beuge- und Streckbewegungen gehen ganz gut; die Kranken drücken Einem kräftig die Hand und vermögen passiven Bewegungen sehr energischen Widerstand entgegenzusetzen.

In seltenen Fällen scheint dieselbe Bewegungsstörung sich auch auf die Sprache und selbst auf die Augenbewegungen zu erstrecken.

Eine genauere Untersuchung des Phänomens ergibt sofort, dass es sich dabei um eine eigenthümliche Art der motorischen Störung handelt. Die einfache motorische Leitung ist nicht gestört; die Ausführung aller einfachen Bewegungen ist durchaus möglich; die Kraft der Muskeln ist oft für lange Zeit erhalten, oder doch nur wenig herabgesetzt; es kann sich also nicht um wirkliche Lähmung handeln, so hülflos auch die Kranken in vielen Fällen durch diese Bewegungsstörung gemacht sind.

Es handelt sich vielmehr um eine mangelhafte Harmonie der zu jeder combinirten und associirten Bewegung erforderlichen Bewegungsimpulse. Wir können deshalb folgende Definition geben: Ataxie ist die durch mangelhafte Coordination der Bewegungen herbeigeführte Bewegungsstörung. Ueberall da, wo eine Coordination mehrerer Muskeln zu einer bestimmten Bewegung erforderlich ist, tritt diese Erscheinung auf und zwar um so deutlicher, je complicirter die verlangte Bewegung ist.

6 *

Aus dem oben (vergl. S. 38 ff.) über die Coordination der Bewegungen Gesagten ergibt sich, in welcher Weise Ataxie zu
Stande kommen kann; nämlich

a. durch abnorme Ausbreitung der motorischen Innervation auf zu viele oder zu wenig Muskeln, so dass also in
dem einen Falle mehr, in dem andern weniger Muskeln als normal
zur Erreichung eines bestimmten Bewegungszwecks in Thätigkeit
gesetzt werden;

b. durch abnorme Stärke der jedem einzelnen Muskel bei
einer complicirten Bewegung zufliessenden Innervation.

Eine Unterscheidung dieser Bewegungsstörungen in eigentliche
Ataxie (Fälle von a) und in Innervationsstörung (Fälle von b),
wie sie von Cyon[1]) aufgestellt wurde, ist praktisch nicht durchführbar. Der Effect beider Störungen für die objectiv wahrnehmbare
Bewegung ist offenbar der gleiche. Da nun jedenfalls dieselben Apparate (Coordinationsapparate) beide Functionen — die Auswahl der zu
innervirenden Muskeln und die Stärke der Einzelinnervation — gleichzeitig erfüllen, werden auch Störungen derselben immer beide Functionen mehr oder weniger treffen.

In welcher Weise diese Störungen des Genaueren zu Stande
kommen, ist schwer zu sagen; es mögen Reizungs- und Lähmungs-
vorgänge an den Coordinationsapparaten jeweils die Ursachen
davon sein.

Es ist oben auseinandergesetzt worden, dass die eigentlichen
Coordinationscentren nicht im R.-M. liegen, dass sie in demselben
jedenfalls in keiner Weise nachweisbar sind.

Dadurch schon wird die Hypothese von Brown-Séquard, Jaccoud, Cyon u. A. sehr unwahrscheinlich gemacht; diese Autoren
glauben, dass bei spinalen Leiden die Ataxie durch eine Störung der
Reflexthätigkeit entstehe, weil unter normalen Verhältnissen die Coordination auf reflectorischem Wege innerhalb des R.-M., in der grauen
Substanz, zu Stande komme. Wenn auch für einzelne motorische Acte,
z. B. Stehen und Gehen, eine Mitwirkung reflectorischer Vorgänge nicht
ganz ausgeschlossen werden kann, wenn ferner das neuerdings gefundene (Westphal) und von mir bestätigte Fehlen der Sehnenreflexe
bei der Tabes für diese Anschauung verwerthet werden könnte, so
erscheint dieselbe doch bei eingehender Betrachtung durchaus als un-
zulässig, worauf hier jedoch nicht näher eingegangen werden kann.

Bei Ataxien, die durch Rückenmarkserkrankungen entstanden
sind, kann es sich also nur um eine Störung derjenigen Leitungsbahnen handeln, deren Mitwirkung zum Zustandekommen der

---

1) Zur Lehre von der Tabes dorsualis. Berlin 1867.

Coordination erforderlich ist; also nach den obigen Auseinandersetzungen

entweder um eine Störung der sensiblen Bahnen (für
das Hautgefühl, Muskelgefühl etc.), welche zur Controle der Bewegungen und zur Erhaltung des Gleichgewichts des Körpers dienen;

oder um eine Störung jener motorischen Bahnen,
welche die Impulse von den Coordinationscentren zu den motorischen
Wurzeln hinbringen; diese Bahnen sind wahrscheinlich getrennt von
den einfachen motorischen Leitungsbahnen, welche die directe Verbindung zwischen den Willenscentren und den Muskeln vermitteln;
sie stellen eine Art Nebenleitung dar.

Es kann sich also bei Rückenmarkskrankheiten nur entweder
um eine sensorische (durch Störung der centripetalen Bahnen
vermittelte) oder um eine motorische (durch Störung der centrifugalen Bahnen erzeugte) Ataxie handeln[1]).

Um das Vorkommen dieser beiden Formen und um die Berechtigung zu ihrer Annahme bei verschiedenen spinalen Erkrankungen
dreht sich gerade der in neuerer Zeit lebhaft geführte theoretische
Streit über das Wesen der spinalen Bewegungsataxie.

Es kommt nämlich eine ganz exquisite Ataxie vor bei mehreren
spinalen Erkrankungsformen: so bei der spinalen Herdsklerose und
ganz besonders bei der Tabes dorsalis (Ataxie locomotrice progressive, graue Degeneration der Hinterstränge). Gerade über die letztere ist der Streit entbrannt.

Während für die motorische Ataxie Autoren wie Friedreich,
Späth, Niemeyer, Topinard, Finkelnburg u. A. eingetreten
sind, haben Axenfeld, Landry, Leyden, Rühle, Clifford
Allbutt u. A. die Ataxie auf sensible Störungen zurückzuführen
gesucht. Besonders die auf den ersten Blick sehr plausible und in
mehreren Arbeiten ausführlich vertheidigte Ansicht von Leyden[2])
hat sich manche Anhänger erworben. Wir haben kurz zu untersuchen, ob die für dieselbe vorgebrachten Gründe ausreichend sind
oder nicht.

Leyden's Theorie der Ataxie lässt sich dahin zusammenfassen:
die Coordination der Bewegungen wird durch die Sensibilität vermittelt und ermöglicht; Aufhebung der Sensibilität (der Haut, der

---

1) Als centrale Ataxie würden wir diesen Formen die durch Erkrankung
der Coordinationscentren selbst bedingte Ataxie gegenüberstellen.

2) Die graue Degeneration der Hinterstränge des R.-M. 1863. — Zur grauen
Degeneration der hinteren Rückenmarksstränge. Virch. Arch. Bd. 40. 1867. —
Ueber Muskelsinn und Ataxie. Virch. Arch. Bd. 47. S. 321. 1869.

Gelenke, der Muskeln etc.) hebt die Coordination auf; bei der grauen
Degeneration der Hinterstränge besteht neben der Ataxie auch Sen-
sibilitätsstörung; wir kennen an den Hintersträngen nur sensible
Functionen; folglich ist die Ataxie die Folge der Sensibilitätsstörung.

Zunächst können wir die experimentelle Beweisführung für diese
Theorie nicht sehr glücklich nennen; weit entfernt, der heftigen
Kritik Cyon's beizutreten, können wir doch nicht umhin, aus
Leyden's erster Experimentenreihe mit ihm den Schluss zu ziehen,
„dass die nach Durchschneidung der hintern Wurzeln auftretende
Störung in der Muskelleistung nichts eigentlich mit dem gemein hat,
was wir als Störung der Coordination der Bewegung zu bezeichnen
pflegen." Und die zweite Reihe von Experimenten an Fröschen[1])
mit Durchschneidung der hintern Rückenmarkspartien kann, ganz
abgesehen von der grossen Complicirtheit der Verhältnisse, für die
vorliegende Frage nichts beweisen; sie beweist höchstens, dass bei
Durchschneidung gewisser Rückenmarksabschnitte Sensibilitäts- und
Coordinationsstörung gleichzeitig auftreten. Ein Schluss auf die Abhängigkeit der letzteren von der ersteren lässt sich daraus unmöglich
ziehen.

Die Beweisführung aus pathologischen Fällen gründet sich auf
den Nachweis, dass in nicht wenigen Fällen von Ataxie gleichzeitig
mehr oder weniger hochgradige Sensibilitätsstörung, besonders auch
Störung des sog. Muskelgefühls besteht. Das beweist ebenfalls an
sich nichts; daraus ist höchstens zu schliessen, dass bei der grauen
Degeneration der Hinterstränge sensible und coordinatorische Bahnen
gleichzeitig ergriffen sind.

Positiv gegen diese Anschauung spricht aber zunächst das
Missverhältniss zwischen der Intensität der sensiblen
Störung und der Ataxie: es gibt Fälle von hochgradiger Ataxie
mit geringer Sensibilitätsstörung und solche von hochgradiger Sensibilitätsstörung mit geringer Ataxie; sie kommen unter einem grösseren Beobachtungsmaterial in nicht geringer Zahl vor.

Ferner das Vorkommen hochgradiger Ataxie ohne
jede Sensibilitätsstörung. Friedreich[2]) hat solche Fälle
publicirt. Leyden will dieselben nicht recht anerkennen. Ich selbst
habe aber in jüngster Zeit zwei solcher Fälle mit Rücksicht auf
diese Frage aufs genaueste untersucht und bei hochgradiger Ataxie
die Sensibilität in jeder Beziehung (Tast-, Temperatur-, Druck-,

---

1) Virch. Arch. Bd. 40. S. 198.
2) Ebendaselbst Bd. 26 und 27. 1863.

Schmerz- und Kitzelempfindung; Muskelgefühl, Gefühl für Lage und
Stellung der Glieder, für passive Bewegungen u. s. w.) vollkommen
intact gefunden, so dass mir die Existenz solcher Fälle über jeden
Zweifel festgestellt ist.

Ferner das Vorkommen von hochgradiger Anästhesie
ohne Ataxie. Die Literatur ist nicht arm an solchen Fällen, in
welchen Anästhesie der Beine aus verschiedenen Ursachen ohne
Ataxie bestand; ich habe ferner aus der Literatur der Halbseitenläsion entnommen, dass dabei niemals Ataxie in dem anästhetischen
Beine beobachtet wurde. Doch kann man gegen diese Fälle immerhin geltend machen, dass bei ihnen nur Hautanästhesie vorhanden,
dagegen das Muskelgefühl erhalten ist.

Vollkommen entscheidend kann nur ein Fall von spinaler,
vollständiger (auf Haut, Gelenke, Muskeln etc. sich erstreckender)
Anästhesie ohne Ataxie sein. Ein solcher Fall existirt.
Er ist eigens und wiederholt gerade mit Rücksicht auf die vorliegende
Frage von verschiedenen zuverlässigen Beobachtern untersucht; er
ist schliesslich secirt und der Rückenmarksbefund mit grosser Ge-
nauigkeit mitgetheilt worden. Es ist der zuerst in der Arbeit von
Späth[1]) mitgetheilte Fall des Remigius Leins, über dessen
Nekropsie dann Schüppel[2]) ausführliche Mittheilung gemacht hat.
Die Wichtigkeit des Falls gebietet ein kurzes Referat über denselben.

Remigius Leins, i. J. 1862 42 Jahre alt, hat seit 20 Jahren
schon Anästhesie der Hände und Arme, die sich rasch zu hohem Grade
steigerte; seit 6 Jahren ähnliche Erscheinungen an den untern Extremitäten. Status: Obere Extremitäten völlig anästhetisch. An den Fusssohlen Tast-, Druck- und Schmerzempfindung völlig erloschen, an den
Beinen erheblich vermindert. Hinstürzen bei geschlossenen Augen. In
der Dunkelheit im Bett das Gefühl des Schwebens in der Luft, da
auch der Rumpf anästhetisch ist.

März 1864. Druckempfindung an der obern Extremität ebenso
wie der Kraftsinn völlig erloschen. Gefühl für die Stellung der
obern Extremität und für passive Bewegungen derselben
völlig erloschen. Bewegungen der obern Extremitäten
kräftig und vollkommen zweckmässig — der Kranke isst
allein, kleidet sich an etc., soweit die Augen reichen. Bei geschlossenen Augen werden die Arme etwa wie die eines Blinden bewegt. —
Auch in den untern Extremitäten besteht neben der Hautanästhesie völliger Verlust des Gefühls für passive Bewegungen und die Lage der Glieder. Trotzdem kann Pat.

---

1) Beitr. zur Lehre von der Tabes dorsualis. Tübingen 1864.
2) Ueber einen Fall von allgemeiner Anästhesie. Arch. d. Heilk. XV.
1874. S. 44.

ohne Stütze, ziemlich rasch und sicher und weit gehen.
Wird er aufgefordert, seinen Fuss mit geschlossenen
Augen bis zu einer bestimmten Höhe zu erheben, so gelingt es ihm mit einer vollständig zweckmässigen ruhigen
Bewegung das Ziel zu erreichen.
    Juni 1872. Sensibilität noch ebenso. Bei geschlossenen Augen
durchaus keine Vorstellung davon, in welcher Stellung sich die Glieder befinden. Hinstürzen bei geschlossenen Augen. Pat. kann noch
gehen, aber schwerfällig, doch nicht ataktisch. Mit den Armen kann
er alle beliebigen Bewegungen ausführen, so weit die Augen dieselben
controliren.
    Tod im Mai 1873.
    Section. Höhlenbildung in der ganzen Längsausdehnung
des R.-M., von der Höhe des 1. Halsnerven bis zum 1. Lendennerven.
Hinterstränge im Bereich der untern Hälfte des Cervicalmarks
gänzlich zerstört und geschwunden; nach oben graue Degeneration;
im Dorsalmark geringe Atrophie und Bindegewebsvermehrung; im
Lumbaltheil normal. — Vorderstränge überall ganz unbetheiligt
und normal. Vordere Commissur vom 2. Cervical- bis zum 12.
Dorsalnerven völlig zerstört. Seitenstränge in derselben Längsausdehnung in der Nähe der Hinterhörner sklerosirt. Graue Substanz von der Höhlenbildung zumeist betroffen; graue Commissur und
Hinterhörner im ganzen Cervical- und Dorsalmark fast völlig zerstört,
Vorderhörner fast überall erhalten und nur im Cervicaltheil auf eine
geringe Ausdehnung reducirt; auch ein seitlicher Streif grauer Substanz ist überall noch erhalten. — Vordere Wurzeln normal.
Hintere Wurzeln des 3 — 5. Cervicalnerven vollständig bindege-
webig entartet[1]), bis zum Ende des Dorsalmarks mehr oder weniger
atrophisch. Lumbaltheil mit seinen Wurzeln normal; u. s. w.

Dieser Fall ist vollständig klar und beweisend; er widerlegt
meiner Ansicht nach die Leyden'sche Theorie vollständig. Wenn
die Erhaltung der Sensibilität eine nothwendige Bedingung der
Coordination der Bewegungen wäre, so müsste bei dieser vollständigen Anästhesie die hochgradigste Ataxie bestanden haben; es
bestand aber keine Spur von Ataxie.

Es geht daraus unwiderleglich hervor, dass zur Ausführung
coordinirter Bewegungen die Erhaltung der Sensibilität nicht unbedingt nothwendig ist; sie mag zum Erlernen derselben nothwendig
sein und ist ohne Zweifel auch für die Erhaltung des Gleichgewichts
von grosser Wichtigkeit, allein für die Ausführung einmal
eingeübter coordinirter Bewegungen ist sie entbehrlich; Verlust der Sensibilität kann demnach diese einmal eingeübten
Bewegungen in keiner Weise stören.

---

    1) Dieser Befund spricht zugleich mit aller Entschiedenheit gegen die
Brown-Séquard-Cyon'sche Reflextheorie.

Es scheint uns sonach nicht die geringste wissenschaftliche Berechtigung zu bestehen, beim Zusammenvorkommen von Ataxie und Sensibilitätsstörung die letztere für die erstere verantwortlich zu machen. Es muss vielmehr angenommen werden, dass im R.-M. eigne coordinatorische Bahnen liegen und dass diese bei der Tabes dorsalis (und verwandten Affectionen) mitergriffen sein müssen, wenn das Symptom der Ataxie zu Tage treten soll.

Wir haben also beim jetzigen Stand unseres Wissens bei der Tabes nur das Recht, eine motorische Ataxie anzunehmen.

Bei der Untersuchung der Frage, ob man eine motorische Ataxie von einer sensorischen objectiv unterscheiden könne, wird sich das mit noch grösserer Evidenz herausstellen und es wird sich gleichzeitig zeigen, ob und wie weit überhaupt die Annahme einer sensorischen Ataxie gerechtfertigt ist.

Eine reine motorische Ataxie ist dann anzunehmen, wenn dieselbe besteht bei völlig normalen sensorischen Apparaten (normaler Sensibilität, Muskelgefühl, Gesichtssinn). Wenn bei intacter Sensibilität (im weitesten Sinne) die Bewegungen gleichwohl ataktisch sind, so kann der Grund davon nur im Coordinationsapparat liegen und nicht in den sensorischen Hülfsapparaten. Wir haben oben schon constatirt, dass solche Fälle ganz unzweifelhaft existiren.

Wir wissen aber ferner aus zwei sich ergänzenden Reihen von Beobachtungen, dass die Erhaltung eines einzigen sensorischen Controlapparates genügt, um die volle Coordination der Bewegungen zu ermöglichen, wenn nur die Coordinationsapparate selbst normal sind. Nämlich 1) zeigen Blinde oder Gesunde mit geschlossenen Augen keine Spur von Ataxie — und 2) lassen Anästhetische — selbst wenn Haut- und Muskelgefühl u. s. w. völlig erloschen sind — so lange keine Spur von Bewegungsstörung und also auch von Ataxie erkennen, als sie die Augen offen haben und mit den Augen die Bewegungen controliren; das geht. aus dem oben mitgetheilten Fall von Späth-Schüppel unwiderleglich hervor.

Daraus ist der Schluss erlaubt, dass eine vorhandene Ataxie, auch wenn nur ein sensorischer Controlapparat in Wirksamkeit ist, ebenfalls nur eine motorische sein kann. Es ist dies der Fall, wenn ein Anästhetischer bei offenen Augen ataktische Bewegungen macht; oder wenn bei normaler Sensibilität und gleichzeitiger Blindheit oder Augenschluss Ataxie vorhanden ist. An solchen Fällen fehlt es wahrhaftig in der Casuistik nicht; sie bilden vielmehr die grosse

Mehrzahl unter den tabischen Erkrankungen; es muss sich also bei diesen um eine motorische Ataxie handeln.

Schwieriger ist die Charakterisirung der sensorischen Ataxie und es ist überhaupt fraglich, ob das, was man gewöhnlich als Ataxie bezeichnet, jemals durch Störung der sensorischen Controle zu Stande kommt.

Sind bei spinalen Erkrankungen alle willkürlich intendirten, eingeübten, complicirten Bewegungen gut, und treten erst dann Störungen auf, wenn Bewegungen gemacht werden sollen, zu welchen eine sensorische Controle unerlässlich ist (z. B. bei der Erhaltung des Gleichgewichts, der aufrechten Stellung im Raum etc.), dann wird man mit einer gewissen Berechtigung von sensorischer Ataxie reden dürfen. Sie wird daran zu erkennen sein, dass Bewegungsstörungen so lange fehlen, als auch nur ein sensorischer Controlapparat noch in Thätigkeit ist, dass sie aber dann erst eintreten, wenn bei vorhandener Störung des einen sensorischen Controlapparats der andere intacte Apparat ausgeschlossen wird: also wenn z. B. ein Blinder anästhetisch wird; oder, um ein geläufigeres Beispiel zu wählen, wenn ein Anästhetischer die Augen schliesst. Dann werden erhebliche Bewegungsstörungen unausbleiblich eintreten müssen. Es erscheint uns aber im höchsten Grade fraglich, ob diese Bewegungsstörungen mit dem, was wir als Ataxie bezeichnen, Uebereinstimmung oder auch nur Aehnlichkeit zeigen.

Wenn ein an den Händen Anästhetischer die Augen schliesst, so kann er eine Nadel, einen Knopf oder dgl. nicht mehr festhalten, seine Kleider nicht binden u. dgl.: die Dinge fallen ihm aus der Hand, er bringt die Bewegungen nicht zu Stande, er vollführt sie falsch — aber er wird dabei nicht ataktisch. Die Bewegungen werden richtig intendirt und wohl auch richtig ausgeführt; allein die Kranken haben keine Controle darüber, ob der Zweck erreicht ist; die Bewegungen werden deshalb häufig über das zweckmässige Maass hinaus fortgesetzt, oder sie bleiben unter demselben — aber sie werden nicht eigentlich ataktisch. Es ist dasselbe, wie wenn man einem Gesunden mit verbundenen Augen einen Gegenstand vorhält und ihn auffordert, darnach zu greifen; er wird dabei wohl die unzweckmässigsten Bewegungen machen, aber dieselben werden durchaus nicht ataktisch sein.

Sind die Füsse anästhetisch und schliesst der Kranke im Stehen die Augen, so wird er alsbald zusammenstürzen, weil er keine Controle darüber hat, ob die zum Zwecke der Erhaltung des Gleichgewichts ausgeführten Willensintentionen genügend oder ungenügend

sind. Bei geringeren Graden der Anästhesie wird wenigstens Schwanken eintreten, weil hier erst grössere Excursionen des Körpers eine
genügend starke sensible Einwirkung hervorrufen. Es wird das
Gehen bei geschlossenen Augen unsicher, schwankend oder endlich
unmöglich werden; allein eine eigentliche Ataxie braucht dabei
durchaus nicht zu bestehen. Das geht ebenfalls aus dem Falle von
Späth-Schüppel hervor.

Die Willensintentionen können dabei ganz normal zu Stande
kommen und ganz in der richtigen Weise ausgeführt werden; sie
sind aber für den beabsichtigten Zweck falsch, zu gross oder zu
klein, weil der Kranke den Maassstab entbehrt, nach welchem er
ihre Grösse bemessen kann. Hier sind also die Willensintentionen, die willkürlichen Bewegungsimpulse selbst
falsch, aber sie werden richtig ausgeführt; während
bei der eigentlichen Ataxie die Willensintentionen
richtig sind, aber falsch ausgeführt werden.

Nur insoweit, als diese motorischen Impulse, die zur Erhaltung
des Gleichgewichts dienen, in ganz unwillkürlicher Weise durch
Einwirkung centripetaler Erregungen auf motorische Bahnen (im
Thalam. optic., oder den Vierhügeln oder im Kleinhirn) zu Stande
kommen, also wohl in Apparaten, die man gewöhnlich als Coordinationsapparate bezeichnet, dürfte der Begriff der sensorischen Ataxie
zuzulassen sein. Die Erscheinungsweise derselben ist aber dann
jedenfalls eine wesentlich andere, als die der motorischen Ataxie.

Es erscheint mir aber weit zweckmässiger, die Vorgänge,
welche der Erhaltung des Gleichgewichts und der Lage
im Raum dienen, von den Vorgängen der eigentlichen
Coordination der (willkürlichen) Bewegungen zu trennen; es wird dadurch jedenfalls mehr Klarheit in die Frage von
der Ataxie kommen. Schon die von Goltz am Frosch nachgewiesene Verschiedenheit der Centren für die Erhaltung des Gleichgewichts (Lobi optici) und für die Fortbewegung des Körpers (Cere-
bellum) spricht gewichtig zu Gunsten dieser Trennung. Natürlich
bedürfen die Bewegungsvorgänge, welche der Erhaltung des Gleichgewichts etc. dienen, zu ihrem normalen Vonstattengehen ebenfalls
der Coordinationsapparate und es werden diese von den Centren für
die Erhaltung des Gleichgewichts aus in Thätigkeit gesetzt, ähnlich
wie sie bei willkürlichen Bewegungen von den Willenscentren aus in
Action versetzt werden. Die Gleichgewichtscentren dürften also zu
den Coordinationsapparaten in einem ähnlichen Verhältniss stehen
wie die Willenscentren. — Es folgt daraus unmittelbar, dass eine

Störung der Gleichgewichtscentren keineswegs nothwendig eine Störung der Coordination der willkürlichen Bewegungen bedingt; ebenso, dass eine Störung der das Gleichgewichtscentrum in Thätigkeit setzenden sensiblen Erregungen keine Coordinationsstörung im Gefolge haben muss; dass aber anderseits jede Störung der Coordinationsapparate auch die Ausführung der für das Gleichgewicht nothwendigen Bewegungen mehr oder weniger beeinträchtigen wird. Man wird deshalb künftig gut thun, bei den betreffenden spinalen Erkrankungen die Prüfung nach beiden Richtungen getrennt anzustellen.

Es legt uns dies die Besprechung eines weiteren motorischen Symptoms nahe, welches gewöhnlich in die innigste Beziehung zur Ataxie gebracht wird, nämlich das Schwanken und Hinstürzen bei geschlossenen Augen; ein Symptom dem man unter dem Namen des Brach-Romberg'schen Symptoms eine jedenfalls übertriebene Wichtigkeit beigelegt hat.

Es ist eine leicht zu constatirende Thatsache, dass bei vielen Rückenmarkskranken (besonders bei Tabikern, die an mehr oder weniger ausgesprochner Ataxie und Sensibilitätsstörung leiden), bei welchen das Stehen und Gehen mit offnen Augen noch ganz leidlich geschieht, beim Schliessen der Augen sofort deutliches Schwanken eintritt, welches sich mehr und mehr steigert und in den höchsten Graden mehr oder weniger rasch mit Hinstürzen des Kranken endigt. Am deutlichsten ist dies Schwanken bei geschlossenen Augen, wenn man die Kranken mit· geschlossenen Füssen stehen lässt. Meist scheint die Intensität dieser Störung in einer directen Beziehung zum Grade der vorhandenen Ataxie zu stehen; dies ist aber nur scheinbar.

Es handelt sich hier offenbar um eine Störung in der Erhaltung des Gleichgewichts und der Lage im Raum. Wir haben früher nachgewiesen, dass die Erhaltung derselben nur mit Hülfe einer fortgesetzten sensorischen Controle (vorwiegend einerseits von sensiblen Eindrücken aus den untern Extremitäten her, anderseits vom Gesichtssinn aus) möglich ist. Wird ein Theil dieser sensorischen Controle (durch Schliessen der Augen) ausgeschlossen, so wird die Erhaltung des Gleichgewichts und der Lage im Raum um so schwieriger, je mehr der andere Factor gleichzeitig gestört ist — also entsprechend dem Grade der vorhandenen Sensibilitätsstörung.

In der That findet man auch diese Erscheinung vorwiegend oder ausschliesslich bei ausgesprochener Sensibilitätsstörung der untern Extremitäten; bei völliger Anästhesie stürzen die Kranken beim Schliessen der Augen rasch zusammen. Es ist also diese Erscheinung nichts anderes als ein Zeichen, dass die sensorische Controle von Seiten der Fusssohlen, der Gelenke, der Muskeln etc. eine ungenügende ist. Es ist damit in Uebereinstimmung, wenn Benedict sagt, dass er in zahlreichen Fällen von Unsicherheit beim Stehen mit geschlossenen Augen niemals eine Störung des Muskelbewusstseins vermisst habe. Anderseits aber tritt selbst bei hochgradig Ataktischen — wovon ich mich aufs sicherste überzeugt habe — das Schwanken beim Schliessen der Augen gar nicht oder nur in geringem Maasse ein, wenn die sensorische Controle von Seiten der Haut, der Muskeln etc. vollkommen intact ist — d. h. wenn sie keine Sensibilitätsstörungen haben. — Freilich muss man aber auch wohl im Auge behalten, dass bei Ataktischen dies Symptom deutlicher hervortreten muss, da bei ihnen ja auch die zur Erhaltung des Gleichgewichts dienenden Bewegungen incoordinirt sind und sie auch bei offenen Augen schon meist sehr deutlich schwanken.

Eine andre hierhergehörige Erscheinung ist, dass bei manchen Ataktikern die Ataxie erheblich zunimmt, die Bewegungen viel excessiver und ungeregelter werden, wenn die Kranken die Augen schliessen. Es beweist dies zunächst nur, dass durch die Controle der Augen eine theilweise Compensation der Coordinationsstörung möglich ist, dass also ähnlich wie beim Erlernen der Coordination ein beständiger Einfluss auf die Coordinationscentren hergestellt werden kann; hört dieser Einfluss auf (durch Schliessen der Augen), so tritt die Coordinationsstörung in ihrer ganzen Intensität hervor.

Daher mag es rühren, dass auch Ataktische ohne Sensibilitätsstörung gelegentlich beim Schliessen der Augen etwas schwanken, weil dann die zur Erhaltung des Gleichgewichts erforderlichen — aber immer schon ataktischen — Muskelactionen nicht mehr controlirt und beherrscht werden vom Gesichtssinn.

Viel ausgesprochener aber sind diese Erscheinungen immer bei gleichzeitig vorhandener Sensibilitätsstörung, besonders bei Störungen des sog. Muskelsinns; dann werden die Bewegungen ganz excessiv und vollkommen unregelmässig, weil mit dem Schliessen der Augen die sensorische Controle vollkommen aufhört und zu der vorhandenen Coordinationsstörung auch noch die Unsicherheit über die Grösse der erforderlichen Willensimpulse hinzutritt, für welche der Maassstab verloren gegangen ist. In solchen Fällen nimmt dann beim Schliessen der Augen die Ataxie erheblich zu, während bei Ataktischen mit vollkommen erhaltener Sensibilität beim Schliessen der Augen keine nennenswerthe Steigerung der Ataxie eintritt, indem hier die sensorische Controle von Seiten der Haut und der Muskeln intact ist und ausreicht.

Es ist diese ganze Erscheinungsreihe also nur ein Beweis dafür, dass die Coordinationsstörung z. Th. noch durch die sensorische Controle vom Gesicht aus compensirt werden kann.

Wir haben endlich noch zu erwähnen, dass man in einzelnen Fällen beobachtet hat, dass Ataktische, die vollkommen blind waren, aber noch stehen konnten, beim Schliessen der Augen ebenfalls eine deutliche Zunahme des Schwankens erkennen liessen. Dass es sich dabei nicht um eine weitere Verminderung der von den Augen ausgehenden sensorischen Controle handeln kann, ist klar; allein es ist schwer, eine befriedigende Erklärung für diese wunderbare Erscheinung zu geben. Am nächsten liegt es, an einen psychischen Einfluss zu denken. Sollte die plötzliche Ablenkung der Aufmerksamkeit die Zunahme der Unsicherheit in den Beinen bedingen? Oder ist eine neue motorische Innervation im Stande, Impulse in die coordinatorischen Apparate zu senden, welche die vorhandene Bewegungsstörung steigern? Wir wissen dies vorläufig noch nicht.

Wir glauben im Vorstehenden zur Genüge nachgewiesen zu haben, dass es sich bei spinalen Erkrankungen vorwiegend um motorische Ataxie handelt. Es müssen also im R.-M. eigne, der Coordination dienende, centrifugale Fasern vorhanden sein (Späth), und nur wenn diese bei einer spinalen Affection mitbetheiligt werden, tritt Ataxie ein. Wo diese Fasern liegen, ist aber noch gänzlich unbekannt.

Die meisten Beobachter verlegen sie in die weissen Hinterstränge, weil man bei der Section von Ataktischen in der Regel graue Degeneration der Hinterstränge findet. Wenn es sicher und über jeden Zweifel constatirt wäre, dass bei diesen Kranken ausschliesslich und nur die Hinterstränge erkrankt sind, wäre das als erwiesen zu betrachten. Bekanntlich ist aber dieser Nachweis nicht geliefert; es ist vielmehr wahrscheinlich, dass in der Regel eine mehr oder weniger beträchtliche Mitbetheiligung der grauen Substanz und der Seitenstränge bei diesen Kranken vorhanden ist.

Ausserdem spricht der Fall von Späth-Schüppel mit einiger Entschiedenheit gegen die Localisation der coordinatorischen Bahnen in die Hinterstränge, wenn auch allerdings bei der langen Dauer

des Leidens an die Möglichkeit einer Compensation der coordinatorischen Leitung gedacht werden könnte.

Wo sollen wir also diese coordinatorischen Bahnen suchen? In
der grauen Substanz? In den Vorderseitensträngen? Die Experimente von Brown-Séquard, welcher durch Läsion der grauen
Substanz des Ventriculus lumbalis bei Vögeln Ataxie hervorrufen
konnte, weisen mehr auf die graue Substanz hin. Dagegen liegen
nach Woroschiloff's Versuchen beim Kaninchen die coordinatorischen Bahnen in den Seitensträngen, in deren innerstem Theil
in der Bucht zwischen Vorder- und Hintersäule. Vorläufig aber
bleibt die Frage für den Menschen ungelöst; erst weitere exacte
Untersuchungen können sie zur Entscheidung bringen; vielleicht kann
man durch genaue Vergleichung geeigneter Fälle von spinaler Herdsklerose die Frage allmälig der Entscheidung näher bringen. Bis
dahin haben wir bei vorhandener Ataxie zunächst an eine Erkrankung
der Hinterstränge zu denken und zwar, wie es nach Charcot's
neuesten Ausführungen[1]) scheinen will, vorwiegend der lateralen, an
die graue Substanz angrenzenden Partien derselben (der „region
des bandelettes externes", Gegend der inneren Wurzelbündel).

c. Verschiedene Formen des Ganges bei Rückenmarkskrankheiten.

Häufig kann man den Rückenmarkskranken schon beim Eintritt
ins Zimmer ansehen, an welcher Form der Störung sie leiden —
an ihrem charakteristischen Gang. Ich glaube, dass es für das
praktische Bedürfniss genügt, folgende Hauptgangarten zu unterscheiden, die sich in deutlicher Weise voneinander trennen lassen.

1) Der paretische und paralytische Gang — hervorgerufen durch eine mehr oder weniger verbreitete Lähmung der untern
Extremitäten. Der Gang ist schleppend, die Fussspitze schleift am
Boden, der Vorderfuss hängt herab, die Sohle wird tappend, gewöhnlich mit dem äusseren Fussrande zuerst aufgesetzt; das Knie
wird hoch gehoben, oder gestreckt nachgezogen; häufig wird eine
gewisse Steifigkeit der Beine bemerkt. Die Kranken gehen mit
einem oder zwei Stöcken, oder unterstützt von Krücken oder Führern;
sie schwanken dabei nur in geringem Grade, stehen auch ruhig und
sicher, losgelassen pflegen sie einfach zusammenzusinken. — Je nach
der Ausbreitung der Lähmung auf verschiedene Muskelgruppen ist

---

1) Charcot, Leçons sur les maladies du système nerveux. II. Série. 1. fasc.
Paris 1873.

die Gangart eine etwas verschiedene; sie ist anders wenn das ganze
Bein, als wenn nur der Unterschenkel gelähmt ist; im letzteren
Falle ist der Gang watschelnd und in besonderem Grade charak-
teristisch.

2) Der ataktische Gang — hervorgerufen durch Coordinationsstörung in den Beinen. Er ist ausgezeichnet durch schleudernde,
unregelmässige Bewegungen; die Fussspitze wird stark nach vorn
und aussen geworfen, die Ferse stampfend aufgesetzt, das Bein im
Knie steif gehalten. Die Augen der Kranken sind beständig auf
den Boden gerichtet. Der Gang ist wackelnd, stark schwankend,
oft förmlich taumelnd; die Bewegungen sind hastig, krampfartig,
ganz ungleichmässig; beim Umdrehen besonders tritt starke Unsicherheit und Gefahr des Umfallens ein. In den höheren Graden stürzen
die Kranken nach wenig Schritten zusammen.

3) Der steife, spastische Gang — hervorgerufen durch
reflectorische Muskelspannungen und Contractionen bei gleichzeitig
vorhandener Parese der Beine. Es kommt dadurch ein sehr eigenthümlicher und charakteristischer Gang zu Stande: die Beine werden
etwas nachgeschleppt, die Füsse scheinen am Boden zu kleben, die
Fussspitzen finden an jeder Unebenheit des Bodens ein Hinderniss;
jeder Schritt ist von einer eigenthümlichen hüpfenden Hebung des
ganzen Körpers begleitet, welche auf einer reflectorischen Contraction
der Wade beruht; die Kranken gerathen alsbald auf die Zehen und
schleifen auf denselben vorwärts, eine Neigung zum Vornüberfallen
zeigend. Die Beine werden eng geschlossen, steif gehalten, die Knie
etwas nach vorn gesenkt, der Oberkörper leicht nach vorn gebeugt.
Von Schleudern oder Vorwerfen der Füsse ist keine Rede. — Diese
Gangart beruht auf Muskelspannungen und Reflexcontractionen in
den verschiedenen Muskelgruppen, welche während des Gehens in
Action gesetzt werden.

Die verschiedenen Gangarten können in den einzelnen Fällen
mehr oder weniger ausgesprochen vorhanden sein; es kommen Ueber-
gangsformen zwischen denselben vor; nicht alle Rückenmarkskranken
zeigen aber eine charakteristische Gangart.

d. Steigerung der Motilität. Krampf.

Motorische Reizungserscheinungen gehören zu den gewöhnlichsten
spinalen Symptomen; sie können in verschiedenen Formen auftreten.

Die einfachste Form ist jedenfalls die sog. Muskelspannung.
Dabei befinden sich die Muskeln — und zwar meist solche, welche
gleichzeitig einen grössern oder geringern Grad von Parese erkennen

lassen — in einer mässigeren Spannung oder Contractur, durch welche die Ausführung passiver Bewegungen in sehr merkbarer Weise erschwert wird. Häufig tritt diese Spannung auch erst in dem Momente ein, wo eine passive Bewegung ausgeführt wird, besonders wenn dies einigermassen rasch geschieht; es erfolgt dann ein zuckender, stossweiser Widerstand und gerade daran kann man die schwächeren Grade dieser Störung leicht erkennen. Auch die willkürlichen Bewegungen sind mehr oder weniger erschwert und träge, erfolgen wie in einem dickflüssigen Medium und erfordern eine abnorm grosse Kraftanstrengung.

Es ist leicht zu constatiren, dass diese Spannungen bei passiven Bewegungen vorwiegend in denjenigen Muskeln auftreten, die durch die Bewegung gerade gedehnt und gezerrt werden — so bei passiver Streckung die Beuger und umgekehrt. Die Spannung ist hier, wie es scheint, eine reflectorische und hängt wohl mit den unten zu besprechenden abnormen Sehnenreflexen zusammen.

In den höheren Graden werden die Bewegungen immer steifer, die Widerstände grösser, und es können Zustände eintreten, welche an die Flexibilitas cerea erinnern. Nicht immer ist die Contraction eine gleichmässig über den ganzen Muskel verbreitete; es kommen auch partielle, knollenförmige Contractionen einzelner Muskeln dabei vor.

Eine einfache Steigerung dieses Zustandes ist wohl das, was man als Muskelstarre, Rigor, bezeichnet. Die Muskeln sind starr und steif, stark geschwellt und prall anzufühlen, bei Druck und Dehnung meist sehr schmerzhaft; active sowohl wie passive Bewegungen sind aufs äusserste erschwert. Es sind meist vorwiegend die Streckmuskeln befallen; besonders häufig auch die Nacken- und Rückenmuskeln (Genickstarre).

In den höchsten Graden kommt es zu ausgesprochenen Contracturen, welche auf einzelne Muskeln oder Muskelgruppen beschränkt sein können, manchmal aber auch viele Muskeln in grosser Ausdehnung befallen. In dem einen Falle sind vorwiegend die Beuger, im andern vorwiegend die Strecker afficirt, daher die verschiedene Haltung der Extremitäten in den einzelnen Fällen.

Es handelt sich hier nicht um die sog. paralytischen Contracturen[1]), welche allerdings auch bei spinalen Erkrankungen gar nicht selten sind, sondern ausschliesslich um neuropathische Contracturen, welche ihre Entstehung abnormen Reizzuständen im R.-M. verdanken.

---

1) s. Bd. XII. 1. S. 341.

Dabei sind die Muskeln stark verkürzt, ihre Sehnen treten stark
hervor, passive Bewegungen sind völlig unausführbar. Bei energischem Versuchen derselben werden nicht selten lebhafte klonische
Zuckungen der betreffenden Muskeln ausgelöst oder eine Steigerung
der Contractur bewirkt, die zu momentaner tetanischer Starre ganzer
Extremitäten führt.

Die Zurückführung aller dieser Reizungszustände auf pathologische Veränderungen bestimmter Rückenmarksabschnitte hat zur
Zeit noch ihre sehr grossen Schwierigkeiten. Unzweifelhaft aber ist
eine doppelte Art der Entstehung von Muskelspannungen und Contracturen möglich: nämlich zunächst eine reflectorische Entstehung, an welche wir bei vorwiegenden sensiblen Reizungserscheinungen, bei Erkrankungen der Meningen, der hintern Wurzeln, der
Hinterstränge, bei Erkrankungen der reflectirenden grauen Substanz
u. dgl. zu denken haben; solche reflectorische Muskelcontractionen
sollen vorwiegend die Beugemuskeln betreffen, als Beugecontracturen
auftreten; andererseits aber können diese Erscheinungen auch entstehen
durch directe Reizung der motorischen Theile des R.-M. —
Ort und Art dieser Reizung sind aber noch wenig bekannt: eine
directe Reizung der vordern Wurzeln ist möglich; nach Charcot's
neueren Beobachtungen ist aber besonders die Sklerose der Seitenstränge eine überaus häufige Quelle derartiger motorischer Reizerscheinungen; inwieweit die graue Substanz solche etwa veranlassen
könnte, ist noch ganz unbekannt. — In solchen Fällen directer
Reizung soll es sich — wenigstens an den untern Extremitäten —
vorwiegend um Streckcontracturen handeln.

Während wir so über die genauere Pathogenese dieser motorischen Reizerscheinungen noch vielfach im Unklaren sind, wissen wir
eigentlich nur so viel, dass sie vorwiegend bei acut oder chronisch
entzündlichen Zuständen des R.-M. und seiner Häute auftreten, bei
den verschiedenen Formen der Myelitis und Meningitis, in manchen
Fällen von multipler Sklerose, bei Paraplegien nach acuten Krankheiten u. s. w.

Noch weniger als über diese Zustände wissen wir über eine
der schwersten Formen des spinalen Krampfes, über den Tetanus
und seine Pathogenese. Es ist das ein starker tonischer Krampf
fast der gesammten Körpermusculatur, der paroxysmenweise auftritt,
auf reflectorischem Wege hervorgerufen und gesteigert wird, aber
auch in den Intervallen als ein mässiger Grad von Rigor fortbesteht.
Der Tetanus ist wahrscheinlich bedingt durch eine (entzündliche
oder toxische) Affection der grauen Substanz, welche die Reflex-

erregbarkeit enorm steigert. Aehnliches kommt aber auch bei Meningitis spinalis vor[1]).

Eine entfernte Aehnlichkeit mit Tetanus haben die Anfälle der sog. Tetanie. Man versteht darunter typische und paroxysmenweise auftretende Anfälle tonischer Krämpfe, welche vorwiegend die Extremitäten befallen. Ihr spinaler Ursprung ist wahrscheinlich[2]).

Von klonischen Krampfformen kommt bei spinalen Erkrankungen nicht selten zunächst Zittern, Tremor, zur Beobachtung, entweder andauernd oder vorübergehend, bei gewissen Bewegungen, nach Ermüdung u. dgl. auftretend. Seine Entstehungsweise ist noch gänzlich unbekannt; man darf wohl zunächst dabei an die graue Substanz denken.

Ein höherer Grad dieses Zitterns ist jenes Schütteln, das bei der spinalen multiplen Sklerose alle willkürlichen Bewegungen begleitet und stört: ein ausgiebiger Tremor, der sich bei jeder willkürlichen Innervation einstellt und zunehmend steigert und wohl als ein sehr hoher Grad von Ataxie angesehen werden kann, obwohl er sich von dieser, wie es scheint, doch in wesentlichen Zügen unterscheidet. Die genauere pathogenetische Begründung dieses Symptoms fehlt uns noch. Dasselbe gilt von jener charakteristischen, vorwiegend in der Ruhe auftretenden Form des Tremor, welcher das Wesentliche bei der Paralysis agitans ausmacht.

Von den übrigen klonischen Krampfformen kann nur weniges dem R.-M. mit Sicherheit oder Wahrscheinlichkeit zugeschrieben werden; so sind bisher die klonischen Krämpfe einzelner Muskeln oder Muskelgruppen nur selten vom R.-M. abgeleitet worden; allgemeine Convulsionen, wie sie im Symptomenbild der Eklampsie, Epilepsie, Urämie etc. vorkommen, hat man sich gewöhnt, auf das verlängerte Mark zurückzuführen. Es bleibt nur weniges hier zu besprechen übrig.

So eine eigenthümliche Form des klonischen Krampfes in der untern Extremität, welche sich bei verschiedenen Rückenmarksläsionen einstellt und in äusserst charakteristischer Weise verläuft. Der leichteste Grad davon ist jener Klonus im Fuss und Unterschenkel, welcher entsteht, wenn man den Fuss durch Druck auf die Sohle rasch in Dorsalflexion zu bringen sucht; es entsteht dann ein rhythmisch-klonisches Zucken des Fusses, welches sofort nachlässt, wenn

---

1) s. Band XII. 2. Abth.
2) s. Band XII. 1. Abth. S. 330.

7*

der Fuss losgelassen und in Plantarflexion gebracht wird. Ich habe
nachgewiesen, dass diese von Brown-Séquard') und Charcot
beschriebene Erscheinung höchst wahrscheinlich auf refléctorische
Weise durch Reizung der Achillessehne zu Stande kommt'). In den
höheren Graden genügt sehr geringer Druck auf die Fusssohle oder
die Zehen, um das Phänomen hervorzurufen; oft scheint es deshalb
spontan zu entstehen. Dann steigert sich auch die Ausbreitung des
Krampfs; das ganze Bein geräth in convulsivisches Zittern, an welchem endlich auch das andere Bein Theil nimmt. In den höchsten
Graden der Erregbarkeit tritt auf irgend welchen, von der Haut
oder den Eingeweiden ausgehenden Reflexreiz eine tetauische Starre
eines oder beider Beine, verbunden mit convulsivischem Zittern derselben ein und dauert dann ein solcher Anfall mehrere Minuten.
Dieser höchste Grad solcher Reflexconvulsionen, der sich fast nur in
völlig gelähmten, paraplegischen Gliedern findet, ist es, welchen
Brown-Séquard (l. c.) und nach ihm Charcot') in wenig passender Weise als tonische Spinalepilepsie bezeichnen. Dies
Phänomen kommt vor besonders bei Compression des R.-M. oder
circumscripten Erkrankungen seines ganzen Querschnitts, wenn durch
begleitende Reizungszustände gleichzeitig die Reflexerregbarkeit
hochgradig gesteigert ist. Die geringeren Grade der Erscheinung
scheinen auch bei der Sklerose der Seitenstränge vorzukommen'),
während wir bei den höheren Graden wohl immer an eine Mitbetheiligung der grauen Substanz zu denken haben.

Die in neuester Zeit mehrfach beschriebenen (Bamberger,
Guttmann, Frey) sog. saltatorischen Krämpfe scheinen ebenfalls hierher zu gehören und eine besonders hochgradige Modification
dieser klonischen Reflexkrämpfe darzustellen.

Dass dieses Phänomen mit der eigentlichen Epilepsie ganz und
gar nichts zu thun hat, liegt auf der Hand. Wohl aber existiren
gewisse Beziehungen der Epilepsie zu spinalen Erkrankungen, die wir hier kurz berühren müssen.

Brown-Séquard') hat zuerst die merkwürdige Entdeckung

1) Journ. de la Physiol. de l'homme et des anim. I. 1855. p. 472.
2) Ueber Sehnenreflexe bei Gesunden und Rückenmarkskranken. Arch. für
Psych. und Nervenkrankh. V. Heft 3. S. 792.
3) Klin. Vorträge über die Krankheiten des Nervensystems. Deutsch von
Fetzer. 1874. S. 254.
4) Erb, Ueber einen wenig bekannten spinalen Symptomencomplex. Berl.
klin. Wochenschr. 1875. Nr. 26.
5) Compt. rend. de la Soc. de Biolog. 1850. Vol. II. — Arch. de Médic.

gemacht und in der eingehendsten Weise studirt, dass bei Meerschweinchen und anderen Säugethieren sich nach halbseitiger Durchschneidung des Lenden- oder Dorsalmarks im Laufe von einigen
(4—5) Wochen Epilepsie einstellt, welche durch Reizung einer sog.
epileptogenen Zone (Theile des Verbreitungsbezirks des Trigeminus
und der 2 bis 3 oberen Halsnerven umfassend) sofort jeden Augenblick zum Ausbruch gebracht werden kann. Auf alle die höchst
interessanten Details der Brown-Séquard'schen Versuche brauchen
wir hier nicht einzugehen; es ist durch dieselben jedenfalls festgestellt — was auch seither von anderer Seite bestätigt wurde —,
dass nach halbseitiger Verletzung des R.-M. sich im Laufe einiger
Wochen ein Krankheitszustand entwickelt, der mit wirklicher Epilepsie
eine nicht zu verkennende Aehnlichkeit hat. Ueber den engeren
Zusammenhang und den Mechanismus dieser Vorgänge sind wir
freilich noch im Unklaren geblieben. — Brown-Séquard fand
aber ferner, dass auch die Durchschneidung eines Nerv. ischiadic.
nach einigen Wochen ganz dieselben epileptiformen Zufälle hervorruft, wie die Durchschneidung des R.-M. — Endlich hat Westphal[1])
gefunden, dass man bei Meerschweinchen durch einfaches Aufklopfen
auf den Schädel ebenfalls eine ganz identische Form der Epilepsie
mit epileptogener Zone etc. erzeugen könne, und er fand als constante Veränderung bei diesen Experimenten kleine, unregelmässig
zerstreute Hämorrhagien in der Medulla oblongata und im obern
Cervicalmark (sehr oft auch bis hinab in das Brustmark). Westphal ist geneigt, gerade die im R.-M. selbst liegenden Hämorrhagien als die Veranlassung der später auftretenden Epilepsie zu
betrachten.

Es erscheint sonach mit hinreichender Sicherheit nachgewiesen,
dass bei Thieren wenigstens bestimmte Verletzungen des R.-M.,
kleine Hämorrhagien und wahrscheinlich auch andere Läsionen desselben im Stande sind, auf bisher noch unbekannte Weise Epilepsie
zu erzeugen. Die Frage jedoch, ob auch beim Menschen etwas
Aehnliches vorkomme, ist noch nicht sicher entschieden. Zwar
existiren mehrere Fälle, in welchen nach Verletzungen des Ischiadicus
ähnlich wie bei Thieren Epilepsie entstand; und Leyden[2]) hat

---

Févr. 1856. — Researches on epilepsy. Boston 1856—57. — Lectures on the
Physiol. and Pathol. of the centr. nerv. syst. Phil. 1860. p. 178. — Arch. de
Phys. norm. et path. I. 1868. p. 317; II. 1869. p. 211, 422, 496; IV. 1872. p. 116.

1) Ueber künstl. Erregung von Epilepsie bei Meerschweinchen. Berl. klin.
Wochenschr. 1871. Nr. 38.

2) Virchow's Archiv Bd. 55.

einen Fall publicirt, in welchem nach Kopfverletzung Epilepsie eintrat und der sich den Westphal'schen Experimenten anzuschliessen
scheint; allein speciell für Rückenmarksverletzungen und Erkrankungen hat man den Nachweis der secundären Epilepsie mit viel
weniger Sicherheit zu liefern vermocht. Brown-Séquard citirt
einige Fälle aus der älteren Literatur, welche dieses Vorkommen
beweisen sollen. Charcot[1]) erwähnt periodisch epileptiforme Anfälle unter den Symptomen der Rückenmarkscompression und citirt
eine Reihe von Fällen als Beweis dafür; besonders ein Fall von
Duménil[2]) scheint in der That beweisend; und Oppler[3]) hat
jüngst die Krankengeschichte eines jungen, kräftigen Soldaten publicirt, der niemals an epileptischen Krampfanfällen gelitten hatte und
und bei welchem sich in der Reconvalescenz von einer durch Trauma
hervorgerufenen Meningitis spinalis mehrere epileptische Anfälle einstellten. Trotzdem wären weitere Beobachtungen am Menschen
wünschenswerth.

Jedenfalls ist angesichts der grossen Häufigkeit von Rückenmarksläsionen das Vorkommen von Epilepsie in Folge derselben ein
überaus seltenes und demzufolge auch von geringer praktischer
Wichtigkeit. Für etwa vorkommende Fälle wäre der Nachweis
einer epileptogenen Zone von grossem Interesse.

Zu den selteneren spinalen Symptomen gehören die Mitbewegungen, d. h. unwillkürliche, oft krampfhafte Bewegungen,
welche dann eintreten, wenn irgend welche willkürliche Bewegungen
ausgeführt werden sollen; diese werden dann durch die Mitbewegungen
complicirt und gestört. Ihr eigentlicher Entstehungsort scheint vorwiegend im Gehirn, speciell in dessen Coordinationscentren, zu sein.
Immerhin sind wohl auch manche bei Rückenmarkskrankheiten auftretende Erscheinungen hierher zu rechnen: so ist es eine nicht ganz
von der Hand zu weisende Auffassung, die ataktischen Bewegungen,
das Schütteln bei der Herdsklerose u. dgl. als Mitbewegungen zu betrachten; und diese sind doch entschieden spinalen Ursprungs. — Auch
die Mitbewegungen der Antagonisten bei Innervationsversuchen ge-
lähmter oder paretischer Muskeln gehören wohl hierher; sie sind aber
kein eigentlich spinales Symptom, sondern der einfache Ausdruck dafür, dass bei der gemeinschaftlichen coordinirten Innervation einer
grösseren Anzahl von Muskeln einige derselben insufficient geworden
sind und dadurch die Wirkung ihrer Antagonisten stärker hervortreten
lassen; das kommt bei allen Lähmungen vor. — Ob die krampfhaften
und durchaus unbeherrschten Bewegungen, welche in paraplegischen

1) Leçons sur les malad. du syst. nerv. II. Sér. 2. fasc. p. 137.

2) Gaz. des hôpit. 1862. p. 470.

3) Rückenmarksepilepsie? Archiv für Psychiatrie und Nervenkrankheiten
Bd. IV. S. 751.

Extremitäten nicht selten bei starken, auf dieselben gerichteten Willensanstrengungen auftreten, als Mitbewegungen aufzufassen sind, ist uns zweifelhaft. Es scheint sich eher um eine abnorme und diffuse Ausbreitung der Erregungsvorgänge in pathologisch gereizten motorischen Bahnen zu handeln; das Nervenfasernetz in der entzündeten grauen Substanz bei Unterbrechung der Hauptleitungsbahnen würde eine willkommene Erklärung dafür bieten. Wahrscheinlich handelt es sich aber auch z. Th. um Reflexe, welche durch die Bewegungen des gesunden Oberkörpers und der Arme von der Haut der gelähmten Theile ausgelöst werden; es findet sich auch diese Erscheinung fast immer zusammen mit hochgradig gesteigerter Reflexerregbarkeit. — Ganz sicher handelt es sich um Reflexe bei den mit der Harn- und Kothentleerung häufig verbundenen tonischen oder klonischen, zappelnden Contractionen der Beine bei Paraplegischen. Dieselben sind auch von F r e u s b e r g an Hunden mit durchschnittenem Dorsalmark beobachtet worden.

Es bedarf wohl kaum des erneuten Hinweises, dass bei all den vorstehend aufgezählten motorischen Reizerscheinungen zunächst an eine Erkrankung der grauen Substanz und der Vorderseitenstränge zu denken ist. Die Betheiligung beider genauer abzugrenzen und überhaupt die Pathogenese der Krampferscheinungen exacter zu präcisiren, ist zur Zeit nicht oder nur in einzelnen Fällen möglich. Immerhin ist aber auch im Auge zu behalten, dass auch durch Erkrankung der sensiblen Partien des R.-M. auf reflectorische Weise Krampferscheinungen entstehen können.

e. Veränderungen in der Geschwindigkeit der motorischen Leitung.

Neuere Untersuchungen lehren, dass solche Veränderungen gar nicht selten vorkommen; sie sind aber bisher wenig beachtet worden. Die V e r l a n g s a m u n g d e r m o t o r i s c h e n L e i t u n g, den Physiologen schon längst bekannt, ist unter pathologischen Verhältnissen zuerst von L e y d e n und v. W i t t i c h [1]) beobachtet und genauer gemessen worden. Es handelte sich aber in den drei untersuchten Fällen nicht um eigentliche Rückenmarkskrankheiten, sondern wahrscheinlich um Erkrankungen des Pons und der Medulla oblongata. Die in diesen Fällen beobachtete Geschwindigkeit der Leitung betrug nur etwa ein Drittel der normalen; ihr entsprach klinisch eine grosse Langsamkeit der Bewegungen, des Gehens, Sprechens u. s. w., eine Unfähigkeit, dieselbe Bewegung rasch hintereinander mehrmals auszuführen.

Es wurde hier vorwiegend die motorische Gesammtleitung gemessen. B u r c k h a r d t [2]) hat es aber neuerdings unternommen, mit

---

1) Virch. Arch. Bd. 46. S. 476. und Bd. 55. S. 1.
2) Die physiol. Diagnostik der Nervenkrankheiten. Leipzig 1875.

Hülfe umständlicher physiologischer Untersuchungsmethoden die spinale motorische Leitung isolirt zu messen und ist dabei zu sehr merkwürdigen Resultaten gekommen. Er fand, dass unter normalen Verhältnissen die spinale motorische Leitung um 2—3 mal langsamer sei, als die peripherische, und er vermuthet den Grund davon in der Einschaltung der Ganglienzellen in die motorische Leitungsbahn. Unter pathologischen Verhältnissen aber fand Burckhardt bald eine Beschleunigung der spinalen Leitung (so z. B. beim Schreibekrampf, bei der spinalen Kinderlähmung, bei centraler Myelitis, in einzelnen Fällen von Tabes u. s. w.), bald eine mehr oder weniger erhebliche Verlangsamung derselben (so bei Myelitis der weissen Substanz, bei diffuser Sklerose des R.-M., bei einzelnen Tabikern u. s. w.). Er kommt bei seinen Betrachtungen zu dem Schlusse, dass wahrscheinlich der Grund centraler Hemmungen in die weisse, der Grund centraler Beschleunigungen in die graue Substanz zu verlegen sei. Motorische Leitungsverlangsamung im R.-M. lässt also auf Erkrankung der weissen, Leitungsbeschleunigung auf Erkrankung der grauen Substanz schliessen.

Wie sehr diese Ansichten noch genauerer Begründung und Durcharbeitung bedürfen, braucht kaum hervorgehoben zu werden.

f. Elektrisches Verhalten der motorischen Apparate.

Die grossen Erwartungen, welche man seit den Untersuchungen und Angaben von Marshall Hall, Todd, Duchenne u. A. von der elektrischen Untersuchung in Bezug auf die Diagnose mancher Rückenmarkskrankheiten gehegt hatte, haben sich nicht erfüllt.

In der That ergibt die elektrische Untersuchung nur selten entscheidende Merkmale für die Diagnose des Sitzes einer Erkrankung, ob im Rückenmark, oder im Gehirn, oder in den peripherischen Nerven; das ist höchstens beim Zusammentreffen besonderer Bedingungen der Fall. Dagegen gibt sie in vielen Fällen werthvolle Aufschlüsse über das Verhalten der Ernährung der Nerven und Muskeln und dadurch indirect über die zu Grunde liegende Erkrankung und ihren muthmasslichen Sitz. Man vergleiche darüber unsere ausführlichen Auseinandersetzungen im Band XII. 1. Abth. S. 354 u. ff.

Eine nutzbringende allgemeine Darstellung der elektrischen Erregbarkeitsveränderungen bei Krankheiten des R.-M. lässt sich zur Zeit noch nicht geben, weil die bis jetzt vorliegenden Untersuchungen zu wenig zahlreich und nicht vorwurfsfrei sind. Gerade für die häufigsten und wahrscheinlich wichtigsten Formen der Veränderung, für die geringen quantitativen Veränderungen der elektrischen Erregbarkeit, sind die Beobachtungen noch durchaus unzureichend. Fast immer wurden mangelhafte Untersuchungsmethoden angewendet und dadurch die Resultate unzuverlässig. Ich habe gezeigt[1]), nach welcher Methode verfahren werden muss, wenn gerade bei spinalen Erkrankungen sichere und exacte Resultate erlangt werden sollen. — Hier sei nur weniges kurz erwähnt.

Bei Rückenmarkskraukheiten kann die elektrische (faradische und galvanische) Erregbarkeit der Nerven und Muskeln gesteigert oder vermindert sein; meist handelt es sich nur um wenig hochgradige Veränderungen. Die Verminderung kann bis zum völligen Erlöschen der elektrischen Erregbarkeit gehen, das geschieht aber meist nur mit dem Zwischengliede der Entartungsreaction. Bestimmte pathologische Schlüsse lassen sich aus den geringgradigen quantitativen Veränderungen der elektrischen Erregbarkeit zur Zeit nicht ziehen.

Gar nicht selten kommt auch die Entartungsreaction vor[2]), häufiger als man bisher geglaubt hat. Ob dieselbe genau in der gleichen, drastischen Weise abläuft, wie bei den traumatischen Läsionen peripherer Nerven, muss erst noch genauer festgestellt werden; es will mir nach einzelnen, jedoch durchaus nicht endgültig entscheidenden Beobachtungen scheinen, als ob die Steigerung der galvanischen Erregbarkeit des Muskels hier nicht ganz so hochgradig wäre (oder vielleicht rascher vorüber ginge) als bei peripheren Lähmungen. Jedenfalls aber findet sich die qualitative Veränderung der galvanischen Erregbarkeit in ganz charakteristischer Weise (An SZ > Ka SZ, Zuckung langgezogen, träge).

Es sind natürlich hier ganz dieselben Schlüsse auf das histologische Verhalten der Nerven und Muskeln zu ziehen, wie bei peripheren Lähmungen; und das ist wichtig genug; wir sind durch die elektrische Untersuchung im Stande, in den gelähmten Nerven und Muskeln sehr auffallende und wichtige histologische Veränderungen zu erkennen. Wir wissen nun aus zahlreichen, mühsam erworbenen Thatsachen, über welche weiter unten und auch im speciellen Theil berichtet werden wird (siehe die „trophischen Störungen" und das Capitel über die „spinale Kinderlähmung"), dass diese selben histologischen Veränderungen ausgelöst werden können, theils von directen Läsionen der grauen Substanz der Vordersäulen (spinale Entstehungs-

---

1) Erb, Zur Lehre von der Tetanie. nebst Bemerkungen über die Prüfung der elektr. Erregbarkeit motorischer Nerven. Arch. f. Psych. und Nervenkrankheiten IV. S. 271.

2) s. Band XII. 1. S. 357.

weise), theils von einer Leitungshemmung zwischen den peripheren
Theilen und jener grauen Substanz (periphere Entstehungsweise).
Wenn wir also bei einer nachweislich spinalen Erkrankung die Entartungsreaction finden, dürfen wir auf eine Läsion bestimmter Partien
der grauen Substanz (Vordersäulen) schliessen; aber wohlverstanden
nur dann, wenn der periphere Ursprung der Lähmung ausgeschlossen
werden kann. — Anderseits ist, wenn bei einer spinalen Erkrankung die elektrische Erregbarkeit erhalten und normal bleibt, der
Schluss erlaubt, dass die betreffenden Abschnitte der vorderen grauen
Substanz von der Läsion nicht mitbetroffen seien[1]).

Fast durchweg aber können die Ergebnisse der elektrischen
Untersuchung nur im engsten Zusammenhalt mit den übrigen Symptomen zur Diagnose spinaler Erkrankungen mit einiger Sicherheit
verwerthet werden.

Eine detaillirtere Darstellung dessen, was bis jetzt einigermassen
feststeht, werden wir bei den einzelnen Krankheitsformen geben.

3. Störungen der Reflexthätigkeit.

Die Prüfung der Reflexthätigkeit ist bei spinalen Erkrankungen
von der grössten Bedeutung und ergibt häufig sehr wichtige Anhaltspunkte für die genauere Beurtheilung der Krankheit.

Verminderung oder Aufhebung der Reflexe ist meist
leicht zu erkennen: die gewöhnlichen Reize auf die Haut, die Sehnen
und andere reflexvermittelnde Theile haben keine oder geringe Wirkung. Es ist dabei nicht zu vergessen, dass manche Individuen
schon physiologisch eine sehr geringe Reflexthätigkeit besitzen; doch
wird das leicht zu unterscheiden sein, da die pathologische Verminderung der Reflexthätigkeit doch gewöhnlich nur auf einen Theil des
Körpers beschränkt ist.

Sie kann zu Stande kommen:

a) Durch Erkrankung (Leitungshemmung) der eintretenden sensiblen Wurzelfasern — dann muss gleichzeitig mehr
oder weniger hochgradige Anästhesie im Bereich dieser Wurzelfasern
vorhanden sein;

b) Durch Erkrankung (Leitungshemmung) der austretenden
motorischen Wurzelfasern — dann muss gleichzeitig mehr oder
weniger vollständige Lähmung von entsprechender Verbreitung bestehen.

---

1) Vergl. darüber auch die Bemerkungen von Burckhardt, Physiol. Diagnostik der Nervenkrankheiten S. 264 u. 270.

c) Durch Erkrankung der grauen Substanz, der Reflex-
bogen selbst — dann können Sensibilität und Motilität vorhanden
sein, oder es kann eine davon, oder sie können beide in grösserem
oder geringerem Maasse gestört sein; das wird von der Ausbreitung
der Störung innerhalb der grauen Substanz abhängen; die Pathologie liefert für das Alles Beispiele.

[d) endlich könnte auch — nach bekannten physiologischen Erfahrungen (siehe oben S. 51) — an Reflexhemmung gedacht
werden; doch liegen darüber pathologische Erfahrungen bis jetzt
nicht vor.]

Eine genaue Untersuchung und Erwägung der einzelnen Momente
wird im speciellen Fall die Entscheidung über diese Möglichkeiten
erleichtern, wenn auch nicht immer vollständig herbeiführen.

Auch eine Verlangsamung der Reflexe hat man in pathologischen Fällen unter denselben Verhältnissen gefunden, wie die Verlangsamung der sensiblen Leitung. Wir haben oben schon auf diese
Thatsache hingewiesen (S. 69).

Häufiger und von grösserem Interesse ist die Steigerung der
Reflexe.

Sie zeigt sich zunächst und am lebhaftesten in den willkürlichen Muskeln. Dieselben gerathen bei den geringsten Reizen
in lebhaftes Zucken; manchmal sind die Bewegungen nur leicht
und unausgiebig; häufiger aber sind sie sehr intensiv, ausgiebig,
schleudernd; die Beine und Arme werden nach allen Richtungen
kräftig umbergeworfen, gerathen in oft wiederholte Zuckungen, klonisches Zittern oder andere Male in einen hochgradigen Tetanus;
fast immer sind die Bewegungen unzweckmässig und ungeordnet,
Beugung und Streckung wechseln in den einzelnen Gelenken miteinander ab, es entstehen dadurch unregelmässig zappelnde Bewegungen;
manchmal vermögen die Kranken durch eine bestimmte Localisation
und Intensität des Reizes ihre Beine beliebig in reflectorische Streckung oder Beugung zu versetzen[1]; seltener werden geordnete und
zweckmässige Reflexe ausgeführt; so berichtet Mc Donnel[2], dass
ein Kranker mit Compression des Cervicalmarks während des Kathe-
terisirens mit der linken gelähmten Hand unablässig nach den Genitalien griff.

Solche Reflexe können am leichtesten gewöhnlich von der Haut
ausgelöst werden: Kitzel, Stechen und Kneifen, oder Streichen der

---

1) s. Virchow, Gesamm. Abhandl. S. 683.
2) s. Virchow-Hirsch's Jahresber. pro 1871. Bd. II. S. 7.

Haut besonders der Fusssohlen, der inneren Oberschenkelfläche, der
Zehen und Finger, der Handteller rufen sie hervor; und sehr schön
kann man häufig die Pflüger'schen Gesetze der Reflexverbreitung
an solchen Kranken bestätigt finden. — Ferner werden Reflexe auch
von den Eingeweiden ausgelöst: es ist nichts gewöhnlicher, als
dass man bei bestimmten spinalen Erkrankungen während der Kothentleerung, in Folge von Kolikschmerzen, während der Blasenentleerung, beim Katheterisiren ausgiebige und lebhafte und sehr be-
schwerliche Reflexe in den Beinen eintreten sieht; dieselben gehen
oft in rhythmischer, zappelnder Weise eine Zeitlang fort. — Sehr
wichtig sind ferner die von den Sehnen (auch Fascien und Gelenkbändern) auszulösenden Reflexe. Wir haben oben eine kurze Darstellung ihres physiologischen Vorkommens gegeben (siehe S. 47 ff.;
unter pathologischen Verhältnissen sind sie oft in so hohem Grade
gesteigert, dass das leiseste Beklopfen der betreffenden Sehnen zu
den lebhaftesten Zuckungen führt; dann sind sie auch über weit
mehr Sehnen verbreitet, als dies unter physiologischen Verhältnissen
der Fall ist: so habe ich sie ausser am Ligamentum patellae und
der Achillessehne an den Sehnen der Adductoren und des Gracilis,
des Biceps femoris, des Tibialis anticus und posticus, ferner an der
oberen Extremität an den Sehnen des Biceps und Triceps, des Supinator longus, der Extensores radiales, der Flexores digitorum, des
Flexor radialis u. s. w. gefunden. Ihr Verhältniss zu den Hautreflexen
ist ein sehr wechselndes: bald sind beide vorhanden und gesteigert,
bald fehlen die Sehnenreflexe bei vorhandenen Hautreflexen, bald
endlich sind die Sehnenreflexe enorm gesteigert bei normalen oder
verminderten Hautreflexen. Wahrscheinlich haben diese Dinge eine
grosse diagnostische Bedeutung, die aber erst durch weitere Beobachtungen klar gelegt werden kann.

Zu diesen Sehnenreflexen gehört unsrer Ansicht nach auch ein schon
lange bekanntes und von französischen Autoren (Brown-Séquard,
Charcot, Vulpian, Dubois u. A.) beschriebenes Reflexphänomen,
nämlich der Reflexklonus, welcher im Fuss und Unterschenkel
eintritt bei rasch ausgeführter passiver Dorsalflexion
des Fusses. Umfasst man den vordern Theil der Fusssohle mit
der flachen Hand und übt rasch einen energischen Druck gegen dieselbe aus, so geräth durch rhythmische Reflexcontraction der Wadenmusculatur der Fuss in klonisches Zittern, welches so lange anhält
wie der Druck auf die Fusssohle und welches sofort nachlässt, wenn
dieser Druck aufhört, oder wenn man den Fuss energisch in Plantarflexion bringt. Bei hochgradiger Steigerung der Reflexerregbar-

keit genügen die leisesten Einwirkungen auf die Fusssohle, der leichteste Druck auf dieselbe, um den Klonus auszulösen; derselbe kann
sich dann weiter auf das ganze Bein und auch auf das andere Bein
erstrecken; in den höchsten Graden wechseln dann tetanische Starre
der Beine mit convulsivischen Erschütterungen derselben ab und
wir haben das, was Brown-Séquard und Charcot als Spinalepilepsie bezeichnen (siehe o. S. 100). In meiner Arbeit über die
Sehnenreflexe[1]) habe ich den Nachweis zu führen gesucht, dass der
fragliche Reflexklonus nichts anderes ist, als ein Sehnenreflex, der
durch die plötzliche Spannung der Achillessehne ausgelöst wird und
durch die Fortdauer des Drucks auf die Fusssohle in sehr einfacher
Weise unterhalten wird. Ich habe in neuerer Zeit genau denselben
Reflexklonus wiederholt auch von der Patellarsehne aus hervorrufen
können und habe ihn auch am Biceps femoris gesehen. Er tritt
am Fusse auch bei hochgradig gesteigerter Erregbarkeit bei Reizung
der Haut ein; durch welchen Mechanismus, das habe ich oben (S. 50)
schon auseinandergesetzt. Auch ist die Möglichkeit nicht abzustreiten,
dass das Phänomen direct von der Haut aus in manchen Fällen ausgelöst wird. Doch wäre das erst noch besser zu beweisen, als dies
Joffroy[2]) gethan hat.

Die Steigerung der Reflexthätigkeit kann sich aber auch an den
Eingeweiden und den vasomotorischen Apparaten zeigen.
Doch sind diese Dinge beim Menschen noch wenig studirt. So habe
ich beobachtet, dass durch Druck von aussen auf die Blase bei Paraplegischen eine plötzliche Harnentleerung hervorgerufen werden kann,
ebenso durch Einführung des Fingers in den Mastdarm; ferner dass
beim Verbinden und Reinigen einer grossen Decubituswunde regelmässig eine schleimige flüssige Stuhlentleerung eintrat; dass durch
Reizung der Haut des Penis oder des Perineum, durch Einführung
des Katheters Erection hervorgerufen wurde u. s. w. Wahrscheinlich wird man bei genauerer Aufmerksamkeit auch häufig reflectorische Einwirkungen auf die Hautgefässe u. dgl. beobachten können.

Zur Erklärung dieser Reflexsteigerungen hat man zunächst zu
denken an eine Lostrennung der Reflexapparate vom Gehirn, wodurch die Wirkung der Hemmungscentren ausgeschlossen
wird. In der That trifft man die erheblichste Steigerung der Reflexthätigkeit bei allen jenen Rückenmarksaffectionen, welche eine völlige
Leitungsunterbrechung im R.-M. bewirken: bei Durchtrennung oder

1) Arch. f. Psych. und Nervenkrankh. Bd. V. S. 792.
2) Gaz. médic. de Paris 1875. No. 33, 35.

Compression des R.-M., bei circumscripter transversaler Myelitis oder Erweichung, bei Tumorenbildung oder Höhlenbildung im R.-M. u. s. w. Es wird dabei als unerlässliche Bedingung für das Zustandekommen der Reflexe immer vorausgesetzt werden müssen, dass die peripher gelegene (unterhalb der Läsionsstelle befindliche) graue Substanz intact sei und es ist deshalb gar nicht zu verwundern, dass Theile, welche ihre Reflexerregbarkeit bewahrt haben, gewöhnlich auch ihre elektrische Erregbarkeit noch besitzen, weil für die Erhaltung der Ernährung der Nerven und Muskeln ebenfalls die graue Substanz maassgebend ist.

In zweiter Linie kommt für die gesteigerten Reflexe die erhöhte Erregbarkeit der grauen Substanz in Betracht, wie sie durch entzündliche und andere irritative Zustände, durch mancherlei Ernährungsstörungen, durch gewisse Gifte (Strychnin, Opium, Belladonna etc.) unzweifelhaft hervorgebracht wird. Die höchste Steigerung der Reflexthätigkeit wird man da beobachten, wo die beiden genannten Momente zusammenwirken, so bei Compressionsmyelitis, bei Strychninwirkung in paraplegischen Theilen etc.; das bestätigt die tägliche Erfahrung.

Ob auch eine Steigerung der Erregbarkeit der sensiblen Leitungsbahnen (Hyperästhesie) oder eine solche der motorischen Leitungsbahnen (Convulsibilität) an sich zu einer Steigerung der Reflexthätigkeit führen kann, bedarf noch der exacteren Feststellung, ist aber a priori nicht gerade unwahrscheinlich.

4. Vasomotorische Störungen.

Sie kommen sehr gewöhnlich vor; natürlich kann es sich auch hier nur um Krampf- oder Lähmungszustände in den Gefässen mit ihren Folgen handeln. Die Deutung dieser Erscheinungen ist gegenüber dem complicirten Innervationsmechanismus der Gefässe, den wir oben (s. S. 42) auseinander zu setzen gesucht haben, eine äusserst schwierige, besonders da auch noch mancherlei äussere Momente (Muskelbewegungen, Schwere u. s. w.) mit in Betracht zu ziehen sind.

Das Thatsächliche dürfte folgendes sein:

In manchen Fällen beobachtet man örtliche Hyperämie und Fluxion, gesteigerte Röthe und erhöhte Temperatur in den erkrankten (vorzugsweise gelähmten) Theilen: so z. B. bei völliger, acut entstandener Rückenmarksdurchtrennung oder Compression; am exquisitesten bei der Halbseitenläsion, weil dann die Differenz zwischen der erkrankten und der gesunden Seite eine sehr auffallende ist. Handelt es sich um eine ganz locale Läsion, wobei die im R.-M. selbst gelegenen vasomotorischen Centren fast völlig intact bleiben, so stellt sich nach einiger Zeit das normale Verhalten wieder her. Dem entspricht es, dass die Erscheinungen der Gefässparalyse meist nur vorübergehende sind, nach Wochen und Monaten dem normalen Verhalten wieder Platz machen; ja dass man sehr gewöhnlich im weiteren Verlauf Blässe, Abnahme der Temperatur mit subjectivem Kältegefühl und selbst Cyanose beobachtet.

Anderseits findet man — besonders in den frühen Stadien von Tabes oder bei beginnender Myelitis, wo noch gar keine Lähmungserscheinungen bestehen — auffallende Kälte der untern Extremitäten, hochgradige Blässe und Blutleere derselben, Neigung zur Gänsehautbildung, subjective Eiskälte der Füsse und Unfähigkeit, dieselben selbst im Bett zu erwärmen, kleinen Puls, überaus gesteigerte Empfindlichkeit gegen Kälteeinwirkung u. s. w. Es kann keinem Zweifel unterliegen, dass es sich hierbei um abnorme Reizungszustände der Gefässnerven, um gesteigerte Contraction und Erregbarkeit der Gefässe handelt.

Endlich findet man in besonders schweren oder in veralteten Fällen (meist von spinaler Lähmung) neben der subjectiven und objectiven Kälte der Theile eine ausgesprochen livide, cyanotische Färbung der Haut, Gedunsenheit derselben, erweiterte Venen und Capillaren, verlangsamte und schlechte Circulation: hier liegt offenbar ein Zustand hochgradiger Gefässatonie, mehr oder weniger deutlicher venöser Stauung vor; der arterielle Druck ist vermindert, der venöse gesteigert, die Circulation verlangsamt.

Diese 3 Gruppen von vasomotorischen Störungen lassen sich aus dem was wir jetzt über die Gefässinnervation wissen, ungezwungen deuten.

Für die erste Gruppe — paralytische Hyperämie — sind die Experimente über Rückenmarksdurchschneidung herbeizuziehen, wie sie hundertfach angestellt sind; jede solche Durchschneidung ruft paralytische Hyperämie in den dahinter gelegenen Theilen hervor; Goltz hat dann gezeigt, wie mit der Erholung der spinalen Centren die Circulation wieder ziemlich zur Norm zurückkehren kann; nur wo die Zerstörung dieser Centren eine ziemlich ausgebreitete ist (z. B. bei der Spinalapoplexie, bei Haematomyelitis etc.) wird die Fluxion und Temperaturerhöhung eine mehr dauernde sein und schliesslich in Atonie der Gefässe übergehen.

Für die zweite Gruppe — die ischämische Blässe und Kälte — haben wir ohne Zweifel abnorme Erregungszustände der vasomo-

torischen Centren und Bahnen verantwortlich zu machen; sie werden
wohl am häufigsten durch chronisch entzündliche Zustände im R.-M.
bedingt· und können sowohl direct, wie reflectorisch ausgelöst
werden.

Für die dritte Gruppe — die atonische Stauungshyperämie —
wird gewöhnlich die Untbätigkeit der gelähmten Glieder als Ursache
beschuldigt. Das Fehlen der Muskelaction soll den venösen Kreis-
lauf stören und so diese Erscheinungen hervorbringen. Schon die
jeden Augenblick zu constatirende Thatsache, dass die fragliche
Cyanose in gar nicht gelähmten Theilen vorkommen, und dass sie
in völlig gelähmten Theilen fehlen kann, lehrt, dass diese Erklärung
zum mindesten ungenügend ist. Das Fehlen der Muskelcontractionen
kann wohl die Entstehung der atonischen Hyperämie begünstigen,
sie aber allein nicht hervorrufen. Es scheint uns dazu eine mehr
oder weniger ausgebreitete Lähmung der vasomotorischen Nerven
erforderlich zu sein, wie sie entweder durch Zerstörung der vaso-
torischen Centren in der grauen Substanz, oder durch Unterbrechung
der vasomotorischen Leitung in den Seitensträngen oder den vordern
Wurzeln herbeigeführt wird. Je länger diese Lähmung besteht und
je vollständiger sie ist, desto ausgesprochener wird die Gefässatonie
sein. Die spinale Kinderlähmung (Zerstörung der vasomotorischen
Centren in der grauen Substanz) ist ein gutes Beispiel für den
ersteren Fall, bei den Erkrankungen der Seitenstränge ist diese
Frage noch nicht genauer untersucht; doch habe ich in einem Falle
von wahrscheinlicher Sklerose der Seitenstränge die atonische Stauungshyperämie in exquisiter Weise beobachtet.

Auch Zustände von hochgradiger Gefässreizbarkeit in der Haut
werden hier und da beobachtet: plötzliches Eröthen oder Erblassen
einzelner Hautstellen, Erythema fugax u. dgl. Sie scheinen besonders bei meningitischen Zuständen vorzukommen.

Es erhellt aus dem Vorstehenden, dass uns die vasomotorischen
Störungen wohl einige Aufschlüsse über die Art der im R.-M. vorhandenen Störungen gewähren können, dass sie aber auf die feinere
Localisation derselben bis jetzt noch keine bindenden Schlüsse
erlauben.

5. Trophische Störungen.

Sie gehören zu den interessantesten aber auch noch dunkelsten
Erscheinungen spinaler Erkrankungen und ihre Deutung unterliegt
noch grossen Controversen. Wir müssen bei der kurzen Aufzählung
derselben nothwendig die verschiedenen Gewebe trennen.

Den trophischen Störungen an Nerven und Muskeln hat man besonders bei spinalen Lähmungen grössere Aufmerksamkeit zugewendet; erst in neuerer Zeit hat man gefunden, dass sie auch ohne Lähmung auftreten können und erst im weiteren Verlaufe die Ursachen von Lähmungen werden, so bei der typischen Form der progressiven Muskelatrophie.

Aber nicht bei allen Formen der spinalen Lähmung treten erhebliche trophische Störungen der Nerven und Muskeln ein. In vielen Fällen erleidet die Ernährung derselben (und ebenso ihre elektrische Erregbarkeit) nicht die mindeste Störung. Es sind dies durchweg Fälle von circumscripter Erkrankung des ganzen Markquerschnitts oder von beliebig ausgedehnter Erkrankung der weissen Stränge. Diese scheinen also mit der Ernährung der Nerven und Muskeln nichts zu thun haben; das gilt sicher für die ganzen Hinterstränge und den hinteren Abschnitt der Seitenstränge; für die von den vorderen Wurzeln durchsetzten Abschnitte der Vorderstränge ist es noch zweifelhaft. So viel scheint ferner sicher, dass in allen solchen Fällen, wo bei Paraplegien keine Atrophie eintritt, die graue Substanz — wenigstens die der Vordersäulen — nicht in erheblicher Ausdehnung alterirt ist.

Es gibt ferner Fälle, in welchen eine einfache Atrophie der Muskeln eintritt, die selbst sehr weit gehen und zu skelettartiger Abmagerung der Beine führen kann. Dabei bleibt aber das histologische Verhalten der Muskeln in der Hauptsache intact: nur die Breite der Fasern nimmt ab, hier und da nimmt das interstitielle Fettgewebe etwas zu, aber von Wucherung des interstitiellen Bindegewebes, von Kernvermehrung in den Muskelfasern etc. ist nichts wahrzunehmen. Dem entspricht es, dass die elektrische Erregbarkeit vollständig intact bleibt, höchstens eine leichte quantitative Abnahme erleidet und dass auch die Reflexe meist erhalten sind.

Diese Form der Atrophie kommt vor in den späteren Stadien der Tabes, bei vielen Fällen von chronischer Myelitis, bei Compressionslähmungen durch Wirbelerkrankungen u. dgl., wie es scheint vorwiegend bei an sich schwächlichen und heruntergekommenen Individuen. Man führt gewöhnlich diese einfache Atrophie auf die Lähmung, auf den langen Nichtgebrauch der Theile zurück. Doch will uns diese Erklärung nicht für alle Fälle ausreichend scheinen. Wir können den Gedanken nicht von der Hand weisen, dass bestimmte Veränderungen im R.-M. vorhanden sein müssen, wenn gerade diese Form der Atrophie entstehen soll. Immerhin bedarf diese Frage sowohl in histologischer wie pathogenetischer Beziehung noch sehr der genaueren Erforschung. Was wir jetzt darüber wissen, ist äusserst dürftig.

Dasselbe gilt bis zu einem gewissen Grade für die wichtigste Form der Ernährungsstörung an Nerven und Muskeln, für die degenerative Atrophie derselben. Sie kommt bei gewissen spinalen Erkrankungen in sehr prompter Weise und in hohem Grade zur Ausbildung. Wenn auch allerdings die histologische Untersuchung noch mancherlei Lücken aufweist und besonders für die früheren Stadien solcher Erkrankungen noch nicht hinreichend durchgeführt ist, so erlaubt doch Alles, was bis jetzt darüber bekannt wurde im Zusammenhalte mit den Ergebnissen der elektrischen Untersuchung, welche constant die Entartungsreaction in solchen Fällen nachweist, den ziemlich sicheren Schluss, dass es sich im Wesentlichen um dieselben histologischen Vorgänge handelt, welche so unfehlbar sich im Gefolge schwerer traumatischer Läsionen der peripheren Nerven einstellen: also fettige Degeneration und Atrophie der Nervenfasern, gleichzeitig mit Zellenwucherung und Hyperplasie des Neurilemm, Atrophie mit Kernwucherung und chemischer Veränderung der Muskelfasern, gleichzeitig mit Wucherung des interstitiellen Bindegewebes; in den letzten Stadien hochgradiger Muskelschwund und bindegewebige Entartung mit secundärer Ablagerung von Fett. Wir können in dieser Beziehung auf die im XII. Band 1. Abth. S. 373 ff. gegebene ausführliche Beschreibung der degenerativen Atrophie der Nerven und Muskeln verweisen. Wir sind überzeugt, dass es sich der Hauptsache nach genau um die gleichen Veränderungen handelt; es muss durch genauere Untersuchungen bei spinalen Erkrankungen aber noch festgestellt werden, ob hier der Process mit der gleichen Rapidität und Intensität verläuft wie bei traumatischen Lähmungen und ob nicht hier gewisse graduelle Unterschiede bestehen, die noch des genaueren zu erheben wären.

Diese degenerative Atrophie kommt regelmässig bei der sog. spinalen Kinderlähmung und der analogen Affection Erwachsener vor; sie wird regelmässig bei der typischen Form der progressiven Muskelatrophie (Atrophie muscul. progress. protopathique nach Charcot) gefunden; sie scheint ebenso bei der von Charcot[1]) beschriebenen Sclérose latérale amyotrophique und überhaupt bei vielen andern spinalen Affectionen vorzukommen, sobald dieselben die graue Substanz der Vordersäulen in ihr Bereich ziehen.

Nun haben die letzten Jahre, speciell in Bezug auf die spinale

_____

1) Leçons sur les maladies du syst. nerv. II. Sér. 3. fasc. p. 213 seqq 1874.

Kinderlähmung und die progressive Muskelatrophie — die wir als
Typen der hier in Frage kommenden Rückenmarksaffectionen ansehen können — eine Reihe von Entdeckungen gebracht, welche
einen grossen Fortschritt in unserer Erkenntniss der trophischen
Functionen des R.-M. bedeuten. Es hat sich gezeigt, dass die constante Veränderung bei diesen Krankheiten eine — bei jener acute,
bei dieser chronische — Affection der grauen Vordersäulen ist,
welche regelmässig und in ganz besonderer Weise die grossen motorischen Ganglienzellen in Mitleidenschaft zieht. Die neuesten Beobachtungen ergeben ohne jede Ausnahme diesen Befund, welchen man
wegen mangelhafter Untersuchungsmethoden früher fast immer übersehen hat. Es würde uns viel zu weit führen, hier in eine Aufzählung und Kritik aller dieser Beobachtungen einzutreten. Wir
verweisen in dieser Beziehung auf die vorwiegend in den Arch. de
physiol. norm. et pathol. niedergelegten Arbeiten von Charcot,
Joffroy, Hayem, Duchenne, Vulpian, Pierret, Gombault,
Troisier u. A., auf die Untersuchungen von Voisin und Hanot,
Lockhart Clarke, Roger und Damaschino, Roth u. A.,
welche dafür die unzweideutigsten Belege bringen. Diese Untersuchungen enthalten auch eine Reihe von Thatsachen, welche die
Ansicht, dass es sich um eine von dem primären Herd im R.-M.
zu den Nerven und Muskeln fortgeleitete Entzündung handle, mit
Entschiedenheit von der Hand weisen lassen; doch wären weitere
speciell auf diesen Punkt gerichtete Untersuchungen erwünscht. Allerdings sind die Beobachter nicht darüber einig, ob die Veränderung
an den Ganglienzellen das Primäre oder ob sie erst die Folge einer
interstitiellen Myelitis sci. Das ist aber eine Frage von nebensäch-
licher Bedeutung für unsern Gegenstand. Sicher scheint auf alle
Fälle, dass Störung oder Vernichtung dieser grossen Ganglienzellen
der Vordersäulen in den innigsten Beziehungen zur degenerativen
Atrophie der Nerven und Muskeln stehen.

Jedenfalls kann es kaum mehr zweifelhaft sein, dass die trophischen Centren für die motorischen Nerven und Muskeln innerhalb
der grauen Substanz des R.-M. und zwar in nächster Nähe der Ein-
trittsstelle der betreffenden vordern Wurzeln liegen. Wenn dies
einerseits durch die vorstehend erwähnten Thatsachen von localen
Zerstörungen der grauen Vordersäulen im höchsten Grade wahrscheinlich gemacht wird, so wird es anderseits durch die Thatsache
wesentlich gestützt, dass die degenerative Atrophie selbst in Fällen
schwerster spinaler Paraplegie vollständig fehlt, wenn die betreffenden Abschnitte der grauen Substanz intact geblieben sind

8*

(vergl. z. B. zwei mit Rücksicht auf diese Frage mitgetheilte Fälle
bei Burckhardt[1])).

Freilich wissen wir über die Art und Weise, wie diese trophischen Centren mit den peripherischen Theilen in Verbindung stehen,
wie und auf welchen Wegen sie diesen ihre trophischen Einflüsse
übermitteln, noch so gut wie gar nichts und den kühnsten Hypothesen ist hier Thür und Thor geöffnet. Bekanntlich wissen Anatomie und Physiologie nichts von der Existenz eigener trophischer
Nervenbahnen; während die Einen aber dieselben als ein physio-
logisches Postulat betrachten, wird von den Andern die Uebermitt-
lung der trophischen Einflüsse einfach den motorischen und sensiblen
Fasern zugewiesen. Ich habe[2]) durch Zusammenstellung einer Reihe
von sich ergänzenden Beobachtungen den Nachweis zu liefern gesucht, dass die trophischen Bahnen mit den motorischen nicht vollkommen identisch sein können. Jedenfalls geht aus jenen Thatsachen
mit Sicherheit hervor, dass an gewissen Stellen die motorischen und
die trophischen Bahnen von einander getrennt sein müssen, da sie
beide isolirt für sich erkranken können. Diese Trennung ist sicher
im Centralorgan vorhanden; wie weit sie aber nach der Peripherie
hin durchgeführt ist, ob motorische und trophische Fasern bis zur
Peripherie getrennt verlaufen, oder ob die motorischen Fasern auch
die Erregungen von den trophischen Centren zu leiten fähig sind,
steht noch dahin. Burckhardt[3]) ist der letzteren Meinung und
vindicirt den grossen Ganglienzellen der Vordersäulen einfach die
Bedeutung von Ernährungscentren für die motorischen Fasern, die
von ihnen abgehen, und für die Muskeln. In der That lässt sich
auf Grund der neueren Anschauungen über den Bau der Ganglienzellen leicht eine ganz plausible Vorstellung davon gewinnen, wie
eine solche doppelte und mehrfache Bedeutung der grossen Ganglienzellen ermöglicht ist. Wenn die Darstellung, die Max Schultze[4])
von der fibrillären Structur der Ganglienzellen gibt, auch für den
Menschen richtig ist — und das ist wohl zweifellos —, so lässt sich
wohl denken, wie eine solche Zelle der Sammelpunkt von Fibrillen
der verschiedensten physiologischen Dignität (motorischer, coordina-
torischer, reflectorischer etc. Fasern) sein kann, welche dann zum
Theil in dem Nervenfaserfortsatz vereinigt in die vordern Wurzeln

---

1) Physiol. Diagnostik der Nervenkrankh. S. 264. Beob. 45 u. 46.
2) Ein Fall von Bleilähmung. Arch. f. Psych. u. Nervenkrankh. Bd. V.
1875. S. 445.
3) l. c. S. 271.
4) Stricker's Handbuch der Gewebelehre S. 130.

eintreten. Während so die Zelle als Sammelpunkt dieser verschiedenen Fasern dient, könnte sie gleichzeitig als trophisches Centrum
für dieselben fungiren und aus ihrer eigenen Substanz trophische
Fibrillen in die vordern Wurzelfasern entsenden. Die notorisch
fibrilläre Structur des Axencylinders würde es sogar gestatten, die
Existenz eigener trophischer Nervenfasern fallen zu lassen, da ja
der Axencylinder des motorischen Nerven Fibrillen von sehr verschiedener physiologischer Bedeutung enthalten könnte. Doch wir
wollen uns nicht allzusehr in dies rein hypothetische Gebiet verlieren.

Eine letzte, der Entscheidung harrende Frage haben wir noch
zu erwähnen, nämlich die, ob die Vorgänge der degenerativen Atrophie
auf eine Reizung oder eine Lähmung der trophischen Central-
apparate zurückzuführen sind. Charcot[1]) ist der ersteren Meinung:
er glaubt, dass Reizung der trophischen Ganglienzellen und der
trophischen Fasern die degenerative Atrophie erzeuge, während einfache Lähmung derselben oder Trennung von den peripherischen
Theilen die Ernährung derselben intact lasse. Er stützt sich dabei
besonders auf die angebliche Thatsache, dass Quetschung, Entzündung u. dgl. peripherer Nerven anders wirke, als einfache Durchschneidung derselben; bei letzterer sollen die charakteristischen
histologischen Veränderungen nicht eintreten. Dass dies nicht richtig
ist, ist hinlänglich bewiesen[2]). Auch die Vorgänge bei der spinalen
Kinderlähmung machen diese Annahme geradezu unmöglich: abgesehen davon, dass die Initialerscheinungen, die complete Lähmung etc. die gesteigerte Function der Ganglienzellen sehr unwahrscheinlich machen, müsste sich doch beim völligen Verschwinden
der Ganglienzellen, wie es in allen solchen Fällen in den späteren
Stadien constatirt ist, die Ernährungsstörung wieder ausgleichen,
müssten die Nerven und Muskeln wieder zur Norm zurückkehren;
bekanntlich ist gerade das Gegentheil der Fall. Wir sind deshalb bis jetzt noch der Meinung, dass eine Lähmung oder Zerstörung der centralen trophischen Apparate oder eine
Lostrennung derselben von den peripherischen Theilen
die Erscheinungen der degenerativen Atrophie bedingt.
Dass damit die Sache für unser Verständniss noch schwieriger wird,

---

1) Klinische Vorträge über die Krankh. des Nervensystems. Deutsch von
Fetzer 1874. S. 51 ff.

2) Erb, Zur Pathol. und pathol. Anat. peripherer Paralyse. Deutsch. Arch.
f. klin. Med. Bd. V. S. 53.

als sie es ohnehin schon ist, kann uns nicht abhalten, die Thatsachen zu nehmen wie sie sind.

Alles zusammengenommen, dürfen wir, wenn die elektrische Untersuchung die Entartungsreaction und damit die Existenz der degenerativen Atrophie der Nerven und Muskeln nachweist und wenn der spinale Ursprung des Leidens zweifellos ist, beim jetzigen Stand unserer Kenntnisse an eine Erkrankung der grauen Vordersäulen denken.

Dass eine vermehrte Fettablagerung in dem interstitiellen Bindegewebe der atrophischen Muskeln in den späteren Stadien nicht selten vorkommt, ist eine bekannte Thatsache. Ich selbst habe jüngst einen Fall gesehen, wo bei Lähmung durch Spinalapoplexie in der vorher atrophischen Wadenmusculatur sich (bei Fortbestehen der Lähmung) allmälig eine das normale Volumen überschreitende Massenzunahme einstellte, die wahrscheinlich durch Fettablagerung bedingt war.[1]) Das wäre eine Art Pseudohypertrophie der Muskeln. Ob aber die als Pseudohypertrophie der Muskeln (Atrophia musculorum lipomatosa, Paralysie musculaire pseudohypertrophique etc.) bezeichnete eigenthümliche Krankheitsform spinalen Ursprungs ist oder nicht, darüber streiten die Autoren noch: Charcot, Eulenburg und Cohnheim sprechen dagegen, L. Clarke, O. Barth u. A. dafür; Friedreich hält die Krankheit lediglich für eine durch gewisse Besonderheiten des kindlichen Alters modificirte progressive Muskelatrophie und W. Müller hält ebenfalls die Lipomatose für eine mehr oder weniger zufällige Complication der Atrophie. Jedenfalls sind also über diesen Gegenstand noch weitere Untersuchungen abzuwarten.

Dasselbe muss gesagt werden für die bis jetzt noch seltenen Fälle von wahrer Muskelhypertrophie, welche theils in Begleitung von progressiver Muskelatrophie (Friedreich[2])), theils selbständig für sich (Auerbach, Berger) hier und da beobachtet wurde. Ihr neurotischer Ursprung lässt sich zur Zeit noch nicht beweisen. — Damit nicht zu verwechseln ist die Gebrauchshypertrophie, welche in übermässig angestrengten Muskeln hier und da vorkommt, wenn dieselben für gelähmte Muskeln vicariirend eintreten müssen. Ein gutes Beispiel dafür liefert der linke Sartorius in dem oben erwähnten von mir beschriebenen Fall[3]).

Sehr gewöhnlich sind bei spinalen Erkrankungen trophische Störungen an den Hautgebilden. Von untergeordneter Wichtigkeit allerdings sind die Veränderungen der Epidermoidalgebilde, wenn sie auch nicht geringes theoretisches Interesse darbieten. So hat man in einzelnen Fällen von spinaler Lähmung eine abnorme Stei-

---

1) Arch. f. Psych. u. Nervenkrankh. Bd. V. Heft 3. S. 782.

2) Ueber progress. Muskelatrophie, über wahre und falsche Muskelhypertrophie. Berlin 1873. Cap. VI.

3) l. c. Bd. V. S. 780.

gerung des **Haarwachsthums** beobachtet[1]). Hand in Hand mit
andern Störungen der Haut, mit Atrophie der Muskeln u. s. w. gehen
nicht selten erhebliche Veränderungen an den **Nägeln**: Verbildung,
stärkere Krümmung und Furchung, kolbige Anschwellung, gelbliche
oder bräunliche Verfärbung derselben und Aehnliches. Wichtiger
aber sind die Veränderungen der **Haut** selbst: da beobachtet man[2])
zunächst nicht selten **erythematöse Flecken** und Eruptionen,
die an den verschiedensten Stellen auftauchen können und meist
eine grosse Flüchtigkeit zeigen; weiterhin **lichenoide** oder **papu-
löse Eruptionen**, über grössere oder kleinere Hautpartien verbreitet, manchmal dem Verbreitungsbezirke eines Nerven angehörig
oder auf eine Extremität beschränkt; nicht selten auch Entwicklung
von **Urticariaquaddeln** von grösserer oder geringerer Grösse
und Ausbreitung, meist von heftigem Jucken begleitet; dann die
Bildung von **Herpes Zoster** in seiner charakteristischen Erscheinungsweise; endlich in selteneren Fällen **Pustelbildungen**, mit
Pemphigus und Ekthyma verwandt und meist in schlecht aussehende
und schlecht heilende Ulcerationen überführend.

Ausser diesen, an die Erscheinungsweise bekannter und typischer
Hautkrankheiten erinnernden Veränderungen kommen aber auch noch
andere, mehr diffuse Veränderungen vor: gleichmässige Verdünnung
der Haut, abnorme Glätte und Glanz der Epidermis, verbunden mit
mehr oder weniger livider Röthe (Glossy skin), Veränderungen die
wir Bd. XII. 1. S. 369 bei Gelegenheit der Lähmungen schon erwähnt
haben; anderseits kommt es manchmal zu abnormer Verdickung und
Anschwellung der Haut sowohl wie des Unterhautzellgewebes, nicht
selten mit Oedem verbunden, oder aus demselben allmälig heraus
entwickelt.

Ueber die Theorie aller dieser Erscheinungen und über ihre
näheren Beziehungen zum R.-M. und zu Erkrankungen bestimmter
Abschnitte desselben sind unsere Kenntnisse noch sehr lückenhaft;
kaum beginnt man sich allmälig an den Gedanken zu gewöhnen,
dass diese Dinge gelegentlich neurotischen Ursprungs sein können;
von welchen Theilen aus und wie sie zu Stande kommen, ist noch
ausschliesslich Gegenstand von Vermuthungen. Da ein Theil der
genannten Veränderungen gewöhnlich in Verbindung mit heftigen
sensiblen Reizerscheinungen (mit den lancinirenden Schmerzen der

---

1) Jelly, Brit. med. Journ. 1873. June 14.
2) Vgl. hierzu besonders die hübsche Darstellung von Charcot in dessen
klin. Vorträgen über die Krankheiten des Nervensystems. Deutsch von Fetzer.
1874. S. 80 ff.

Tabiker z. B.) auftreten, hat man sich für berechtigt gehalten, sie auf eine Reizung trophischer Fasern zurückzuführen und die Erfahrungen über das Auftreten von Herpes zoster bei Neuralgien und im Gefolge von Neuritis bieten dieser Ansicht nicht geringe Stützen; andererseits lässt sich nicht leugnen, dass eine andere Gruppe dieser Ernährungsstörungen nur unter Verhältnissen auftritt, welche eine Lähmung der trophischen Bahnen fast unabweisbar erscheinen lassen. Mit Sicherheit lässt sich aber noch nicht entscheiden, welchen Antheil im Specielleren die Reizung oder Lähmung der trophischen Fasern an der Entstehung der Hautveränderungen hat.

Die peripheren Bahnen, welche die trophischen Einwirkungen auf die Haut und ihre Adnexa vermitteln, scheinen unzweifelhaft in den sensiblen Nerven zu liegen; dafür spricht eine grosse Anzahl unzweideutiger Thatsachen. Wo aber die Centren für die Ernährung der Hautgebilde zu suchen seien, ist noch dunkel. In den grauen Vordersäulen scheinen sie jedenfalls nicht zu liegen — das lehren die Erfahrungen über die spinale Kinderlähmung. Es bleiben also, da hierbei wohl nur an die graue Substanz zu denken ist, nur die Hintersäulen oder — was durch manche Erfahrungen nahe gelegt und von verschiedenen Autoren geglaubt wird — die Spinalganglien übrig. Wir müssen es vorläufig der Zukunft überlassen, den Einfluss dieser Gebilde auf die Hauternährung des Genaueren festzustellen.

Weitaus die wichtigste trophische Störung aber, welcher die Haut bei spinalen Erkrankungen unterliegt, ist der Druckbrand, der Decubitus. Sein Auftreten bringt die grössten Gefahren für den Kranken mit sich und ist oft geradezu entscheidend für den Verlauf und die Prognose des Einzelfalles. Es ist praktisch nicht unzweckmässig, zwei Formen des Decubitus zu unterscheiden: eine acut, auf geringe Reize oder kurzdauernden Druck entstandene, von einer entzündlichen Hauteruption ausgehende Form, welche wenige Tage nach dem Beginn der centralen Läsion sich entwickelt und rasch zur brandigen Zerstörung führt (Decubitus acutus nach Samuel) und eine mehr chronisch entstandene, im späteren Verlauf spinaler Erkrankungen auftretende, vorwiegend auf länger einwirkendem Druck beruhende Form, welche als einfaches brandiges Absterben der Haut und des Unterhautgewebes auftritt (Decubitus chronicus).

Der Decubitus acutus, von welchem Charcot (l. c.) eine sehr lebendige Schilderung entwirft, beginnt meist wenige Tage nach irgend einer schweren Spinalläsion oder nach heftiger Exacerbation eines Spinalleidens und zeichnet sich durch eine sehr rapide

Entwicklung aus. Auf der einem Druck oder irgend einer Reizung ausgesetzten Hautstelle (manchmal aber auch ohne solche Veranlassung) erscheinen erythematöse Flecken, welche sich bald mit Bläschen und Blasen bedecken, deren anfangs heller Inhalt rasch eine röthliche oder bräunliche Verfärbung erleidet; unter günstigen Bedingungen können diese Blasen eintrocknen und die Heilung kann ohne weitere Störung erfolgen; gewöhnlich aber ist dies nicht der Fall; die Blasen platzen und hinterlassen schlecht aussehende Ulcerationen, deren Grund von der blutig-infiltrirten und meist auch phlegmonös entzündeten Haut gebildet wird. Der Geschwürsgrund stirbt brandig ab und während die umgebende Haut in immer weiterer Ausdehnung blutig suffundirt und entzündet wird, schreitet die brandige Zerstörung weiter und weiter in die Tiefe, Sehnen, Fascien, Bänder und Knochen freilegend und in das Bereich der Zerstörung hereinziehend.

Dieser ganze Cyclus von Vorgängen entwickelt sich in wenigen Tagen und kann durch alle Sorgfalt und Reinlichkeit nicht verhütet werden; gleichzeitig damit sieht man zuweilen Cystitis und Hämaturie sich einstellen, oder die Muskeln einer rapiden Atrophie unterliegen.

Bald zeigen sich die Folgen einer so beträchtlichen Gangrän: lebhaftes Fieber mit heftigen Frösten und grossen Temperaturschwankungen, septicämische Zustände, purulente Infection, gangränöse Thrombose und Embolie stellen sich ein und ein allgemeiner Marasmus geht dem lethalen Ausgang vorher; oder die Gangrän dringt weiter bis in das Innere des Wirbelcanals und dann beschliesst eine, bis zur Schädelhöhle rasch aufsteigende eiterige oder jauchige Meningitis die traurige Scene.

Der einfache, chronische Decubitus entsteht meist in etwas anderer Weise. Bei chronischen Spinalleiden, bei Paraplegien besteht an den Stellen, die beim Sitzen oder Liegen zumeist gedrückt sind, eine diffuse, dunkle Röthe, manchmal von oberflächlichen Ulcerationen durchsetzt. Eines Tages erscheint eine schwärzliche Stelle auf dieser gerötheten Hautfläche, die bei Fortdauer des Drucks sich bald vergrössert. Die Haut vertrocknet zu einem schwarzen, lederartigen Brandschorf. Um diesen bildet sich alsbald eine demarkirende Entzündung, welche bei geeigneter Pflege zur Abstossung des brandigen, zur Reinigung und Granulirung des Geschwürsgrundes führt. Wirkt aber der Druck weiter ein, so nimmt die Geschwürsfläche ein missfarbiges, blutunterlaufenes, übles Aussehen an, die Entzündung erhält einen mehr phlegmonösen Anstrich und so kann es auch hier zu einer rapiden Ausbreitung des Brandes, zum Weiterschreiten desselben in die Tiefe und zu scheusslichen Zerstörungen kommen.   Und dann treten auch hier die obenerwähnten Folgen des Decubitus acutus ein und machen dem Leben des Kranken bald ein Ende.

An allen Stellen, die einem länger dauernden Druck ausgesetzt sind, kann dieser Druckbrand entstehen, weitaus am häufigsten ist er am Kreuzbein und Gesäss, demnächst an den Trochanteren und Sitzknorren, an den Fersen und Knieen, über den Dornfortsätzen der Wirbelsäule, den Schulterblättern und an den Ellbogen u. s. w. In schweren Fällen der Art bieten die Kranken mit ihren zahlreichen grossen Wunden ein Bild des Jammers dar. Nicht immer werden sie rasch von ihren Qualen erlöst: bei einiger Aufmerksamkeit und sorgfältiger Pflege reinigen sich die Geschwüre und es treten gute Granulationen ein; aber die Tendenz zur Heilung ist sehr gering und die Vernarbung lässt verzweifelt lange auf sich warten. Ich habe einen Kranken, der — abgesehen von mehreren kleineren — neun grosse Decubitusgeschwüre hatte, bei sorgfältiger Wartung über ein Jahr lang hinsiechen sehen. Wenn auch einzelne Stellen vernarben, so tritt doch bald da, bald dort ein neuer Decubitus auf und die Prognose wird deshalb immer eine schlimme, sobald Decubitus eintritt, wenn nicht in kurzer Zeit eine erhebliche Besserung oder Heilung des Grundleidens erfolgt. Der Decubitus acutus gewährt in allen Fällen nur eine äusserst bedenkliche Prognose.

Die Frage nach der eigentlichen Entstehungsweise des Decubitus wird heutzutage noch sehr verschieden beantwortet.

Gewöhnlich beschuldigt man hauptsächlich den langanhaltenden Druck als Hauptursache des Decubitus und glaubt, dass seine Wirkung durch die vollkommene Unbeweglichkeit der Gelähmten, durch die Unempfindlichkeit der Anästhetischen, durch die Verunreinigung mit Harn und Koth u. dgl. wesentlich begünstigt und gesteigert werde; je vollständiger diese Hülfsmomente vorhanden wären, desto sicherer und bedenklicher sei auch die Wirkung des Drucks. In der That kann man denn auch, wo alle jene Momente zusammentreffen, mit Sicherheit auf das Erscheinen des Decubitus rechnen.

Das beweist aber noch lange nicht, dass der Decubitus gerade die Folge jener Momente sei. Vielmehr lehren die Fälle von acuter Myelitis der grauen Vordersäulen (spinale Kinderlähmung u. s. w.), viele hysterische Lähmungsformen, die Erfahrungen bei Oberschenkelfracturen u. dgl. mit aller Entschiedenheit, dass lange anhaltender Druck, Lähmung u. s. w. allein zur Entstehung des Decubitus nicht ausreichen. Anderseits sah Charcot den Decubitus acutus auch bei Vermeidung jeden Drucks und jeder Verunreinigung auftreten.

Es scheint also unbedingt noch ein anderes Moment zur Erklärung herbeigezogen werden zu müssen. Man hat an die gewöhnlich vorhandene vasomotorische Lähmung oder die Anästhesie als wesentliche Bedingungen gedacht; es lässt sich leicht der Nachweis führen, dass dies nicht richtig ist und dass beide Momente nichts anderes sind, als die Wirkung des Drucks fördernde Bedingungen, deren Fehlen oder Vorhandensein aber über das Auftreten des Decubitus nicht entscheidet.

Es müssen offenbar ganz besondere Veränderungen im Nervensystem vorhanden sein, es müssen besondere Einflüsse auftreten oder wegfallen, wenn bei sonst gutem Allgemeinbefinden und kräftiger Herzaction auf einfachen mechanischen Druck jene scheusslichen brandigen Zerstörungen eintreten sollen, welche wir beim spinalen Decubitus kennen: Und diese Einflüsse werden nicht wohl anders, denn als trophische bezeichnet werden können. Für den chronischen Decubitus wird man eine durch trophische Störungen bedingte geringere Resistenz der Haut, einen geringeren vitalen Turgor derselben annehmen können, welche mit der durch die vasomotorische Lähmung bedingten Schwäche der Circulation zusammen wohl das Auftreten des Druckbrandes erklärt; für den acuten Decubitus glaubt Charcot den Nachweis geliefert zu haben, dass derselbe einer „lebhaften Reizung eines mehr oder weniger ausgedehnten Bezirkes des R.-M." seine Entstehung verdanke.

Die Erfahrung lehrt, dass der acute Decubitus vorwiegend bei schweren traumatischen Läsionen des R.-M. (Compression und Zertrümmerung desselben durch Wirbelfracturen u. dgl.), bei acuter Myelitis, bei Hämatomyelie u. dgl. auftrete; auch bei traumatischer Halbseitenläsion des R.-M. hat man ihn entstehen sehen und zwar nur auf der anästhetischen, nicht auf der gelähmten Seite. Der chronische Decubitus wird dagegen gesehen bei der chronischen Myelitis transversa, in den Endstadien der Tabes, bei langsam entstandenen Compressionsparaplegien, ähnlich aber auch bei peripheren Lähmungen im Bereich der Cauda equina. Entstehen diese letzteren acut, z. B. durch Fractur des Kreuzbeins, so können sie selbst den acuten Decubitus im Gefolge haben.

Es will uns scheinen, als ob das allen den genannten Affectionen Gemeinsame eher eine Zerstörung und Lähmung gewisser Theile, als eine Reizung derselben sei und wir halten es für das wahrscheinlichste, dass die Hauptursache des Decubitus bei Spinalleiden die Lähmung gewisser trophischer Centren im R.-M. oder ihre Lostrennung von den peripheren Theilen sei; nur für gewisse Fälle von acutem Decubitus ist die Entstehung aus Reizungszuständen noch nicht mit Sicherheit abzuweisen.

Freilich ist uns die feinere Localisation dieser trophischen Centren noch ebenso unbekannt wie die Art und Weise, wie sie ihren trophischen Einfluss auf die Haut entfalten. Es ist aus vielen Thatsachen wahrscheinlich, dass sie in der grauen Substanz und zwar in ihren centralen Theilen und in den Hintersäulen gesucht werden müssen und dass die von ihnen ausgehenden Bahnen in den hinteren Wurzeln liegen. Es ist ausserdem aus den Beobachtungen bei der Halbseitenläsion des R.-M. wahrscheinlich geworden, dass die trophischen Fasern der Haut in ähnlicher Weise eine Kreuzung innerhalb des R.-M. erleiden, wie die sensiblen. — Die Beziehungen der Spinalganglien zu diesen Vorgängen sind noch nicht klar gestellt.

Die Schlüsse, welche man aus dem Auftreten des Decubitus für die Localisation und Art der spinalen Erkrankung ziehen darf, ergeben sich aus dem Obigen von selbst.

Auch die Knochen erleiden bei spinalen Erkrankungen nicht selten trophische Störungen. So ist eine der gewöhnlichsten Erscheinungen bei der spinalen Kinderlähmung das Zurückbleiben des Knochenwachsthums. Die Knochen der Extremitäten bleiben kürzer und schmächtiger, die Extremitäten werden verkürzt, das Becken verschoben, die Wirbelsäule dadurch verkrümmt. Es ergibt sich leicht aus der Betrachtung einer grösseren Anzahl von Fällen, dass diese Wachsthumsstörung der Knochen nicht immer genau parallel geht mit der Atrophie der Muskeln oder mit dem Grade ihrer Lähmung; sie ist bis zu einem gewissen Grade unabhängig davon und es kann an einer Extremität in einem solchen Falle die Lähmung und Muskelatrophie, an der andern die Knochenatrophie das vorwiegende sein.

In anderen Fällen beobachtet man im Gegentheil eine Auftreibung, Verdickung, Hypertrophie der Knochen, die an Gewicht zunehmen und besonders an den Gelenkenden oft mächtig angeschwollen sind. Dieser Zustand kann mit Pseudohypertrophie der Muskeln, aber auch mit degenerativer Atrophie derselben, vorkommen. Die genauere Betrachtung lehrt jedoch, dass es sich in allen solchen Fällen wesentlich um eine Hyperplasie von Bindesubstanz, sowohl im Knochengewebe, wie in den Muskeln handelt.

Auch eine abnorme Knochenbrüchigkeit hat man in sehr seltenen Fällen beobachtet.

Es kann keinem Zweifel unterliegen, dass die Mehrzahl der genannten Veränderungen auf Störungen des Nervensystems zurückzuführen ist. Die Erfahrungen bei der spinalen Kinderlähmung machen es fast gewiss, dass die trophischen Centren für die Knochen in den grauen Vordersäulen zu suchen sind; dass sie aber jedenfalls nicht identisch sind mit den trophischen Centren für die Muskeln. Genauere Erforschung dieser Verhältnisse bleibt abzuwarten.

Eine besondere Würdigung haben in der jüngsten Zeit die trophischen Störungen der Gelenke erfahren, welche bei manchen spinalen Erkrankungen eintreten und von hohem Interesse sind.

Sehr häufig findet man bei spinalen, ebenso wie bei peripheren Lähmungen leichte Anschwellung, Steifigkeit, geringe Schmerzhaftigkeit und einen mässigen Grad von Anchylose der Gelenke. Das ist zum Theil wohl eine Folge des langen Nichtgebrauchs (und kommt in ähnlicher Weise auch nach lange getragenen Gipsverbänden vor), zum Theil wohl aber auch Folge von trophischen Störungen nervösen Ursprungs.

Dagegen haben besonders Charcot's verdienstliche Untersuchungen[1]) in neuerer Zeit eine besonders im Gefolge der Tabes dorsalis auftretende, äusserst charakteristische Affection der Gelenke kennen gelehrt, welche offenbar neurotischen Ursprungs ist, mit reichlichem serösen Erguss, Usur der Knorpel und Knochen, Subluxationen u. dgl. einhergeht. Das ist die sog. spinale Arthropathie der Tabiker.

Die Gelenkaffection unterscheidet sich in sehr auffallender Weise von den gewöhnlichen spontanen, rheumatischen oder traumatischen Gelenkentzündungen. Sie befällt mit besonderer Vorliebe das Kniegelenk, demnächst in abnehmender Häufigkeit die Schulter, das Ellbogengelenk, das Hüft- und das Handgelenk. Sie beginnt ohne äussere Veranlassung meist plötzlich und unerwartet und zeigt sich zunächst als eine hochgradige, diffuse Anschwellung des Gelenks, bedingt durch einen reichlichen Flüssigkeitserguss in dasselbe; dabei fehlen in der Regel Fieber, Röthe und Schmerzhaftigkeit des Gelenks völlig. Immer sind gleichzeitig die Nachbartheile erheblich geschwellt, oft sehr weithin, so dass der grösste Theil einer Extremität erheblich geschwollen erscheint; diese Schwellung ist theil-

---

1) Vgl. darüber Charcot, Arch. de Physiol. I. 1868; II. 1869; III. 1870 (mit Joffroy) und Klinische Vorträge über die Krankheiten des Nervensystems I. und II. Serie. — Ball, Gaz. des hôp. 1868 u. 1869. — Buzzard, Lancet 1874. Aug. 22. — Weir Mitchell, Amer. Journ. Med. Sc. 1875. April. p. 339. S. auch unten den Abschnitt über Tabes dorsalis.

weise ödematöser, theilweise aber von derberer Natur. Sie pflegt
nach wenigen Tagen zu verschwinden; ebenso wird bald auch der
Gelenkerguss resorbirt, die einander berührenden Gelenkenden werden usurirt und abgeschliffen, die Knorpel und Bänder zerstört;
lebhaftes Krachen und Knarren im Gelenk kündigt diese Veränderungen an; es kommt zu Deformitäten der Gelenke, zu Subluxationen, Schlottergelenk u. dgl. Monate und Jahre lang kann dies
so fortbestehen und dann allmälig wieder verschwinden; meist aber
bleiben unheilbare Veränderungen zurück.

Die anatomische Untersuchung ergibt in diesen vorgerückten
Stadien des Leidens die Erscheinungen der Arthritis sicca, doch mit
dem bezeichnenden Unterschiede, dass die Usur der Gelenkenden
die Knochengewebswucherung an denselben bedeutend überwiegt.

Diese Arthropathie wird am häufigsten bei der Tabes gefunden,
und zwar in den früheren Stadien, meist im Vorläuferstadium, ehe
sich noch die ataktischen Bewegungsstörungen eingestellt haben und
wo die lancinirenden Schmerzen noch das Krankheitsbild dominiren.
Sie ist aber auch in gleicher oder doch sehr ähnlicher Weise beobachtet worden bei Compression des R.-M. durch Wirbelleiden, bei
acuter Myelitis, bei progressiver Muskelatrophie, bei traumatischer
Halbseitenläsion des R.-M. auf der gelähmten Seite u. s. w.

Es kann wohl auch hier kaum zweifelhaft sein, dass diese
Arthropathie von Störungen des Nervensystems abhängt; Charcot
hat geglaubt, sie auf eine pathologische Reizung trophischer Central-
apparate zurückführen zu können, und hat in der That bei der
Section von Tabikern, die an dieser Arthropathie litten, Atrophie
entsprechender Abschnitte der grauen Vordersäulen und Schwund
ihrer Ganglienzellen beobachtet. In einem neueren Falle jedoch hat
er diese Läsion trotz sorgfältigen Suchens vermisst und dafür ausgesprochene Veränderungen an den Spinalganglien gefunden. Es
kann also erst von weiteren Untersuchungen eine Entscheidung dieser
schwierigen Frage erwartet werden. Das seltene Vorkommen der
Arthropathie bei der spinalen Kinderlähmung und ihre innigen Beziehungen zur Tabes fordern jedenfalls zu grosser Vorsicht in der
Beurtheilung auf.

Von trophischen Störungen der Eingeweide bei spinalen Erkrankungen ist zur Zeit noch wenig bekannt und dieses Wenige wird
im Folgenden an den geeigneten Stellen seine Erwähnung finden.

Die allgemeine Ernährung leidet bei den meisten spinalen
Erkrankungen nur unter ganz besonderen Verhältnissen oder bei

sehr langer Dauer der Krankheit. Gar häufig sieht man Rückenmarkskranke in den desolatesten Zuständen: paraplegisch oder hochgradig ataktisch an das Bett oder den Rollstuhl gefesselt von blühendem Aussehen, musculös und fettleibig, im Besitze guten Appetits und guter Verdauung Jahre und Jahrzehnte lang ein leidliches Dasein fristen. Freilich sieht man dafür in anderen Fällen auch die Ernährung sehr bald verfallen, das Allgemeinbefinden hochgradig gestört, die Kranken einem rapide fortschreitenden Marasmus erliegend. Die Bedingungen, welche diesen Erscheinungen zu Grunde liegen können, sind etwa folgende: anhaltende ruhige Lage, Mangel an Bewegung und frischer Luft, darniederliegende Verdauung; hochgradige, schlafraubende Schmerzen, Auftreten von Fieber, Vorhandensein maligner Neubildungen, vor Allem aber Cystitis und Decubitus. Dass diese Bedingungen sehr häufig und bei den verschiedensten spinalen Erkrankungen erfüllt sind, werden wir im weiteren Verlaufe der Darstellung sehen.

Hier mögen einige Worte Platz finden über das Verhalten der allgemeinen Körpertemperatur und über das Fieber bei Rückenmarkskrankheiten. Für die localen, auf einzelne Extremitäten oder Körpertheile beschränkten Temperaturveränderungen geben die vasomotorischen Störungen Begründung und Aufschluss.

Zunächst kommt bei Entzündungen des R.-M. genau ebenso wie bei den Entzündungen anderer Organe Fieber vor und wir werden den Typus und die Verlaufsweise desselben bei den einzelnen Krankheitsformen kennen lernen, so bei der acuten Meningitis spinalis, bei der acuten Myelitis, bei der acuten Spinallähmung, der Paralysis ascend. acuta u. s. w. — Ferner kommt Fieber als Folge mancher Complicationen der Spinalerkrankungen vor: so beim brandigen Decubitus u. s. w. Das interessirt uns hier weniger.

Dagegen verdienen die — oft ganz enormen — Temperatursteigerungen, die sich im Gefolge und am Ende mancher schweren Rückenmarkskrankheiten einstellen und die von hohem theoretischen Interesse sind, hier eine kurze Erwähnung. Es sind dies die Temperaturen, die gewöhnlich der „neuroparalytischen Agonie" zugeschrieben werden und die bei schweren Erkrankungen der verschiedensten Theile des Nervensystems und speciell auch bei schweren Rückenmarksläsionen vielfach beobachtet und Gegenstand mehrfacher Bearbeitung geworden sind.[1]

---

[1] Zur näheren Belehrung sei auf folgende Schriften verwiesen: Wunderlich, Archiv der Heilkunde II. S. 547 und III. S. 175. — Brodie, Med.-chir. Trans. 1837. p. 416. — Billroth, Beobachtungsstudien über Wundfieber 1862. S. 158. — Erb, Deutsches Archiv für klinische Medicin I. S. 175. 1865. — Tscheschichin, Reichert und Dubois' Arch. 1866. S. 170. — Naunyn und Quincke, Reichert und Dubois' Archiv 1869. S. 174 u. S. 521. — Quincke,

Das Hauptinteresse für uns gewähren die Fälle, wo nach Quetschungen und Verletzungen des Halsmarks der Tod unter continuirlichem Steigen der Körpertemperatur und schliesslich bei enorm hohen Temperaturen (42,9 — 44,0° C.) erfolgte. Der erste derartige Fall wurde von Brodie beobachtet; andere ähnliche Fälle haben Billroth, Simon, Quincke, Fischer u. A. beschrieben. Ferner hat man ungewöhnlich hohe Agonietemperaturen bei Tetanus (Wunderlich), bei Meningitis cerebrospinalis (Erb) u. s. w. gefunden. In jüngster Zeit endlich hat J. W. Teale[1]) einen Fall von durch ein Trauma entstandener vielleicht entzündlicher Spinalaffection veröffentlicht, in welchem die Temperatur der Achselhöhle die unglaubliche Höhe von mehr als 50° C (122° F.) mehrmals erreichte; der Fall endete gleichwohl mit Genesung.

Um dem Zusammenhang dieser Temperatursteigerung mit der Rückenmarksläsion etwas auf die Spur zu kommen, hat man verschiedene Experimentaluntersuchungen angestellt, die aber noch nicht zu völlig abschliessenden Resultaten gekommen sind. Es fand sich, dass Durchschneidung des Dorsalmarks eine Temperaturabnahme, dagegen Durchschneidung des Cervicalmarks hoch oben in der Nähe des Pons erhebliche Temperatursteigerung bewirkte (Tscheschichin); ferner dass Zerquetschung des Cervicalmarks sicher eine Temperatursteigerung bewirkte, wenn man die periphere Abkühlung durch geeignete Maassregeln verminderte (Naunyn und Quincke); dass endlich eine Verletzung des Halsmarks keine Temperatursteigerung bewirkt, wenn dabei die vorderen Stränge geschont werden (Fischer).

Es würde uns zu weit führen, wenn wir die aus diesen Experimenten gezogenen Schlüsse in Bezug auf die erregenden und moderirenden Einflüsse des R.-M. auf die Wärmebildung hier ausführlich erörtern wollten. Wir würden dabei auf die Theorie des Fiebers — bekanntlich eines der schwierigsten Capitel der allgemeinen Pathologie — einzugehen haben.

Vorläufig erscheint es uns am natürlichsten, mit Naunyn und Quincke anzunehmen, dass es sich bei jenen experimentellen sowohl wie bei den pathologischen Läsionen des Halstheils des R.-M. um eine Lähmung bestimmter, zur Moderirung der Wärmebildung dienender, Bahnen handelt und dass es deshalb zu einer Steigerung der Wärmeproduction kommt. Gleichzeitig findet aber auch eine verbreitete Gefässlähmung und dadurch gesteigerte Wärmeabgabe statt, welche die gesteigerte Production mehr oder weniger compensirt. Je nachdem das eine oder das andre Moment überwiegt, wird die Temperatursteigerung eine mehr oder weniger bedeutende sein oder völlig fehlen und selbst in das Gegentheil umschlagen. Es hängt hier offenbar viel von zufälligen äussern Verhältnissen (Lufttemperatur, Bedeckung, Ver-

---

Berl. klin. Wochenschr. 1869. Nr. 29. — H. Fischer, Centralbl. f. d. med. Wissensch. 1869. Nr. 17. — R. Heidenhain, Pflüger's Arch. 1870. S. 578. — Riegel, Ebendaselbst Bd. V. 1872. S. 629. — Naunyn und Dubczanski, Arch. f. exper. Path. u. Pharmak. I.

1) Lancet 1875. March. 6. p. 340 (Clinical Societ. of London).

hältniss der Körperoberfläche zum Körpergewicht u. dgl.) ab. Die
Erfahrung lehrt aber, dass beim Menschen eine Verletzung des Halsmarks vorwiegend die gesteigerte Wärmeproduction in den Vordergrund treten lässt. Die ganze Frage wäre wohl mit Rücksicht auf
die neuen Goltz'schen Entdeckungen über die vasomotorischen Centren
im R.-M. einer erneuten Prüfung zu unterziehen.

Die angeführten Experimente haben gelehrt, dass vielfach bei
Rückenmarksdurchschneidungen auch eine Herabsetzung der
Temperatur eintritt, nämlich da, wo die vasomotorische Lähmung
die Wärmeabgabe von der Haut in überwiegendem Maasse beeinflusst.
Ein Aehnliches findet statt bei manchen Rückenmarkserkrankungen:
Verletzungen (Fischer l. c., Nieder[1]), chronischer Myelitis, in den
Endstadien der Tabes u. s. w. Die Temperatur sinkt auf 35° bis 32°
bis 30° C. und selbst noch tiefer und dabei schleppen die Kranken ihr
Leben oft noch Tage und Wochen lang fort. Es handelt sich hier
wohl z. Th. um Collapstemperaturen, z. Th. wohl aber auch um gesteigerte Wärmeabgabe durch vasomotorische Lähmung.

6. Störungen im Harn- und Geschlechtsapparat.

Sie gehören zu den besonders wichtigen Symptomen, weil sie
in vielen Fällen von grossem Einfluss auf die Prognose sind und
immer den Kranken erhebliche Belästigung bereiten. Freilich ist
unser Wissen darüber noch in vieler Beziehung Stückwerk.

a. Störung der Nierensecretion.

Darüber ist bei spinalen Erkrankungen bis jetzt wenig bekannt.
Es kommen zwar bei verschiedenen, besonders acuten und schweren
Spinalläsionen sehr rasch erhebliche Veränderungen der Harnbeschaf-
fenheit zu Stande, allein es ist nicht sicher ausgemacht, wie weit
daran die Nieren und ihre Innervation direct betheiligt sind. Nach
Rückenmarksquetschung bei Wirbelfracturen, nach Messerstichen ins
R.-M., nach Spinalapoplexie, bei acuter Myelitis u. dgl. sieht man
häufig schon nach wenig Tagen den Urin trübe und schleimig werden, Blut und Eiter in demselben erscheinen, alkalische Zersetzung
mit den unvermeidlichen Tripelphosphaten und dem abscheulichen
Geruch auftreten. Es ist die allgemeine Annahme, dass diese Veränderung zunächst durch Stauung und ammoniakalische Zersetzung
des Harns in der Blase erzeugt werde, dass diese eine Cystitis im
Gefolge habe und erst von dieser aus secundär eine Entzündung der
Nieren hervorgerufen werde. Rosenstein[2]) glaubt sich davon mit

---

1) Med. Times and Gaz. 1873. No. 1150.
2) Pathol. u. Ther. der Nierenkrankheiten. 2. Aufl. S. 257.

Sicherheit überzeugt zu haben. Dagegen wird Charcot[1]) durch das ungemein rasche Eintreten der Veränderungen des Harns, durch den schon sehr bald nach der Spinalläsion wiederholt constatirten Befund von Ekchymosen und Entzündungsherden in den Nieren zu der Annahme gedrängt, dass die Spinalerkrankung an sich die Ursache der acuten Nierenentzündung sein könne, und er hebt besonders das irritative Moment bei diesen Spinalläsionen als besonders wichtig hervor. — Ob es sich in den chronischen Fällen ebenso verhält, oder ob hier die Nierenerkrankung immer eine Folge des primären Blasenleidens sei, ist ebenfalls noch unentschieden.

Noch weniger ist über Secretionsanomalien ohne erhebliche anatomische Veränderungen bekannt. Die bei vielen chronischen Rückenmarksleiden beobachtete vermehrte Abscheidung von Phosphaten im Harn kommt auch bei zahlreichen anderen Neurosen vor.

Auch über die Veränderungen der Urinmenge bei Spinalerkrankungen lehrt die menschliche Pathologie sehr wenig. Ein Analogon zu der von Eckhard nach Rückenmarksdurchschneidungen geschenen temporären Unterdrückung der Harnsecretion ist wohl in einem von Brodie beobachteten Fall von Zerreissung des Halsmarks zu erblicken, in welchem die abgesonderte Urinmenge eine ganz minimale war. — Gelegentlich kommt eine erhebliche Steigerung der Urinausscheidung, ein förmlicher Diabetes insipidus, in Begleitung von Rückenmarkserkrankungen vor (Friedreich, bei degenerativer Atrophie der Hinterstränge); man darf dann wohl annehmen, dass sich der Process bis auf das verlängerte Mark fortgesetzt hat.

b. Störungen der Blase und der Harnbeschaffenheit.

Zahllose Rückenmarkskranke werden über kurz oder lang von solchen Störungen befallen und das Auftreten derselben markirt immer eine mehr oder weniger ungünstige Phase in der Krankheit, weil diese Störungen nur sehr schwer wieder zu beseitigen und sehr häufig der Ausgangspunkt der schlimmsten Complicationen sind.

Der Ausgangspunkt für diese Störungen ist fast ausnahmslos die bei Spinalleiden so häufige Blasenlähmung und die dadurch bedingte Retention und Stagnation des Harns in der Blase.

In den häufigeren chronischen Fällen, in welchen es sich oft nur um eine unvollständige und seltenere Entleerung der Blase handelt, treten Zersetzungen des Harns, leichte Alkalescenz, Abschei-

---

1) Klin. Vorträge über die Krankheiten etc. S. 137 ff.

dung von Concrementen in der Blase auf; die Folge ist eine katarrhalische Cystitis: Schleim- und Eiterbildung, massenhafte Entwicklung
von Vibrionen, dadurch gesteigerte Zersetzbarkeit, alkalische Reaction,
übler ammoniakalischer Geruch des Harns. Die Untersuchung des
trüben Harns ergibt schleimig-eitrigen Bodensatz, einzelne Blutkörperchen, zahlreiche Tripelphosphatkrystalle, Vibrionen etc. Die
anfangs einfach katarrhalisch entzündete Blasenschleimhaut bedeckt
sich allmälig mit Erosionen, wird verdickt und gewulstet, von Hämorrhagien durchsetzt, pigmentirt; die Muscularis der Blase hypertrophirt,
die Blasenwand verdickt und retrahirt sich etc. Sehr bald gesellt
sich dazu eitrige Pyelitis und eitrige disseminirte Nephritis. Das ist
das gewöhnliche Bild in den Endstadien chronischer Spinalerkrankungen (Myelitis chronica, Tabes dorsalis etc.).

In ganz acuten Fällen debutirt die Blasenaffection nicht selten
mit Hämaturie, an welche sich eine acute, eitrige oder selbst jauchige
Cystitis, Pyelonephritis etc. anschliesst, wodurch es sehr rasch zu
den ausgiebigsten Zersetzungen des Harns mit allen ihren Folgen,
zu hochgradigem Fieber, Urämie u. dgl. kommt.

Es bleibt noch zu ermitteln, ob allein die durch die Blasenlähmung gesetzte Stagnation des Harns die Ursache aller dieser
Störungen ist, oder ob, wie dies für die acuten Fälle im höchsten
Grade wahrscheinlich, für die chronischen jedenfalls nicht ganz von
der Hand zu weisen ist, die Läsion des R.-M. an sich schon eine
bestimmte Veranlassung für diese entzündlichen Zustände der Blase
mit allen ihren Folgen ist. Genaueres über die diesen Vorgängen
angehörigen nervösen Bahnen und Centren im R.-M. wissen wir
noch nicht.

Jedenfalls aber können diese Blasenstörungen durch das sie begleitende Fieber, durch die damit verbundenen Säfteverluste und
die Rückwirkung auf die Nieren zu den schwersten Störungen des
Gesammtorganismus führen.

c. Störungen der Harnentleerung.

Diese sehr gewöhnlichen und wichtigen Erscheinungen sind in
ihrer Entwicklungsweise und in ihrem Verlaufe vielfach verschieden,
wie dies ja bei dem so complicirten Mechanismus der Blasenentleerung nicht anders zu erwarten ist.

In den überwiegend häufigen chronischen Fällen ist die
erste Erscheinung häufig eine gewisse Erschwerung des Harn-
lassens: die Kranken müssen längere Zeit auf die Entleerung

warten, müssen stärker drücken, bis dieselbe beginnt, dann erfolgt
der Abgang nur langsam und in schwachem Strahl und gewöhnlich
beschliesst ein mehr oder weniger prolongirtes „Nachträufeln" des
Harns den Vorgang. Weiterhin nimmt das mehr und mehr zu, und es
kommt zu förmlicher Harnverhaltung (Retentio urinae), die zum
regelmässigen Gebrauch des Katheters nöthigt, aber wohl auch zur
Ischuria paradoxa werden kann, wo aus der hochgradig gefüllten
Blase ein beständiges Harnträufeln stattfindet. — Es ist aber auch
möglich, dass die Retention im weiteren Verlauf in wirkliche Incontinenz übergeht.

Anderseits kann aber auch die Incontinenz der Blase die
Scene eröffnen: die Kranken müssen sich beeilen, wenn sich der
Drang zum Uriniren meldet; bald folgt die Entleerung sofort dem
Drang; schliesslich erfolgt sie unvermuthet und unwillkürlich — nicht
selten auch ganz unbemerkt — jeden beliebigen Augenblick — ins
Bett, in die Kleider etc. Dabei kann die Entleerung noch regelmässig und in gewissen Pausen stattfinden, in grösseren Mengen;
oder es erfolgen häufige kleine Entleerungen; oder endlich es findet
ein fast beständiges Abträufeln des Harns statt. — Zu allen diesen
Störungen können sich dann noch die Erscheinungen der Cystitis
hinzugesellen und das Bild noch complicirter machen.

In den acuten Fällen (plötzliche Zertrümmerung oder Quetschung des Marks, Myelitis acutissima, Spinalapoplexie etc.) besteht im
Beginn, in den ersten Tagen meist völlige Retention. Sie ist in
vielen Fällen, wie bei experimentellen Rückenmarksdurchschneidungen
(Goltz), nur die Folge der Erschütterung des ganzen R.-M. und
beruht auf Lähmung der Centren im Lendenmark. Bald aber tritt
die spontane (wenn auch nicht willkürliche) Entleerung wieder ein
und geht alsbald in Incontinenz über. Es hängt dann wesentlich
von dem Sitze der Läsion und von den secundären Veränderungen
im R.-M. ab, in welcher Form diese Incontinenz erscheint. Entweder
erfolgt dann — wider den Willen und häufig auch ohne Wissen des
Kranken — von Zeit zu Zeit eine reguläre, völlige Entleerung der
Blase: ein Zeichen, dass das Reflexcentrum im R.-M. erhalten und
der Detrusor nicht gelähmt ist; oder es besteht Ischuria paradoxa,
aus der übermässig gefüllten Blase findet ein beständiges Abträufeln
statt: dann ist das Reflexcentrum gelähmt und zerstört, oder die
peripherischen Bahnen sind unterbrochen; der Detrusor ist zugleich
mit dem Sphincter gelähmt. Dabei ist die Blase im Anfang hochgradig ausgedehnt, reicht oft bis gegen den Nabel; im weiteren
Verlauf aber, durch den Blasenkatarrh und die secundäre Hypertrophie

der Blasenwand, nimmt ihr Volumen mehr und mehr ab, obgleich die Incontinenz unverändert fortbesteht.

Je nach den etwa eintretenden partiellen Besserungen in einzelnen Nervenbahnen kann sich im weiteren Verlauf das Bild modificiren: in der Hauptsache aber wird man in der vorstehenden Schilderung das gewöhnliche Bild der spinalen Blasenlähmung erkennen.

Es ist nicht schwer, auf Grund unserer neuesten Kenntnisse über den Mechanismus der Blasenentleerung (s. o. S. 54) die Art und Weise, wie die verschiedenen Formen dieser Blasenlähmung zu Stande kommen, zu verstehen. Wohl aber ist es im einzelnen Falle oft höchst schwierig zu unterscheiden, welcher specielle Mechanismus gerade vorliegt, da die meisten der genannten Störungen auf mehrfache Weise zu Stande kommen können.

Eine kurze Andeutung der Störungen, wie sie bei Läsionen verschiedener Abschnitte der für die Blaseninnervation bestimmten Bahnen vorkommen können, mag dem Leser die Complicirtheit der hier vorliegenden Verhältnisse klar legen und ihn für die wichtigeren und einfacheren Fälle orientiren. Eine Störung der Blasenentleerung kann nämlich zu Stande kommen 1) durch Läsion der peripheren — sensiblen und motorischen — Bahnen; 2) durch Läsion der Reflexcentren im Lendenmark; und 3) durch Läsion der — sensiblen und motorischen — Bahnen, die oberhalb des Lendenmarks zum Gehirn ziehen.

Sind die peripheren sensiblen Blasennerven allein gelähmt, so werden die Kranken wahrscheinlich keinen Drang zur Harnentleerung mehr verspüren, sie werden aber willkürlich von Zeit zu Zeit den Harn entleeren können, durch Einwirkung des Gehirns auf die Centren im Lendenmark; dabei fühlen die Kranken die Entleerung selbst nicht; sind die motorischen Blasennerven peripherisch gelähmt, so wird Retention mit Incontinenz (Ischuria paradoxa) die Folge sein; willkürliche Entleerung ist unmöglich. Sind beide — sensible und motorische — Bahnen gelähmt, wie z. B. bei Läsionen der Cauda equina, so wird ebenfalls Ischuria paradoxa oder wenigstens absolute Incontinenz die unausbleibliche Folge sein. (Es ist noch nicht ausgemacht, ob die ihrer spinalen Innervation beraubte Blasenmusculatur sich nicht auch selbstständig, durch Innervation von Seiten der in der Blasenwand aufgefundenen Ganglienapparate, noch zusammenziehen kann.) Dies gilt natürlich alles auch für die innerhalb des R.-M. gelegenen sensiblen und motorischen Bahnen, ehe sie mit den Reflexcentren in Verbindung treten.

Sind diese Reflexcentren selbst gelähmt oder zerstört, dann ist ebenfalls völlige Retention mit nachfolgender Incontinenz (Ischuria paradoxa) die nothwendige Folge. Höchstens wird in diesen Fällen durch Anstrengung der Bauchpresse eine unvollkommene Entleerung möglich sein.

Sind die sensiblen Bahnen jenseits des Lendenmarks allein gelähmt, die Centren im Lendenmark aber unversehrt, so tritt von Zeit zu Zeit — wenn die Blase den nöthigen Füllungsgrad erreicht hat — eine reguläre Entleerung der Blase ein; aber die Kranken fühlen von derselben nichts und können sie deshalb nicht verhindern. Sind bloss die motorischen Bahnen jenseits des Lendenmarks gelähmt, so können die Kranken weder willkürlich den Harn entleeren, noch eine drohende oder begonnene Entleerung durch willkürliche Contraction des Sphincter aufhalten; wohl aber fühlen sie den Drang zur Harnentleerung, der gleichzeitig die — dem Willenseinfluss entzogene — Reflexentleerung der Blase anregt. — Sind alle Bahnen oberhalb des Lendenmarks gelähmt, so finden die periodischen, reflectorisch angeregten Entleerungen der Blase statt, ohne dass die Kranken etwas davon fühlen und ohne sie irgendwie willkürlich beeinflussen zu können. — In den meisten zu dieser Gruppe gehörigen Fällen wird die Wirkung der Bauchpresse wegfallen; das ändert aber an dem Symptomenbild nicht viel.

Man sieht, dass sich sämmtliche oben angeführte Erscheinungen aus diesen Ableitungen in ungezwungener Weise erklären und es ist Sache der umsichtigen Beurtheilung aller Verhältnisse, in jedem Einzelfalle zu eruiren, wo gerade die Läsion ihren Sitz hat. Man wird bei sorgfältiger Beobachtung pathologischer Fälle sich leicht überzeugen, dass die verschiedenen Formen der Blasenlähmung in ganz charakteristischer Weise vorkommen; und besonders wird man leicht entscheiden können, ob die Centren im Lendenmark noch fungiren oder nicht, da man durch Reizung der Blasenwand meist leicht Reflexentleerung erzielen kann. Immerhin aber werden viele Fälle, in welchen es sich um complicirte und mehr diffuse, oder um nicht sehr ausgesprochene Störungen handelt, der genaueren Erkenntniss oft unübersteigliche Hindernisse bieten.

Während wir so für die Localisation der Störungen in der Höhe der für die Blaseninnervation bestimmten Faserung doch eine Reihe von Anhaltspunkten besitzen, ist dies nicht im gleichen Grade der Fall, wenn wir fragen, auf welchen Sitz der Erkrankung im Querschnitt des R.-M. eine vorhandene spinale Blasenlähmung deutet; da wir über den genaueren Verlauf der betreffenden Bahnen im R.-M. noch zu wenig Bestimmtes wissen. Speciell die Erkrankung der Reflexcentren selbst wird immer in die graue Substanz des Lendenmarks verlegt werden müssen; doch ist dabei nicht zu vergessen, dass Läsion der abgehenden Wurzelfasern genau dieselben Störungen machen kann, wie die der Centren selbst; für die höher gelegenen, zum Gehirn ziehenden Bahnen muss wohl zunächst auch an die graue Substanz, für die motorische wohl auch an die Vorderstränge (Budge) gedacht werden. Näheres darüber können aber nur speciell auf diesen Punkt gerichtete Untersuchungen lehren.

Es wird dem denkenden Leser nicht schwer werden, sich auf Grund des Gesagten auch den Verlauf und die Complicationen derjenigen Fälle zurecht zu legen, in welchen von einem primären Herde aus sich die Veränderungen weiter verbreiten und so allmälig andere Punkte der Bahn ergreifen; wenn z. B. von einer Quetschung des Dorsalmarks aus sich eine Myelitis der grauen Substanz bis ins Lendenmark herab fortsetzt und hier die Blasencentren lähmt. Ebenso wird es leicht gelingen, sich ein richtiges Bild von den Vorgängen bei beginnenden und leichten Störungen der Blasenfunction zu machen[1]).

Wir haben im Vorstehenden nur die Erscheinungen der spinalen Blasenlähmung betrachtet; von Krampfzuständen der Blase bei spinalen Erkrankungen ist wenig bekannt. Vielleicht gehören hierher manche Fälle von gesteigertem Harndrang, die man hie und da beobachtet, oder einzelne Fälle von Ischurie. Genaueres ist aber darüber nicht bekannt.

d. Störungen der Geschlechtsfunction.

Von jeher hat man dieselben in die innigsten Beziehungen zum R.-M. gebracht, vorwiegend in ätiologischer Beziehung. Sie spielen aber auch in der Symptomatologie der Spinalleiden eine hervorragende Rolle und treten hier besonders beim Manne in den Vordergrund, weil bei ihm die Ausübung der Geschlechtsfunction viel mehr von einem intacten Verhalten des R.-M. abhängt, als beim Weibe.

---

1) Wir haben in der ganzen Darstellung eine schärfere Trennung der Lähmung des Sphincter und des Detrusor absichtlich vermieden, weil dieselbe — obwohl theoretisch denkbar — praktisch doch wohl nicht leicht vorkommt, da allem Anschein nach sowohl die vom Gehirn wie die von den Centren im Lendenmark kommenden Bahnen für beide Muskelsysteme dicht beisammen liegen und also in der Regel gemeinschaftlich erkranken. Auch wird man die Fälle von isolirter Lähmung oder Schwäche des Sphincter, der ja eigentlich dem Willen allein direct unterworfen ist, sehr leicht bei genauer Betrachtung unterscheiden können.

Bei rückenmarkskranken Männern kommt vor:

Gesteigerter Geschlechtstrieb und gesteigerte sexuelle Erregbarkeit; bei jedem lüsternen Gedanken, beim Anblick oder bei oberflächlicher Berührung mit Frauen treten Erectionen ein. Gewöhnlich sind damit deutliche Schwächezustände verbunden: beim Coitus tritt verfrühte Ejaculation ein, die erwähnten Erectionen sind häufig sofort von Ejaculation gefolgt, Pollutiones diurnae und Spermatorrhoe stellen sich ein. — Ob wirklich eine gesteigerte Potenz, eine Fähigkeit zur häufigeren normalen Ausübung des Coitus vorkommt, ist fraglich und schwer zu entscheiden, da ja schon unter physiologischen Verhältnissen die sexuelle Leistungsfähigkeit der einzelnen Individuen eine äusserst verschiedene ist.

Weit häufiger ist die sog. reizbare Schwäche der Geschlechtsorgane, wie sie besonders im ersten Beginn spinaler Erkrankungen und bei functionellen Schwächezuständen des R.-M. vorkommt. Dabei treten leicht Erectionen auf, dieselben sind aber schwach und ungenügend und von kurzer Dauer; die Ejaculation beim Coitus ist verfrüht, tritt oft schon vor oder gleich nach der Immissio penis ein. Das Wollustgefühl beim Coitus ist vermindert oder fehlt ganz; der Geschlechtstrieb ist vermindert; die Ausübung des Coitus hinterlässt grosse Angegriffenheit: Gefühl von Schwäche, Schweissausbruch, Rückenschmerz, mehrstündige Schlaflosigkeit etc.; meist einige Tage nachher noch grosses Ermüdungsgefühl. Mehrmalige Ausführung des Beischlafs ist unmöglich.

Weiterhin führen diese Zustände zur Verminderung und zum völligen Verluste der Potenz. Die Erectionen werden immer seltener und schwächer, treten höchstens noch des Morgens bei gefüllter Blase auf, pflegen aber in den entscheidenden Momenten gerade zu fehlen und bleiben endlich ganz aus. Der Geschlechtstrieb erlischt gewöhnlich; Pollutionen können aber noch mehr oder weniger häufig auftreten, bei Nacht und bei Tag, mit oder ohne Wollustgefühl; sie können aber auch ganz fehlen.

In nicht seltenen Fällen tritt Priapismus auf in Form häufiger und anhaltender, mehr oder weniger vollständiger Erectionen. Dabei kann die Begattungsfähigkeit erhalten, der Geschlechtstrieb gesteigert sein. Wichtiger aber sind die Fälle, wo solche pathologische Erectionen bei mehr oder weniger vollständiger Unterbrechung der Leitung im R.-M. auftreten. Sie können dann anscheinend spontan auftreten und man sieht dann wiederholt und längere Zeit den Penis in halb erigirtem Zustande, seltner in völliger Steifung verharren; häufiger aber erfolgen solche Erectionen reflectorisch auf äussere

Reize, auf Einführen des Katheters, auf Reibung der Haut der Glans oder des Perineum oder der innern Schenkelfläche.

Es ist nicht schwer, auf Grund der Untersuchungen von Eck-hard und Goltz sich eine plausible Vorstellung davon zu machen, wie diese verschiedenen Störungen unter pathologischen Verhältnissen zu Stande kommen, in welcher Weise Unterbrechungen der peri-pheren sensiblen und motorischen Leitung, wie Lähmung und Reizung der Reflexcentren im Lendenmark, wie Leitungsunterbrechung oder Erregung der jenseits des Lendenmarks zum Gehirn aufsteigenden Bahnen auf die Vorgänge der Erection, Ejaculation und Begattung wirken werden. Es ist nicht nöthig, das hier im Einzelnen aus-einander zu setzen.

Es sei nur noch bemerkt, dass wir bei dem jetzigen Stande unseres Wissens aus den Störungen der Geschlechtsfunction nur in sehr bedingter Weise Schlüsse auf den genaueren Sitz und die Art der spinalen Läsion ziehen können.

Ueber die Störungen der Geschlechtsfunction bei rückenmarks-kranken Frauen ist nicht viel bekannt. Ovulation, Schwanger-schaft, Geburt können selbst bei schweren Spinalleiden normal ver-laufen.

Ueber das Verhalten der Libido sexualis, das Wollustgefühl, den Begattungsact ist nichts Zuverlässiges ermittelt.

7) Störungen der Verdauung und Stuhlentleerung.

In Bezug auf den Chemismus der Verdauung, die Be-reitung und Secretion der Verdauungssäfte bei Rücken-markskrankheiten weiss man noch so gut wie nichts, obwohl Störungen derselben gewiss vorkommen. Die Secretion der Darm-säfte scheint in vielen Fällen zu leiden, was wohl aus der grossen Neigung zu Verstopfung hervorgeht, die man in vielen Fällen findet.

In auffallender Weise leiden gewöhnlich die Darmbe-wegungen und zwar kann eine Steigerung oder Verminderung derselben vorkommen.

Seltener ist die erstere Störung, welche sich als häufig wieder-kehrende, wässrig-schleimige Diarrhoe kund gibt; dieselbe wird manchmal reflectorisch hervorgerufen: so sah ich bei einem Kranken mit chronischer Myelitis beim Reinigen seiner Decubituswunden regel-mässig eine schleimig-flüssige Masse aus dem Darm entleert werden; ähnliches hat man auch bei Hunden mit durchschnittenem Lenden-mark beobachtet.

Viel gewöhnlicher ist habituelle und oft äusserst hartnäckige Stuhlverstopfung, über welche sich fast alle chronischen Spinalkranken beschweren. Der Stuhl wird träge, angehalten, trocken und hart und erfolgt nur in längeren Zwischenräumen und auf Anwendung mehr oder weniger kräftiger Ausleerungsmittel. Es wirken dazu wahrscheinlich mehrere Momente zusammen: Verminderung der Darmsecretion und Herabsetzung der Peristaltik, z. Th. wohl auch die in vielen Fällen vorhandene Schwäche der Bauchpresse. Besteht ein hoher Grad der Darmschwäche, so kommt es zu Meteorismus und Kothstauung mit ihren Folgen.

Von welchen Theilen des R.-M. diese Störungen des Genaueren ausgehen, wissen wir nicht.

Von französischen Autoren (Charcot[1]), Delamare, Dubois u. A.) wurden bei der Tabes und andern Spinalaffectionen unter dem Namen der „Crises gastriques" eigenthümliche Anfälle beschrieben, bei welchen sich heftige, vom Rücken nach dem Epigastrium ausstrahlende Schmerzen mit unstillbarem Erbrechen, Uebelsein, Schwindel u. dgl. verbinden. Diese Anfälle können mehrere Stunden oder Tage dauern, wiederholen sich periodisch wie die lancinirenden Gliederschmerzen der Tabiker und haben offenbar mit diesen grosse Analogie. Sie beruhen zweifellos auf vorübergehenden Reizzuständen gewisser Rückenmarksabschnitte. Ich habe sie ebenfalls bei Tabes wiederholt beobachtet.

In ähnlicher Weise beobachtet man hie und da — ebenfalls vorwiegend bei Tabikern — einen heftigen und schmerzhaften Drang im Rectum, verbunden mit lebhaften Schmerzen im Perineum, dem After, den Geschlechtstheilen. Auch diese Erscheinungen haben wohl mehr einen neuralgischen Charakter.

Viel wichtiger sind die Störungen der Stuhlentleerung, welche bei vielen Rückenmarkskranken vorkommen und sich den Störungen der Harnentleerung bis zu einem gewissen Grade analog verhalten. Es handelt sich hier vorwiegend um eine Parese oder Paralyse des Sphincter ani, deren Folge eine mehr oder weniger hochgradige Incontinentia alvi ist.

In den leichtesten Fällen können die Kranken den Stuhl nicht lange zurückhalten, sie müssen dem sich meldenden Drange alsbald folgen. Weiterhin kann sich diese Schwäche so steigern, dass die Entleerung jederzeit erfolgt, ohne dass dem Willen der Kranken irgend ein Einfluss auf dieselbe möglich ist. Dazu kann sich aber auch noch eine Störung der Sensibilität gesellen, welche die Verhältnisse noch schlimmer macht: die Kranken fühlen den Stuhldrang

---

1) Leçons sur les maladies du syst. nerv. II Sér. I. fasc. p. 32.

nicht und werden — selbst wenn sie noch Willenseinfluss auf den
Sphincter haben, von der Entleerung überrascht, von welcher selbst
sie nichts fühlen, sondern nur auf indirectem Wege (durch Nase
und Auge oder die Sensibilität der Beine) Kenntniss erhalten.
Welche abscheuliche Belästigung und welch' üble Folgen diese Zustände für die Kranken mit sich bringen, liegt auf der Hand.

Diese Mastdarmlähmung kann sich in acuten Fällen ganz acut
in ihren höchsten Graden entwickeln, in chronischen Fällen bildet
sie sich nur ganz allmälig aus.

Es ist nicht schwierig, sich aus den von der Physiologie gelieferten Daten (s. o. S. 53) die Einzelheiten der Störung der Mast-
darmentleerung und ihre Ausgangspunkte zu erklären. Um nicht zu
weitläufig zu werden, verweisen wir auf das bei den Störungen der
Harnentleerung Gesagte, und bemerken hier nur, dass man theils
an die peripheren sensiblen Fasern des Rectum und des Anus, theils
an die motorischen Fasern des Sphincter, ferner an die Reflexcentren im Lendenmark und an die von diesen zum Gehirn aufsteigenden sensiblen und motorischen Bahnen zu denken hat. Ferner ist
die Wirkung der Bauchpresse nicht ausser Acht zu lassen und wohl
auch an die in der Darmwand selbst liegenden Ganglienapparate
zu denken. Freilich wird mit der Complicirtheit dieser Verhältnisse
die Erklärung immer schwieriger, allein es wird doch in den meisten
Fällen gelingen, sich eine befriedigende Erklärung von der Art und
wohl auch dem Sitze der vorhandenen Läsion zu machen. Es gilt
hier ungefähr dasselbe, was oben gelegentlich der Störungen der
Harnentleerung bemerkt wurde.

8. Störungen der Respiration und Circulation.

Was wir über dieselben wissen, ist noch sehr aphoristischer
Natur und für die Pathologie nur in geringem Maasse verwerthbar.

Störungen der Respiration kommen nur bei wenigen Rückenmarksaffectionen und zwar fast ausschliesslich bei solchen des
Cervicalmarks vor. Das R.-M. enthält nur Leitungsbahnen für
die Respirationsbewegungen; dieselben liegen wahrscheinlich grösstentheils in den Seitensträngen und verlassen das R.-M. in sehr verschiedener Höhe. Die Respirationscentren liegen höher oben, im
verlängerten Mark. — Daraus lassen sich die einzelnen Störungen
leicht ableiten.

Läsionen des oberen Brust- und des Cervicalmarks bedingen,
wenn sie die Seitenstränge in ihr Bereich ziehen, immer eine

Störung der Inspiration, die um so hochgradiger wird, je höher oben die Läsion sitzt. So lange dieselbe unterhalb des Abgangs der Wurzeln für den Phrenicus bleibt, hat die Störung keine Gefahren; da werden bloss die Intercostalmuskeln und einige auxiliäre Respirationsmuskeln ausser Function gesetzt, aber der Hauptinspirationsmuskel, das Diaphragma, hält das Respirationsgeschäft genügend im Gange. Ergreift aber die Läsion auch die Wurzeln des Phrenicus, dann tritt selbst bei einseitiger Erkrankung immer schwere Inspirationsstörung ein und bei doppelseitiger Läsion ist der lethale Ausgang durch Athmungsinsufficienz unvermeidlich. Daher der rapid-tödtliche Ausgang bei schweren Verletzungen des obersten Halsmarks — z. B. bei Bruch des Zahns des Epistropheus u. s. w.

Bei streng einseitiger Läsion wird man auch nur einseitige Inspirationsstörung beobachten und zwar auf der Seite der Läsion.

Weit häufiger beobachtet man Störungen der Exspiration bei spinalen Erkrankungen, durch Lähmung der exspiratorischen Muskeln (Bauch- und Rückenmuskeln). Bei gesunden Respirationsorganen macht das allerdings keine grossen Störungen, höchstens ist die laute Stimmbildung etwas erschwert. Bestehen aber Bronchialkatarrhe und ähnliche Zustände, welche eine energische Expectoration nothwendig machen, so tritt durch Ansammlung des Secrets in den Bronchien die höchste Lebensgefahr ein, weil bei gelähmten Exspirationsmuskeln die Expectoration unmöglich ist. Daher der häufige lethale Ausgang von Bronchitis, Pneumonie u. dgl. bei Myelitikern.

Es lässt sich leicht erkennen, welchen Sitz ·die Störung im R.-M. haben muss, um diese Erschwerung der Exspiration zu bedingen.

Die Störungen der Circulation bei spinalen Erkrankungen sind — abgesehen von den vasomotorischen Störungen — noch sehr wenig untersucht. Es handelt sich hier ausschliesslich um Alteration der Herzthätigkeit, die selten sehr hochgradig wird, da das Herz in seiner Thätigkeit nur in untergeordneter Weise vom R.-M. beeinflusst wird. Gleichwohl scheinen Veränderungen der Herzthätigkeit bei spinalen Erkrankungen nicht gerade selten vorzukommen, aber wenig beachtet zu werden. Charcot[1]) erwähnt eine permanente Beschleunigung des Pulses als ein nicht seltenes Symptom der Ataxie; während er[2]) die permanente Verlangsamung des

---

1) Leçons etc. II Sér. I. fasc. p. 56.
2) l. c. 2. fasc. p. 137.

Pulses als ein bemerkenswerthes Symptom der Compression des Halsmarks aufführt und ausführlich bespricht.

Bekanntlich kann die Schlagzahl des Herzens theils von den im Halsmark verlaufenden Fasern des Sympathicus in erheblicher Weise beeinflusst, theils aber auch durch vasomotorischen Krampf oder Lähmung in wesentlichem Grade modificirt werden. Erwägt man ferner, dass die Wurzelfasern des Vagus und Accessorius ziemlich weit im Halsmark herablaufen, so ist klar, dass gerade bei Erkrankungen des Halsmarks Veränderungen der Herzthätigkeit gewiss häufig genug vorkommen. Die genauere Pathogenese dieser Veränderungen aber in den einzelnen Fällen muss erst noch eruirt werden.

9. Störungen der oculopupillären Fasern, der verschiedenen Hirnnerven und des Gehirns selbst.

Wir wollen hier nur kurz eine Reihe von Störungen aufzählen, die nur zum Theil direct von Läsionen des R.-M. abzuleiten sind, die zum andern Theil aber nur als mehr oder weniger zufällige Complicationen auftreten, für welche wir — falls ein solcher überhaupt existirt — den Zusammenhang mit der Rückenmarksläsion noch durchaus nicht kennen. Alle diese Dinge können aber für die Diagnose und Beurtheilung der einzelnen Krankheitsfälle und Krankheitsformen eine solche Wichtigkeit erlangen, dass ihre Aufzählung an dieser Stelle wohl gerechtfertigt erscheint, wenn wir uns auch die genauere Betrachtung auf den speciellen Theil ersparen müssen.

Sehr klar ist der Zusammenhang gewisser oculopupillärer Symptome mit spinalen Erkrankungen. Bekanntlich geben von einem in der Medulla oblongata gelegenen Centrum die für den Dilatator pupillae bestimmten Fasern im Halsmark ungekreuzt nach abwärts, um dann in verschiedener Höhe in den Halssympathicus überzutreten und mit diesem zum Auge zu gelangen. Reizung dieser Fasern ruft Erweiterung der Pupille (Mydriasis spastica), Lähmung derselben Verengerung der Pupille (Myosis paralytica) hervor. Diese Erscheinungen können einseitig oder doppelseitig auftreten, je nach der Ausbreitung der Läsion im Halsmark; bei einseitiger Läsion findet sich die Pupillenveränderung auf der gleichen Seite (ist besonders bei Halbseitenläsion des Halsmarks sehr charakteristisch). Häufig begleitet vasomotorische Reizung oder Lähmung im Bereich der betreffenden Gesichtshälfte die entsprechenden Pupillenphänomene. Beide zusammen sind werthvolle Symptome für die Erkrankungen des Cervicalmarks. Es verdient dabei erwähnt

zu werden, dass nach Robertson, Knapp und Leber[1]) die
Pupille bei spinaler Myosis auf Lichtwechsel nicht mehr reagirt,
wohl aber auf Accommodationsimpulse.

Der Nerv. hypoglossus wird nur bei Erkrankungen des
R.-M. ergriffen, die sich bis auf die Medulla oblongata verbreiten:
Zungenlähmung, Sprachstörung, Atrophie der Zunge sind die Folgen
davon.

Der N. vagus und der Accessorius erscheinen nicht gerade
häufig betheiligt: krampfhafter Husten, dyspnoische Zustände, Anomalien der Herzthätigkeit sind die Folgen dieser Betheiligung.

Noch weniger ist über die Affection des N. glossopharyngeus bekannt: die bei manchen Spinalerkrankungen, besonders in
den Endstadien auftretende Schlinglähmung ist wohl auf ein Fortschreiten des krankhaften Processes auf die im verlängerten Mark
liegenden Bahnen des Glossopharyngeus zu beziehen.

Der N. acusticus wird hie und da (bei Tabes z. B.) ergriffen;
der Zusammenhang der dabei vorhandenen Atrophie des Hörnerven
mit dem Spinalleiden ist vollkommen dunkel. Nervöse Taubheit,
Verlust des Gehörs für hohe oder für tiefe Töne werden dann beobachtet.

Sehr selten ist der N. facialis bei Rückenmarkskrankheiten
betheiligt und zwar besonders mit seinen unteren Aesten. Fortschreiten der Erkrankung auf die Medulla oblongata ist die gewöhnliche Ursache hiervon.

Viel häufiger dagegen treten Symptome von Seiten des N. trigeminus auf; besonders sind seine sensiblen Fasern ergriffen,
seltener die motorischen. Formication, Anästhesie, Schmerz sind
die Zeichen dafür. Die Erkrankung des obern Cervicalmarks erklärt
das hinlänglich.

Sehr gewöhnlich und ebenso unerklärlich ist die Betheiligung
der Augenmuskelnerven an spinalen Erkrankungen. Besonders
im Vorläuferstadium der Tabes beobachtet man sehr häufig Lähmung
des einen oder andern Augenmuskelnerven, bald einseitig, nicht
selten aber auch doppelseitig. Am häufigsten ist der Oculomotorius
befallen, demnächst der Abducens, seltener der Trochlearis. An
eine Abhängigkeit dieser Erkrankung von der spinalen Läsion ist
beim jetzigen Stand unserer Kenntnisse nicht zu denken; von trophischen Einwirkungen des R.-M. auf die Gehirnnerven wissen wir
nichts; wir sind genöthigt, eine gleichzeitige Localisation der dege-

---

1) s. Virchow-Hirsch's Jahresbericht pro 1872. II. S. 514.

nerativen Atrophie an verschiedenen Punkten der Cerebrospinalaxe anzunehmen.

Dasselbe gilt für die so überaus häufigen Erkrankungen des N. opticus, welche das an sich schon so trostlose Bild der Tabes dorsalis zu einem geradezu entsetzlichen machen. Immer handelt es sich in solchen Fällen um eine progressive graue Degeneration des Sehnerven, kenntlich an der fortschreitenden Atrophie der Papille. Amblyopie, Farbenblindheit, Einengung des Gesichtsfelds sind die ersten Zeichen davon, die in erschreckender Raschheit zu vollständiger Amaurose führen. — Auch bei der multiplen Sklerose kommen ähnliche, aber prognostisch nicht ganz so schlimme Affectionen des Opticus vor. — Der Zusammenhang dieser Störung mit der Spinalerkrankung ist noch durchaus unaufgeklärt; nicht selten geht die Amaurose dem ersten Auftreten der tabischen Symptome (lancinirende Schmerzen, Anästhesie, Ataxie) viele Jahre lang voraus.

Ueber Erkrankungen des N. olfactorius bei spinalen Affectionen ist bis jetzt nichts bekannt.

Es wird noch weiterer vielfacher Untersuchungen bedürfen, um den genaueren Zusammenhang dieser Erkrankungen der Hirnnerven mit spinalen Leiden festzustellen. Abgesehen von der gleichzeitigen multiplen Localisation der Störung wird man zunächst an ein Fortkriechen des Processes auf die Nervenkerne im verlängerten Mark, vielleicht auch an eine Fortleitung meningealer Processe an der Schädelbasis zu denken haben; wahrscheinlich werden sich aber noch andere, uns bis jetzt unbekannte Beziehungen enthüllen.

Ueber die bei spinalen Affectionen nicht seltenen Sprachstörungen genügen wenige Worte. Niemals handelt es sich dabei um psychische Sprachstörungen (eigentliche Aphasie), sondern wohl immer nur um periphere, motorische, welche von dem zum Sprechen dienenden Muskelapparat ausgehen (Anarthrie). Es kann dies durch Lähmung des Hypoglossus geschehen, wodurch die Zungenlaute gestört werden, oder durch Lähmung des Facialis, welche die Lippenlaute erschwert, oder durch Lähmung des Gaumensegels, die eine näselnde Stimme bedingt oder endlich durch Lähmung des Accessorius, welche der Stimmbildung hinderlich ist und Aphonie erzeugen kann. Nicht selten wird auch eine Art von Ataxie, von Incoordination der Sprechbewegungen — unregelmässiges stotterndes Sprechen beobachtet, so bei manchen Fällen von Tabes; und endlich ist für die multiple Sklerose ein langsames, scandirendes Sprechen in hohem Maasse charakteristisch. Ausserdem kommen noch mancherlei andere, geringere und weniger wichtige Störungen der Sprache gelegentlich vor.

Eine Betheiligung des Gehirns selbst an den spinalen Erkrankungen ist in sehr verschiedener Weise und in verschiedenem Grade möglich. Für viele Fälle von Spinalleiden ist es geradezu charakteristisch, dass das Gehirn mit seinen wichtigen Functionen ganz intact bleibt, dass Intelligenz, Gedächtniss, Arbeitsfähigkeit etc. in keiner Weise leiden, dass die Hirnnerven völlig frei bleiben. In andern Fällen aber beobachtet man in nicht minder charakteristischer Weise eine mehr oder weniger umfassende Betheiligung des Gehirns an den krankhaften Störungen. Dieselbe kann auf verschiedene Weise zu Stande kommen:

es localisirt sich derselbe Process, wie im R.-M., so auch im Gehirn, oder er verbreitet sich von dem ersteren progressiv auf das letztere: so z. B. bei der multiplen Sklerose die verschiedenen sklerotischen Herde im Gehirn und Rückenmark; bei der Tabes die graue Degeneration der spinalen Hinterstränge und des Opticus oder anderer Gehirnnerven; bei der Dementia paralytica die gleichzeitige Degeneration des Rückenmarks; bei der Syphilis des centralen Nervensystems; so anderseits bei der Meningitis cerebrospinalis, bei der Meningitis tuberculosa, der Paralysis ascendens acuta, bei der secundären absteigenden Degeneration der Seitenstränge in Folge von Gehirnaffectionen u. s. w. Ueberall bilden hier die cerebralen Symptome wichtige Züge in dem Gesammtkrankheitsbild.

weiterhin können Cerebralerscheinungen bedingt werden durch secundäre Folgen der Rückenmarkskrankheit; so z. B. durch Urämie in Folge von Cystitis und Nephritis, durch Pyämie in Folge von Decubitus etc.

oder endlich es kommen auf bis jetzt noch unbekannte Weise schwere Gehirnerscheinungen in den finalen Stadien mancher Rückenmarksleiden zu Stande: Delirien, Coma, Temperaturexcesse, Krampfzustände, wie man sie manchmal die Scene bei Tabes oder chronischer Myelitis beschliessen sieht. Wie diese Erscheinungen entstehen, ist schwer zu sagen; meist wird wohl die von dem Spinalleiden herrührende hochgradige Kachexie die nächste Ursache derselben sein; aber liesse sich nicht auch denken, dass vasomotorische Einwirkungen vom Halsmarke aus im Stande wären, die Circulation und Ernährung des Gehirns zu verändern und dadurch ein Mittelglied zwischen der spinalen Erkrankung und den Hirnsymptomen zu bilden?

Wir haben im Vorhergehenden so ziemlich alle einzelnen Störungen aufgezählt, welche gelegentlich bei Krankheiten des R.-M. vorkommen, und, so weit dies möglich war, ihre Pathogenese kurz zu entwickeln gesucht, um dem Praktiker ein wissenschaftliches Verständniss des Zusammenhangs der einzelnen Symptomenbilder mit der Art und Localisation der Störung im R.-M. zu ermöglichen.

Die Zusammenordnung und mannigfache Gruppirung der einzelnen Symptome nun gibt die charakteristischen Krankheitsbilder, wie sie uns in der Praxis als die einzelnen Rückenmarkskrankheiten entgegentreten. Dass hier die grösste Mannigfaltigkeit herrscht, lehrt die tägliche Erfahrung: bald begegnen wir einer Combination von motorischen und vasomotorischen Störungen, bald einer solchen von sensiblen und motorischen Symptomen; dazu gesellen sich in dem einen oder andern Fall Veränderungen der Reflexe, oder Anomalien der Blasen- und Geschlechtsfunction; wieder in andern Fällen werden einzelne Gehirnnerven in das Bereich der Störung gezogen, die trophischen Störungen treten in den Vordergrund u. s. w. Gerade diese Mannigfaltigkeit der Symptomenbilder erlaubt, dieselben in gewisse Gruppen zu sondern, von welchen viele bereits als wohl charakterisirte Krankheitsformen anerkannt sind, andere noch der genaueren Umgrenzung harren.

Wiederum ist dann die genauere Localisation der einzelnen Störungen in vieler Beziehung charakteristisch: so wenn die beiden untern, oder nur die beiden obern Extremitäten von Lähmung befallen sind, wenn Anästhesie oder Schmerzen in einer bestimmten Höhe am Rumpf oder den Gliedern auftreten, wenn die motorische Lähmung auf die eine, die sensible Lähmung auf die andere Körperseite beschränkt ist u. dgl.

Es ist die Aufgabe der klinischen Beobachtung, das Charakteristische und Gemeinsame aller dieser mannigfachen Symptomenbilder zu erforschen und zu erkennen und daraus scharf umschriebene Krankheitsbilder zu entnehmen und diese dann auf örtlich genau bestimmte anatomische Veränderungen im R.-M. zurückzuführen. Wie weit die heutige Rückenmarkspathologie in der Erfüllung dieser nicht leichten Aufgabe gekommen ist, wird der specielle Theil darzulegen haben.

B. Allgemeine Aetiologie der Rückenmarkskrankheiten.

Die Aetiologie der spinalen Erkrankungen liegt noch ziemlich im Argen. Zwar sind in der Literatur zahlreiche Einzelheiten nieder-

gelegt, ein relativ sehr grosses, wenn auch vielfach nicht hinlänglich
begründetes, thatsächliches Material ist angehäuft, aber die streng
wissenschaftlichen Ergebnisse daraus sind noch gering, allgemeine
Gesichtspunkte sind nur wenige gewonnen, die Pathogenese der einzelnen Erkrankungen ist in den meisten Fällen noch unklar.

Wir müssen uns deshalb hier mit kurzen Andeutungen begnügen,
dem speciellen Theil die genauere Ausführung der Details überlassend. Nur was einigermassen constatirt ist, wollen wir hervorheben,
im Uebrigen aber vorwiegend auf die Lücken in unsern Kenntnissen
hinweisen.

Zunächst gibt es eine Reihe von Momenten und Schädlichkeiten,
deren Einwirkung das R.-M. in einen Zustand gesteigerter Erkrankungsfähigkeit versetzt: wir können sie als prädisponirende
Ursachen bezeichnen. Sie spielen jedenfalls in der Pathogenese
spinaler Erkrankungen eine sehr hervorragende Rolle; dabei ist aber
nicht zu übersehen, dass dieselben Schädlichkeiten unter gewissen
Bedingungen nicht bloss die krankhafte Disposition, sondern auch
die Krankheit selbst hervorrufen können, dass sie also gelegentlich
auch zu veranlassenden Ursachen werden können. Es ist theils die
Intensität ihrer Wirkung, theils das zufällige Zusammentreffen be-
günstigender Umstände, welche dies bewirkt.

Eine der wichtigsten prädisponirenden Ursachen ist ohne Zweifel
die sog. neuropathische Disposition, jene eigenthümliche
Ernährungsstörung der Nervenapparate, welche eine geringere Resistenz derselben gegen alle möglichen Schädlichkeiten, eine grössere
Neigung zur Erkrankung in einer bestimmten Richtung bedingt. Sie
kann sich auch im R.-M. geltend machen und dasselbe zur pathologischen Reaction auf alle möglichen Reize geneigter machen. Zahlreiche spinale Erkrankungen sind ohne Zweifel auf dies Verhältniss
zurückzuführen.

Diese neuropathische Disposition ist ohne Zweifel in den meisten
Fällen angeboren, von den Eltern übertragen auf die Kinder. Ganze
Familien, vielfache Generationen können so neuropathisch belastet
und mit dem Fluche einer geringeren Widerstandsfähigkeit des
Nervensystems behaftet sein. In vielen Fällen erscheint die Sache
als eine ganz allgemeine neuropathische Disposition: alle möglichen
Neurosen (Hysterie, Tabes, Epilepsie, Psychosen etc.) sind in einer
und derselben Familie heimisch und jedes Glied derselben erkrankt
nur mit jenem Theile seines Nervenapparats, der zufällig von einer
besonderen Schädlichkeit getroffen wird. Die Eltern brauchen gar
nicht an der gleichen Krankheit gelitten zu haben. In solchen Fällen

haben die Kinder nur eine allgemeine Erkrankungsdisposition des Nervensystems von ihren Eltern geerbt und dieselbe kann je nach den einwirkenden Gelegenheitsursachen in sehr verschiedener Weise zur Aeusserung kommen.

In andern Fällen wird aber eine ganz bestimmte Krankheitsdisposition auf das R.-M. übertragen, so dass die Kinder an derselben Affection erkranken, wie die Eltern (directe hereditäre Uebertragung); dafür liefert besonders die progressive Muskelatrophie prägnante Beispiele; oder aber so, dass wenigstens mehrere oder alle Kinder eines Elternpaares von der gleichen Krankheit befallen werden, an welcher aber keins der Eltern selbst gelitten hat; so z. B. in den von Friedreich[1]) publicirten Fällen von degenerativer Atrophie der Hinterstränge.

Auf welche Weise diese neuropathische Disposition von Geschlecht zu Geschlecht, oft in steigender Intensität, übertragen wird, ist völlig dunkel; ebenso, welche feineren Veränderungen dabei im Nervensystem und speciell im R.-M. vorhanden sind.

Diese gesteigerte Erkrankungsfähigkeit des Nervensystems und speciell des R.-M. kann aber auch erworben werden und zwar durch eine Reihe von Schädlichkeiten, die deshalb zu den prädisponirenden Ursachen der spinalen Erkrankungen gehören.

Unter diesen schädlichen Momenten stehen obenan geschlechtliche Ausschweifungen und Verirrungen. Ihre Wirksamkeit bei der Verursachung von Rückenmarkskrankheiten hat man früher vielfach überschätzt; heute wird sie vielfach unterschätzt, von Manchen so, dass z. B. Leyden bei der allgemeinen Aetiologie[2]) die sexuellen Excesse gar nicht einmal erwähnt.

Meiner eigenen, seit einiger Zeit speciell auf diesen Punkt gerichteten Beobachtung nach haben dieselben aber eine ganz entschiedene Bedeutung für die Entstehung zahlreicher spinaler Erkrankungsfälle, eine Ansicht, welche sich auch in den Schriften zahlreicher, hervorragender Autoren (Romberg, Nasse, Hammond, Salomon, M. Rosenthal u. A.) vertreten findet.

Man kann meines Erachtens sagen, dass jede, längere Zeit hindurch und im Uebermaass geübte, natürliche sowohl wie unnatürliche Befriedigung des Geschlechtstriebs für zahlreiche Menschen — nicht für alle! — ein das R.-M. erheblich angreifendes und zu Erkrankungen disponirendes Moment bildet.

---

1) Virch. Arch. Bd. 26 u. 27.
2) Klinik der Rückenmarkskrankheiten I. S. 170.

Die bei der Befriedigung des Geschlechtstriebs stattfindenden Vorgänge, speciell die Ejaculation, sind bekanntlich von einer sehr heftigen Exaltation und Erschütterung des gesammten Nervensystems begleitet, und ganz besonders scheint es das R.-M. zu sein, welches darunter vorwiegend leidet[1]). Jedenfalls erscheint uns dieses Moment weit wichtiger, als der verhältnissmässig geringe Stoffverlust bei der Samenentleerung.

Im Einzelnen stellen sich die Verhältnisse etwa folgendermassen dar:

Die übermässige Ausübung des natürlichen Coitus ruft zweifellos bei vielen Personen Symptome hervor, welche auf eine Schwäche und herabgesetzte Leistungsfähigkeit des R.-M. hinweisen: Schwäche der Beine, Unfähigkeit längere Zeit zu stehen, Zittern bei stärkeren Bewegungen, Rückenschmerzen, ziehende Schmerzen in den Beinen, Schlaflosigkeit u. s. w. Das kann man bei Neuvermählten oder bei Solchen, die in kurzer Zeit sehr ausgiebig excedirt haben, häufig beobachten. Hört die Ursache dieser Symptome bald auf, so ist meist eine rasche Ausgleichung möglich; werden aber die Excesse fortgesetzt, so tritt weitere Verschlimmerung und selbst wirkliche Krankheit ein. Jede äussere Schädlichkeit, Erkältung, Strapazen etc., kann dann die schlimmsten Folgen haben.

Es ist freilich sehr schwer zu sagen, wo das Uebermaass des Geschlechtsgenusses beginnt. Zahlen kann man dafür nicht angeben, da die Leistungsfähigkeit einzelner Männer darin eine colossal verschiedene ist. Während für den Einen das Luther'sche „die Woche zwier" schon das Maass des Erreichbaren bedeutet, kann der Andre ungestraft das vier-, sechs- und zehnfache davon leisten. Es scheint das auf angebornen Verschiedenheiten in der Geschlechtskraft zu beruhen, wie man das ja auch bei Thieren (Zuchthengsten etc.) findet. Besonders häufig scheint mir eine geringe sexuelle Leistungsfähigkeit bei vielen Mitgliedern nervöser Familien zu sein. Natürlich kann eine solche relative Schwäche auch durch allerlei das Nervensystem herabstimmende Einflüsse erworben werden. Man muss also bei der Feststellung des Uebermaasses im Geschlechtsgenuss sehr sorgfältig die individuelle Leistungsfähigkeit berücksichtigen.

Noch leichter als bei geschlechtsreifen Individuen im kräftigsten Alter treten dieselben Folgen aber einerseits bei sehr jungen, noch nicht ausgewachsenen Leuten und anderseits bei schon älteren Personen ein. Wird mit dem Coitus in sehr frühen Jahren begonnen und derselbe übermässig häufig ausgeübt, so treten mehr oder weniger schnell die üblen Folgen davon — spinale Schwäche, allgemeine Nervosität etc. — ein. Freilich kann die Jugend unendlich

---

[1) Wundt, Physiologie 2. Aufl. S. 690.

viel ausgleichen, aber die Folgen der frühen Kraftvergeudung kommen manchmal noch spät zu Tage.

Es wird endlich auch dem im Stehen ausgeübten Coitus ein ganz besonders angreifender Einfluss auf das R.-M. von manchen Aerzten zugeschrieben; er wird vielfach als Gelegenheitsursache acuter Spinalerkrankungen aufgeführt.

Genau ebenso wie die natürliche, wirkt auch die unnatürliche Befriedigung des Geschlechtstriebs, die Onanie. Auch ihre Folgen sind vielfach übertrieben worden, trotzdem bestehen sie bis zu einem gewissen Grade und zwar auch hier wieder bei gewissen Individuen, schwächlichen, reizbaren, nervösen Personen mehr als bei andern. Es ist auch hier die früh begonnene, häufig getriebene und jahrelang fortgesetzte Onanie als vorwiegend schädlich zu bezeichnen. Die dadurch bedingte, grade in die Wachsthums- und Entwicklungszeit fallende Ueberreizung des Nervensystems bleibt selten ohne nachtheilige Folgen, die sich zunächst als grössere Schwäche und Reizbarkeit des Nervensystems äussern.

Gewöhnlich wird die Onanie für viel gefährlicher gehalten, als der natürliche Coitus. Es erscheint uns das nicht recht glaublich. Der Effect auf das Nervensystem muss doch für den Mann im Wesentlichen derselbe sein, ob die Friction der Glans in der weiblichen Vagina oder irgendwie sonst ausgeübt wird; die nervöse Erschütterung bei der Ejaculation bleibt dieselbe; eher dürfte wohl anzunehmen sein, dass beim Gebrauche eines Weibes die nervöse Aufregung noch grösser sei. — Wohl aber bedingt die in frühem Lebensalter dadurch gesetzte und häufig wiederholte Reizung ganz gewiss eine grosse Gefahr und weiterhin ist es gewiss kein Zweifel, dass das bei Onanisten vorherrschende und so berechtigte Gefühl, dass sie eine Gemeinheit begehen, dass der beständige Kampf zwischen dem übermächtigen Triebe und der sittlichen Pflicht angreifend und erschöpfend auf das Nervensystem wirken müssen; dadurch mögen die schlimmen Wirkungen der Onanie noch gesteigert werden. Aber es ist doch immer nur die übermässige — für die betreffende Individualität übermässige — Onanie, welche schadet; in mässiger Weise getrieben, ist sie für das R.-M. nicht gefährlicher als der natürliche Coitus. Es gibt nicht wenige Männer, welchen durch den Zwang der Verhältnisse der natürliche Coitus versagt ist, oder welche sich vor Ansteckung fürchten, oder welchen die Onanie weniger verabscheuungswerth erscheint als der Verkehr mit öffentlichen Dirnen — die von Zeit zu Zeit, dem mächtigen Triebe unterliegend, onaniren: gewiss ohne Schaden für ihre Gesundheit. Die moralischen Wirkungen dieses Lasters haben wir natürlich hier nicht zu untersuchen.

In ähnlicher Weise wirken habituelle Pollutionen, wenn dieselben Jahre lang häufig wiederkehren. Sie treten besonders häufig bei Onanisten auf und sind wohl in vielen Fällen mehr Folge einer

schon bestehenden, als Ursache einer künftigen Erkrankung. Aber
auch in solchen Fällen wirken sie häufig verschlimmernd auf das
Leiden ein.

Endlich wirkt auch bei reizbaren und schwächlichen Individuen
lange fortgesetzte geschlechtliche Aufregung ohne Befriedigung, wie sie bei prolongirtem und sehr zärtlichem Brautstand
nicht selten vorkommt, sehr aufreibend auf das Nervensystem.

Alles dies gilt nur für das männliche Geschlecht. Beim weiblichen Geschlecht ist über diese Verhältnisse sehr wenig bekannt
und haben die Ermittlungen natürlich ihre sehr erheblichen Schwierigkeiten. Es ist mir nicht bekannt geworden, ob öffentliche Dirnen
eine besondere Disposition zu Spinalerkrankungen zeigen.

Der Wirkung sexueller Excesse ganz analog sind die Folgen
aller möglichen Schädlichkeiten, welche eine Ueberanstrengung
des Nervensystems und besonders des Rückenmarks bedingen. Sie führen mehr oder weniger rasch eine Erschöpfung und
Ueberreizung desselben herbei und steigern damit die Gefahr der
Erkrankung. — Zu solchen Schädlichkeiten gehören: übermässige
körperliche Anstrengungen, Marschiren, Bergsteigen, Reiten etc. besonders bei gleichzeitig schlechter Ernährung und mangelhaftem
Schlaf; ferner fortgesetztes Nachtwachen, Verhinderung des Schlafes,
heftige und andauernde Gemüthsbewegungen und jedenfalls auch
übermässige geistige Anstrengungen, besonders wenn dieselben gleichzeitig mit andern Schädlichkeiten (körperlichen Strapatzen, sexueller
Unmässigkeit etc.) verbunden sind.

Dem Lebensalter ist nur ein geringer prädisponirender Einfluss auf gewisse Rückenmarkserkrankungen zuzuschreiben: sie kommen bei allen Altersstufen vor. Nur für einzelne wenige Krankheitsformen besteht eine entschiedene Prädisposition des kindlichen Alters,
für andere eine solche des erwachsenen oder höheren Alters. Jedenfalls aber ist die Geneigtheit zu spinalen Erkrankungen bei Erwachsenen grösser. Das wird sich aus dem speciellen Theil ergeben.

Noch weniger als dem Alter kann dem Geschlecht ein bestimmter prädisponirender Einfluss zugeschrieben werden. Es gibt
allerdings spinale Krankheiten, welche bei Männern weit häufiger
als bei Frauen vorkommen (z. B. Tabes), allein dies dürfte sich wohl
daraus erklären, dass die Männer gewissen Schädlichkeiten weit
häufiger ausgesetzt sind, als die Frauen.

Dagegen ist allgemeinen Ernährungsstörungen des verschiedensten Ursprungs ein erheblicher prädisponirender Einfluss zuzuschreiben: alle anämischen und kachektischen Zustände setzen wie

die allgemeine Ernährung so auch die Ernährung des R.-M. mehr
oder weniger herab und machen dasselbe der Einwirkung krank-
machender Potenzen zugänglicher. In dieser Weise wird die Wirkung
von Blutverlusten, chronischen Verdauungstörungen, schwerer und
protrahirter acuter Krankheiten, langwieriger Säfteverluste u. s. w.
verständlich.

Unter den veranlassenden (Gelegenheits-) Ursachen
spinaler Erkrankungen sind die einfachsten und unmittelbarsten
jedenfalls

die traumatischen Einwirkungen. Zahllos sind die
Möglichkeiten, dass das R.-M. von denselben erreicht wird: man
kennt Schuss- Hieb-, Stich- und Schnittverletzungen des R.-M.,
Quetschungen und Zertrümmerungen desselben durch Wirbelfracturen
und Luxationen, Erschütterungen durch schweren Fall, durch Eisen-
bahnzusammenstoss (Railway spine der Engländer) u. dgl. mehr.
Ihre Wirkungsweise mit ihren Folgen (Entzündung, Erweichung,
Nekrose, Degeneration etc.) bedarf keiner Erläuterung.

Unmittelbar hieran schliesst sich die langsame Compression
des R.-M. durch pathologische Neubildungen und andere Vorgänge:
Tumoren, Abscesse, Neubildungen, Exsudate, Wirbelsäulenkrüm-
mungen u. s. w. Auch hier sind ausser der einfachen Compression
häufig noch weitere Störungen (Entzündung, secundäre Degeneration
etc.) zu beobachten.

Ebenso durchsichtig ist die Entstehung spinaler Erkrankungen
durch directe Fortleitung benachbarter Erkrankungs-
processe. So können sich Entzündungen und Vereiterungen der
Wirbelknochen oder der benachbarten Weichtheile auf die Rückenmarkshäute und auf das R.-M. selbst fortsetzen, Neubildungen können in das R.-M. hineinwuchern, die brandige Entzündung beim
Decubitus kann den Inhalt des Wirbelcanals ergreifen u. dgl.

Ebenso unklar, wie wohl constatirt, ist aber der Einfluss von
Erkältungen. Nichts ist sicherer, als dass in äusserst zahlreichen
Fällen eine plötzliche oder anhaltende Abkühlung der Körperoberfläche von dem Auftreten einer spinalen Erkrankung gefolgt ist. Das
hat man gesehen nach einem Fall ins Wasser, nach dem Schlafen
auf feuchter Erde, nach plötzlicher Durchnässung oder Zugluft bei er-
hitztem Körper, Bivouakiren im Schnee oder Regen, nach Arbeiten im
Eis, in feuchten Kellern, in kaltem Wasser u. s. w. Es sind verschiedene Rückenmarkskrankheiten, welche dadurch hervorgerufen werden
können: die Meningitis spinalis, Myelitis, Tabes, spinale Kinderlähmung, Tetanus u. s. w. Es kann über die Wirksamkeit dieses

ätiologischen Momentes nicht der mindeste Zweifel herrschen; dieselbe scheint bei prädisponirten, nervösen, reizbaren Individuen eine besonders sichere und intensive zu sein; ebenso wenn gleichzeitig andre schädliche Momente: grosse Körperanstrengungen, Gemüthsbewegungen u. dgl. (z. B. bei Feldzügen) einwirken.

Aber die Wirkungsweise dieses Moments ist noch gänzlich unbekannt; es ist wahrscheinlich, dass die krankmachende Wirkung auf reflectorischem Wege von den Hautnerven vermittelt wird. Wie dieser Einfluss aber im R.-M. Entzündungen und andre Ernährungsstörungen erzeugt, darüber besitzen wir nur Hypothesen. Ob auch eine directe Abkühlung des Bluts dabei eine Rolle spielt, indem das niedriger temperirte Blut als directer Reiz auf das R.-M. wirkt, ist noch nicht ausgemacht. Eine directe Kältewirkung auf das R.-M. ist wohl bei der tiefen Lage desselben kaum denkbar, obgleich man durch heftigen Kältereiz auf das blossgelegte R.-M. Myelitis erzeugen kann.

Wie es endlich kommt, dass dasselbe Moment bei dem Einen eine Tabes, bei dem Andern eine Myelitis der grauen Vordersäulen, bei dem Andern eine Meningitis oder einen Tetanus erzeugt, ist uns noch ganz unklar.

Circulationsstörungen, von den verschiedensten Seiten ausgehend, können Ursache und Ausgangspunkt verschiedener spinaler Störungen werden. Daher die Folgen von unterdrückten Menses, von Hämorrhoidalerkrankungen, von arteriellen Fluxionen und venöser Stauung, von vasomotorischen Störungen, von Embolien und Thrombosen, von Atherom der spinalen Arterien etc.

Eine häufige Veranlassung zu spinalen Erkrankungen sind übermässige Anstrengungen jeder Art, welche das R.-M. erschöpfen. Hierher gehören wieder die sexuellen Excesse, wenn sie rasch und in hohem Maasse verübt werden, dann übermässiges Gehen, Reiten, Schwimmen oder sonstige Muskelanstrengungen. Alle diese Momente können der Ausgangspunkt selbst schwerer spinaler Erkrankungen werden, besonders wenn sie prädisponirte Individuen treffen oder wenn gleichzeitig andre Momente mitwirken (z. B. Erkältung, daher die Häufigkeit spinaler Affectionen nach anstrengenden Feldzügen, Winterbivouaks u. dgl.).

Seltener findet man psychische Einwirkungen als Ursache spinaler Störungen. Während der Einfluss psychischer Momente (Schrecken, Furcht, Ekel etc.) auf die Entstehung allgemeiner und diffuser Neurosen (Epilepsie, Chorea, Hysterie u. dgl.) ziemlich sicher gestellt erscheint, ist dies nicht in gleichem Grade der Fall mit spinalen Leiden. Doch existiren immerhin Fälle, in welchen man durch rein psychische Momente (besonders Furcht und Schrecken) Lähmungen und andre Störungen auftreten sah, welche auf einen spinalen Ursprung deuteten. So sah Russel-Reynolds[1]) eine Paraplegie auftreten bei einer jungen Dame aus Furcht ebenso zu erkranken wie ihr von ihr gepflegter Vater. Hine[2]) sah bei einer Schwangern in Folge heftiger Gemüthsbewegung eine acut tödtliche Myelitis entstehen. Leyden berichtet von einer Paraplegie, welche durch Schreck beim Ausbruch eines Brandes bedingt war und Kohts[3]) berichtet aus den Zeiten des Bombardements von Strassburg ähnliche Vorkommnisse. — In welcher Weise diese Dinge zu deuten sind, ob die psychischen Emotionen durch Vermittlung vasomotorischer Bahnen[4]) wirken, oder ob sie direct eine feinere Ernährungsstörung der centralen Nervenelemente einleiten können, ist noch ganz unklar.

Bekannt sind in dem Symptomenbilde gewisser Intoxicationen die spinalen Symptome, so bei Vergiftungen mit Strychnin, Arsenik, Phosphor, Blei u. s. w. Einzelne von diesen Giften scheinen ausserdem bei länger fortgesetzter Einwirkung im Stande zu sein, ausgesprochene spinale Erkrankungen herbeizuführen, z. B. das Blei.

Von grosser Bedeutung sind in der Aetiologie die Localisationen verschiedener Infectionskrankheiten, acuter sowohl wie chronischer. So vermag die Syphilis durch ihre Localisationen an der Wirbelsäule, den Rückenmarkshäuten und im R.-M. selbst zu spinalen Störungen zu führen, die Tuberkulose localisirt sich nicht selten im R.-M. und seinen Häuten, unter den acuten Infectionskrankheiten gibt es eine (die Meningitis cerebrospinalis), deren Hauptlocalisation in der Pia cerebrospinalis ist. — Hieran schliessen sich die nicht seltenen Fälle von spinalen Affectionen nach acuten Krankheiten (Typhus, acute Exantheme, Intermittens, Influenza, Pneumonie etc.), welche wohl in der Regel weniger als eine specielle Localisation des ursprünglichen Krankheitsprocesses, denn als mehr oder weniger zufällige Complicationen derselben zu betrachten sind, die allerdings auf Grund einer durch die acute Krankheit gesetzten örtlichen Prädisposition entstehen.

---

1) Remarks on paralysis etc. dependent on idea. Brit. med. Journ. No. 6. 1869. p. 483.

2) Med. Tim. 1865. Aug. 5.

3) Berl. klin. Wochenschr. 1873. Nr. 24—26.

4) In dem 3. Falle von Kohts trat durch den Schrecken sofort eine Suppressio mensium ein

Eine sehr fruchtbare Quelle von spinalen Leiden haben wir endlich in Reizungen und Erkrankungen peripherer Organe zu erkennen. Dafür liegen bereits ziemlich zahlreiche Thatsachen vor. Besonders häufig hat man im Gefolge schwerer und hartnäckiger Dysenterien und anderer Darmerkrankungen Paraplegien auftreten sehen, ebenso nach chronischen Blasen- und Nierenleiden; in mehreren solchen Fällen hat man post mortem eine Myelitis als Ursache der Paraplegie nachweisen können. Seltener hat man ähnliche Vorkommnisse nach Uterinerkrankungen beobachtet, desto häufiger sind im Gefolge von solchen die hysterischen Lähmungen, theilweise jedenfalls auch spinalen Ursprungs. Man hat ferner Myelitis im Gefolge von peripheren Nervenverletzungen, von Gelenkleiden u. dgl. auftreten sehen; und das Auftreten des Tetanus nach Nervenverletzungen und peripheren Verwundungen gehört ohne Zweifel auch hierher.

Alle diese Vorgänge haben sich längst schon einer grösseren Aufmerksamkeit zu erfreuen gehabt und ihr genaueres Studium hat zur Aufstellung einer Klasse von Reflexerkrankungen (speciell gewöhnlich „Reflexlähmungen") geführt, weil man sich dachte, dass dieselben, von peripherer Reizung ausgelöst, auf reflectorischem Wege zu Stande kämen. Aber bis zum heutigen Tage ist die Theorie dieser Reflexerkrankungen noch streitig und es existirt über dieselbe eine grosse Reihe von Arbeiten[1]). Wir haben an einer andern Stelle[2]) diesen Gegenstand bereits besprochen; alles dort Gesagte bezieht sich vornehmlich auf die Reflexparaplegie und die ihr zu Grunde liegende Myelitis und wir können daher, um Wiederholungen zu vermeiden, auf jene Stelle verweisen. Es können darnach die spinalen Störungen im Gefolge peripherer Reizungen und Erkrankungen wohl nur zum kleineren Theil zurückgeführt werden auf rein reflectirte Functionsstörungen; sie müssen vielmehr zum grössern Theil auf gröbere Ernährungsstörungen (Entzündung, Erweichung, Exsudation) im R.-M. bezogen werden. Ueber den Zusammenhang der letzteren

---

1) Für genauere Belehrung verweisen wir den Leser u. A. auf folgende Schriften: Leyden, Ueber Reflexlähmung. Volkmann's Sammlung klin. Vortr. Nr. 2. 1570. — Lewisson, Hemmung der Thätigkeit der motorischen Nervencentren etc. Reichert u. Dubois' Arch. 1569. — Feinberg, Ueber Reflexlähmung. Berl. klin. Wochenschr. 1871. — Tiesler, Ueber Neuritis. Diss. Königsberg 1869. — Brown-Séquard, Lectures on the diagnos. and treatm. of the princ. forms of paralysis of the lower extremities. London 1861. — Jaccoud, Les paraplégies et l'ataxie du mouvement 1864. — W. Gull, Med.-chir. Transact. Vol. 39. 1856. p. 195.

2) s. Band XII. 1. S. 360—362.

mit dem primären Reizungsherd sind die Acten noch nicht geschlossen: zum Theil wird derselbe wohl vermittelt durch eine ascendirende Neuritis, deren Existenz ausser Zweifel steht; zum Theil
aber handelt es sich auch um eine auf reflectorischem Weg auf das
R.-M. übertragene Entzündung.

Seitdem haben sich wieder einige Arbeiten mit dieser Frage
beschäftigt, dieselbe aber der Lösung nicht viel näher gebracht. Die
Arbeit von Roessingh[1]) droht sogar uns wieder einen Schritt zu-
rückzubringen, indem derselbe bei Wiederholung der wichtigen Versuche von Lewisson und Feinberg zu durchaus negativen Resultaten kam. Auch die sonst fleissige Arbeit von Klemm[2]) lässt
noch immer zahlreichen Fragen und Zweifeln Raum. Jedenfalls ist
durch dieselbe keineswegs bewiesen, dass von einem peripheren
Reizungsherde aus ein directes Fortkriechen der Entzündung längs
des Nerven zum Centralorgan hin stattfindet: die Experimente
ergaben immer nur eine sprungweise Verbreitung der Entzündung. Es bleibt also auch hier, besonders für die Uebertragung der
Entzündung auf die symmetrischen Nerven der andern Körperhälfte,
ohne dass das Centralorgan nachweisbar erkrankt ist, nur eine Art
von reflectorischer Uebertragung der Entzündung zur Erklärung übrig.
Im Wesentlichen mag es sich dabei um ähnliche Vorgänge handeln
wie bei der Erkältung, die von der äussern Haut aus, wahrscheinlich
ebenfalls auf reflectorischem Wege, Entzündungen des R.-M. bewirken kann. Bei den sog. „Reflexlähmungen" ist der auslösende
Reiz ein anderer und er wirkt auf ein anderes Organ als die Haut.

Jedenfalls ist die Frage von den reflectorischen Erkrankungen
des R.-M. noch eine dunkle und erfordert dringend weitere experimentelle und klinische Bearbeitung.

C. Allgemeine Diagnostik der Rückenmarkskrankheiten.

Wenn uns irgend ein complicirtes Nervenleiden entgegentritt,
so handelt es sich zunächst darum, genau die vorhandenen Störungen
zu ermitteln. Es ist also die erste und wichtigste Aufgabe die,
sämmtliche Bezirke des Nervensystems durchzuprüfen und so die
einzelnen Krankheitserscheinungen, ihre Gruppirung und Aufeinanderfolge und ihren Verlauf zu erheben.

---

1) Bijdrage tot de Theorie der Reflexparalyse. Nederl. Tijdschr. vor Geneesk.
1573. Bd. I. No. 53. — s. Virchow-Hirsch's Jahresber. pro 1573. Bd. II. S. 44.

2) Ueber Neuritis migrans. Diss. Strassburg 1574.

Aus dem Ensemble aller dieser Erscheinungen wird die Diagnose gestellt.

Die nächste Frage ist nun immer die nach dem Sitze des Leidens, nach dem erkrankten Organ; also speciell bei Nervenkrankheiten die Frage, ob das Gehirn, das verlängerte Mark, das Rückenmark, die peripheren Nerven oder der Sympathicus im concreten Falle erkrankt seien.

Gerade in Bezug auf das R.-M. bietet die Beantwortung dieser Frage oft nicht geringe Schwierigkeiten. Freilich kann man der guten alten Regel folgen, und die Läsionsstelle am Nervensystem kurz dahin verlegen, wo die sämmtlichen erkrankten Bahnen möglichst nahe beisammen liegen. Diese Regel hilft aber oft nicht weit beim R.-M., einerseits deshalb, weil sämmtliche in demselben gelegnen Bahnen weiterhin auch in die peripherischen Nerven übergehen und also in diesen selbst erkranken können, anderseits deshalb weil mehrfache Localisationen einer Krankheit möglich und gerade im centralen Nervensystem auch sehr gewöhnlich sind. Es gibt keine dem R.-M. ganz specifisch eigenthümliche Function, an deren Störung man ohne Weiteres eine Betheiligung des R.-M. erkennen könnte; selbst für die Störungen der Reflexthätigkeit gilt dieser Satz.

Wenn also sensible und motorische Störungen, vasomotorische Störungen und Störungen der Reflexthätigkeit, trophische Störungen und Störungen der Blasen- und Geschlechtsfunction u. s. w. gleichzeitig vorhanden sind und zwar in Theilen, welche mit ihrer Innervation zunächst vom R.-M. abhängen — so besteht allerdings grosse Wahrscheinlichkeit für die Erkrankung des R.-M., Gewissheit aber nur dann, wenn die Erkrankung der peripheren Bahnen mit Sicherheit ausgeschlossen werden kann. Das ist allerdings in vielen Fällen möglich. Aber nicht immer: es gibt z. B. Erkrankungen der Cauda equina, welche von Läsionen des R.-M. selbst mit Sicherheit nicht unterschieden werden können; dasselbe gilt von weitverbreiteten Erkrankungen der Nervenwurzeln u. dgl.

In solchen zweifelhaften Fällen kann man zur Sicherung der Diagnose verschiedene Hülfsmomente benutzen; so die anamnestischen Daten, die ätiologischen Momente, welche nicht selten auf einen bestimmten Sitz der Läsion schliessen lassen.

Weitaus die beste Unterweisung erhalten wir aber durch die Erfahrung, welche uns lehrt, dass bestimmte und genau charakterisirte Symptomencomplexe ganz bestimmten Läsionen des R.-M. entsprechen. Wir besitzen so eine ganze Reihe von Symptomenbildern, die wir jetzt ohne weiteres als von Erkrankungen des R.-M. abhängig erkennen können: z. B. die Tabes dorsalis, die sogenannte acute Spinallähmung bei Kindern und bei Erwachsenen, die Sklerose der Seitenstränge, die progressive Muskelatrophie, den Tetanus u. a. m.

Die Erfahrung geht selbst noch weiter: sie lehrt uns oft aus einzelnen wenigen Symptomen, manchmal sogar aus einem einzigen, eine drohende oder bereits vorhandene Rückenmarkskrankheit erkennen, weil sie uns das constante oder nahezu constante Zusammenvorkommen beider gelehrt hat: so kann man beispielsweise die Tabes oft schon aus einer prodromalen Sehnervenatrophie, oder aus den lancinirenden Schmerzen erkennen.

Es ergibt sich somit, dass zur richtigen und sicheren Diagnose einer spinalen Erkrankung nicht bloss eine sehr sorgfältige und umfassende Untersuchung, nicht bloss eine genaue Erhebung und Berücksichtigung der ätiologischen und sonstigen anamnestischen Momente, sondern auch eine eingehende Bekanntschaft mit dem ganzen Stande der Rückenmarkspathologie und ein gutes Stück eigener praktischer Erfahrung nothwendig sind.

Dabei bleiben aber immer noch nicht wenige Fälle übrig, in welchen die Diagnose zweifelhaft sein kann und in welchen der spinale Sitz der Läsion nicht ganz sicher ist. Es handelt sich dann darum, die spinale Localisation von der peripheren einerseits, von der cerebralen anderseits zu unterscheiden; das hat oft seine sehr grossen Schwierigkeiten. Wir müssen uns jedoch hier darauf beschränken, einzelne Anhaltspunkte zu geben, welche vorkommenden Falls die Diagnose erleichtern können.

Für den peripheren Sitz sprechen u. A.: Beschränkung der Störungen auf einzelne Nerven oder Nervenäste; der Ausbreitung eines peripheren Nerven genau entsprechende Verbreitung der motorischen, sensiblen, vasomotorischen und trophischen Störungen; Fehlen der verlangsamten Empfindungsleitung; Fehlen aller Reflexe; Fehlen der Blasen- und Geschlechtsschwäche etc., falls nicht gerade die betreffenden Sacralnerven Sitz der Erkrankung sind; Vorhandensein hochgradiger trophischer Störungen; gewisse Ergebnisse der elektrischen Untersuchung[1]); bekannter Sitz der ätiologischen Einwirkung.

Für den cerebralen Sitz sprechen u. A.: die hemiplegische Ausbreitung der Störungen mit gleichseitigem Sitz der sensiblen und motorischen Störungen; ungleiche Intensität der sensiblen und motorischen Störungen; Fehlen aller trophischen Störungen; ganz normale

---

1) s. Bd. XII. 1. S. 405.

elektrische Erregbarkeit; Erhaltensein oder Steigerung aller spinalen
Reflexe; Erhaltensein der Mitbewegungen und automatischen Bewegungen, der Blasenfunction, der Mastdarmfunction; Vorhandensein
von Störungen der höheren Sinne, verschiedener Gehirnnerven (soweit dieselben nicht notorisch häufig bei Spinalleiden mitergriffen
werden), von Sprachstörungen und Störungen der psychischen Functionen; endlich die Anwesenheit von Kopfschmerz, Schwindel und
unmotivirtem Erbrechen.

Dem gegenüber können für einen spinalen Sitz der Erkran-
kung verwerthet werden: die meist paraplegische Verbreitung der
Erscheinungen; Kreuzung der motorischen und sensiblen Störungen
bei hemiplegischen Erscheinungen; Gürtelerscheinungen an der oberen
Grenze der übrigen Störungen; Veränderung eines Theils der spinalen
Reflexe (Steigerung oder Aufhebung derselben); vorhandene Blasen-
und Geschlechtsschwäche, Mastdarmlähmung, trophische Störungen,
Decubitus u. s. w.; bestimmte Parästhesien, Verlangsamung der
Empfindungsleitung; Störung gewisser automatischer Bewegungen,
eigenthümliche Beschränkung cerebral bedingter Krämpfe; Fehlen
von psychischen Alterationen und meist auch von Störungen der
höheren Sinnesorgane und der Gehirnnerven.

Es ist dabei wohl zu merken, dass alle diese Anhaltspunkte
durchaus keine absolute, sondern nur eine sehr bedingte Geltung
haben, dass sie oft erst im Zusammenhalt mit vielen anderen Erscheinungen eine entscheidende Bedeutung gewinnen, so dass man
sie erst nach sehr eingehender Erwägung aller Umstände für die
Diagnose in einem gewissen Sinne verwerthen darf.

Ist man über den spinalen Sitz überhaupt im Klaren, dann hat
man die genauere Localisation der Läsion innerhalb des
R.-M. zu bestimmen. Dafür gibt die Verbreitung der Störungen,
besonders der Lähmungserscheinungen, gewöhnlich vorzügliche Anhaltspunkte; es ist oft haarscharf aus den sensiblen und motorischen
Störungen zu bestimmen, bis zu welcher Höhe im R.-M. eine bestimmte Affection reicht und man kann oft sehr schön das allmälige Weiterschreiten nach oben verfolgen. Während so die obere
Grenze einer Läsion meist sehr leicht zu erkennen ist, gilt dies nicht
in gleichem Grade für die untere und es hat nicht selten Schwierigkeiten zu entscheiden, ob die Läsion eine (in Bezug auf den Längsschnitt) diffuse oder circumscripte ist. Doch gibt es gewisse Anhaltspunkte, welche das Intactsein der unteren Rückenmarksabschnitte
erkennen lassen: dieselben sind besonders, wie aus dem allgemein-

symptomatischen Theil hervorgeht, aus dem Verhalten der Reflexe, der Blasen- und Mastdarmfunction, der Haut- und Muskelernährung zu entnehmen.

So ist es bei den über den ganzen Querschnitt und über einen grösseren oder geringeren Theil des Längsschnitts verbreiteten Erkrankungen.

Unsere Erfahrung erlaubt uns aber auch, auf einzelne Partien des Querschnitts beschränkte Erkrankungen zu erkennen; auch diese können sich über einen grösseren oder geringeren Theil des Längsschnitts erstrecken; so können wir die Erkrankungen der einzelnen weissen Stränge, der vorderen, der centralen grauen Substanz u. s. w. unterscheiden und zwar gibt die Erkrankung der weissen Hinterstränge (wahrscheinlich nur ihrer äusseren Abschnitte) das Symptomenbild der Tabes dorsalis (vergleiche den speciellen Theil!); Erkrankung der weissen Seitenstränge das Bild der Charcot'schen Lateralsklerose (siehe diese); Erkrankung der vorderen grauen Säulen in ihrer acuten Form das Bild der spinalen Kinderlähmung, in ihrer chronischen Form wahrscheinlich das Bild der progressiven Muskelatrophie; Erkrankung einer Seitenhälfte des Marks das Bild der Brown-Séquard'schen Halbseitenläsion; Erkrankung der centralen grauen Substanz gibt ebenfalls ein charakteristisches Symptomenbild und überhaupt kann man meist die Mitbetheiligung der grauen Substanz an den Störungen der Ernährung, der Reflexthätigkeit, der elektrischen Erregbarkeit u. s. w. erkennen.

Man kann so in vielen Fällen sehr genau über den Sitz und die Ausbreitung von Läsionen im Längs- und Querschnitt des R.-M. entscheiden; es ist nicht zu bezweifeln, dass die in neuester Zeit erreichte Vervollkommnung der anatomischen Untersuchung des kranken R.-M. unser diagnostisches Können in dieser Beziehung bald noch wesentlich erweitern wird. Und es ist hier auch noch manches zu thun, denn es gibt noch relativ beträchtliche Theile des Rückenmarksquerschnitts, deren Läsionen wir noch nicht mit bestimmten Symptomenbildern in Beziehung zu bringen wissen.

Es bleibt dann aber endlich noch die Art der Läsion zu bestimmen, zu entscheiden, ob Reizung oder Lähmung, ob Entzündung oder Degeneration, Erweichung oder Atrophie und Sklerose, Compression oder Blutung u. dgl. im R.-M. vorhanden seien.

Es ist schwer, dafür allgemeine diagnostische Regeln aufzustellen; aus vorhandenen Reizerscheinungen (Krampf, Schmerzen, erhöhte Reflexe etc.) wird man mehr auf pathologische Reizzustände, aus vorhandenen Lähmungszuständen mehr auf degenerative Vor-

gänge, Erweichung oder Compression und Zerstörung des Marks
schliessen; aber nur mit einer gewissen Vorsicht, da beiderlei Erscheinungsreihen und beiderlei pathologische Zustände sehr gewöhnlich vereinigt vorkommen, da ein und derselbe Krankheitsprocess in
seinem Weiterschreiten nicht selten zu vielfachem Wechsel der Erscheinungen führt.

Mehr und bessere Anhaltspunkte wird man aber in der Regel
gewinnen aus den Ergebnissen der Erfahrung, aus der Entwicklung
und Aufeinanderfolge der Symptome, aus den Ergebnissen der objectiven Untersuchung, aus den anamnestischen Daten und aus der
Aetiologie u. s. w.

Es würde uns aber viel zu weit führen, wenn wir auch nur für
einen Theil der hier vorliegenden Möglichkeiten Beispiele anführen
und dieselben genauer erörtern wollten. Im speciellen Theil werden
wir Gelegenheit genug dazu finden.

Hier war nur zu zeigen, auf welche Punkte sich die Diagnose
zu richten hat, welcher Hülfsmittel und Methoden, welcher Vorsicht
und Sorgfalt es bedarf, um zu ihrer genauen Feststellung zu gelangen.

Es bedarf hier auch nur eines kurzen Hinweises darauf, dass
man etwaige Complicationen nach bekannten diagnostischen Regeln
zu ermitteln und zu beurtheilen hat.

IV. Allgemeine Therapie der Rückenmarkskrankheiten.

Die Therapie der Rückenmarkskrankheiten bietet noch sehr
schwache Seiten. Verhältnissmässig gering sind die Erfolge bei den
meisten Formen derselben. Und so ist die allgemein verbreitete
Anschauung, dass ein Rückenmarksleiden etwas sehr schlimmes, ja
unheilbares sei, nur allzu begründet.

Freilich ist auch diese Anschauung nach unseren heutigen Erfahrungen wesentlich zu modificiren. Wir haben eine ganze Anzahl
von heilbaren Krankheiten auf einen spinalen Ursprung zurückführen gelernt und anderseits ist die trübe Prognose zahlreicher
chronischer Rückenmarksleiden durch die neueren Fortschritte in der
Therapie wesentlich gebessert worden.

Trotzdem bleibt uns noch sehr viel zu thun. Aber erst muss
man die Krankheiten richtig erkennen, bevor man sie rationell behandeln kann; wir stehen noch am Anfang exacterer Kenntnisse in
der Pathologie des R.-M., folglich befindet sich auch die wissen-

schaftliche Therapie der Rückenmarkskrankheiten noch in ihren Anfangsstadien.

Es erscheint deshalb gewagt, jetzt schon eine Darstellung der allgemeinen Therapie der Rückenmarkskrankheiten zu versuchen; das Material dazu ist noch viel zu dürftig, ist noch zu unkritisch gesammelt. Gleichwohl sei es erlaubt, hier kurz die Hülfsmittel zusammenzustellen, welche uns gegen Rückenmarksleiden zu Gebote stehen und uns speciell mit denjenigen darunter und ihrer Anwendungsweise zu beschäftigen, von welchen wir einen ganz bestimmten Einfluss auf das R.-M. für wahrscheinlich halten. Es ist dies nur ein vorläufiger Versuch, der erst mit dem Weiterschreiten unserer Kenntnisse eine gewisse Bedeutung erlangen wird.

Die Aufgaben, welche uns bei der Bekämpfung spinaler Erkrankungen entgegentreten, sind sehr mannigfaltige: es handelt sich a) um Beseitigung sog. functioneller Störungen (impalpabler Ernährungsstörungen), besonders mehr chronischer Art; b) um Aenderung circulatorischer Störungen (Hyperämien und Anämien); c) um die Heilung acuter anatomischer Veränderungen (acute Entzündung, Erweichung, Blutung etc.) und endlich d) um die Beseitigung chronischer anatomischer Veränderungen (Degeneration, Atrophie, Sklerose, Induration, Neubildung u. dgl.).

Es versteht sich von selbst, dass man gegen diese Störungen in der auch sonst üblichen Weise verfährt, natürlich mit den durch die Localisation der Erkrankung bedingten Modificationen: die functionellen Störungen werden bekämpft durch Regulirung der Function, leichte Anregung derselben, Umstimmung und Besserung der Ernährung und Blutbildung; gegen die Circulationsstörungen stehen uns mancherlei Einwirkungen auf die vasomotorischen Apparate und die Gefässe zu Gebot; die acut entzündlichen Vorgänge werden mit Antiphlogose, Ableitungsmitteln u. dgl. behandelt; die mehr chronischen Veränderungen sucht man gewöhnlich durch umstimmende, alterirende, anregende und ableitende Methoden zu bekämpfen. Natürlich hat gerade in diesen chronischen Fällen die Natur die Hauptsache zu thun: wir haben nur die möglichst günstigen Bedingungen für die Ausgleichung der Störungen herzustellen, die erwünschte Veränderung in der Ernährung anzuregen durch bestimmte Heilmittel, durch Förderung der Blutbildung und Ernährung, durch Anregung der Stoffwechselvorgänge, Regulirung der Function der erkrankten Theile u. dgl. mehr.

Das wird sich mit allen Einzelheiten aus dem speciellen Theil ergeben.

Hier haben wir nur die Mittel und Methoden im Allgemeinen
anzugeben, welche zur Erreichung der vorgenannten Ziele dienen
können; und wir haben zu versuchen, ihre Wirkungsweise dem
wissenschaftlichen Verständniss zugänglich zu machen. Freilich muss
dieser Versuch mehr nur eine Anregung, diese Mittel mit Rücksicht
auf die allgemeine Betrachtung genauer zu studiren, als eine erschöpfende Darstellung sein; eine solche verbietet sich schon mit
Rücksicht auf den eng bemessenen Raum.

Wir werden zunächst einen Abschnitt den so wichtigen äusseren oder physikalischen Heilmitteln widmen; dann die
sehr dürftigen Hülfsmittel des Arzneischatzes, die inneren Mittel,
abhandeln; in einem dritten Abschnitt eine Reihe von symptomatischen Mitteln und Methoden erwähnen, die gelegentlich bei
allen Rückenmarkskrankheiten Verwendung finden können, und endlich im vierten Abschnitt das allgemeine Verhalten, die Diä-
tetik, schildern, welche Rückenmarkskranke zu befolgen haben.

Wir werden dadurch im speciellen Theil manche Wiederholung
ersparen.

1) Physikalische Heilmittel. Aeussere Mittel.

Unter denselben erwähnen wir zuerst die

Kälte

Die Application der Kälte auf die lebenden Gewebe und Organe
setzt zunächst ihre Temperatur herab und beschränkt die Blutzufuhr
durch Ischämie; dadurch werden die Stoffwechselvorgänge verlangsamt, die Vorgänge der Exsudation und der Emigration beschränkt;
gleichzeitig wird die Erregbarkeit und Leitungsfähigkeit der Nervenapparate herabgesetzt.

Daraus ergeben sich Hauptindicationen für die Anwendung der
Kälte bei Entzündungen, Hyperämien und Exsudationen und ferner
in Fällen, wo es sich um Beseitigung abnormer Erregungszustände
im Nervensystem, Schmerzen und Krämpfe, handelt.

Dass das R.-M. von der Kälteeinwirkung direct erreicht werden kann, scheint nach den neuesten Versuchen von Riegel[1]) und
F. Schultze[2]) nicht wohl zweifelhaft, obgleich bei der Dicke der
umhüllenden Weichtheile dazu jedenfalls eine sehr energische und

---

1) Virchow's Archiv Bd. 59. Heft 1.
2) Locale Einwirkung des Eises auf den thier. Organismus. Deutsch. Arch.
klin. Med. XIII. S. 500. 1874.

continuirliche Eisapplication längs der Wirbelsäule erforderlich ist. Auch die Effecte der bekannten Chapman'schen vasomotorischen Therapeutik sprechen für diese Möglichkeit.

Chapman[1]) erzielt durch Application von Eis oder von Wärme auf die Wirbelsäule intensiven Einfluss auf das R.-M. und seine Gefässe. Seiner Angabe nach ruft continuirliche Eisapplication Ischämie des R.-M., Verminderung der Reflexerregbarkeit und sonstigen Thätigkeit hervor; abwechselnde Application von Eis und heissem Wasser vermehrt den Blutzufluss und die Thätigkeitsäusserungen des R.-M.; ähnlich aber minder energisch wirkt wiederholte kurzdauernde Eisapplication mit längeren Zwischenräumen; endlich kann man durch Eisapplication auf den Rücken die Circulation derjenigen peripheren Theile steigern, welche ihre vasomotorischen Nerven von dem betreffenden Rückenmarksabschnitt erhalten.

Ausser der directen Wirkung mag aber auch eine reflectorische Einwirkung durch Vermittlung der von dem Kälterciz erregten oder deprimirten Hautnerven vorkommen; dieselbe ist noch nicht genauer studirt.

Die Methoden zur Application der Kälte auf das R.-M. sind: gewöhnliche Eisbeutel, nach Bedürfniss mehrere; zweckmässiger die Chapman'schen Eisbeutel, welche wohl den complicirten Apparat von Koopmann[2]) entbehrlich erscheinen lassen. Weniger energische und mehr vorübergehende Wirkung erzielt man durch kalte Irrigationen, kalte Uebergiessungen des Rückens.

Wärme.

Sie wirkt in mancher Beziehung entgegengesetzt wie die Kälte: sie erhöht die Temperatur der Gewebe, vermehrt den Blutzufluss zu denselben und steigert die Erregbarkeit nervöser Apparate. Man erwartet deshalb von ihr eine Beförderung des Stoffwechsels, eine Anregung der Ernährungsvorgänge und dadurch Ausgleichung von Ernährungsstörungen, Beseitigung von Atrophie, Degeneration, Sklerose u. s. w. Sie gilt als ein vorzügliches Mittel zur Anregung von Resorptionsvorgängen — für flüssige und feste Exsudate — und zur Ausgleichung chronischer Entzündungsvorgänge. Ausserdem wirkt sie nicht selten beruhigend auf Schmerzen und Krämpfe.

Die Wirkungsweise der Wärme auf das R.-M. ist noch wenig erforscht. Es ist sogar noch fraglich, ob dieselbe bei äusserer Application bis auf das R.-M. direct eindringt, wenn dies auch immerhin wahrscheinlich ist. Anderseits ist die reflectorische Wirkung durch

---

1) Med. Times and Gaz. 1863. July 18.
2) Berl. klin. Wochenschr. 1870. Nr. 45.

Vermittlung der Hautnerven jedenfalls von nicht zu unterschätzender Bedeutung.

Man erwartet von ihrer Wirkung eine Erweiterung der Blutgefässe, eine Steigerung des Blut- und Säftestroms und der Stoffwechselvorgänge im R.-M., eine grössere Leichtigkeit und Raschheit der nervösen Vorgänge und endlich eine Beseitigung von Erregungen, welche von den Hautnerven aus das R.-M. häufig treffen.

Es ergibt sich daraus, bei welchen krankhaften Zuständen des R.-M. man die Wärmeapplication vorwiegend für indicirt halten wird. Doch beachte man dabei, dass erfahrungsgemäss die Wärme leicht überreizend und erschöpfend wirkt, dass sie zu Congestivzuständen im R.-M. führt und dass ihre Anwendung deshalb überall da contraindicirt ist, wo man diese Folgen zu fürchten hat.

Die Methoden der Wärmeapplication sind sehr einfach: Application von Kataplasmen, von heissen Sandsäcken, von Chapman-schen Cautchoucbeuteln mit heissem Wasser gefüllt längs der Wirbelsäule. Umschläge von heissem Wasser oder — die mildeste Form der Anwendung — sich allmälig erwärmende Priessnitz'sche Umschläge.

Bäder.

Vgl. u. A.: Braun, Balneotherapie 3. Aufl. 1873. — Valentiner, Handb. der Balneotherapie 1873. — Seegen, Heilquellenlehre 2. Aufl. 1862. — Helfft-Thilenius, Handb. der Balneotherapie. 5. Aufl. 1874. — Durand-Fardel, De la valeur des eaux minérales dans le trait. des paraplégies. Bull. de thérap. 1857. May 30. — Gotth. Scholz, Ueber Rückenmarkslähmung und ihre Behandlung durch Cudowa. Liegnitz 1872. — Runge, Die Bedeutung der Wassercuren in chronischen Krankheiten. Arch. f. klin. Med. XII. S. 207. 1873. — Fr. Richter, Ueber Temperatur und Mechanik der Badeformen bei Tabes und chron. Myelitis. Deutsch. Zeitschr. f. prakt. Med. 1875.

Die Bäder bilden eine sehr wichtige Gruppe von Heilmitteln bei Rückenmarksleiden. Es sind ihnen sehr grosse Erfolge bei den meisten chronischen Rückenmarkskrankheiten zuzuschreiben. Ihre Wirkungsweise aber und ihre Indicationen sind noch sehr schwer zu präcisiren, theils wegen des mangelhaften Standes der Rückenmarkspathologie, theils wegen der noch wenig vorgeschrittenen Ausbildung der wissenschaftlichen Balneotherapie. — Die Diagnostik der Rückenmarkskrankheiten ist bekanntlich noch eine sehr mangelhafte; unsere Vorstellungen über die im einzelnen Fall und in einem bestimmten Stadium vorhandenen anatomischen Veränderungen sind dies nicht minder; daher die Unsicherheit in den Indicationen, der weite Spielraum für empirische Versuche, die nur allzuoft über das erlaubte Maass hinaus angestellt werden.

Wir wollen hier die einzelnen Bäder und Badeformen kurz betrachten, ihre Wirkungsweise nach den Auffassungen der Balneologie skizziren, und daraus die Schlüsse zu ziehen suchen, welche sich für die Balneotherapie einzelner spinaler Erkrankungen und Symptomencomplexe ergeben.

Von Alters her hat man gegen Rückenmarkskrankheiten und speciell gegen Rückenmarkslähmungen, welche meist die Hauptsignatur der fast ausschliesslich zur balneologischen Behandlung kommenden chronischen Spinalleiden darstellen, die

Thermen

mit Vorliebe angewendet. Besonders gilt dies für die sog. indifferenten oder Akrato-Thermen; ganz ähnlich wirken aber auch die schwachen Soolbäder, die alkalischen Wässer, die Schwefelbäder etc., bei welchen der Salz- und Gasgehalt für die Wirkung nicht in Betracht kommt. Dasselbe gilt auch für die Dampfbäder, heissen Sandbäder u. dgl.

Die Wirkung der Thermen erweist sich zunächst auf der äussern Haut. Es tritt in dieser eine starke Erweiterung der Hautgefässe ein, welcher später eine mässige Contraction derselben folgt. Dadurch Beschleunigung der Hautcirculation mit nachfolgender starker Verdunstung und Schweissbildung, erleichtert durch die mechanische Entfernung der obersten Epidermisschichten. Dabei findet gleichzeitig Wärmezufuhr zum Organismus oder wenigstens Wärmeaufspeicherung in demselben statt. — Dadurch werden die Oxydationsprocesse erleichtert und gefördert, die meisten Körperfunctionen erleichtert (daher die Erfrischung durch ein warmes Bad bei starker Ermüdung).

Für unsern Zweck lässt sich die Wirkung ungefähr dahin zusammenfassen: Das warme Bad erleichtert alle physikalisch-chemischen Vorgänge im Organismus; es führt zu einer Anregung des Stoffwechsels und zur Erleichterung der Functionen, ohne dass dazu eine durch starke Reize erzeugte Reaction mitwirkte. Gleichzeitig beruhigt es durch Fernhaltung des beständig wechselnden Kältereizes von der äussern Haut. Es verändert durch die erzeugte Hautfluxion die Blutvertheilung im Körper, wirkt also ableitend auf Congestionen zu innern Organen; es wirkt resorptionsbefördernd theils durch Anregung der Nervencentren, theils durch Veränderung des Blutlaufs, theils durch Schweisserzeugung und Auslaugung.

Warme Bäder werden am besten ertragen von geschwächten Individuen, deren Resistenz und Wärmebildung vermindert sind. Ihre Wirkung ist aber sehr wesentlich abhängig von ihrer Temperatur.

Eine indifferente Temperatur des Bades (32—36°C.) soll hauptsächlich beruhigend wirken; warme und sehr warme Bäder (36—42°C.)
wirken mehr erregend, bewirken starke Gefässaufregung, bedeutende Schweissbildung, Anregung des Stoffwechsels. Laue Bäder
(2S—32°C.) sollen besonders herabstimmend für nervös reizbare
Individuen wirken. .

Mit der steigenden Temperatur des Bades tritt also mehr die
erregende, mit der sinkenden Temperatur mehr die beruhigende
Wirkung hervor.

Neben der Temperatur kommt aber (besonders bei den indifferenten Thermen) auch die geographische Höhenlage des Bades in
Betracht: die Erfahrung scheint zu lehren, dass je höher die Lage,
desto höher auch die Temperatur ertragen wird und dass je reizbarer der Kranke, desto höher auch die Lage sein darf. Das ist
für die Praxis wichtig.

Die Indicationen, welche sich aus diesen Wirkungen für die
Behandlung der Rückenmarkskrankheiten ergeben, sind nicht leicht
zu fixiren. Es handelt sich dabei vorwiegend um sehr complicirte
Dinge. So lange man sich einfach an die hervorstechendsten Symptome hält, erscheint die Sache ganz leicht: bei vorwiegenden Reizerscheinungen und sehr hervortretender Reizbarkeit (Spinalirritation)
wählt man die mehr beruhigenden Bäder; bei hervortretenden De-
pressionserscheinungen (Anästhesie, Lähmung etc.) mehr die erregenden Bäder mit höheren Temperaturen.

Wenu man aber nicht erwägt, dass gleichzeitig neben den
Lähmungserscheinungen doch eine hochgradige reizbare Schwäche
vorhanden sein kann und es in der Regel auch ist, und dass man
es bei solchen Kranken meist mit einem äusserst reizbaren und erschöpfbaren Nervensystem zu thun hat; wenn man nicht vor Augen
hat, dass dabei meist ernstere Circulations- und Ernährungsstörungen
in den wichtigsten Organen vorhanden sind, welche möglicher Weise
durch die wärmeren Bäder in schlimmer Weise beeinflusst werden,
wird man Missgriffe nicht vermeiden. Und man hat sie auch nicht vermieden; es ist gerade bei gewissen Spinalleiden (Tabes, Myelitis etc.)
durch die Anwendung zu warmer Bäder vielfach geschadet worden.

Gerade bei den degenerativen und sklerotischen Formen der
chronischen Spinalerkrankung scheint hier grosse Vorsicht nöthig zu
sein und es ist die speciellere Wirkung der Thermen auf diese Ernährungsstörungen erst noch genauer zu studiren und festzustellen.
Dann wird man erst zu einer sicheren Anwendung derselben gelangen.

Es handelt sich also nicht bloss um die Verwendung der unmittelbar erregenden und beruhigenden Wirkung der Thermen auf das Nervensystem, sondern weit mehr um die alterirende Wirkung, welche sie vermöge der Anregung des Stoffwechsels und der Aenderung der Circulation auf gröbere und feinere Ernährungsstörungen haben. Erst wenn diese eingehender untersucht sind, wird eine genauere Fixirung der Indicationen möglich sein.

Man wendet jetzt die Thermen an: bei Erschöpfung des R.-M. nach Typhus und andern schweren Krankheiten, nach Excessen aller Art; bei Spinalirritation (mässig warme Bäder); bei Paraplegien durch Commotion des R.-M. (energische Anwendung sehr warmer Bäder); bei Tabes (keine sehr warmen Bäder! mehr laue Bäder von indifferenter Temperatur!); bei Myelitis und Erweichung des R.-M. (die kühleren Thermen); bei Meningitis exsudativa (alle Thermen, besonders die wärmeren) etc.

Fr. Richter ist der Meinung, dass zur Bekämpfung chronisch entzündlicher und atrophischer Rückenmarksaffectionen überhaupt nur mässig warme und mässig kalte Temperaturgrade Anwendung finden sollen. Die wärmeren Badeproceduren (von 32,5° C. abwärts) hält er für am meisten passend bei chronisch-entzündlichen Rückenmarkskrankheiten, bei welchen die Reizerscheinungen vorwiegen.

Von den am häufigsten besuchten Thermen erwähnen wir folgende, mit Angabe der Höhenlage und der Wassertemperaturen: Schlangenbad (900'; 30—32,5° C.), Badenweiler (1425'; 30—32,5°), Landeck (1398'; 31,0—32,5°), Wildbad (1323'; 35,0°), Ragatz (1570'; 38,0°), Pfeffers (2115'; 38,0°), Römerbad (755'; 38,0°), Gastein (3315'; 32,5—40,0°), Warmbrunn (1100'; 40,5°), Wiesbaden (323'; 31,0—40,0), Teplitz (618'; 37,5—42,5), Leuk (3309'; 39,0—50,0), Baden-Baden (616'; 46,0—68,0°), Plombières (1310' 19,0—62,0°). Je nach den speciellen Indicationen, nach individuellen Verhältnissen etc. wird man daraus die geeignete Auswahl treffen.

Schwache Soolbäder (die nicht mehr als 1°/₀ Chloride enthalten), die meisten Schwefelbäder, die schwachen alkalischen Thermen wirken gerade so, wie die indifferenten Thermen, können also nach Umständen eine ganz ähnliche Verwendung finden.

Dampfbäder, heisse Sandbäder, heisse Luftbäder sind Bäder mit sehr hoher Temperatur; sie wirken also stark erregend und diaphoretisch und können besonders durch die letztere Wirkung bei sehr torpiden Fällen von Meningitis exsudativa von

Nutzen sein. Immer aber sei man mit ihrem Gebrauche bei Spinalleiden äusserst vorsichtig!

Sehr anregend auf die Haut und das Nervensytem wirkt die
sog. schottische Douche (abwechselnd heisses und kaltes Wasser),
die man ebenfalls gegen spinale Paralysen empfohlen hat; auch hier-
mit ist grosse Vorsicht geboten.

Die

Soolbäder

schliessen sich in ihrer Wirkung unmittelbar an die Thermen an;
ihre Temperaturwirkung ist eine ähnliche. Dazu kommt aber noch
die Wirkung ihres Salzgehalts (der am besten zwischen 2 und 4%
beträgt.) Diese Wirkung ist kräftige Anregung der Hauternährung
und Circulation, dadurch Steigerung des Stoffwechsels, Ausgleichung
von Ernährungsstörungen, Beförderung der Resorption. Sie können
wegen der anregenden Wirkung des Salzgehalts etwas niedriger
temperirt genommen werden, als die Akratothermen. Ihre Indicationen für die eigentlichen Spinalerkrankungen sind dieselben wie
die der Thermen; vielfach aber kommen sie für die Causalindication
in Betracht: für die Behandlung von Scrophulose, Wirbelleiden,
Caries u. s. w.

Die in manchen Soolbädern nebenbei zu geniessende Gradirluft
(kühl, ozonreich, erfrischend) ist für manche reizbare Nervenkranke
eine erwünschte Zugabe.

Weit wichtiger als die einfachen Soolbäder sind die gasreichen
Thermalsoolen.

Sie sind durch Rehme-Oeynhausen, Nauheim, den Schön-
bornsprudel in Kissingen und den Soolsprudel in Soden a. T.
repräsentirt.

Ihre Wirkung ist neben der Temperatur und dem Salzgehalt
vorwiegend bedingt durch den reichen Gehalt an Kohlensäure, welche
mächtig erregend auf die Haut und das Nervensystem wirkt. Ihre
unmittelbare Wirkung ist mässige Wärmeentziehung mit unmittelbar
folgender Reaction, während welcher die Wärmeentziehung fort-
dauert; dabei eine continuirliche Erregung der Nervencentren. Es
ist gleichsam eine Combination der anregenden und beruhigenden
Wirkung kühler und warmer Bäder.

Die Folge ist eine allgemeine Steigerung der Ernährung und
der organischen Functionen; dadurch Resorption und Beseitigung
pathologischer Producte; gleichzeitig kann durch Anregung des Nervensystems die Ernährung desselben gefördert werden.

Die Temperatur dieser Bäder ist eine kühle; sie dürfen nicht über 32° C. warm sein; gewöhnlich sollen sie in unbewegter Form genommen werden; zur Steigerung der Wirkung kann man sie aber auch in bewegter Form anwenden.

Sie finden ihre Indication bei Rückenmarksschwäche in Folge schwerer Reconvalescenz oder anderer erschöpfender Einwirkungen, bei Tabes, bei Lähmung nach Meningitis, bei Myelitis, spinaler Kinderlähmung, Spinalirritation u. s. w.

Die sogenannten

Stahlbäder

sind Bäder mit sehr geringem Eisengehalt, mit mehr oder weniger bedeutendem Salzgehalt, und einem sehr bedeutenden Gehalt an Kohlensäure.

Ihre Wirkung wird von den Balneologen gewöhnlich auf die Temperatur und den CO_2-gehalt zurückgeführt und ihr Eisengehalt für irrelevant gehalten. Dagegen protestiren freilich die Aerzte an den Eisenquellen, mögen aber doch wohl nur die Eisenwirkung beim inneren Gebrauch plausibel machen.

Jedenfalls gehören die Stahlbäder, wenn sie in der richtigen Weise — mit möglichster Schonung ihres CO_2-gehalts — erwärmt und angewendet werden, zu den kräftigsten und anregendsten Badeformen, vermöge ihres Kohlensäuregehaltes.

Sie werden also ihre Indicationen überall da finden, wo die gasreichen Thermalsoolen angezeigt sind: sie werden zu vermeiden sein bei allen Zuständen, bei welchen stärkere Erregung zu fürchten ist; aber anzuwenden sein überall da, wo man es mit einem mehr torpiden, wenig erregbaren Zustand des Nervensystems zu thun hat, ganz besonders wenn gleichzeitig Anämie vorhanden ist.

Während man im Allgemeinen von dem Gebrauch der CO_2 reichen Stahlbäder bei Rückenmarksleiden abräth und dieselben nur für ganz besondere Formen mehr functioneller Störungen zulassen will, hat Scholz neuerdings eine Ehrenrettung der Stahlbäder und speciell Cudowa's bei Rückenmarkslähmungen versucht und die Indicationen und Erfolge derselben genauer präcisirt.

Er empfiehlt sie sehr dringend gegen chronische Rückenmarks-congestionen, besonders bei anämischen und nervös erschöpften Individuen; nur ausnahmsweise bei Meningitis spinalis, bei mehr torpiden Individuen und torpidem Krankheitscharakter; in den Anfangsstadien der chronischen Myelitis und zwar um so mehr, je torpider der Zustand, je schwächer und anämischer das Individuum ist; bei der „primären" Form der Tabes, ohne entzündliche Erscheinungen, unter den gleichen Bedingungen; endlich unbedingt gegen die Folgen der

Commotio spinalis, sobald das Stadium der Exaltation vorüber ist. — Die Hauptresultate wurden mit mitigirten (mit Süsswasser versetzten) Stahlbädern erzielt.

Ist auch die Darstellung von Scholz nicht durchweg überzeugend, so ist ihm doch der Nachweis gelungen, dass die Stahlbäder in vielen und selbst schweren Fällen noch gute Dienste thun können, wenn sie mit Vorsicht angewendet werden. Ihre Anwendung verdient deshalb wieder öfter versucht zu werden.

Unter den hier in Frage kommenden Stahlwässern verdienen Erwähnung: Schwalbach (900'); Pyrmont (400'); St. Moritz (4500'); Brückenau (915'); Driburg (633'); Franzensbad (1300'); Cudowa (1235'); die Kniebisbäder (1200—1900') u. s. w.

Eine besondere Form für sich bilden die sogenannten

Moor- und Schlammbäder.

Ihre Wirkung ist noch lange nicht geklärt und kann nicht genauer präcisirt werden. Sie wirken zum Theil als Thermen, aber dabei in ganz specifischer und noch ganz unerklärter Weise, indem sie viel weniger aufregen als Thermen. Sie scheinen überall da indicirt, wo man die Thermalmethode anzuwenden wünscht, diese aber als allzu reizend nicht ertragen wird: also besonders bei schwächlichen, reizbaren und anämischen Constitutionen. Speciell hat man Nutzen von denselben gesehen bei Spinalirritation und der sogenannten Tabes dolorosa; dann bei Paraplegien mit Contracturen in Folge von Myelitis, Lateralsklerose, Compression des Rückenmarks u. s. w.

Ihre Temperatur und Dauer muss nach den individuellen Verhältnissen regulirt werden.

Gute Moorbäder finden sich u. A. in Franzensbad, Marienbad, Teplitz, Driburg, Brückenau, Meinberg, Elster, Eilsen, Nenndorf, Liebwerda, Pyrmont, Reinerz u. s. w.

Fichtennadelbäder, die vielfach eingeführt und empfohlen sind, sind nichts anderes als Thermalbäder, in welchen eine starke Reizung der Haut nicht durch hohe Temperatur oder CO_2, sondern durch das ätherische Oel und das Extract von Fichtensprossen bewirkt wird. Sie werden überall da Anwendung finden können, wo die mehr erregenden Formen der Thermalmethode indicirt sind.

Zu den wichtigsten, auf unserm Gebiete therapeutisch wirksamen Agentien gehören aber die kühlen und kalten Bäder, resp. die Anwendung des kalten Wassers in den verschiedensten Formen: das was man gewöhnlich als

Kaltwassercur

bezeichnet. Dieselbe hat, in neuerer Zeit rationell betrieben und genauer studirt, einen bemerkenswerthen Aufschwung genommen. Ihre Resultate bei allen möglichen Formen chronischer Nervenleiden sind ausserordentlich günstig.

Ueber die Theorie und die Wirkungsweise der Kaltwassermethode ist noch keine völlige Uebereinstimmung erzielt. Die Verhältnisse sind sehr complicirt und so kam es leicht, dass die einzelnen Hydrotherapeuten zu mehr oder weniger einseitiger Auffassung gelangten: für den Einen sind die erregenden und deprimirenden Wirkungen auf das Nervensystem die Hauptsache, ist die Einwirkung auf den Gesammtstoffwechsel mehr untergeordnet; der Andere sucht alle Wirkungen auf die vasomotorischen Erscheinungen an der Haut zurückzuführen, während für den Dritten wieder nur die alterirende Einwirkung auf den Stoffwechsel das erklärende Moment für die Hauptwirkungen bietet.

Es ist sicher, dass bei der Kaltwasserbehandlung einerseits die Wirkungen auf die Hautnerven und von diesen auf das gesammte Nervensystem beobachtet werden; anderseits die Wirkungen auf die Hautgefässe und damit auf die Blutvertheilung im ganzen Organismus; und endlich aus beiden Momenten resultirende Veränderungen der Circulation und des gesammten Stoffwechsels, welchen ein ganz besonderer Einfluss auf die Heilung schwerer chronischer Erkrankungen zugeschrieben werden muss.

Was wir jetzt darüber wissen, mag ungefähr folgendes sein:

Direct auf das Nervensystem kann die Anwendung des kalten Wassers eine erregende (excitirende) oder eine beruhigende (deprimirende) Wirkung haben; und zwar wirkt die Wärmeentziehung an sich deprimirend, der Kältereiz an sich excitirend. Je nach den Badeformen, der Temperatur, der Dauer derselben kann man die eine oder die andre Wirkung mehr hervortreten lassen (Petri).

So tritt die beruhigende Wirkung überall da ein, wo eine und dieselbe Schicht Wassers beständig den Körper bedeckt: bei unbewegten Halb-, Voll- und Sitz-Bädern; bei nassen Einwicklungen, bei nassen Abreibungen ohne Verschiebung des Leintuchs.

Dagegen die erregende Wirkung überall da, wo ein beständiger Wechsel der den Körper umgebenden Wasserschicht stattfindet, wo also der Kältereiz immer aufs Neue wieder einwirkt: also bei bewegten Halb-, Voll- und Sitz-Bädern, bei Abreibungen mit Verschiebung des Leintuchs, bei Waschungen, Uebergiessungen, Regenbädern, Douchen, Wellenbädern, Seebädern.

Je niedriger die Wassertemperatur, desto rascher und intensiver treten diese Wirkungen ein. Die erregende Wirkung des Bades kann

durch eine vorhergehende trockne Einwicklung (in wollene Decken)
noch gesteigert werden, während dadurch zugleich ein allzugrosser
Wärmeverlust verhindert wird, indem man hier nur die vorher aufge-
speicherte Wärme durch das Bad entzieht; diese Methode ist also besonders bei schonungsbedürftigen Individuen angezeigt. — Eine öftere
Wiederholung dieser erregenden Einwirkungen steigert die Energie
des Nervensystems.

In Bezug auf die Circulation treten — wohl ebenfalls zum
grössten Theil durch das Nervensystem vermittelt — zunächst an der
Haut ein: starke Ischämie, Gänsehaut, Frösteln, bald aber — und
zwar verschieden schnell — Gefässerweiterung, stärkere Blutfülle, gesteigerte Hautabscheidung und Schweissbildung, vermehrte Wärmebildung. Das sind die Erscheinungen der Reaction, welche bei
verschiedenen Individuen verschieden leicht eintritt und welcher eine
sehr grosse Bedeutung für die Kaltwassercur zukommt. Zu ihrem
richtigen Zustandekommen ist ein gewisses Maass von Kräften, eine
gewisse Resistenz erforderlich; sie tritt bei schlecht genährten, schwachen
reizbaren und anämischen Individuen, bei Solchen mit degenerativen
Erkrankungen wichtiger Organe viel schwerer ein; diese vertragen
deshalb die Kaltwassercur nicht.

Die Reaction ist um so lebhafter und tritt um so stärker ein, je
niederer die Wassertemperatur, je bewegter das Wasser, je stärker
also die Erregung. Sie wird befördert durch gleichzeitiges Reiben und
Frottiren der Haut, ganz besonders aber durch das energische mechanische Trockenreiben nach der Kälteeinwirkung.

Eine öftere Wiederholung dieser Einwirkungen auf die Haut
steigert für die Dauer die Blutmenge und Ernährung
der Haut und bringt dadurch eine Aenderung in der Blutvertheilung hervor. Ein wichtiger Effect derselben ist die ableitende
Wirkung auf chronische Congestionen innerer Organe, besonders auch
das R.-M. — Dieser Effect kann aber nur dann sicher erreicht werden, wenn gleichzeitig alle schädlichen Reizungen des erkrankten
Organs vermieden werden.

Das kalte Wasser kann aber auch in mehr directer Weise
auf die Circulation in innern Theilen einwirken, indem
der Kältereiz auf reflectorischem Wege eine Ischämie innerer Organe,
besonders des Centralnervensystems hervorruft; so behauptet Runge,
dass Bäder von erheblichen Kältegraden an den untern Extremitäten
einen directen vasomotorischen Einfluss auf das R.-M. haben, die
Blutmenge desselben vermindern. Dabei ist es aber wichtig für die
Wirkung, dass die Reaction auf der Haut schon eingetreten sei, ehe
die Reaction in den spinalen Gefässen eintritt, so dass die secundäre
Hyperämie vorwiegend nach der Haut abgeleitet wird. — Für diese
Wirkungen ist es zweckmässig, nicht bloss die ganze Hautoberfläche
zu beeinflussen, sondern auch diejenigen Hautpartien speciell öfter
zu erregen, welche zu dem erkrankten Organ in näherer Beziehung
stehen: also für das R.-M. die Haut der untern Extremitäten und des
Rückens.

In Bezug auf die Vorgänge des Stoffwechsels und der Er-

nährung ist zweifellos festgestellt, dass jede Wärmeentziehung an
der äussern Haut von einer erheblichen Steigerung der Wärmeproduction gefolgt ist (sie bildet einen Theil der Reactionserscheinungen),
dass die Ausscheidungen zunehmen, der Appetit gesteigert wird u. s. w.
Ausserdem ist es wahrscheinlich, dass die wiederholte Erregung des
Nervensystems direct einen Einfluss auf die Stoffwechselvorgänge hat,
dass die Anbildung und Rückbildung der verschiedensten Gewebe gesteigert wird; dass ganz speciell auch die Ernährung der von der
Erregung getroffnen Theile des Centralnervensystems dadurch angeregt
und verbessert werden kann. Wir sind geneigt zu glauben, dass gerade dadurch leichtere Ernährungsstörungen des R.-M. jedenfalls, unter
Umständen aber selbst schwerere Ernährungsstörungen einer allmäligen
Ausgleichung zugeführt werden können.

Kurz zusammengefasst ist also die **Wirkung der Kaltwassercur** etwa folgende: Functionskräftigung, bessere Ernährung und
grösserer Blutreichthum der Haut; dadurch Aenderung der Blutvertheilung und der Circulation im Organismus; anfangs vorübergehende,
später dauernde Entlastung innerer hyperämischer Theile (F. Richter), Beruhigung oder Anregung des Nervensystems in verschiedenem Grade; Tonisirung des Nervensystems durch die functionelle
Anregung und durch bessere Ernährung; Beschleunigung des Stoffwechsels, Hebung der Gesammternährung; Förderung der Resorption
und Anbildung.

Kommen dazu noch die durch bestimmte Badeformen ermög-
lichte gesteigerte Schweisssecretion, die Folgen der gewöhnlich gesteigerten Wasserzufuhr, ferner die nothwendig gesteigerten Muskelbewegungen, die Einflüsse der Diät, des Klimas, der Höhenlage der
Kaltwasseranstalten — so ist es klar, dass wir nur wenige Mittel
besitzen, welche einen gleich mächtigen und vielseitigen Einfluss auf
das Nervensystem haben.

In der That ist auch die Kaltwassercur bei Rückenmarkskrankheiten vielfach mit Nutzen angewendet und erprobt. So für die Zustände reizbarer Schwäche des R.-M. (vorwiegend wärmeentziehende
Einwirkung mit mässiger Erregung; kalte Einwicklung bis zur Erwärmung; Abreibung mit mässigem Frottiren), gegen Stauungshyperämie
des R.-M. (Waschung und Uebergiessung des Rückens, erregende
Sitzbäder und lange anhaltende, nasskalte Einwicklung des Rumpfs),
gegen fluxionäre Hyperämie (beruhigende Abreibung, beruhigende
Sitzbäder mit kalten Compressen auf den Rücken etc.), gegen Tabes
dorsalis (vorwiegend milde Behandlung, nach Umständen mehr erregend oder beruhigend), gegen chronische Myelitis (ebenso).

Immer muss man dabei die grösste Rücksicht auf die Indivi-

dualität nehmen und bedenken, dass jede stärkere kalte Einwirkung
eine starke Reaction hervorruft und dass zu dieser ein gewisses
Maass von Kräften gehört; also bestimme man nur Individuen von
einer gewissen Resistenz für die Kaltwassercur! Schwächliche, reizbare, anämische Individuen vertragen nur die mehr beruhigenden
oder die ganz leise anregenden Proceduren unter gewissen Cautelen.
Für alle Fälle darf man sich zur Regel machen, die Wassertemperatur nicht unter 20° C. zu wählen, wenn nicht der speciell darauf
gerichtete Versuch lehrt, dass niederere Temperaturen gut ertragen
werden.

Eine besondere und besonders wichtige Form der Kaltwassercur
ist das

Seebad.

Dasselbe hat sehr energische Wirkungen, weil hier mehrere Fac-
toren zusammenwirken, unter welchen die Seeluft weitaus der wichtigste ist. Es ist eigentlich eine klimatische Cur in Verbindung mit
einer stark erregenden Form der Kaltwassermethode (stark bewegtes
Vollbad mit sehr niederer Temperatur). Der Salzgehalt des See-
wassers, der in der Nordsee, dem Mittelmeer und atlantischen Meer
dem eines mittelstarken Soolbades gleichkommt, dient zur Erhöhung
der Wirkung auf die Haut.

Die Folge ist eine mächtige Erhöhung des Stoffwechsels, gesteigerte Ausscheidung und Anbildung, vermehrtes Nahrungsbedürf-
niss, Zunahme des Körpergewichts, Tonisirung des Nervensystems.

Aber das Seebad ist nur für leistungsfähige Individuen geeignet,
welche durch guten Appetit und gute Verdauung den Körper zu den
an ihn gestellten hohen Anforderungen befähigt erhalten. Schwache,
appetitlose, magenkranke Individuen passen nicht dahin. Höchstens
kann man sie Seeluft geniessen lassen oder kann durch warme
Seebäder in Verbindung mit der Seeluft manchmal noch gute Wirkung
erzielen.

Wegen seiner mächtig erregenden und wärmeentziehenden Wirkung ist das Seebad nur für wenige Rückenmarkskranke passend.
So für Spinalirritation und spinale Schwäche — aber nur bei leistungs-
fähigen Individuen; für Tabes und ähnliche Krankheiten nur in den
leichtesten Formen, ganz im Beginn, oder als Nachcur, wenn bereits
nahezu Heilung eingetreten ist — aber nur bei genügender Integrität
der Assimilationsorgane. Jedenfalls beobachte man immer grosse
Vorsicht mit den Bädern und lege den Hauptwerth auf den Genuss
der Seeluft — also vorwiegend auf die klimatische Cur!

Dies gibt Veranlassung, hier noch ein Wort zu sagen über

Klimatische Curen.

Bestimmte klimatische Curen für Rückenmarkskranke gibt es nicht. Wohl aber ist bekannt, dass auf mancherlei schwere Neurosen und auch auf solche spinalen Ursprungs, besonders die mehr functionellen Neurosen, eine gewisse Beschaffenheit des Klimas und der Lage sehr günstig einwirkt.

So z. B. die See luft, die wir schon oben besprochen haben. Ganz Aehnliches gilt aber auch von der Gebirgsluft. Auch sie regt den Stoffwechsel und den Appetit an, erleichtert die sensiblen und motorischen Functionen, besonders die körperliche Bewegung in den Bergen, wirkt belebend und anregend auf das Nervensystem u. s. w. Je höher und trockener die Lage, desto mehr treten diese tonisirenden Wirkungen aufs Nervensystem hervor; so z. B. im Oberengadin.

Beneke[1]) hat vergleichende Untersuchungen über die Wirkung der See- und Gebirgsluft angestellt und kommt zu dem Resultate, dass die Steigerung des Stoffwechsels am Seestrande eine erheblich grössere ist als auf Gebirgshöhen (3000 — 6000'), weil dort der Wärmeabfluss rascher und hochgradiger ist. Es würden darnach hochgradig irritable, nervöse Individuen, welchen man die beträchtliche Steigerung des Stoffwechsels am Seestrande nicht zumuthen darf, besser einen Gebirgsaufenthalt wählen. Damit stimmt auch die Erfahrung in befriedigender Weise überein.

Notorisch sind 'die günstigen Wirkungen, welche ein längerer Aufenthalt in verschiedenen Höhenorten der Schweiz, Tirols u. s. w. auf so viele Nervenkranke, auf Leute mit Spinalirritation, spinaler Schwäche, Impotenz u. s. w. hat. Auch für die schwereren Fälle empfiehlt sich ein solcher Aufenthalt als Nachcur.

Die Auswahl unter den hier passenden Orten ist ungemein gross; man treffe sie unter sorgfältiger Berücksichtigung aller individuellen Verhältnisse.

———————

Nach dieser Aufzählung der einzelnen Badeformen und ihrer Wirkungsweise sei es gestattet, in einigen kurzen Sätzen die daraus sich ergebenden Indicationen zu formuliren; theoretische Abstractionen zu machen, welche dem Anfänger als allgemeine Richtschnur des

———————

1) Zur Lehre von der Differenz der Wirkung der Seeluft und der Gebirgsluft. Deutsch. Arch. f. klin. Med. XIII. S. 50. 1874.

Handelns dienen können, aber erst durch zahlreiche Erfahrungen erprobt und bestätigt werden müssen.

a) **Es handelt sich um rein functionelle Störungen des R.-M.**, um feinere Ernährungsstörungen, ohne nachweisbare Veränderungen (so z. B. bei Spinalirritation, bei spinaler Schwäche, bei Commotion ohne gröbere Verletzungen u. dgl.). Dafür können in Frage kommen die Thermen, die gasreichen Thermalsoolen, die gasreichen Stahlbäder, die Kaltwassercur, das Seebad und das Gebirgsklima. Zunächst wird man hier die Auswahl treffen **nach der Individualität des Kranken**: für reizbare, schwächliche, wenig leistungsfähige Individuen wähle man die Akratothermen; je reizbarer das Individuum, desto höher gelegene! Oder höchstens eine milde Kaltwassercur mit mässigen Temperaturen. — Bei leistungsfähigeren Individuen mit guter Verdauung kommen Kaltwassercur und Seebad, oder die Thermalsoolen in Frage. Bei sehr torpiden Individuen dieselben Bäder und die Stahlquellen. — Weiterhin hat man mit Rücksicht **auf die krankhaften Erscheinungen** (und auch auf die Individualität) die specielle Methode zu bestimmen: bei lebhaften Reizerscheinungen, bei sehr reizbaren Individuen die kühleren Akratothermen, die beruhigenden Formen der Kaltwassermethode, Seeluft, Gebirgsklima; bei vorwiegenden Schwächeerscheinungen, bei torpiden Individuen: die wärmeren Thermen, die erregenden Formen der Kaltwassermethode, die Thermalsoolen, Stahlbäder und Seebad.

b) **Es handelt sich um hyperämische Zustände des R.-M.** und seiner Häute. Für die passiven Hyperämien (sog. Hämorrhoidaltabes u. dgl.) empfohlen sich besonders die erregenden Formen der Kaltwassermethode, die Stahlbäder und Thermalsoolen. Die Thermen sind hier contraindicirt. — Für die activen Hyperämien wähle man die mehr beruhigenden Formen der Kaltwassercur mit gleichzeitiger Ableitung auf die Haut (beruhigende Abreibungen und Sitzbäder mit kalten Compressen auf den Rücken, u. s. w.). Thermalsoolen und Stahlbäder nur mit grosser Vorsicht! Thermen und Seebäder werden meist schaden.

c) **Es handelt sich um chronische Entzündung der Rückenmarkshäute**, besonders **mit Flüssigkeitsexsudation**. Nützlich sind hier Thermen, Thermalsoolen, starke Kaltwassercur — kurz alles, was die Resorption fördert und den Stoffwechsel mächtig anregt: immer mit den oben schon — unter a) — auseinandergesetzten Unterscheidungen und Contraindicationen.

d) **Es handelt sich um chronische Texturerkrankungen**

des R.-M. selbst: Entzündung, Degeneration, Erweichung, Atrophie, Sklerose u. s. w. Hier ist wenig zu erwarten ausser in den früheren Stadien und in leichten Fällen. Die Aufgabe ist, den Stoffwechsel und das R.-M. mässig anzuregen, um so die Ernährungsstörung zu beseitigen: Thermen, Thermalsoolen, Stahlbäder, Moorbäder und Kaltwassercur sind dazu brauchbar. Aber immer nur sehr discret! Man bedenke, dass es sich fast immer um reizbare und schwache Individuen handelt, welche an einer ernsten Organerkrankung leiden, welche keine heftigen Eingriffe ertragen können und welchen ausserdem jede Steigerung der Rückenmarkshyperämie gefährlich werden kann. Daher nur Thermen mit indifferenter oder lauer Temperatur! milde Kaltwassercuren! mitigirte Stahlbäder! wohlregulirte Thermalsoolen! Man bedenke, dass die Wirkung nur langsam und allmälig kommen kann und dass die Heilung nicht mit einer vier- oder sechswöchentlichen Badecur gleich vollendet sein kann!

Die Auswahl der einzelnen Bäder geschehe auch hier wieder nach der Individualität; die der speciellen Methode nach den Eigenthümlichkeiten des Falles, den Hauptsymptomen, begleitenden Hyperämien etc. Im Allgemeinen mache man sich keine zu grossen Hoffnungen bei diesen Leiden!

Dies wären etwa die allgemeinen Sätze, nach welchen man sich bei der Balneotherapie der Rückenmarkskrankheiten richten mag. Im speciellen Theil werden wir sehen, inwieweit dieselben für jede einzelne Krankheitsform Geltung haben oder nicht. Fortschreitende Erfahrungen werden sie wohl mannigfach modificiren.

Es liesse sich noch sehr viel über diesen wichtigen Gegenstand sagen; dazu fehlt uns hier der Raum. Man halte sich nur immer vor Augen, dass streng individualisirt werden muss. Eine exacte Diagnose und eine eingehende Beurtheilung der Individualität müssen Hand in Hand gehen bei der Feststellung der Indicationen. Dazu müssen Complicationen, ätiologische Momente, mancherlei äussere Verhältnisse oft noch berücksichtigt werden, so dass die Auswahl oft unendlich schwer wird. Praktischer Tact und Geschick des Arztes können gerade hier sich in glänzender Weise bewähren.

Elektricität.

Remak, Galvanotherapie 1858. S. 443 ff. Applicat. du courant constant au traitement des névroses. Paris 1865. — Ranke, Ueber krampfstillende Wirkung des constanten elektrischen Stroms. Zeitschr. f. Biolog. II. 1866. — Flies, Galvanotherap. Mittheilungen. Deutsche Klinik 1868. — Erb, Galvanotherap. Mittheilungen. Arch. f. klin. Med. III. 1867. — Derselbe, Anwendung der Elektricität in der innern Medicin. Volkmann's Sammlung klin. Vortr. Nr. 46. 1872. — Brenner, Untersuchungen und Beobachtungen auf dem Gebiete der

Elektrotherapie. Bd. II. 1869. S. 81. — Uspensky, Einfluss des const. Stroms auf das R.-M. Centralbl. f. d. med. Wiss. 1869. Nr. 37. — Burckhardt, Ueber die polare Methode. Arch. f. klin. Med. VIII. S. 100. 1870. — Ziemssen, Elektricität in der Medicin. 4. Aufl. 1872. S. 24, 37 u. 143. — Ausserdem die Lehrbücher der Elektrotherapie von M. Meyer, Duchenne, Benedict, M. Rosenthal, Beard und Rockwell u. A.

Kein anderes Mittel hat in kurzer Zeit in der Therapie spinaler Leiden so viel Terrain erobert, wie die Elektricität. Wenige nur können sich an Wirksamkeit mit ihr vergleichen. Es gehört zu den vielen Verdiensten Remak's, auch die spinalen Erkrankungen in das Bereich der wissenschaftlichen Galvanotherapie gezogen und vielfach auffallende Erfolge bei denselben nachgewiesen zu haben.

Der Verallgemeinerung seiner Bestrebungen standen anfangs grosse Hindernisse entgegen: zunächst die Zweifel an der elektrischen Treffbarkeit des R.-M. überhaupt, die von gewichtiger Seite (Ziemssen) ausgingen; dann die Skepsis in Bezug auf die therapeutischen Erfolge, zum Theil berechtigt gegenüber den enthusiastischen Anpreisungen der Elektrotherapeuten, zum Theil genährt durch die ganz unvermeidlichen Misserfolge bei alten und schweren, absolut unheilbaren Erkrankungen.

Diese Hindernisse sind jetzt überwunden; Niemand zweifelt jetzt mehr an der Möglichkeit, das R.-M. mit elektrischen Strömen zu erreichen; und nach den zahlreichen übereinstimmenden Erfahrungen fast aller Elektrotherapeuten kann Niemand sich mehr der Thatsache verschliessen, dass die Elektricität zahlreiche und zum Theil sehr auffallende Heilerfolge bei Rückenmarksleiden aufzuweisen hat, dass durch sie die trostlose Prognose so mancher Rückenmarkskrankheit eine wesentlich bessere geworden ist.

Wir müssen also diesem Mittel besondere Aufmerksamkeit schenken.

An dieser Stelle haben wir nur das abzuhandeln, was sich auf die directe Behandlung der Rückenmarksläsion bezieht. Man kann nämlich bei den meisten spinalen Erkrankungen zweierlei unterscheiden: Die elektrische Behandlung des R.-M. selbst und seiner Erkrankungen und die elektrische Behandlung einzelner Symptome dieser Erkrankung. Das kann jedes für sich und isolirt geschehen, oder es wird Beides combinirt. Für die zweite Aufgabe verweisen wir auf die betreffenden Abschnitte im Band XII. 1. dieses Handbuchs, wo die Elektrotherapie der Lähmungen, Anästhesien, Neuralgien, Krämpfe etc. ausführlich angegeben ist.

Hier tritt uns zunächst die Frage nach der Wirkungsweise der Elektricität auf das R.-M. und seine Erkrankungen entgegen. Darüber ist wenig bekannt und das vorliegende Material ist mehr als dürftig.

Von Seiten der Physiologie ist so gut wie nichts für unsern Zweck Verwerthbares bekannt. Die Reizversuche am R.-M. haben bekanntlich nicht viel Brauchbares ergeben; man streitet sich ja noch immer herum, ob die Rückenmarkssubstanz überhaupt erregbar sei oder nicht und ob nicht alle erzielbaren Reizerscheinungen auf Erregung der Wurzeln zu beziehen seien. Doch scheint diese Frage jetzt durch die Untersuchungen von Fick, Engelken und Dittmar in positivem Sinne gelöst zu sein, indem jedenfalls die weissen Stränge des R.-M. erregbar sind. Auch einige von den Physiologen (Nobili, Matteucci, Ranke) gefundene Thatsachen in Bezug auf die krampfstillende Wirkung galvanischer Ströme, Thatsachen welche sich bei der Behandlung des toxischen Tetanus mit starken durch das R.-M. geleiteten galvanischen Strömen herausstellten, sind zwar vielleicht verwerthbar, bedürfen aber wohl mit Rücksicht auf die später gefundenen Thatsachen von der reflexhemmenden Wirkung starker sensibler Reize einer erneuten Revision. Ebenso können die von Uspensky angestellten primitiven Versuche, welche ergeben haben, dass sich das R.-M. sowohl für die Leitungsvorgänge wie für die Reflexvorgänge wie ein peripherischer Nerv (!) verhält, dass es in den Zustand des An- und Katelektrotonus gerathe, für unsere Zwecke nur als werthlose bezeichnet werden. Ueber die Einwirkung elektrischer Ströme auf die Ernährung des R.-M. wissen die Physiologen gar nichts.

Fast alles, was wir wissen, ist der pathologischen und therapeutischen Erfahrung entnommen; es handelt sich dabei um rein empirisch gefundene Thatsachen, die von einer Deutung meist weit entfernt sind.

Positiv wissen wir eigentlich nur, dass eine Anzahl von Rückenmarkskrankheiten, besonders der chronischen Formen, bei Anwendung der Elektricität gebessert und geheilt wird und zwar bei verschiedenen Applicationsmethoden. Der genauere Zusammenhang zwischen der therapeutischen Einwirkung und dem Heilerfolg ist aber gewöhnlich unklar, umsomehr als wir in vielen solcher Fälle gar keine rechte Vorstellung davon haben, was eigentlich im R.-M. und seinen Häuten vor sich geht und was wir mit der Elektricität beseitigen.

Wir wissen ferner, dass einzelne Symptome von Spinalerkrankungen durch elektrische Einwirkung auf das R.-M. beseitigt werden können: z. B. tetanische Krämpfe, Contracturen, Tremor, lancinirende Schmerzen, Anästhesie, Lähmung u. s. w. Doch sind auch diese Thatsachen nicht immer unzweideutig: so scheinen die Resultate, welche Mendel mit dem galvanischen Strom bei Tetanus erzielt hat, auf die gleichzeitige Einwirkung auf die peripherischen Nerven zurückführbar. Ebenso ist in den von Leyden[1]) mitgetheilten interessanten Beobachtungen des Dr. Rabow fast überall eine gleichzeitige periphere Einwir-

---

1) Klinik der Rückenmarkskrankheiten I. S. 195.

12*

kung nicht ausgeschlossen; und jedenfalls ist eine Erklärung der dort
mitgetheilten Thatsachen zur Zeit nicht möglich.

Wir besitzen eben bis jetzt nur Vermuthungen und hypothetische
Vorstellungen darüber, wie etwa die Elektricität bei den einzelnen
Krankheitskategorien wirken könnte.

So können wir wohl bei den sog. functionellen Störungen
des R.-M. zunächst an die erregenden und modificirenden Einwirkungen elektrischer Ströme denken; wahrscheinlich sind aber auch
die sog. katalytischen Wirkungen (Einwirkung auf die Blutgefässe,
Resorption, Osmose, Stoffwechsel u. s. w.) von wesentlichem Einfluss,
indem sie die feineren Ernährungsstörungen beseitigen.

Bei Circulationsstörungen (Hyperämien, Stasen, Exsudation) sind die mächtigen Einwirkungen auf die Gefässe und die
vasomotorischen Nerven, auf Saftströmung und Resorption u. dgl. zur
Erklärung herbeizuziehen.

Bei ausgesprochenen anatomischen Veränderungen (chron.
Entzündung, Degeneration, Atrophie etc.) sind wir wieder auf die
„katalytischen" Wirkungen des elektrischen Stromes hingewiesen;
nur sie können erklären, dass und wie diese Störungen zur Ausgleichung kommen.

Das Resultat daraus ist, dass wohl die sog. katalytischen
Wirkungen elektrischer Ströme für die Behandlung der
meisten Rückenmarkskrankheiten die Hauptsache sind.
Schade nur, dass dieselben noch so dunkel, so wenig einer Deutung
fähig sind! Hypothesen darüber wollen wir lieber unterdrücken.

Die katalytischen Wirkungen sind wahrscheinlich ganz unabhängig von der Stromesrichtung. Ebenso ist aber auch die Wirkung
der einzelnen Pole in dieser Beziehung noch sehr unklar, obgleich
man dieselbe genauer zu präcisiren gesucht hat. Einfaches Durch-
strömtsein des erkrankten Theils in genügender Stärke und Dauer
scheint die Hauptsache zu sein. Alle Details sind noch empirisch
und experimentell zu finden.

Aus diesen Vordersätzen ergeben sich die Hauptsätze für die
elektrische Behandlung des R.-M. von selbst.

Zunächst ist daraus zu abstrahiren, dass dazu der galvanische Strom fast ausschliesslich zu verwenden ist,
und zwar a) wegen seiner physikalischen Eigenschaften, indem er
leichter und sicherer in die erforderliche Tiefe dringt, als der faradische Strom[1]); b) wegen seiner hervorragenden katalytischen Wir-

---

[1]) Helmholtz, Verhandl. des naturhistor. med. Vereins zu Heidelberg.
Bd. V. S. 14. 1869.

kungen, die dem faradischen Strom nur in unbedeutendem Maasse zukommen. — Die Erfahrung hat darüber auch ausreichend entschieden: selbst die einseitigsten Anhänger des faradischen Stroms vindiciren demselben keine oder nur sehr geringe Heilerfolge bei organischen Rückenmarkskrankheiten. Wir werden weiter unten sehen, dass sie dennoch bis zu einem gewissen Grade möglich sind.

Was nun speciell die **Methode** der Anwendung des galvanischen Stroms[1]) bei Rückenmarkskrankheiten betrifft, so haben wir zunächst die Vorfrage zu besprechen, ob überhaupt das R.-M. dem Strome erreichbar ist.

Diese Möglichkeit ist erwiesen durch meine Experimente an der Leiche und ausserdem durch zahlreiche von mir und andern Beobachtern am lebenden Menschen gefundene Thatsachen — ganz abgesehen von den zahlreichen therapeutischen Erfolgen. Niemand zweifelt jetzt mehr an der Treffbarkeit des R.-M. durch den galvanischen Strom.

Hauptzweck der Application ist in den meisten Fällen: **eine möglichst allseitige und intensive Durchströmung des R.-M. selbst**, speciell seiner erkrankten Abschnitte.

Das R.-M. ist ein verhältnissmässig sehr tiefliegendes Organ: daraus folgt, dass wir ziemlich hohe Stromstärken anwenden müssen, um dasselbe zu erreichen. Dies ist aber in zweckmässiger und für die Kranken nicht schmerzhafter Weise nur dann möglich, wenn man **sehr grosse Elektroden** wählt und dieselben nicht zu nahe aneinander setzt.

Gegen diese aus den Ohm'schen Gesetzen einfach folgende Regel wird noch allzuoft gesündigt. Mit kleinen Elektroden sind unerträglich schmerzhafte Stromstärken erforderlich, um das R.-M. in genügender Weise zu erreichen. Wie oft sind mir nicht wohlbeleibte Personen vorgekommen, welchen man mit den für diesen Zweck ganz unbrauchbaren Stöhrer'schen Kohlenelektroden unter vielen Schmerzen den Rücken wundgalvanisirt hatte, ohne ihnen meiner Ueberzeugung nach das Geringste zu nützen! Ich verwende zum Galvanisiren des R.-M. immer Elektroden von **mindestens** 10 Cm. Länge und 5 Cm. Breite.

Die grösste Stromdichtigkeit herrscht immer nur unmittelbar unter den Elektroden; die dazwischen liegenden Partien sind wenig oder wahrscheinlich therapeutisch unwirksam durchströmt: daraus folgt, **dass man die kranken Stellen in ihrer ganzen Ausdehnung mit den Polen in Berührung bringen soll.**

---

1) Dieselben Grundsätze gelten im Wesentlichen auch für den faradischen Strom.

Je nach bestimmten Verhältnissen, nach Neigung und theoretischen
Vorstellungen wird man dazu vorwiegend den einen oder andern
Pol wählen. Da die Wirkung der Pole auf das R.-M. eine unbe-
kannte ist und für die katalytische Wirkung wahrscheinlich beide
Pole nützlich sind, ist es in vielen Fällen vielleicht zweckmässig,
beide Pole nacheinander einwirken zu lassen.

Die relative Stellung beider Elektroden wird sich nach
dem Sitz und der Ausbreitung der Läsion im R.-M. richten:

Bei vorwiegenden Längserkrankungen (die ja die häufigsten sind) ist es wohl am zweckmässigsten, beide Pole auf die
Wirbelsäule, den einen auf die Lenden-, den andern auf die Nacken-
gegend zu setzen. Während man den einen, z. B. den unteren Pol
fixirt hat, kann man den oberen nach und nach über den Rücken
nach abwärts bewegen und so mit dem grössten Theil des R.-M. in
Berührung bringen; und ebenso umgekehrt bei Fixirung des oberen
Pols den unteren allmälig über den grössten Theil des R.-M. pro-
meniren lassen. Man wird also vorwiegend, wie es der Erzielung
katalytischer Wirkungen entspricht, stabile Einwirkung eintreten
lassen, aber mit allmäligem und successivem Wechsel der Appli-
cationsstellen.

Bei mehr circumscripten Erkrankungen (bei apoplekti-
schen Herden, spinaler Kinderlähmung, circumscripter Myelitis u. s. w.)
wird man am besten thun, die erkrankte Stelle ganz mit dem für
wirksam erachteten Pole zu bedecken und den andern Pol auf die
vordere Fläche des Rumpfs, auf das Abdomen oder Sternum zu
setzen; dadurch ist die directe Durchströmung des R.-M. am sichersten erreicht; man kann dann je nach Bedürfniss nacheinander beide
Pole einwirken lassen. Auch hier sind die Elektroden möglichst
gross zu wählen.

Bei allen diesen Applicationen sind in der Regel Unterbrechungen
oder Wendungen möglichst zu vermeiden, wenn nicht specielle Indicationen für dieselben vorhanden sind.

Die Stromesrichtung scheint für die Wirkung ziemlich gleich-
gültig zu sein. Im Allgemeinen zieht man — wohl mehr aus unbe-
stimmten Gefühlseindrücken — die aufsteigende Stromesrichtung vor.
Die Hauptsache wird immer die Einwirkung der einzelnen Pole auf
die ganze Ausdehnung des R.-M. sein.

Für die Auswahl der Pole hat man gewisse Anhaltspunkte, die
aber durch gehäufte Erfahrung noch genauer zu bestätigen sind. So
wird man sich zur Bevorzugung der Anode bestimmen lassen bei
hervortretenden Reizungserscheinungen, bei reizbaren und empfind-

lichen Personen, bei mehr frischen, activeren Krankheitsprocessen und da, wo man von einer secundären Hyperämie üble Folgen fürchtet. Für die vorwiegende Einwirkung der Kathode wird man sich entscheiden bei mehr torpidem Krankheitscharakter, bei wenig reizbaren Individuen, bei veralteten, mit Verdichtung und grösserer Trockenheit der Gewebe einhergehenden Krankheitsprocessen (Atrophien, Sklerosen etc.). Meist aber wird man beide Pole mit Nutzen anwenden.

Das R.-M. kann aber noch auf indirectem Wege von dem elektrischen Strom beeinflusst werden.

So vom Sympathicus her — vermöge der sog. indirecten Katalyse von Remak. Darnach soll man durch Galvanisation des Halssympathicus, durch Erregung der darin verlaufenden vasomotorischen (und trophischen) Bahnen einen bestimmenden Einfluss auf die Ernährungsvorgänge im R.-M. gewinnen können. Dieser Einfluss ist möglich und sogar wahrscheinlich, aber nicht bewiesen. Flies hat darüber weitere Beobachtungen gemacht. Ich habe auf Grund dieser Möglichkeit meine Behandlung des R.-M. in vielen Fällen so eingerichtet, dass sie eine gleichzeitige Beeinflussung des Halssympathicus erlaubt. Die Kathode wird am Gangl. superius der einen Halsseite fixirt, die Anode auf der entgegengesetzten Seite der Wirbelsäule (dicht neben den Dornfortsätzen) erst zwischen den Schulterblättern, dann successive nach abwärts rückend (bis zum Conus terminalis) stabil aufgesetzt; dasselbe Verfahren dann auf der andern Seite wiederholt. Dazu kommt dann gewöhnlich noch die directe Behandlung durch die Wirbelsäule, Anode unten, Kathode oben, allmälig ihre Stelle verändernd. — Ich glaube von dieser Methode vorwiegend günstige Erfolge gesehen zu haben; möglicherweise aber beruht das nur auf der günstigeren Durchströmung des R.-M. —

Ferner kann das R.-M. noch von der Haut aus beeinflusst werden. Eine reflectorische Erregung, von den sensiblen Nerven auf das R.-M. übertragen, kann wohl ähnlich wirken, wie eine directe Erregung. Beruht ja doch darauf ein grosser Theil der Wirkungen der Kaltwassercur, der CO_2 in den Bädern u. dgl. Genaueres darüber ist noch zu ermitteln; es ist mir aber wahrscheinlich, dass ein Theil der Resultate, welche bei spinalen Leiden durch periphere Elektrisirung der Haut und der Muskeln gewonnen wurden, darauf zurückzuführen ist. Das sind die Fälle, in welchen die Faradisation neben der Galvanisation ihre Rechte behauptet. Man kann für diesen Zweck die cutane Faradisation und die Faradisation der Muskeln ebenso wie die Galvanisation anwenden.

So z. B. bei M. Meyer (3. Aufl. S. 336) einen Fall von spinaler
Erkrankung, der durch die cutane Faradisation mittels des Pinsels
geheilt wurde.

Die von Remak gefundenen[1]) merkwürdigen, centripetalen
Wirkungen des galvanischen Stroms bei Erregung peripherer Nerven,
von welchen sich Remak grosse therapeutische Wirkungen versprach,
sind dunkel geblieben und seither nicht Gegenstand erneuter Untersuchung geworden.

In ähnlicher Weise wie die periphere Faradisation wirkt wohl
auch die von Beard und Rockwell[2]) empfohlene „allgemeine Faradisation und Galvanisation" — eine über den ganzen Körper sich er-
streckende Erregung der Haut und der Muskeln.

Beard[2]) hat ausserdem noch eine Methode der „centralen Galvanisation" als besonders wirksam bei allen möglichen Centralleiden,
besonders auch bei spinalen Erschöpfungszuständen, empfohlen. Sie
mag in manchen Fällen Nutzen bringen. Dabei wird die Kathode ins
Epigastrium gesetzt, die Anode successive an den Scheitel, die Wirbelsäule, den Halssympathicus in labiler Weise applicirt.

Ranke (l. c.) glaubt durch bessere Ernährung der Muskeln und
daraus resultirende grössere Stärke des normalen aufsteigenden Rücken-
marksstroms günstig auf spinale Nervenschwäche u. dgl. einwirken zu
können.

Endlich hat M. Meyer in neuester Zeit[4]) darauf hingewiesen,
dass die galvanische Behandlung an der Wirbelsäule vorhandener
schmerzhafter Druckpunkte bei manchen spinalen Affectionen, besonders
bei Tabes, manchmal von überraschendem Erfolge sei. Er lässt auf
die empfindlichen Stellen die Anode stabil 5 — 10 Min. lang bei
mässiger Stromstärke einwirken.

Die Dauer der einzelnen Applicationen kann eine ziemlich
kurze sein: $1\frac{1}{2}$ — 5 Min. — Meist wird man damit ausreichen. Zu
lange Applicationen setzen leicht unliebsame Erregung. Die Sitzungen
finden täglich oder seltener statt. Die Dauer einer ganzen Cur ist
sehr unbestimmt, sie hängt ab von dem Charakter der Krankheit
und dem erzielten Erfolg. Häufig ist es gut, nach mehrwöchentlicher
elektrischer Behandlung eine längere Pause eintreten zu lassen, die
mit Badecuren, klimatischen Curen etc. zweckmässig ausgefüllt werden kann. Meist handelt es sich ja um sehr langwierige Krankheiten.

Es ist gut, die elektrische Behandlung nicht zu leicht zu nehmen;
sie ist nicht Jedermanns Sache. Viel Uebung und Erfahrung gehören
dazu. Manuelles Geschick, grosse technische Routine, Achtsamkeit

1) Allg. med. Centralzeitung 1860. Nr. 69.
2) Med. and surg. uses of electric. 1871. p. 156 etc.
3) s. Virchow-Hirsch's Jahresber. pro 1871. I. S. 376 und pro 1872 I. S. 404.
4) Berl. klin. Wochenschr. 1875. Nr. 51.

auf eine Menge Einzelheiten, sorgfältige Berücksichtigung der einzelnen Erscheinungen sind unerlässliche Erfordernisse.

Der directen Behandlung der spinalen Erkrankung ist dann noch vielfach eine symptomatische elektrische Behandlung hinzuzufügen: Behandlung von Lähmung und Anästhesie, von Krampf und Neuralgien, von Bläsen- und Geschlechtsschwäche, Sphincterenlähmung, Augenmuskellähmung, Atrophie der Sehnerven und Hörnerven u. s. w. Alles dies hat nach allgemeinen elektro-therapeutischen Regeln zu geschehen, mit besonderer Berücksichtigung des speciellen Krankheitsfalles und des Sitzes der Läsion.

Blutentziehungen

können unter gewissen Umständen indicirt sein, ähnlich wie bei Erkrankungen anderer Organe: so bei heftigen acuten Entzündungen, bei Hyperämien und Stasen und dadurch unterhaltenen Reizungs- oder Lähmungszuständen.

Allgemeine Blutentziehungen werden nur selten indicirt sein und dies ganz nach allgemein therapeutischen Indicationen.

Oertliche Blutentziehungen werden wegen des Zusammenhangs der inneren und äusseren Wirbelvenenplexus am zweckmässigsten am Rücken gemacht, zu beiden Seiten der Wirbelsäule: blutige Schröpfköpfe, Blutegel können da applicirt werden. — Für manche Fälle von Abdominalplethora, Hämorrhoidalaffectionen etc. sind auch Blutentziehungen am After ganz zweckmässig.

Ableitungsmittel.

Sie haben früher eine sehr grosse Rolle gespielt; kaum ein Rückenmarkskranker entging denselben; selbst den heftigsten darunter nicht. Der Rücken eines chronisch Spinalkranken war gewöhnlich bedeckt mit Narben von Vesicatoren, Fontanellen, Moxen und Glüheisen.

Heutzutage ist man viel zurückhaltender mit den Ableitungsmitteln geworden und thut darin vielleicht jetzt zu wenig.

Ihre Verwendung und Wirkungsweise ist eine sehr mannigfache: Ableitung eines sensiblen Erregungszustandes, Veränderung des Molecularzustandes im Nervensystem, Hemmung der Reflexe, Ableitung des Bluts durch Einfluss auf die Circulationsverhältnisse, Ableitung von Entzündung und Exsudation durch Etablirung einer exsudativen oder eitrigen Hautentzündung.

Alles dies kann auch auf das R.-M. wirken und wirkt wohl auch zunächst auf dieses, da die erste Station im centralen Nerven-

system, an welcher diese Wirkungen ausgelöst werden und zur
Geltung kommen, unzweifelhaft das R.-M. ist. Doch ist Genaueres
darüber leider nicht bekannt. Sehr interessant sind die Angaben
von Busch[1]) über die Anwendung des Glüheisens bei verschiedenen
Neurosen, speciell auch bei spinalen Erkraukungen. Er fand gelegentlich bei der Nekropsie eines solchen Falles, dass das auf den
Nacken applicirte Glüheisen ausserordentlich tief wirkt; bis in die
tiefsten Schichten der Nackenmuskeln fanden sich blutig suffundirte
Streifen und selbst die Meningen erschienen unterhalb der gebrannten
Stellen hyperämisch geröthet. Busch hält das Glüheisen (er brennt
gewöhnlich Längsstreifen zu den Seiten der Wirbeldornen) für ein
sehr mächtiges Derivans für Rückenmarksaffectionen.

Wenn es erlaubt ist, die von Schüller an der Pia des Gehirns
beobachteten Thatsachen auf die Pia des R.-M. zu übertragen — was
wohl unbedingt geschehen kann — so würden sehr grosse Sinapismen (oder richtiger Vesicantien) nach vorübergehender Erweiterung
eine hochgradige und lange dauernde Verengerung der Piagefässe
herbeiführen.

Als Ableitungsmittel kann man benützen: cutane Faradisation,
Sinapismen, Vesicantien, Pustelsalben, Fontanellen, Moxen und Glüheisen. Die Application wird fast immer auf dem Rücken, gegenüber
der erkrankten Stelle zu geschehen haben.

Aeussere Einreibungen.

Sie werden von Laien viel gebraucht und viel gerühmt, von
den Aerzten meist verworfen. Auch hierin geht wohl die ärztliche
Skepsis manchmal zu weit.

Es ist immerhin denkbar, dass der Reiz, welcher durch spirituöse
oder andere irritirende Einreibungen auf der Haut hervorgebracht
wird, ähnlich wie der Reiz von Bädern oder von elektrocutaner
Einwirkung, erregend und belebend auf das R.-M. einwirkt und in
diesem bessere Function und Ernährungsvorgänge einleitet;

oder dass die beruhigende, mildernde Wirkung, welche Einreibungen von warmem Oel oder von narkotischen Salben, oder
welche derartige Fomente und Einhüllungen auf die peripheren Hautnerven haben, eine beruhigende Wirkung auf das Centralnervensystem hat und so zur Beseitigung von Krankheitszuständen beiträgt.
Ich glaube mich in einzelnen Fällen — ganz zufällig — von der

---

1) Berl. klin. Wochenschr. 1873. Nr. 37—39. Sitz. der niederrhein. Gesellschaft in Bonn.

Wirksamkeit solcher Proceduren überzeugt zu haben und möchte sie deshalb nicht so ganz verwerfen.

Grosse Dinge wird man allerdings damit nicht erreichen, wohl aber kann man solche äussere Einwirkungen als Unterstützungsmittel gebrauchen und die Geduld der Kranken damit beleben.

Je nach dem Falle hat man die Wahl zwischen den mehr beruhigenden Einreibungen (mit warmem Oel, mit Ol. hyoscyam., Unguent. opiat., Ung. belladonnae etc.) oder den mehr erregenden und kräftigenden Frictionen (mit Franzbranntwein, Spir. formicar., Spir. Serpylli, Spir. camphorat., Liniment. volatile, camphoratum etc.).

2) Chemische Heilmittel. Innere Mittel.

Vgl. Nothnagel, Handbuch der Arzneimittellehre 1870. — Husemann, Handbuch der gesammten Arzneimittellehre II. 1875. — Schüller, Ueber die Einwirkung einiger Arzneimittel auf die Hirngefässe. Berl. klin. Wochenschrift 1874. Nr. 25 u. 26. — Brown-Séquard, Lect. on the Diagnos. and treatment of the princip. forms of paralys. of the lower extremities. London 1861. p. 110.

Wir kommen da auf ein noch sehr dunkles und eingehender Cultur bedürftiges Gebiet. Wir wissen auf diesem Gebiete so gut wie nichts: das Wenige, was uns die therapeutischen Erfahrungen kennen gelehrt haben, ist weder thatsächlich sicher genug festgestellt, noch auch wissenschaftlich irgendwie begründet oder verständlich.

Von einigen wenigen Mitteln kennen wir eine specifische Wirkung auf gewisse Functionen des R.-M., und gerade diese Wirkungen sind selten therapeutisch zu verwerthen. Wie aber die meisten Mittel, die wir anwenden und die wir gerade gegen die organischen Erkrankungen mit Vorliebe anwenden, speciell auf das R.-M. und auf seine Ernährungsstörungen wirken, ist noch ganz unbekannt.

Wir beschränken uns deshalb auf eine möglichst kurze Aufzählung der innern Mittel, das meiste dem speciellen Theil überlassend.

Ein hervorragendes Rückenmarksmittel ist jedenfalls das Strychnin, resp. die Präparate der Nux vomica. Seine physiologische Wirkung besteht in einer ausserordentlichen Steigerung der spinalen Reflexaction, die wahrscheinlich auf einer directen Reizung der centralen Ganglienzellen durch das Gift beruht. Es reizt auch die vasomotorischen Centren sehr stark. Auf die motorischen Nerven scheint es ohne Einfluss; dagegen wirkt es auf die sensorischen Apparate erregbarkeitserhöhend. Endlich soll es den Blutzufluss zum R.-M. erheblich steigern.

Strychnin hat vielfache Anwendung bei spinalen Lähmungen

gefunden. Es hat aber in den meisten Fällen gar keinen Nutzen, da die Steigerung der Reflexerregbarkeit dem Kranken nicht viel helfen kann, so lange die der Lähmung zu Grunde liegende Ernährungsstörung nicht beseitigt ist. Es ruft dann nur lebhafte Reflexzuckungen in den gelähmten Theilen hervor, ohne gleichzeitig die Wiederherstellung der Gewebe zu fördern (Gull). Bei sehr reizbaren und erschöpfbaren Individuen, bei irritativen Processen im R.-M. (Tabes, Myelitis, Spinalirritation etc.) scheint es geradezu zu schaden und so hat man denn seine Anwendung in neuerer Zeit fast ganz wieder verlassen. Selbst so glückliche Fälle, wie deren Acker jüngst einen veröffentlicht hat[1]), fallen gegenüber den zahlreichen Misserfolgen kaum ins Gewicht.

Erlaubt ist jedoch die Anwendung des Strychnins nur in veralteten Fällen von Lähmung, oder bei vorhandener Ausgleichung der Grundstörung ohne gleichzeitige volle Wiederherstellung der Function. (Doch wird in den meisten derartigen Fällen die Elektricität ein viel sichereres und unschädlicheres Mittel sein.) Zu versuchen ist es ferner, um weitere Erfahrungen zu sammeln, bei rein functionellen Schwächezuständen mehr torpiden Charakters. In solchen Fällen scheint es in mässigen Dosen als Neuro-tonicum zu wirken. Ferner in Zuständen spinaler Anämie und dadurch gesetzten Ernährungsstörungen. Endlich scheint es günstig zu wirken bei Lähmung der Sphincteren, bei Blasen- und Geschlechtsschwäche, bei Enuresis nocturna, vielleicht dann, wenn diese Störungen auf Anomalien der Reflexcentren im Lendenmark beruhen.

Man gibt das Extr. nuc. vom. aquos. (0,03—0,20 pro dosi) oder spirituosum (0,01—0,06 pro dosi); ferner die Tinct. nuc. vom. (5—15 Tropfen pro dosi) und das Strychnin. nitric. (0,003—0,01 pro dosi; am besten subcutan injicirt in denselben Dosen).

Von gewissermassen entgegengesetzter Wirkung ist das Coniin. Es lähmt direct die motorischen Nerven, scheint aber auch eine specifische Wirkung auf das R.-M. zu haben, indem es die Reflexerregbarkeit energisch herabsetzt. Es ist deshalb gegen Krampfzustände, vielleicht besonders gegen Reflexkrämpfe, verwerthbar. (Herb. Con. macul. 0,05—0,30 pro dosi; Coniin. 0,001—0,003 in Wasser gelöst.)

Das Curare wirkt ganz ähnlich, direct die motorischen Nerven lähmend und das Reflexvermögen des R.-M. herabsetzend. Es ist ein ganz unsicheres und wohl entbehrliches Mittel.

---

1) Arch. f. klin. Med. XIII. S. 436.

Calabar vermindert und vernichtet die Erregbarkeit der Ganglien des R.-M., besonders in den grauen Vordersäulen. Dadurch entsteht Lähmung, Verlust der Reflexerregbarkeit (und der Schmerzempfindung). Dies Mittel ist daher anzuwenden bei erhöhter Reflexthätigkeit (bei Tetanus, Strychninintoxication, Reflexcontracturen). Extr. Calabar. 0,005—0,02 in Lösung oder Pillen.

Das Ergotin (resp. Secale cornutum) hat eine mächtige Einwirkung auf die Gefässe, nach Brown-Séquard speciell auf die Rückenmarksgefässe. Gleichzeitig soll es Abnahme der Reflexerregbarkeit bewirken. Es wirkt auf alle glatten Muskelfasern, besonders auch auf die der Blase.

Man wendet es bei fluxionärer Hyperämie und bei Paraplegie an; nach Brown-Séquard im letzteren Falle besonders dann, wenn Hyperämie oder chronische Entzündung des R.-M. und seiner Häute vorliegt; dagegen sei es contraindicirt, wenn keine Reizungserscheinungen vorhanden sind, keine Hyperämie angenommen werden kann. (Extr. Secal. corn. aquos. 0,1—0,5 innerlich; subcutan injicirt 0,01—0,10. — Tinct. secal. cornut. gutt. 10—30 pro dosi.)

Das Atropin (resp. die Belladonna) hat ebenfalls mächtige Wirkungen auf die Gefässe und soll nach Brown-Séquard in grösseren Dosen ebenfalls speciell die Gefässe des R.-M. verengern. Ausserdem setzt es die Erregbarkeit der motorischen und sensiblen Nerven und der Muskeln herab; seine Wirkung auf das R.-M. selbst ist unbekannt. Brown-Séquard empfiehlt es gegen dieselben Affectionen wie das Secale. (Extr. Belladonn. 0,01—0,10 pro dosi. Atrop. sulfur. 0,0005—0,001—0,002 pro dosi.)

Argentum nitricum. Dies Mittel ist zuerst von Wunderlich[1]) gegen progressive Spinalparalyse empfohlen und seitdem gegen Tabes und andere Formen der Rückenmarkssklerose vielfach angewendet worden. — Es lässt sich nicht läugnen, dass es in manchen Fällen ganz unzweifelhafte Erfolge aufzuweisen hat: dass es die Schmerzen beseitigt, die Anästhesie vermindert, die Ataxie und die Lähmung bessert, selbst in manchen Fällen völlige Heilung herbeiführt. Aber seine genauere Wirkungsweise und seine specielleren Indicationen sind noch ganz unbekannt. Von manchen Autoren werden auch schädliche Wirkungen berichtet. Dosis 0,01—0,02, dreimal täglich, am besten in Pillen; längere Zeit fortzugebrauchen.

Das Kalium jodatum hat man wie bei so vielen anderen Neurosen auch bei Rückenmarkskrankheiten vielfach versucht und

---

1) Arch. der Heilkunde II. 1861. S. 193 u. IV. 1863. S. 43.

nicht selten mit Erfolg. Seine Wirkungsweise und specielleren Indicationen sind aber noch ebenso dunkel wie die des Arg. nitricum. Seine notorische Einwirkung auf mancherlei pathologische Producte, auf verschiedene Entzündungsformen, Exsudationen etc. ist so verführerisch, dass man es immer und immer wieder versucht. — Man gibt es mit Vorliebe bei exsudativen Entzündungen der Meningen, besonders im chronischen Stadium; bei chronischen Entzündungsformen des R.-M. selbst, besonders wenn man dieselben auf rheumatische Ursachen zurückführen kann; bei Neubildungen, Sklerosen u. s. w. Selbstverständlich findet es überall da, wo man syphilitische Einwirkungen vermuthet, seine hervorragende Stelle. — Man sei mit der Dosis nicht zu karg: 1,0—3,0 für den Tag! Nahezu dasselbe gilt für die viel gebrauchten Quecksilberpräparate.

Das Kalium bromatum wirkt u. A. reflexvermindernd auf das R.-M. und lähmt erst später die peripheren Nerven. Es verengert die Hirngefässe und soll dadurch hypnotisch wirken. — Es erscheint sonach indicirt bei erhöhter Reflexerregbarkeit, bei Reflexcontracturen; es scheint ferner wirksam bei Schmerzen, excentrischen Neuralgien, gegen Schlaflosigkeit und sexuelle Reizzustände. — Man gibt 1,0—2,0 pro dosi, tagüber 6,0—10,0 Gramm.

Ein Theil der toxischen Wirkung des Arsenik wird auf das R.-M. zurückgeführt. Genaueres ist aber darüber nicht bekannt. Seine Wirkung auf die allgemeine Ernährung und die Tonisirung des Nervensystems ist wohl die Hauptsache; wird von Isnard dringend empfohlen und in der bekannten Weise angewendet.

Der Phosphor ist wiederholt empfohlen worden gegen mancherlei Neurosen, auch gegen Tabes, Paraplegie etc. Er hat sich bis jetzt keiner allgemeineren Anerkennung zu erfreuen; er scheint ein sehr gefährliches und dabei nicht einmal besonders wirksames Mittel.

Von den physiologischen Wirkungen des Zink und seiner Präparate auf das R.-M. und auf spinale Symptome ist so gut wie nichts bekannt. Empirisch wird es vielfach als Nervinum angewendet; kann vielleicht gegen functionelle Schwächezustände nützlich sein. Am meisten ist gebraucht das Zincum oxydat. und valerianicum.

Das Chinin gilt vielen älteren und jüngeren Praktikern als ein „Rückenmarksmittel". Die physiologischen Versuche ergeben dafür allerdings wenig Anhaltspunkte. Die therapeutischen Versuche haben sich fast ausschliesslich mit seinen antifebrilen und antizymotischen Wirkungen beschäftigt; ausserdem hat man eine „roborirende"

Wirkung constatirt. Dass das Chinin energisch auf das Centralnervensystem wirkt, ist zweifellos; wie aber und auf welche Partien desselben, ist noch ganz unbekannt.

Man wendet es an bei spinaler Nervenschwäche, bei excentrischen Schmerzen, bei Fieber, bei Rückenmarksleiden, die auf
Malaria beruhen. — Die Dosirung richtet sich nach der beabsichtigten Wirkung; für die roborirende Wirkung sind die kleinen
Dosen beliebt.

Das Auro-natrium chloratum ist wiederholt als Nervinum
auch gegen Spinalleiden empfohlen. Mit welchem Rechte, ist noch
zweifelhaft. Man gibt 0,01—0,05 pro dosi.

Wir könnten diese Aufzählung beliebig verlängern; der Leser
wird genug haben; weitere Excursionen auf diesem dunkeln und
unsicheren Gebiet sind noch weniger erquicklich.

Einige Worte wollen wir noch anschliessen, über die Diät-
curen, die ja in ähnlicher Weise wirken sollen, wie die inneren
Mittel. Von erheblicher Wichtigkeit sind sie bei Rückenmarkskrank-
heiten nicht. Doch können gelegentlich Milchcuren, Molken- und
Traubencuren u. dgl. einen günstigen Einfluss auf die allgemeine
Ernährung und damit auch auf die Ernährung des R.-M. haben.

Das gleiche gilt von den Brunnencuren, vom innerlichen
Gebrauch der verschiedenen Mineralwässer. Von einer specifischen
Wirkung derselben auf das R.-M. und seine Affectionen ist nichts
bekannt. Immerhin aber können solche Curen durch bestimmte
causale oder symptomatische Indicationen erfordert werden und dann
eine ganz vorzügliche Wirkung entfalten.

3) Symptomatische Mittel und Methoden.

Sehr häufig wird man bei Rückenmarksleiden genöthigt sein,
Sedativa zu geben: besonders gegen die so häufigen excentrischen
Schmerzen, gegen Rückenschmerzen, gegen die schmerzhaften Reflex-
zuckungen und Krämpfe u. dgl.

Man hat zu diesem Zweck ausser den gewöhnlichen Nar-
coticis noch eine Reihe von Mitteln, die auf empirischem Wege gefunden sind.

Das vorzüglichste Anodynum — das Opium mit seinen Präparaten — erhöht die Reflexerregbarkeit des R.-M. und setzt sie erst
bei grösseren Dosen wieder herab. Es ist deshalb bei Reflexkrämpfen
zu vermeiden, dagegen als einfach schmerzstillendes Mittel meist
mit grossem Erfolg verwendbar. Das gilt besonders von den subcu-

tanen Morphiuminjectionen. Doch gewöhne man die Kranken nicht allzusehr daran, weil das immer einen schlimmen Einfluss auf den Gesammtverlauf des Leidens hat und eine Entwöhnung nur mit grossen Beschwerden möglich ist.

Es empfehlen sich Versuche mit den oben angegebenen Mitteln: Coniin, Atropin, Calabar etc. Empirisch hat man gefunden, dass in vielen Fällen das Bromkalium, das Chinin etc. vorzügliche beruhigende Wirkungen haben.

Auch die Elektricität wirkt oft sehr günstig; besonders die lancinirenden Schmerzen werden durch locale Faradisation oder Galvanisation manchmal in zauberhafter Weise — freilich meist nur vorübergehend — beseitigt.

Gegen schmerzhaften Priapismus, gegen hochgradige sexuelle Aufregung gebrauche man Kal. bromat., Lupulin, Camphor u. dgl.

Gegen hartnäckige Schlaflosigkeit gebraucht man die gewöhnlichen Hypnotica; sie versagen nicht selten ihren Dienst, auch ist ihre längere Anwendung nicht ungefährlich. Man muss sich dann in aller möglichen Weise zu helfen suchen. Sehr empfehlenswerth sind oft hydriatische Proceduren (kalte Fusswaschungen, Priessnitz'sche Einwicklung der Waden etc.).

In andern Fällen wird man mehr die Irritantia gebrauchen: so bei Lähmungen, Anästhesien, Blasenschwäche u. dgl. Hier ist die Elektricität das Hauptmittel. Neben ihr höchstens Strychnin, Secale etc. anzuwenden.

Häufig ist die Anwendung der Tonica indicirt. Hier sind die Eisenpräparate, die Stahlwässer indicirt; ferner die China, verschiedene Amara und Tonica ganz nach allgemeinen Grundsätzen.

Eine besonders wichtige Aufgabe erwächst der Therapie vieler Rückenmarkskrankheiten in der Behandlung der Cystitis, weil von dieser eigentlich vielfach erst die Lebensgefahr ausgeht.

Am meisten kann man hier erreichen durch geeignete prophylaktische Maassregeln: Hauptregel ist, keine Stagnation des Harns in der Blase aufkommen zu lassen! Also Beförderung der Entleerung durch Ausdrücken der Blase, oder Anregung der Reflexthätigkeit durch Kneten und Drücken der Blasenwand; Aufrichten der Kranken, um den Abfluss mechanisch zu erleichtern. Wenn nöthig, sofort und regelmässig 2 mal täglich katheterisiren, aber mit äusserster Vorsicht und Reinlichkeit! Zweckmässig ist auch, durch Heberwirkung (Senken der Ausflussöffnung des Katheters unter das Niveau des Blasengrundes) die Entleerung zu fördern und vollständig zu machen. — Jedenfalls sorge man immer für häufige Entleerung der Blase, und lasse durch reichliches Wassertrinken, Trinken von Emser, Selterser, Wildunger Wasser, durch Darreichung von Salicylsäure oder Benzoësäure seine Neigung zur Zersetzung möglichst vermindern.

Ist Incontinenz der Blase vorhanden, so ist das beste Mittel, um stärkere Verunreinigung mit ihren Gefahren zu verhüten, die regelmässige künstliche Entleerung der Blase. Weiterhin sind häufige Waschungen, das Tragen von Recipienten oder Vorlegen von Schwämmen (bei Frauen) erforderlich.

Ist einmal der Blasenkatarrh eingetreten, so kann man seine Weiterentwicklung beschränken, ihn manchmal selbst wieder zur Heilung bringen, dadurch dass man die Zersetzungsvorgänge verhindert, die Neigung des Harns zur Alkalescenz beschränkt. Dazu scheint nach den Untersuchungen von Fürbringer[1]), die ich zum Theil aus eigner Erfahrung bestätigen kann, die Salicylsäure ein ganz vortreffliches Mittel. Man gibt 2,0 — 4,0 täglich in wässriger Lösung oder in Emulsion innerlich und kann damit Einspritzungen in die Blase selbst (1,0 : 500,0) verbinden. Man sieht dabei die saure Reaction des Harns zurückkehren, den üblen Geruch verschwinden, den Harn klarer werden. — Aehnlich soll nach Gosselin und Robin[2]) die Benzoësäure wirken, welche das beste Mittel sei, ammoniakalischen Harn wieder sauer zu machen und den dadurch erzeugten Katarrh zu mindern. (2,0 — 6,0 täglich in Emulsion oder Pulvern.) — Auch das Trinken von Aqua calcis, von Wildunger Wasser und von verschiedenen alkalischen Wässern (Ems, Vichy, Selters etc.) scheint für die leichteren Fälle eine günstige Einwirkung zu besitzen. Clemens[3]) empfiehlt zu dem gleichen Zweck das Ergotin.

Direct gegen die katarrhalische Entzündung der Blase wendet man die gebräuchlichen Adstringentien an: Fol. uvae ursi, Acid. tannic. und gallicum; ferner Bals. Copaivae, Ol. terebinth., Theerwasser etc.

Für alle irgendwie schwereren Fälle jedoch, mit reichlicher Schleim- und Eiterbildung, stark ammoniakalischer Zersetzung, Geschwürsbildung etc. wird man Ausspülungen der Blase, welche regelmässig und mit grosser Vorsicht gemacht werden müssen, nicht ent-

---

1) Berl. klin. Wochenschr. 1875. Nr. 19. — Zur Wirkung der Salicylsäure. Jena 1875. S. 62.

2) Traitem. de la cystite ammoniac. par l'acide benzoïque. Arch. génér. Nov. 1874.

3) Deutsche Klinik 1865. Nr. 27.

behren können: man macht solche Injectionen mit lauem, allmälig
kälterem Wasser, mit Salzwasser, schwachen Lösungen von Tannin,
Arg. nitric., Salicylsäure (1 : 500) u. s. w. Entweder mit einfacher
Spritze oder dem Irrigator, am besten mit einem Katheter à double
courant.

Zweckmässig ist es in allen solchen Fällen, die gleichzeitig
bestehende Blasenlähmung und Anästhesie durch elektrische Behandlung zu bekämpfen.

Sehr wichtig ist eine sorgfältige Regulirung der Diät. Kranke
mit ausgesprochenem Blasenkatarrh müssen möglichst blande und
leichtverdauliche Nahrung zu sich nehmen, alle scharfen und stark
gewürzten Speisen vermeiden; der Genuss von Bier und starken
süssen Weinen ist zu widerrathen: erlaubt dagegen ein leichter säuer-
licher Weisswein oder guter Rothwein mit Wasser verdünnt.

Fast noch wichtiger als die Behandlung der Cystitis ist die
Behandlung des Decubitus bei Rückenmarkskranken. Dies
ist eine der scheusslichsten Complicationen, welche die Leiden der
Kranken ins Unendliche steigert und um jeden Preis zu vermeiden
ist, da die Heilung überaus schwierig, wenn der Decubitus einmal
völlig entwickelt ist.

Auch hier fällt die Hauptrolle der Prophylaxe zu und deren
Hauptaufgabe besteht darin, jeden anhaltenden Druck auf die
Haut möglichst zu vermeiden. Man kann das erreichen
durch häufigen Wechsel der Lage, durch Luftkissen, Wasserkissen,
Lagerung auf Hirsesäcke, auf Rehfelle u. dgl. — Gleichzeitig hat
man jede Verunreinigung und Irritation der gedrückten
Hautstellen möglichst zu verhüten: Abhalten von Harn
und Koth, häufiges Waschen, Bestreichen der Haut mit Fett und
Oel sind hier die Hauptmaassregeln. — Endlich kann man durch
gelinde Anregung des Tonus der Hautgefässe der Entstehung von Decubitus entgegenwirken: zu dem Zwecke macht man
häufige kalte Waschungen, spirituöse Waschungen, abwechselnde
Application von Eis und Kataplasmen (Brown-Séquard), mässige
cutane Faradisation.

Ist einmal wirklich Decubitus eingetreten, so wird man die
leichteren Formen desselben, die oberflächlichen Ulcerationen,
Furunkel u. dgl., häufig durch eine einfache Behandlung, wenn auch
langsam, zur Heilung bringen können. Grosse Reinlichkeit, häufiges
Waschen, Verband mit Unguent. zinci oder leicht reizenden Salben,
mit Aqu. chamomill. oder Vin. aromatic., werden dazu bei Fort-
setzung der prophylaktischen Maassregeln genügen.

Schwieriger wird die Sache bei dem eigentlich brandigen Decubitus, der oft enorme Ausdehnung erreicht und unaufhaltsam in die Breite und Tiefe weiterschreitet. Die erste Sorge ist hier, die Abstossung des Brandigen und die Entwicklung der reactiven Entzündung zu befördern: nach Brown-Séquard soll dazu die abwechselnde Application von Eis (für 10 Minuten) und Kataplasmen (für 1—2 Stunden) ein vorzügliches Mittel sein. Man entferne möglichst bald die abgestorbenen und durch die Demarcation bereits losgelösten Fetzen und applicire dann einen antiseptischen Verband. Vor den früher gebräuchlichen Mitteln (Vin. camphorat., Vin. aromatic., Ungt. contra decubit. u. dgl.) hat die Carbolsäure erhebliche Vorzüge. Man applicire sie in wässriger oder öliger Lösung, am besten auf guter Verbandwatte. Ich habe dabei die Wunden aufs schönste granuliren und selbst sehr hochgradigen Decubitus vernarben sehen.[1]

Immer ist aber eine äusserst sorgfältige und unermüdliche Pflege unerlässlich; dadurch allein können Kranke mit vielfachem und ausgebreitetem Decubitus oft noch sehr lange erhalten werden. Der umständliche und zeitraubende Verband muss aber dann 2—3 mal täglich erneuert werden.

Ganz besondere Schwierigkeiten macht oft die passende Lagerung der Kranken, besonders wenn gleichzeitig Decubitus am Kreuzbein, den Sitzknorren, den Trochanteren, den Fersen etc. vorhanden ist. Man muss da viel Scharfsinn und Sorgfalt anwenden, um die Kranken vor neuem Decubitus zu wahren. Wasser- und Luftkissen müssen in mancherlei Variationen gebraucht werden. Für die schlimmsten Formen habe ich Aufhängen der Unterschenkel in gepolsterten Schweben bei rechtwinklig gebeugtem Knie- und Hüftgelenk nützlich gefunden. Dadurch vermag man auch das Kreuz von dem auf ihm lastenden Drucke einigermassen zu befreien.

4) Allgemeines Verhalten. Lebensweise.

Das allgemeine Verhalten der Rückenmarkskranken, ihre Diät und Lebensweise müssen streng nach den Erfordernissen der Krank-

---

[1] Hammond (Diseases of the nervous system. III. edit. 1573) empfiehlt nach dem Vorgang von Crussel und Spencer Wells ein einfaches galvanisches Element als ein vorzügliches Mittel zur Heilung des Decubitus. Eine dünne Silberplatte wird auf die Wunde, eine ähnliche Zinkplatte auf eine entfernte Hautstelle (mit untergeschobener feuchter Leinwand) gelegt, beide Platten durch einen isolirten Draht verbunden. Nach 1 oder 2 Tagen soll sich die vorzügliche Wirkung zeigen. Ich habe darüber keine eigene Erfahrung.

heit geregelt sein. Es wird darin noch sehr viel gesündigt und vernachlässigt und es werden dadurch die Erfolge der übrigen Behandlung illusorisch gemacht.

Natürlich wird das bei den einzelnen Krankheiten sehr verschieden sein.

Bei mehr acuten, entzündlichen und ähnlichen Zuständen muss die entsprechende Diät, Ruhe im Bett, Vermeidung aller Erregung und Anstrengung gefordert werden.

Aber auch bei den chronischen Formen, den Functionsstörungen sowohl wie bei den organischen Erkrankungen müssen die Kranken im Allgemeinen sehr vorsichtig sein und es müssen die folgenden allgemeinen Regeln, die natürlich dem einzelnen Falle angepasst werden müssen, um so strenger eingehalten und um so mehr verschärft werden, je reizbarer und schwächer das Nervensystem der Kranken ist, je mehr irritative Erscheinungen vorhanden sind, je leichter die Kranken den Einwirkungen äusserer Schädlichkeiten unterliegen.

Die Diät wird in den meisten Fällen eine roborirende und tonisirende sein müssen, ohne jedoch irgendwie aufregend zu sein. Milch, Fleisch, Eier, leichte Gemüse, Mehlspeisen und Früchte sind erlaubt und geboten; reichliche Fettnahrung (Butter, Rahm, Oel. Leberthran) ist vielleicht für manche Fälle nützlich; immer vermeide man starke Gewürze, sehr complicirte und schwere Gerichte. Ein Glas Wein oder Bier zu Tisch ist für die meisten Fälle zu gestatten; deren übermässiger Genuss dagegen streng zu verbieten. Ebenso ist starker Kaffee und Thee in den meisten Fällen zu vermeiden. Rauchen in mässiger Weise ist gestattet.

In Bezug auf die sonstige Lebensweise, auf das erlaubte Maass von Arbeit und Ruhe, von körperlicher und geistiger Thätigkeit wird man sich besonders nach dem Kräftezustand der Kranken zu richten haben. Nur selten wird man die chronischen Fälle zu andauernder Bettlage bestimmen; doch können dafür manchmal bestimmte Indicationen vorliegen. Brown-Séquard wünscht für entzündliche und hyperämische Zustände die Rückenlage möglichst vermieden.

Gewöhnlich ist, so weit dieselbe überhaupt noch ausführbar ist, mässige Bewegung gestattet und empfehlenswerth: doch hüte man die Kranken vor jeder Ueberanstrengung! Dadurch wird gar zu häufig grosser Schaden gestiftet, z. B. durch zu weite Spaziergänge; besonders während des Gebrauchs von Badecuren müssen die Kranken darin besonders vorsichtig sein und sich nicht zu übermässigem Gebrauch ihrer Kräfte verleiten lassen.

Die geistige Arbeit, die Ausübung ihrer Berufsthätigkeit wird man den Kranken schon mit Rücksicht auf die äusseren Verhältnisse nicht immer verbieten können; das wäre auch bei der gewöhnlich langen Dauer des Leidens viel zu langweilig. Folglich gestatte man dies mit Maass und verbiete jede Ueberanstrengung, besonders das so schädliche Nachtarbeiten!

Dasselbe gilt für den Geschlechtsgenuss: die Individualitäten und die Einzelfälle sind hier sehr verschieden. Die zu ertheilende Erlaubniss hat sich nach dem Befinden der Kranken zu richten; in allen Fällen ist eine möglichste Beschränkung zweckmässig, in vielen sogar ein völliges Verbot; in einzelnen Fällen ist mässiger Geschlechtsgenuss zu gestatten.

In den meisten Fällen steht die Sorge für hinreichenden Schlaf im Vordergrund; damit im Zusammenhang ist jede aufregende und ermüdende Geselligkeit zu verbieten. Ferner haben die Kranken Erkältungen zu vermeiden, und sich dementsprechend zu kleiden. Man kann sie auch durch den Gebrauch kalter Abwaschungen u. dgl. allmälig abhärten.

Fast immer wird den Kranken viel frische Luft wohlthun; man lasse sie im Freien sitzen oder fahren, besonders auch in Berg und Wald.

Dies ist auch der Hauptgrund, um manche Kranke den Winter im Süden zubringen zu lassen; besonders solche aus rauhem nordischem Klima, die den ganzen Winter nicht an die Luft kommen. Für solche Nordländer ist schon ein Winter in Südwestdeutschland eine grosse Annehmlichkeit; für Andere die Ufer des Genfersees, die Riviera, Meran, Venedig u. dgl. — wo die Kranken doch fast täglich mehrere Stunden an der Luft sein können. Das wird sich aber Alles nur nach ganz individuellen Verhältnissen richten.

II.

SPECIELLER THEIL.

I. Krankheiten der Rückenmarkshäute.

1. Hyperämie der Rückenmarkshäute (und des Rückenmarks selbst).

J. P. Frank, De vertebralis columnae in morbis dignitate. Select. opuscul. med. Ticin. 1792. p. 1. — Ollivier, Traité des malad. de la moëlle épin. III. édit. 1837. Tom. II. p. 1—137. — Hasse, Krankh. des Nervensystems 1855; 2. Aufl. 1869. S. 656. — Brown-Séquard, Diagnos. and treatment of the principal forms of paralys. of the lower extremities. London 1861. — Hammond, A treatise on the diseases of the nervous system. III. ed. 1873. — Leyden, Klinik der Rückenmarkskrankheiten I. 1874. S. 362. — M. Rosenthal, Klinik der Nervenkrankheiten. 2. Aufl. 1875. S. 270. — Gauné, Epidémie de congestion rhachid. Arch. gén. Janv. 1858. p. 1. — A. Mayer, Die Bedeutung des Rückenschmerzes u. s. w. Arch. d. Heilk. I. 1860. S. 373. — Leudet, Arch. génér. Mars 1863. p. 257. — Desnos, Observat. de congestion méningo-spinale etc. Gaz. méd. de Par. 1870. No. 14. p. 157. — Steiner, Fall von Rückenmarkshyperämie. Arch. der Heilk. XI. 1870. S. 233.

Es ist unmöglich, die Hyperämie der spinalen Meningen abzuhandeln, ohne gleichzeitig die Hyperämie des R.-M. selbst in den Kreis der Betrachtung zu ziehen. Es ist auch kaum denkbar, dass je eine irgend erhebliche Hyperämie der Meningen ohne gleichzeitige Hyperämie des R.-M. vorkomme, da es sich ja um ein und dasselbe Gefässgebiet handelt. Die Symptome der meningealen und spinalen Hyperämie fallen zusammen, ihre Actiologie und Therapie sind die gleichen. So mangelhaft also auch unsere Kenntnisse über beide Formen der Störung sind, müssen wir sie doch zusammen betrachten.

Begriffsbestimmung. Wir verstehen unter Hyperämie des R.-M. und seiner Häute die gesteigerte Blutfülle der Gebilde innerhalb des Wirbelcanals: des R.-M. selbst, seiner Häute und des extrameningealen Zellgewebes. Diese Blutfülle kann bedingt sein entweder durch einen gesteigerten Blutzufluss und

ist dann vorwiegend arterieller Natur (active, arterielle Hyperämie, Fluxion) oder durch gehemmten Blutabfluss und ist
dann vorwiegend venöser Natur (passive Hyperämie, venöse
Stauung). In der Praxis lassen sich diese beiden Formen nicht
immer scharf trennen.

Die Häufigkeit des Vorkommens und die Wichtigkeit der spinalen
Hyperämien ist jedenfalls bis auf den heutigen Tag erheblich überschätzt worden. Es ist dies hauptsächlich die Folge davon, dass man
sich in vielen tödtlich verlaufenden Fällen mit dem einzigen makroskopischen Befund einer Rückenmarkshyperämie begnügte, ohne zu
beachten, dass makroskopisch normales Verhalten des R.-M. durchaus
nicht die wirkliche anatomische Intactheit desselben garantirt. Besonders Ollivier ist darin viel zu weit gegangen und hat unter der
Bezeichnung „Congestions spinales" eine Menge von Dingen zusammen
geworfen, die entschieden viel ernsteren Charakters sind. Das Studium
der spinalen und meningealen Hyperämien muss jedenfalls neu auf-
genommen und besser betrieben werden.

Aetiologie und Pathogenese.

Von einer besonderen Prädisposition zu spinaler Hyperämie
ist nicht viel bekannt. Es muss im Gegentheil hervorgehoben werden, dass die Anordnung der Rückenmarksgefässe das R.-M. vor
mechanischen Störungen der Circulation in ganz besonderem Grade
schützt, wie dies aus den lichtvollen Bemerkungen Hayem's[1]) über
die Vertheilung der arteriellen und venösen Blutbahnen innerhalb
des Spinalcanals hervorgeht. Die zahlreichen anastomosirenden,
von den verschiedensten Seiten kommenden Arterien, und die mächtigen Venenplexus, welche ihr Blut theils oberhalb, theils unterhalb
des Diaphragma aus dem Spinalcanal abführen, sind die Ursache
davon. Erkrankungen der Rückenmarksgefässe sind noch nicht genauer studirt.

In Bezug auf die Gelegenheitsursachen müssen wir den
Versuch machen, die beiden Hauptformen der Hyperämie von einander zu trennen.

Für die active Hyperämie bestehen jedenfalls gewisse Beziehungen zur Gehirnhyperämie; das ergibt sich schon aus dem
Ursprung der Artt. spinales von den Vertebralarterien. Gewöhnlich
aber tritt die Rückenmarkshyperämie neben der gleichzeitig bestehenden Gehirnhyperämie in den Hintergrund.

---

1) Des hémorrhagies intrarhachidiennes. Paris 1572. p. 7—20.

Die Hyperämie des R.-M. und seiner Häute wird aber hervorgerufen:

a) durch functionelle Reizung des R.-M. — Hier wie überall geht die Function des Organs mit gesteigerter Fluxion zu demselben einher: bei Ueberanstrengungen kann die Fluxion in pathologischer Weise fortbestehen. So bei körperlichen Ueberanstrengungen und Strapatzen, bei starker geschlechtlicher Reizung, beim Uebermaass des Coitus, bei spinalen Krampfzuständen u. s. w. Immerhin bleibt der stricte Beweis für die Wirksamkeit dieser ursächlichen Momente erst noch zu erbringen.

b) durch nutritive Reizung: active Hyperämie begleitet eine Reihe von Ernährungsstörungen des R.-M. und seiner Häute, fehlt speciell bei den acuten Entzündungen niemals und ist in den ersten Stadien derselben oft der einzige makroskopische Befund.

c) durch toxische Reizung: Vergiftungen mit Strychnin, mit Amylnitrit, mit Kohlendunst, chronische Alkoholvergiftung, Absynthvergiftung u. dgl. rufen spinale Hyperämie hervor.

d) durch collaterale Fluxion: so bei plötzlicher Unterdrückung der Menses, bei Dysmenorrhoe, bei dem hämorrhoidalen und menstrualen Turgor, bei unterdrückten Hämorrhoidalblutungen, bei anhaltend kalten Füssen, unterdrückten Fussschweissen u. s. w. Immerhin wird hier in den meisten Fällen nur die Annahme einer verminderten Resistenz des spinalen Gefässsystems das Auftreten der collateralen Fluxion gerade im Spinalcanal erklären können.

e) durch Erkältung: sie wird von Hammond für die gewöhnlichste Ursache der spinalen Hyperämie gehalten; besonders sollen Durchnässungen bei gleichzeitiger Körperüberanstrengung gefährlich sein. Erkältung wirkt theils auf dem Wege der collateralen Fluxion durch Beschränkung der Hautcirculation, theils durch Reflex von den Hautnerven auf die spinalen Gefässe, welche dadurch erweitert werden.

f) durch traumatische Einwirkungen: Erschütterung des R.-M., Fall auf den Rücken oder das Gesäss u. s. w. (Leudet); der Mechanismus dieser Wirkung ist noch dunkel.

g) endlich hat man schwere fieberhafte Erkrankungen (Typhen, acute Exantheme, Malariainfectionen u. s. w.) mit Rückenmarkshyperämie einhergehen und dieselbe auch epidemisch in einem Mädchenpensionat auftreten sehen (Gauné).

Für das Entstehen der passiven Hyperämie hat man vor allen Dingen allgemeine venöse Stauung verantwortlich zu machen, wie sie durch Herz- und Lungenkrankheiten hervorgerufen

wird, wie sie schwere Krampfzustände (Tetanus, Eklampsie u. dgl.)
begleitet und in der Agonie vorkommt; ferner mehr örtliche venöse Stauung, vor allen Dingen jene, welche durch Stauungen
im Pfortaderkreislauf, in den Beckenvenen hervorgebracht wird: so
bei Hämorrhoidalleiden, Abdominalplethora, Leberleiden, Tumoren
im Becken oder zur Seite der Wirbelsäule, welche auf die Venen-
stämme und -plexus drücken.

Pathologische Anatomie.

Der Leichenbefund bei Hyperämie im Spinalcanal gehört zu den
unsichersten und vieldeutigsten. Gewöhnlich eröffnet man den Wirbelcanal lange nicht bei allen Leichen, so dass eine Abschätzung normaler und pathologischer Befunde schon dadurch erschwert wird.
Die postmortalen Veränderungen erschweren überdiess die Constatirung einer Hyperämie in hohem Grade; die Arterien werden leer,
die Venen mehr gefüllt: auf der einen Seite täuschendes Verschwinden einer intra vitam bestandenen Hyperämie, auf der anderen Seite
täuschendes Entstehen derselben in der Agone oder post mortem,
wo sie während des Lebens nicht bestand. Dazu die Imbibition mit
Blutfarbstoff, die Senkung des Bluts nach den Gesetzen der Schwere:
alles Momente, welche das klare Urtheil trüben und den Sachverhalt
verdunkeln können.

Gleichwohl ist in den ausgesprochenen Fällen die Existenz einer
Hyperämie dem geübten Auge meist nicht zweifelhaft.

Die active Hyperämie verräth sich durch eine rosige oder
scharlachähnliche Röthe des R.-M. und seiner Hüllen, durch Injection der feinsten Gefässe, geschlängelte Arterien und Venen; die
weisse Substanz des R.-M. erscheint rosafarben, die graue gedunkelt,
röthlichgrau, bräunlich; mikroskopisch erscheinen die feinen Arterien
und Capillaren strotzend mit Blut gefüllt. In den höheren Graden
sind punktförmige Extravasate und Ekchymosen durch das R.-M.
wie über die Häute zerstreut; manchmal kommt es zu grösseren
Blutergüssen. Meist ist die Spinalflüssigkeit vermehrt, sie ist trübe,
von röthlicher Farbe.

Bei der passiven Hyperämie erscheinen besonders die extrameningealen Venenplexus stark gefüllt, alle venösen Gefässe erweitert
und geschlängelt, die Färbung ist eine mehr cyanotische. Ekchymosen können auch hier vorhanden sein; fast immer ist die Spinalflüssigkeit mehr oder weniger vermehrt.

In einzelnen Fällen wird man unmerkliche Uebergänge zu deutlich entzündlichen Zuständen wahrnehmen.

Bei mehr chronischer oder öfter wiederholter Hyperämie kommt es zu Verdickung und Trübung der Pia und Arachnoidea, zu stärkerer Pigmentirung derselben.

Nicht immer sind diese Hyperämien über den ganzen Spinalcanal verbreitet, häufig vielmehr auf einzelne Theile desselben, Halstheil oder Lendentheil z. B., beschränkt.

Die häufig begleitenden Befunde der Gehirnhyperämie oder der causalen Organerkrankungen haben wir hier nicht zu schildern.

Symptomatologie.

Trotz der grossen Sicherheit, mit welcher man vielfach von Rückenmarkscongestionen und -Stauungen redet, ist doch das Symptomenbild derselben noch äusserst unklar und ihre Diagnose noch mit vielen Schwierigkeiten und Zweifeln umgeben. Wir dürfen uns daher kurz fassen und müssen der Zukunft die genauere Bearbeitung dieses Capitels der Rückenmarkspathologie überlassen.

Hervortretend sind in dem Krankheitsbilde meist die Erscheinungen sensibler Reizung: die Kranken klagen über Schmerzen im Kreuz und längs des Rückgrats; der Schmerz ist dumpf, drückend, nicht sehr heftig, wird nicht immer durch Druck auf die Dornfortsätze gesteigert. Dazu gesellen sich bald Parästhesien (Kriebeln, Formication u. s. w.) und reissende Schmerzen in den Extremitäten, besonders den untern. Mit einer leichten Hauthyperästhesie geht gewöhnlich eine mässige Steigerung der Reflexe Hand in Hand. Manchmal wird Gürtelgefühl beobachtet (Hammond). Seltener sind motorische Reizerscheinungen: leichte, vorübergehende Muskelzuckungen, Zittern der Glieder u. s. w. Die elektrische Erregbarkeit soll manchmal erhöht sein (M. Rosenthal).

Alle diese Erscheinungen lassen sich wohl ungezwungen von dem gesteigerten Blutzufluss und der dadurch gesetzten Erregung der nervösen Apparate ableiten und dürften wohl vorwiegend der activen Hyperämie angehören; sie können z. Th. aber auch durch den mechanischen Reiz und die Zerrung der Gewebe durch die erweiterten Gefässe erklärt werden.

Weiterhin aber treten auch deutlich depressorische Erscheinungen auf und meist bestehen sie neben den Reizerscheinungen von Anbeginn. Ein Gefühl von Taubsein und Schwere macht sich in den unteren Extremitäten geltend; leichte Grade von Anästhesie sind auch objectiv nachzuweisen, selten jedoch die höheren Grade derselben. Niemals pflegen Erscheinungen motori-

scher Schwäche zu fehlen; aber auch hier bleibt es meist bei
müssiger Parese (leichter Ermüdung, Schwere der Beine), und selten
nur (vielleicht bei einfacher Hyperämie niemals!) tritt völlige Paralyse ein. — Erscheinungen von Blasenschwäche und Blasenlähmung
scheinen selten vorzukommen, werden aber in der Literatur hier
und da erwähnt. Hammond will häufig Erection des Penis beobachtet haben.

Wie die paretischen Erscheinungen zu erklären seien, ist nicht
leicht zu sagen. Der Druck der ausgedehnten Gefässe auf die nervösen Elemente des R.-M. und auf die Nervenwurzeln, der Druck
der in grösserer Menge vorhandenen Spinalflüssigkeit, endlich wohl
auch die ungenügende Ernährung der nervösen Apparate durch das
stockende, venöse Blut müssen wohl zur Erklärung herbeigezogen
werden.

Fast ausnahmslos sind die Erscheinungen der spinalen Hyperämie doppelseitig und meist auf die untere Körperhälfte beschränkt,
oder wenigstens in den untern Extremitäten beginnend; selten steigen sie herauf bis zu den obern Extremitäten und in solchen Fällen
geschieht die Ausbreitung der Erscheinungen meist rasch. Da will
man dann Störungen der Respirationsthätigkeit, kurze dyspnoische
Respiration, und selbst doppelseitige Facialisparalyse (Steiner)
beobachtet haben.

Meist — und das ist besonders charakteristisch — zeigen die
Erscheinungen eine gewisse Flüchtigkeit und Beweglichkeit: sie
wechseln Ort und Intensität in relativ kurzer Zeit und selbst schwere
Symptome können auffallend rasch völlig schwinden.

Brown-Séquard will beobachtet haben, dass alle Erscheinungen der Hyperämie durch die Rückenlage mit erhöhtem Kopf
und Beinen verschlimmert, durch die Bauchlage dagegen, oder durch
Stehen und Gehen erleichtert werden — wegen des Einflusses der
Schwere auf die Circulation im Spinalcanal. Deshalb sollen solche
Kranke des Morgens im Bett sich schlechter fühlen. — Von Andern
aber wird behauptet, dass Stehen und Sitzen die Erscheinungen,
besonders die paretischen, steigern und es wird dies auf die Senkung der vermehrten Spinalflüssigkeit bezogen; solche Kranke befinden sich dann in der horizontalen Lage besser.

Fieber besteht bei der einfachen Rückenmarkshyperämie
nicht. Der Puls kann beschleunigt oder verlangsamt sein, wenn
die Hyperämie sich auf die spinalen Centren der Herzinnervation
erstreckt. Das Allgemeinbefinden ist mehr oder weniger gestört.

Eine besondere Symptomatologie der activen und der passiven

Hyperämie existirt bis jetzt noch nicht. Doch werden Schlüsse aus dem vorwaltenden Charakter der Erscheinungen wohl in den meisten Fällen das Richtige treffen. Bei vorwiegend irritativen Erscheinungen wird man an active, bei vorwiegend depressiven Erscheinungen mehr an passive Hyperämie zu denken haben. Doch behalte man im Auge, dass die meisten Symptome bei beiden Formen, wenn auch in verschiedener Intensität, vorkommen können.

Verlauf. Die Entwicklung der Rückenmarksbyperämie ist entweder eine plötzliche, so dass das ganze Symptomenbild in rascher Weise sich herausstellt, oder aber die Erscheinungen treten langsam, in allmälig wachsender Intensität auf; dies ist der häufigere Fall. Sie bestehen dann mit mehr oder weniger erheblichen Schwankungen verschieden lange Zeit (Tage, Wochen, Monate lang) fort.

Der gewöhnlichste Ausgang ist der in Heilung; dieselbe erfolgt oft rasch, durch kritische Blutungen (Menstruation, Hämorrhoidalblutung) oder therapeutische Eingriffe eingeleitet. Rückfälle sind nicht selten und häufig erfolgt die Heilung nur unter langsamer Abnahme aller Erscheinungen.

Bei manchen Kranken (Hämorrhoidariern u. s. w.) beobachtet man ein Habituellwerden der Rückenmarkshyperämie, eine regelmässige und häufige Wiederkehr derselben. Das kann allmälig zu schwereren Störungen führen, indem sich daraus chronische Entzündungen und Wucherungen entwickeln.

Der tödtliche Ausgang ist wohl selten durch die Hyperämie allein bedingt; dies wäre denkbar, wenn dieselbe sich auf die wichtigen Centren im verlängerten Mark und Halsmark erstreckt. In der Regel aber sind es wohl hinzutretende Hämorrhagien oder Erweichungen und andre Ernährungsstörungen des R.-M., welche den Tod herbeiführen.

Diagnose.

Eine ausführliche Erörterung darüber, ob überhaupt eine Rückenmarkshyperämie vorkommt und ob dieselbe an ihren Folgeerscheinungen erkannt werden kann, ist nicht geboten. Wenn auch ihre Existenz an der Leiche oft schwierig oder gar nicht zu constatiren ist, so ist doch ihr Vorkommen a priori schon im höchsten Grade wahrscheinlich und ausserdem durch eine grössere Anzahl klinischer Beobachtungen erwiesen, die kaum einer anderen Deutung fähig sind.

Freilich sind bei weitem nicht alle die Fälle, welche in der Literatur unter dem Namen Rückenmarkshyperämie figuriren, hierher zu rechnen; besonders die ohne alle weiteren Complicationen tödtlich verlaufenden Fälle gehören gewiss zum grössten Theil nicht hierher; wenn man in solchen Fällen an der Leiche nichts gefunden hat, so ist das wohl nur die Folge mangelhafter Untersuchungsmethoden. Jedenfalls scheint es uns unthunlich, die mancherlei Fälle mit gefahrdrohenden und schweren Erscheinungen (z. B. den Fall von Desnos, sehr zahlreiche Fälle bei Ollivier etc.) als einfache Hyperämie aufzufassen; und wenn man in mehreren, auch mikroskopisch genau untersuchten Fällen von sog. Paralysis ascendens acuta nichts weiter gefunden hat, als Hyperämie, so beweist dies noch lange nicht, dass der tödtliche Ausgang von der Hyperämie herrührte. ·

Die Diagnose der Hyperämie der Gebilde innerhalb des Spinalcanals gründet sich hauptsächlich: auf die geringe Intensität der sensiblen und motorischen Störungen, welche sich nur äusserst selten zu schwereren Erscheinungen ausbilden; auf den häufigen und raschen Wechsel der Erscheinungen, besonders mit Wechsel der Lage; auf den fieberlosen, meist kurzen und günstigen Verlauf; und auf den Erfolg einer gegen die Hyperämie gerichteten Therapie.

Wie unsicher diese Merkmale sind, und wie schwer es ist, sie von den Symptomen leichter Entzündung oder functioneller Schwäche zu trennen, liegt auf der Hand. Es ist Aufgabe der Zukunft, darüber mehr Klarheit zu verbreiten. Für jetzt müssen folgende Andeutungen für die Differentialdiagnose genügen: Die spinale Hyperämie unterscheidet sich

von der Commotion des R.-M. durch ihr langsameres Entstehen, die geringere Schwere der Erscheinungen und das raschere Schwinden derselben;

von der Meningitis spinalis durch das Fehlen der Rücken- und Nackenstarre, des Fiebers, der Schmerzen bei Bewegungen der Glieder;

von der Myelitis acuta durch das Fehlen des Fiebers, der schweren Lähmungserscheinungen, der Contracturen, der Blasenlähmung und des Decubitus;

von der Rückenmarksapoplexie durch die langsamere Entwicklung und die geringere Schwere der Lähmungserscheinungen, und durch den bald günstigen Ausgang;

von der Rückenmarksanämie hauptsächlich dadurch, dass bei der letzteren durch die horizontale Rückenlage die Erscheinungen gebessert werden.

Man wird so durch Exclusion und durch die Beobachtung des

Krankheitsverlaufs in vielen Fällen zu einer wenigstens einigermassen
sicheren Diagnose gelangen.

Die Prognose der spinalen Hyperämie muss als eine im Ganzen günstige bezeichnet werden. Etwaige ernste Complicationen
können dieselbe natürlich trüben. Bei habituellen, häufig wieder-
kehrenden Hyperämien, bei fortbestehenden Causalmomenten, bei
geringer Resistenz der Gefässwandungen, welche die Gefahr einer
Hämorrhagie mit sich bringt, wird die Prognose natürlich eine
ernstere.

Therapie.

Es versteht sich, dass zunächst alles versucht werden muss, die
causale Indication zu erfüllen; darüber brauchen Detailvor-
schriften nicht gegeben zu werden. Die günstigsten Verhältnisse
bieten hier die Fälle, wo stockende. Profluvien, venöse Stauungen,
Erkältungen als Ursachen nachweisbar sind; die dagegen anzuwendenden therapeutischen Maassnahmen ergeben sich von selbst.

Direct gegen die Hyperämie lässt man zunächst die Kranken
eine geeignete Lage einnehmen: Die Rückenlage ist zu vermeiden; Seiten- oder Bauchlage mit möglichst tief gelagerten Extremitäten vorzuziehen. — Demnächst sind Blutentziehungen das
am meisten empfohlene Mittel. Nur bei sehr stürmischen Erscheinungen, bei plethorischen, robusten Individuen wird man sich zur
Vornahme eines Aderlasses entschliessen; weit zweckmässiger sind
örtliche Blutentziehungen an der Wirbelsäule, oder je nach Lage
des Falles am After, an der Vagina, dem Cervix uteri. 10—12 blutige
Schröpfköpfe längs der Wirbelsäule (oder eine entsprechende Anzahl
von Blutegeln), nach Umständen in bestimmten Zeiträumen wiederholt, werden hier am dienlichsten sein.

Weiterhin hat man besonders versucht, durch Ableitungen
von der Haut aus die Rückenmarkshyperämie zu behandeln.
Die verschiedensten Mittel stehen dazu zu Gebote; man wird unter
ihnen je nach der Individualität des Falles seine Auswahl zu treffen
haben; leider sind die betreffenden Indicationen noch sehr unbestimmt. — Die Kaltwassermethode hat hier gewiss ein bedeutendes
Wirkungsgebiet. Für die activen Hyperämien empfehlen die Hydrotherapeuten mildere Proceduren: Kühle Uebergiessungen und Umschläge auf den Rücken, beruhigende Abreibungen und Sitzbäder;
für die passiven Hyperämien die energischeren Einwirkungen: kalte
Uebergiessungen und Douchen, erregende Sitzbäder, energische nasskalte Einwicklungen, Seebäder; für solche Fälle scheinen auch die

gasreichen Thermalsoolen (Rehme und Nauheim) besonders geeignet zu sein.

Eine directe Ableitung des Blutes nach der Haut wird durch heisse Fussbäder mit Senf u. dgl., durch die täglich mehrmals angewendete warme Rückendouche, durch Waschungen mit abwechselnd kaltem und heissem Schwamm, durch mässig warme Vollbäder erzielt.

Auch Senfteige, Vesicatore etc. können in bestimmten Fällen Anwendung finden.

Eine unmittelbare Wirkung auf die Gefässe des R.-M. hat man durch Application des Chapman'schen Eisbeutels auf den Rücken und durch den galvanischen Strom versucht. Genauere Indicationen liegen aber dafür noch nicht vor und man wird sich bei den empirischen Versuchen hauptsächlich durch den unmittelbar erzielten Erfolg leiten lassen.

Ableitungen auf den Darm sind gleichfalls sehr beliebt in Form von salinischen Abführmitteln oder — in mehr chronischen Fällen — von salinischen Brunnencuren (Homburg, Kissingen, Marienbad, Karlsbad etc.).

Von inneren Mitteln dürften vor allen Dingen Ergotin und Belladonna zu versuchen sein; ersteres muss aber in grossen Dosen gegeben werden (Hammond).

Diät und Lebensweise müssen nach den individuellen Verhältnissen geregelt werden; alles, was die Rückenmarkshyperämie steigern könnte (besonders auch der Coitus) muss vermieden werden.

2. Blutungen der Rückenmarkshäute. — Haematorrhachis.
Meningealapoplexie.

Ollivier l. c. 3. Aufl. l. S. 465; II. S. 90—137. — Hasse l. c. 2. Aufl. S. 664. — Hammond l. c. 3. Aufl. S. 440. — Leyden, Klinik der Rückenmarkskrankheiten l. S. 367. — M. Rosenthal l. c. 2. Aufl. S. 274. Fallot, Hémorrhag. meningée spinale sousarachn. Arch. génér. 1830. T. XXIV. p. 438. — Boscredon, De l'apoplexie meningée spinale. Thèse. Paris 1855. — Ch. Bernard, Observ. d'hémorrh. rhachid. Union méd. 1856. No. 62. — Jaccoud, Les paraplégies et l'ataxie. Paris 1864. p. 232. — Levier, Beiträge zur Pathologie der Rückenmarksapoplexie. Diss. Bern 1864. (Daselbst auch reichhaltiges Literaturverzeichniss über Meningealapoplexie.) — Rob. Jackson, Case of spinal apoplexy. Lancet 1869. July 3. — Hayem, Des hémorrhag. intrarhachidiennes. Thèse. Paris 1872. — Rabow, Fall von Meningealapoplexie in Folge von übermässiger Körperanstrengung. Berliner klinische Wochenschrift 1874. Nr. 52.

Begriffsbestimmung. Man versteht unter Haematorrhachis alle in, um und zwischen die Rückenmarkshäute erfolgenden Blutergüsse. Sie sind im Ganzen selten, aber von

ziemlich charakteristischer Erscheinungsweise. Die Verhältnisse im
Wirbelcanal sind offenbar für das Entstehen von Blutungen nicht besonders günstig, wofür Hasse eine Reihe plausibler Gründe anführt.

Aetiologie und Pathogenese.

Von einer Prädisposition gewisser Individuen für Menin-
gealblutungen ist wenig bekannt. Die meisten Fälle sind bei Männern beobachtet. Von Erkrankungen der Gefässe der Rückenmarkshäute (Fettdegeneration, Atherom) weiss man ebenfalls noch zu wenig.
Das Verhältniss der Herzhypertrophie zu diesen Blutungen ist nicht
untersucht.

Von den Gelegenheitsursachen sind vor allen Dingen
Traumata zu nennen, welche die Wirbelsäule treffen, mit oder
ohne directe Verletzung der Rückenmarkshäute. Man hat solche
Blutungen entstehen sehen in Folge von Degen- und Messerstichen,
von Fracturen, Contusionen und Erschütterungen der Wirbelsäule,
in Folge eines Falls auf die Füsse und das Gesäss oder auf die
Arme und das Genick, bei Neugebornen in Folge schwerer Ent-
bindung u. s. w.

Entzündliche und cariöse Vorgänge an den Wirbeln
haben in einzelnen Fällen zur Usur der Häute und Blutungen geführt. — Congestionen zum Wirbelcanal und seinem Inhalt
(deren Ursachen wir im vorigen Abschnitt aufgezählt haben), besonders die durch Suppressio mensium oder unterdrückte Hämorrhoidalflüsse hervorgerufenen, werden unter den Ursachen der Meningealapoplexie betont. In ähnlicher Weise können psychische Emotionen durch Steigerung der Herzthätigkeit wirken.

Körperliche Ueberanstrengungen sind, wahrscheinlich
durch Vermittlung circulatorischer Störungen, eine häufige Ursache
meningealer Blutungen: so Heben einer schweren Last (Rabow),
plötzliche heftige Bewegung u. dgl. — Hierher gehören auch die
in Folge schwerer Krampfzustände so häufig beobachteten
Meningealapoplexien (bei Epilepsie, Eklampsie, Tetanus, Trismus
neonatorum etc.).

Das Bersten von Blutgefässen oder Aneurysmen in
den Wirbelcanal ist wiederholt beobachtet worden (Laennec,
A. Cooper, Pfeufer, Traube u. A.).

Blutungen in das Gehirn oder die Gehirnhäute
führen in manchen Fällen zur Haematorrhachis, indem das er-
gossene Blut theilweise in die Rückgratshöhle abfliesst und diese
ausfüllt.

Ueber das Vorkommen dieser Blutungen bei den verschiedenen hämorrhagischen und infectiösen Krankheiten (Scorbut, Morbus maculosus, hämorrhagische Blattern, Typhus u. s. w.) ist ausser einigen Sectionsbefunden (s. bei Hayem) nicht viel bekannt.

Pathologische Anatomie.

Man hat hier je nach Lage, Ausbreitung und Grösse der Blutung verschiedene Formen zu unterscheiden. Von den kleinen Ekchymosen und Suggillationen, wie sie Hyperämien und Entzündungen innerhalb des Wirbelcanals so häufig begleiten, sehen wir ab.

Blutungen zwischen die Dura und den Wirbelcanal (in das extrameningeale Zellgewebe) sind wohl die häufigsten von allen. Dunkles, meist geronnenes Extravasat bedeckt in verschiedener Mächtigkeit die äussere Fläche der Dura, infiltrirt das Zellgewebe zwischen ihr und dem Wirbelcanal, besonders an dessen hinterer Wand. Dieses Extravasat kann die ganze Dura umhüllen, häufiger umgibt es sie nur theilweise; nicht selten sind mehrere getrennte Herde vorhanden. Die Dura ist mehr oder weniger weithin blutig suffundirt, häufig mit Ekchymosen bedeckt. Das Extravasat muss sehr beträchtlich sein, wenn dadurch das R.-M. selbst comprimirt oder verändert erscheinen soll. Nicht selten erstreckt sich die Extravasation um die den Wirbelcanal verlassenden Nervenstämme.

Blutungen zwischen die Dura und Arachnoidea (in den sog. Arachnoidealsack) sind meist diffus, sehr beweglich, theils noch flüssig, theils geronnen und nehmen ihre Entstehung meist von Gehirnblutungen her; doch können sie auch durch Bersten von Gefässen der Rückenmarkshäute zu Stande kommen.

Von den manche Formen der Pachymeningitis interna begleitenden Blutungen, welche das Hämatom der Dura mater darstellen und welche ebenfalls in dem Raume zwischen Dura und Arachnoidea gelegen sind, werden wir bei den Entzündungen der Dura mater handeln.

Blutungen in die Arachnoidea und Pia (sog. subarachnoideale Blutungen) gehören zu den seltneren Vorkommnissen. Sie haben ihren Sitz vorwiegend in dem subarachnoidealen Maschengewebe, da das dichte Gewebe der Pia zu Extravasationen wenig geeignet erscheint. Eine mehr oder weniger mächtige Schichte schwarzrothen, geronnenen, in die Gewebe der weichen Häute infiltrirten Blutes umgibt scheidenartig das R.-M., ganz oder theilweise; meist nur in geringer Längsausdehnung, auf eine oder wenige Wirbelhöhen beschränkt. Diese Blutung kann in verschiedener Höhe des Marks ihren Sitz haben und ist in allen Fällen ein das R.-M. selbst schwer lädirendes Ereigniss.

An den Rückenmarkshäuten sind bei allen diesen Formen der Blutung meist nur unbedeutende Erscheinungen reactiver Entzündung wahrzunehmen.

Das R.-M. selbst kann in verschieden hohem Grade comprimirt, röthlich imbibirt, erweicht und in der Nachbarschaft des Herdes hyperämisch sein. Dasselbe gilt von den Nervenwurzeln. Die Spinal-flüssigkeit ist blutig gefärbt, trübe.

Ueber die weiteren, mit dem Extravasat vor sich gehenden Ver-änderungen ist wenig bekannt. Doch kann es wohl nicht zweifelhaft sein, dass es auch im Spinalcanal bald zur Entfärbung, theilweisen Resorption und Organisation des Extravasates kommt. Verklebung der Häute, Bindegewebswucherung, starke Pigmentirung der Häute werden als die schliesslichen Folgen davon angesehen.

Symptomatologie.

Der Beginn der Krankheit markirt sich meist durch plötz-liches und stürmisches Auftreten heftiger Erscheinungen; nicht selten in apoplektiformer Weise. Die Kranken brechen plötzlich unter lebhaften Schmerzen zusammen, fast immer ohne erhebliche Störungen des Bewusstseins und der Sinne. Dieser Beginn kann durch die ätiologischen Momente, Traumata etc. mehr oder weniger compli-cirt sein.

Seltener beobachtet man eine langsame Entwicklung des Krankheitsbildes: Vorboten aller Art, die Erscheinungen der spinalen Congestion, Kreuzschmerz, Kopfschmerz gehen kürzere oder längere Zeit voraus. Allmälig treten dann die paretischen Erscheinungen mehr hervor und die Entwicklung geschieht manchmal fast ohne Schmerzen. Die Intensität der Erscheinungen kann sich dann nach Stunden oder Tagen noch weiter steigern.

Das Krankheitsbild charakterisirt sich einmal durch Reizungs-erscheinungen, welche die Folge von Zerrung der (an sensiblen Nerven reichen) Meningen, der Nervenwurzeln und des R.-M. selbst sind, und dann durch Lähmungserscheinungen, welche von dem Druck des Extravasats auf das R.-M. und die Nervenwurzeln abzuleiten sind. Je nach Lage des Extravasats kann dieser Druck mehr die sensiblen oder die motorischen Theile treffen.

Die Reizungserscheinungen dominiren zunächst das Krank-heitsbild; vor allem ein heftiger Rückenschmerz, auf eine be-

stimmte Stelle der Blutung entsprechend localisirt, ausstrahlend nach
wechselnder Richtung, vorwiegend entsprechend dem Verbreitungsbezirk der zunächst befallenen Nervenwurzeln. Dazu gesellen sich
excentrische Sensationen; Schmerzen, Formication, Brennen,
Kriebeln etc. in den gleichen Bezirken; auch von Hyperästhesie
finden sich einzelne Angaben; doch scheint dieselbe mehr dem Stadium der reactiven Entzündung anzugehören.

Gleichzeitig damit treten auch motorische Reizerscheinungen
auf, die von besonders charakteristischer Bedeutung zu sein scheinen.
Spasmodische Zuckungen der Muskeln, hie und da bis zu völligen
Convulsionen gesteigert, Zittern der Extremitäten, tonische Spannung
und Contractur verschiedener Muskelgruppen — das sind die Haupterscheinungen. Sie können so lebhaft werden und so sehr in den
Vordergrund treten, dass man eine eigne „convulsive" Form der
Meningealapoplexie unterschieden hat. Diese Krampferscheinungen
sind theils von directer Reizung der motorischen Wurzeln, theils
von reflectorischer Erregung abzuleiten.

Die Wirbelsäule ist in diesem Stadium steif und schmerzhaft; das Aufrichten, Sitzen, Bücken sehr erschwert oder ganz unmöglich. — Grosse Aufregung und Schlaflosigkeit, bedingt durch
die Schmerzen und die Muskelzuckungen begleiten diese Erscheinungen.

Dass die Reizerscheinungen nicht in allen Fällen vorhanden zu
sein brauchen, beweist die merkwürdige Beobachtung von Jackson.
Hier fehlten sie vollständig.

Bald aber, besonders bei irgend erheblichem Erguss, treten
Lähmungserscheinungen in der unteren Körperhälfte auf.
Doch erreichen dieselben meist keinen sehr hohen Grad. Nur selten
kommt es zu völliger Paraplegie. Die Regel ist, dass die Kranken
ein Gefühl von Pelzigsein, Taubsein, Geschwollensein und Schwere
der Glieder und des Rumpfs klagen, in welchen Theilen sich auch
objectiv eine mehr oder weniger ausgesprochne Anästhesie nachweisen lässt. — Ein Gefühl von Muskelschwäche und Ermüdung
von grosser Schwere kündigt dieselben Störungen in der motorischen
Sphäre an; eine mehr oder weniger hochgradige Parese ist das
häufigere, völlige Paralyse ist selten. Ihre Verbreitung richtet sich
nach dem Sitze des Extravasats.

Die Reflexerregbarkeit wurde in einzelnen Fällen herabgesetzt gefunden; wahrscheinlich aber ist dies nur im Bereich der
direct getroffenen Wurzeln der Fall; in den dahinter gelegenen Abschnitten könnte sie wohl auch erhöht sein.

Blasen- und Mastdarmschwäche werden nur selten angegeben, pflegen aber in den schwereren Fällen nicht zu fehlen.

Fieber besteht wenigstens im Beginn der Erkrankung nicht; es kann aber die am 2., 3. Tage eintretende reactive Reizung begleiten, erreicht aber niemals hohe Grade.

Je nach der Lage des Extravasats in verschiedener Höhe des R.-M. sind die Erscheinungen etwas verschieden. Für den Sitz im Halstheil des R.-M. sprechen folgende Symptome: Beginn mit Schmerz in den Armen und Schultern, mit Nackenstarre und Hinterhauptschmerz; Anästhesie und Lähmung vorwiegend in den obern Extremitäten; oculo-pupilläre Symptome; Athmungs- und Schlingbeschwerden, heftige Dyspnöe; Verlangsamung und Schwäche des Pulses.

Für den Sitz im Brusttheil: Schmerz im Rücken und Leib und Gürtelschmerz, Steifheit der Brustwirbelsäule, Lähmung der Beine und der Bauchmuskeln; erhaltene Reflexe in den Beinen.

Für den Sitz im Lendentheil: Kreuzschmerz, reissende Schmerzen in den untern Extremitäten, den Lenden, dem Perineum, der Blase und den Genitalien; Steifigkeit im Kreuz; hochgradige Lähmungserscheinungen in den untern Extremitäten, aufgehobene Reflexe; Lähmung der Blase und des Mastdarms.

Verlauf und Ausgänge. Nach heftigem oder allmäligem Beginn bleiben die Erscheinungen meist eine Zeitlang stationär auf einer gewissen Höhe; früher oder später tritt dann eine Wendung zum Bessern ein. Die Erscheinungen der reactiven Entzündung treten meist nicht besonders hervor, oder verschwinden in dem Ensemble der übrigen Symptome. Am 2. oder 3. Tage eintretendes leichtes Fieber, erneute Schmerzen, deutlichere Hyperästhesie etc. sind auf dieselbe zu beziehen; nach 2—3 Wochen sind diese Erscheinungen meist wieder geschwunden.

In der Mehrzahl der Fälle ist der Verlauf günstig, wenn nicht die ätiologischen Momente oder Complicationen anderes bedingen. Es tritt allmälige Besserung der Erscheinungen ein, die Lähmungen verschwinden; doch bleiben nicht selten für längere Zeit partielle Anästhesien und Lähmungen zurück. Das alles pflegt ziemlich rasch zu gehen; im Laufe von mehreren Wochen oder wenigen Monaten kann eine ziemlich befriedigende Heilung eingetreten sein.

Nicht selten aber auch tritt der Tod ein: manchmal rasch in wenig Stunden oder Tagen; so bei hohem Sitz des Extravasats, durch Störung der Herz- und Respirationsthätigkeit; oder wenn sich die Blutung auf das Gehirn verbreitet oder durch die plötzliche und starke Erschütterung des Centralnervensystems (Shock). — Bei umfangreichen Extravasaten kann der Tod auch noch weit später eintreten, wenn die hochgradige Compression des R.-M. zu völliger Paraplegie, Cystitis, Decubitus u. dgl. geführt hat.

Diagnose.

Die Diagnose einer meningealen Blutung ist durchaus nicht immer möglich. Bei gleichzeitigen anderen schweren Erkrankungen des Nervensystems (Gehirnhämorrhagie, Tetanus, Convulsionen, Rückenmarksverletzung etc.) wird es nur unter ganz besonderen Umständen gelingen, die complicirende Meningealapoplexie zu erkennen. Gewöhnlich wird sie in solchen Fällen unerkannt bleiben; doch ist das meist kein grosses Unglück.

Dagegen kann man die Diagnose der idiopathischen und uncomplicirten Meningealapoplexien in vielen Fällen wohl stellen.

Sie gründet sich hauptsächlich auf das plötzliche Eintreten der Erscheinungen, auf die eigenthümliche Combination von meningealen Reizungs- und spinalen Lähmungserscheinungen, auf das Fehlen schwerer Gehirnerscheinungen, das paraplegische Auftreten der Symptome, auf den baldigen Nachlass der schweren Erscheinungen und den meist günstigen Ausgang des Leidens. Das Bekanntsein der Ursachen desselben kann die Diagnose manchmal stützen.

Immerhin gibt es eine Reihe von spinalen Erkrankungen, welche in ihren Symptomen grosse Aehnlichkeit mit der Meningealapoplexie haben und schwer von derselben zu unterscheiden sind.

So die Commotio medullae spinalis: bei dieser fehlen die Krampferscheinungen; die Lähmung hat sofort im Beginn ihren höchsten Grad erreicht. - Dabei bedenke man aber, dass Commotion und Meningealapoplexie zusammen vorkommen können.

Die Blutungen in die Rückenmarkssubstanz selbst (Spinalapoplexien) zeigen meist schwerere Lähmungserscheinungen, besonders auch hochgradige Anästhesie; geringere Schmerzen und weniger Neigung zu spasmodischen Erscheinungen; diese sollen bei Hämatomyelie niemals vorkommen (Brown-Séquard). Sie führen meist rasch zum Tode oder hinterlassen wenigstens immer unheilbare Lähmungen.

Von Meningitis und Myelitis wird die Unterscheidung meist leicht sein; diese entstehen nicht so rasch oder sind dann immer von Fieber begleitet. Doch kann die mit fulminanten Er-

scheinungen beginnende Myelitis centralis (s. u. bei Myelitis) zu
Verwechselung Anlass geben. Hier fehlen jedoch schwere Anästhesien niemals und auch die Lähmung pflegt von Anfang an eine vollständige zu sein.

In Bezug auf die Diagnose des S i t z e s der Blutung mögen
die oben gegebenen Merkmale genügen; man wird denselben aus
der Verbreitung der Reizungs- und Lähmungserscheinungen erkennen
können.

Die P r o g n o s e der Meningealapoplexie ist eine zweifelhafte;
wenn nicht besonders schwere ätiologische Momente vorliegen, oder
die Grösse der Blutung eine sehr bedeutende ist, wird sie als eine
relativ günstige bezeichnet werden können. Man kann sagen, dass
wenn die ersten Tage glücklich überstanden sind, die Prognose sich
günstiger gestaltet.

Ungünstig ist es, wenn die Blutung sehr bedeutend ist, wenn
sie ihren Sitz im Cervicaltheil hat, wenn ausgesprochene reactive Ent-
zündungserscheinungen auftreten, wenn schwere paraplegische Symptome, Cystitis, Decubitus u. dgl. eintreten.

Günstig aber sind: geringe Grösse der Blutung und entsprechend
geringe Erscheinungen; mässige Reaction, jugendliches Alter.

Je nach Umständen kann man den Kranken 1—2 Monate
langes Bettliegen, dann noch mehrere Monate Reconvalescenz vorhersagen.

Therapie.

Prophylaktisch wird sich manches thun lassen, was sich aus
der obenstehenden Aufzählung der ätiologischen Momente ergibt
(Behandlung der Rückenmarkshyperämie, der Krampfzustände,
Regulirung der Menses, der Hämorrhoidalblutungen u. s. w.).

Sind die Erscheinungen einer meningealen Blutung einmal ein-
getreten, so ist zunächst a b s o l u t e R u h e i n g e e i g n e t e r L a g e
(Seiten- oder Bauchlage) zu verordnen. Dann handelt es sich da-
rum, die weitere Ausdehnung der Blutung zu hemmen: e n e r g i s c h e
E i s a p p l i c a t i o n auf die Wirbelsäule, wiederholte k r ä f t i g e A b -
l e i t u n g e n a u f d e n D a r m c a n a l, reichliche örtliche B l u t -
e n t z i e h u n g e n (an der Wirbelsäule oder am After) sind die dazu
gebräuchlichen Mittel. Man kann ihre Wirkung unterstützen durch
heisse Umschläge auf die Extremitäten und durch innerliche Darreichung oder subcutane Injection grosser Dosen E r g o t i n. Eine
entsprechend regulirte Diät versteht sich von selbst. Die Anwen-

dung des Aderlasses lässt sich nur durch ganz besondere Umstände (grosse Plethora, stürmische Herzaction) rechtfertigen.

Treten Erscheinungen entzündlicher Reaction ein, so mag man die Blutentziehungen an der Wirbelsäule wiederholen und nach Leyden's Empfehlung Einreibungen kleiner Portionen Ungt. ciner. und die Darreichung von Calomel in refracta dosi versuchen.

Besondere Berücksichtigung erfordert das Stadium der Resorption: man kann dieselbe zu fördern suchen durch Jodgebrauch (innerlich und äusserlich), durch laue Bäder, zweckmässig angewendete Kaltwasserbehandlung, durch Anwendung des galvanischen Stroms. In den späteren Stadien kann man durch Anwendung von Roborantien (Chinin) und Nux vomica die völlige Wiederherstellung der Kräfte zu fördern suchen.

In vielen Fällen ist eine geeignete symptomatische Behandlung unumgänglich: so im Beginn gegen die Schmerzen und Krämpfe (Narcotica etc.), später gegen die Anästhesie und Lähmung (Elektricität), gegen Cystitis, Decubitus u. dgl.

3. Entzündungen der Dura mater spinalis. — Pachymeningitis spinalis. Perimeningitis.

Ollivier l. c. II. p. 272, 280. 3. Aufl. — Hasse l. c. 2. Aufl. S. 659. — Leyden l. c. S. 385—406. — M. Rosenthal l. c. 2. Aufl. S. 279. H. Köhler, Monographie der Meningitis spin. 1861. — Rühle, Klin. Mittheilungen. I. Bd. Zur Compress. des R.-M. Greifsw. med. Beitr. I. S. 5. 1863. — Traube, Deutsche Klinik 1863. Nr. 20; Gesamm. Abhandl. II. — Mannkopf, Berlin. klin. Wochenschr. 1864. Nr. 4—7. — A. Meyer, De pachymeningitide cerebro-spin. interna. Diss. Bonn 1861. — Th. Simon, Ueber den Zustand des R.-M. in der Dementia paral. Arch. f. Psych. u. Nervenkrankh. II. 1869. S. 137, 143, 347. — R. H. Müller, Ueber Peripachymeningitis. Diss. Königsb. 1868. — E. Wagner, Arch. d. Heilk. XI. 1870. S. 322. — Charcot, Pachymeningite cervicale hypertrophique. Soc. de Biol. 1871. p. 35. Gaz. méd. de Par. 1872. No. 9. Leçons etc. II. Sér. III. fasc. p. 246. 1874. — Joffroy, De la pachymén. cervic. hypertr. Paris 1873.

Die Entzündungen der Dura spinalis, obwohl schon längst bekannt, sind doch erst in neuester Zeit Gegenstand genauerer Würdigung geworden. Man hat sie schärfer von den übrigen Formen der Meningitis spinalis trennen gelernt und auch ihre Bedeutung richtiger erkannt, seit man ihr isolirtes und spontanes Auftreten beobachtet hat.

Freilich liegen bis jetzt erst sehr wenige gute Beobachtungen vor; daher ist die Symptomatologie und Diagnostik der Pachymeningitis spinalis noch sehr mangelhaft.

Doch erlauben uns unsere bisherigen Erfahrungen zwei Formen

dieser Pachymeningitis zu unterscheiden, je nachdem die Krankheit mehr die äussere Fläche der Dura betrifft, und ihre Producte zwischen Dura und Wirbelsäule ablagert (Pachymening. externa) und das lockere Zellgewebe hier mit betrifft, oder nachdem sie mehr die innere Fläche der Dura ergreift und ihre Producte auf dieser ablagert (Pachymeningitis interna).

a. Pachymeningitis spinalis externa. Peripachymeningitis.

Begriffsbestimmung: Man versteht darunter die Entzündung der äusseren Fläche und Schichten der Dura und des sie umhüllenden Zellgewebes. Die Ablagerung der Krankheitsproducte — des Exsudates, Eiters, Bindegewebes etc. — findet zwischen Dura und Wirbelsäule statt. Diese Form der Meningitis ist erst durch wenige Arbeiten bekannt und bedarf noch sehr des genaueren Studiums.

Für die Aetiologie dieser Entzündungsform kommen zunächst benachbarte Entzündungsprocesse in Betracht, welche sich auf die Dura und das extrameningeale Zellgewebe fortsetzen und hier Entzündung hervorrufen. Dies ist ganz sicher für die so häufige Wirbelcaries und für tiefgreifenden Decubitus, der besonders vom Kreuzbein aus leicht Irritation der Gebilde innerhalb des Wirbelcanals hervorruft. Man hat aber auch Aehnliches — ein Fortkriechen des eitrigen und phlegmonösen Entzündungsprocesses in den Wirbelcanal hinein — gesehen bei Entzündung und Vereiterung der Rückenmuskeln und des Psoas (Traube), bei Entzündung im Bindegewebe des Halses (Maunkopf), im subpleuralen Zellgewebe (H. Müller), und man beschuldigt alle möglichen chronischen Entzündungen des Unterleibs und der Brusthöhle, besonders die Peripleuritis, und ferner die Neuritis migrans als die mögliche Ursache der Peripachymeningitis.

Es will uns scheinen, als gehe man mit dieser Auffassung der Pachymeningitis externa als einer vorwiegend secundären Affection entschieden zu weit. Die bisher bekannten, als beweisend angeführten Beobachtungen lassen entschieden vielen Zweifeln Raum. Die von Traube mitgetheilten Fälle werden von ihm selbst so aufgefasst, dass die eitrige Pachymeningitis externa das Primäre gewesen sei und sich die Eiterung von ihr aus erst in die Rückenmuskeln verbreitet habe. Das steht auch ganz in Uebereinstimmung mit dem klinischen Verlauf und den Sectionsbefunden. Es ist ja auch a priori natürlicher und wahrscheinlicher, dass sich eine Eiterung aus dem engen, von starren Wandungen umgebenen Wirbelcanal durch die vorhandenen Lücken nach aussen verbreite, als dass eine Eiterung der

Rückenmuskeln an mehreren Stellen gleichzeitig in den Wirbelcanal
eindringe. Ein in der Medical Times 1855. Januar 6. p. 19 leider
nur sehr fragmentarisch mitgetheilter Fall scheint dies zu bestätigen.
Noch wichtiger scheint uns eine hierher gehörige Beobachtung bei
Ollivier[1]. — Auch in dem Mannkopf'schen Falle konnte die
secundäre Entstehung des peripachymeningitischen Herdes nur in hohem
Grade wahrscheinlich gemacht werden. — Der Fall von R. H. Müller
kann gar nichts beweisen, da in demselben ein Zusammenhang der
peripleuritischen mit den peripachymeningitischen Schwarten in keiner
Weise nachweisbar war, sich ausserdem ganz isolirte ähnliche Schwarten auch auf der äussern Fläche der Dura mater cerebralis fanden.
Der von Leyden[2] mitgetheilte Fall entbehrt der Bestätigung durch
die Section.

Es dürfte deshalb wohl gerechtfertigt sein, die Möglichkeit
einer spontanen und primären Entstehung der Pachymening. externa
festzuhalten, um so mehr, als gegen dieselbe kein triftiger Grund
anzuführen ist.

Weitere Erfahrungen werden zu lehren haben, ob traumatische
Einwirkungen, Erkältungen, Syphilis und andre Schädlichkeiten nicht
im Stande sind, eine Pachymeningitis externa hervorzurufen.

Pathologische Anatomie.

Die Dura spinalis erscheint in grösserer oder geringerer Ausdehnung verdickt; ihre äusseren Schichten sind durch entzündliche
Exsudate, zellige Infiltration u. dgl. auseinandergedrängt. Meist ist
diese Veränderung nur auf kurze Strecken, einige Wirbelhöhen, beschränkt, kann aber auch über den grössten Theil der Dura sich
verbreiten.

Auf der äusseren Fläche derselben findet sich ein mehr oder
weniger reichliches Exsudat von verschiedener Mächtigkeit (man
hat bis ½ Zoll dicke Auflagerungen gefunden, Rühle). Dieses
Exsudat besteht entweder aus Eiter, der theils noch flüssig, theils
bereits trocken, käsig, von verdicktem Bindegewebe eingehüllt erscheint und das extrameningeale Zellgewebe infiltrirt; oder aus einem
weichen, plastischen, röthlich-grauen jungen Bindegewebe, das sehr
gefässreich ist, theilweise von Eiter bedeckt und von kleinen Ab-
scessen durchsetzt erscheint, theilweise in Verkäsung begriffen ist.
Dies letztere ist der gewöhnliche Fall bei der so häufigen Pachymeningitis durch Wirbelcaries (Michaud); es handelt sich dabei
um eine pilzförmige Wucherung, zu deren Proliferation die äussere
Fläche der Dura durch den Reiz des cariösen Eiters angeregt ist.

1) H. p. 260. 3. Aufl.
2) l. c. S. 391.

Es handelt sich also im Wesentlichen um eine Entzündung der äusseren Schichten der Dura und des sie umgebenden Zellgewebes mit eitrigem, plastischem, tuberkulösem etc. Exsudat.

Nicht selten ist auch die innere Fläche der Dura verdickt und getrübt, manchmal mit zarter fibrinöser Auflagerung bedeckt. Selten sind Pia und Arachnoidea mit afficirt; doch hat man Verwachsungen derselben mit der Dura, Trübung und eitrige Infiltration derselben beobachtet.

Das R.-M. selbst ist mehr oder weniger comprimirt, abgeflacht, blass, anämisch; oft erweicht, mikroskopisch mit Fettkörnchen und Körnchenzellen durchsetzt und häufiger, als man dies bis jetzt angenommen, die Zeichen einer transversalen Myelitis darbietend. In der Umgebung der Compressionsstelle trifft man rothe Erweichung und Hyperämie; in mehr chronischen Fällen auf- und absteigende secundäre Degeneration in den weissen Strängen (nach oben in den Hintersträngen, nach unten in den Seitensträngen).

Die an der Stelle der Pachymeningitis austretenden Nervenwurzeln werden comprimirt, atrophisch, entzündet und erweicht gefunden.

Dazu kommen dann noch die anatomischen Befunde derjenigen Processe, welche die Pachymeningitis hervorgerufen haben oder begleiten (Wirbelcaries, Peripleuritis, Muskelabscesse, Phlegmonen etc.).

Symptomatologie.

Im allgemeinen tritt die Pachymening. externa unter einem ähnlichen Bilde auf, wie wir es im folgenden Abschnitt für die häufigere Leptomeningitis ausführlich schildern werden. Es sei daher hier nur eine kurze Aufzählung der Hauptsymptome gemacht. Die wichtigsten sind folgende:

Schmerz im Rücken, je nach dem Sitze der Entzündung an verschiedenen Stellen und in verschiedener Ausbreitung. Steifigkeit der Wirbelsäule, welche das Aufsitzen erschwert und schmerzhaft macht. Spannung und Zuckung in verschiedenen Muskelgruppen. — Excentrische, gürtelförmig oder in die Extremitäten ausstrahlende Schmerzen; Gefühl eines zusammenschnürenden Reifs; Formication und leichte Hyperästhesie der Haut.

Dazu gesellen sich über kurz oder lang die Erscheinungen einer langsam zunehmenden Compression des R.-M.: mehr oder weniger hochgradige Lähmung, bald mehr die motorische, bald mehr die sensible Sphäre betreffend, bald beide zugleich; Muskelspannungen, erhöhte Reflexe, besonders Sehnenreflexe; Lähmung der Sphincteren und Decubitus. Diese Symptome sind die Folge theils der Compression, theils der dieselbe complicirenden Compresssionsmyelitis.

Je nach der Art des Grundleidens, der complicirenden und secundären Veränderungen können auch Störungen des Allgemeinbefindens, Fieber, mancherlei Störungen innerer Organe vorkommen.

Die Erscheinungen der Pachymeningitis können bald mehr acut, bald mehr chronisch sich entwickeln; in den acuten (eitrigen) Formen treten die Reizerscheinungen mehr in den Vordergrund; in den mehr chronischen (plastischen) Formen treten diese mehr zurück und die Erscheinungen der Rückenmarkscompression beherrschen das Krankheitsbild.

Ueber den Verlauf der Pachymeningitis externa lässt sich bei dem jetzigen Stand unserer Kenntnisse gar nichts bestimmtes aussagen. Die ungünstig verlaufenen, zur Section gekommenen Fälle können dafür nicht maassgebend sein; denn wie viele Fälle wegen der Unsicherheit in der Diagnose des Leidens unerkannt geblieben und günstig abgelaufen sind, lässt sich nicht abschätzen. Jedenfalls wissen wir, dass die bei Wirbelcaries so gewöhnliche Pachymeningitis externa relativ häufig zum Stillstand und theilweiser Ausgleichung kommt, indem die durch sie veranlassten Lähmungssymptome schwinden. — Aus den bisherigen Beobachtungen geht nur soviel hervor, dass in den schwereren Fällen der Verlauf ein verschiedener sein kann, dass er aber meist ein protrahirter ist und erst nach längeren Wochen zum schlimmen Ausgang oder zur allmäligen Genesung führt.

Die Diagnose gründet sich z. Z. noch hauptsächlich auf die nachweisbaren ursächlichen Momente, auf die damit sich verbindenden, allmälig anwachsenden Symptome von meningealer Reizung und langsamer Compression des R.-M. — Am schwierigsten wird sonach immer die Unterscheidung von den andern Formen der Meningitis sein. Man hebt als Unterscheidungsmerkmal von sehr zweifelhaftem Werthe hervor, dass die Pachymening. extern. nur selten bis in die obere Cervicalgegend hinaufsteigt und deshalb die Nackenstarre bei ihr meist fehlt. In den meisten Fällen wird es aber gar nicht zu entscheiden sein, ob die Dura allein, oder auch die andern Meningen des R.-M. von Entzündung ergriffen sind.

Die Prognose ergibt sich aus dem oben über den Verlauf Gesagten. Die Berücksichtigung der ätiologischen Momente wird bei ihrer Aufstellung besonders wichtig sein.

Die Therapie hat vor allen Dingen die Beseitigung des

Grundleidens ins Auge zu fassen; gelingt es, dieses zur Heilung zu bringen, so ist eine bedeutende Chance für die Heilung der Pachymeningitis gewonnen. Die speciellen Vorschriften dafür sind hier nicht zu geben.

Gegen die Krankheit selbst verfährt man in der Weise, wie es im folgenden Abschnitt bei der Therapie der Leptomeningitis angegeben ist.

Besonders wichtig ist die Behandlung der Pachymeningitis bei Wirbelleiden, weil von ihrer Heilung die Beseitigung der Paraplegie abhängt. Neben der gegen das Wirbelleiden direct gerichteten Behandlung sind es besonders energische Soolbadecuren (Baden und Trinken), Anwendung von Kal. jodat. und Ferr. jodat., Bepinselungen des Rückens mit Jod, Einreibungen von Ungt. cinereum u. dgl. von welchen man Heilung erwartet. In neuerer Zeit ist für hartnäckige Fälle die von Alters her geübte Anwendung des Ferrum candens aufs Neue warm empfohlen worden (Charcot).

b. *Pachymeningitis interna (hypertrophica et haemorrhagica).*

Begriffsbestimmung. Entzündung vorwiegend der innern Fläche der Dura; Ablagerung der Krankheitsproducte (Exsudate, Extravasate, Bindegewebswucherung) auf deren innerer Oberfläche, zwischen Dura und Arachnoidea. Oeftere Betheiligung der Arachnoidea und Pia an dem Process.

Man kennt hauptsächlich zwei, klinisch einigermassen zu charakterisirende Formen dieser Pachymeningitis interna: eine einfach hypertrophirende Form, zur bindegewebigen Verdickung der Dura (und meist auch der weichen Häute) führend; und eine pseudomembranöse, hämorrhagische Form, durch mehr oder weniger reichliche Blutextravasate charakterisirt.

Von beiden Formen liegen bis jetzt erst wenige Beobachtungen vor.

Aetiologie.

Als Ursachen der hypertrophischen Form werden vorwiegend Erkältungen und feuchte Wohnung beschuldigt (Charcot, Joffroy). Auch der Alkoholmissbrauch scheint nicht unwirksam zu sein.

Für die hämorrhagische Form ist es sicher gestellt, dass sie vorwiegend in Begleitung der gleichnamigen Affection der Dura mater cerebralis, des Hämatom der Dura, vorkommt und also dieselben ätiologischen Momente wie diese aufweist. So hat man dies Leiden nicht selten in Begleitung von Psychosen, besonders von Dementia paralytica gefunden (Simon, A. Meyer). Ferner als eine Folge fortgesetzten Alkoholmissbrauchs, wofür Magnus Huss, Magnan und Bouchereau Fälle anführen. — Endlich beschreibt Leyden (l. c. S. 404) eine traumatische Form, allerdings mit einem nicht ganz zweifellosen Belegfall, da es bei dem Kranken, der Potator war und schon vor dem Falle, der ihm die perniciöse Schädelfissur eintrug, an krankhaften Erscheinungen gelitten hatte, nicht ganz sicher ist, ob diese Fissur die Ursache der hämorrhagischen Pachymeningitis interna war. A. Meyer erwähnt, dass seine beiden Fälle bei Cavalleristen vorkamen und dass diese häufigem Sturz und Erschütterungen ausgesetzt seien.

Pathologische Anatomie.

Bei der hypertrophischen Form findet man eine starke Verdickung der Dura, bedingt vornehmlich durch eine erhebliche Wucherung ihrer innern Schichten, die sich in eine derbe schwielige Bindegewebsmasse umwandeln, welche meist deutliche concentrische Schichtung zeigt. Gewöhnlich besteht innige Verwachsung mit den weichen Häuten; auch diese sind verdickt und gewuchert und mit der verdickten Dura zu einer einzigen bindegewebigen Masse verschmolzen; manchmal sind sie aber auch relativ unverändert.

So entsteht eine mehr oder weniger mächtige Auflagerung, welche das R.-M. von einer oder der andern Seite — meist von hinten — her comprimirt, oder dasselbe auf längere oder kürzere Strecken ringförmig einschnürt. Das R.-M. selbst ist bald nur einfach comprimirt, blass, weich; häufiger aber bietet es alle Charaktere der transversalen Myelitis von verschiedener Ausdehnung, mit secundärer Degeneration, Höhlenbildung u. s. w. Die in das Bereich der Erkrankung fallenden Nervenwurzeln sind umschnürt, comprimirt, nicht selten im Zustande fortgeschrittener Atrophie. In den dazu gehörigen Muskeln finden sich die mikroskopischen Charaktere der bekannten degenerativen Atrophie.

Bei der hämorrhagischen Form ist die Dura in grösserer oder geringerer Ausdehnung bedeckt von einer fibrinös-bindegewebigen, weichen, rostbraunen Exsudatmasse, welche von zahlreichen Blutextravasaten durchsetzt ist und nicht selten einen oder mehrere grössere sackartige Blutherde umschliesst. Diese Herde enthalten schmutzigbraunes, zersetztes Blut, zahlreiche Blutkrystalle, Pigment, Detritus u. s. w. — Die einhüllende Exsudatmasse erscheint an vielen Stellen gelblich, brüchig, zerreisslich, geschichtet, haftet der Dura ebenso wie der Arachnoidea nur lose an und erweist sich als sehr gefässreich.

Diese Blutsäcke können von verschiedener Grösse und in mehrfacher Anzahl vorhanden sein. Manchmal ist die hämorrhagische
Pseudomembran über eine grosse Strecke des R.-M. verbreitet, dasselbe ganz umhüllend.

Es handelt sich genau um denselben Vorgang, wie bei dem
Hämatom der Dura mater des Gehirns; auch hier ist es am wahr-
scheinlichsten, dass die faserstoffige Entzündung das Primäre, die
Blutung nur secundär ist. Doch ist auch hier die Möglichkeit nicht
ausgeschlossen, dass eine primäre Blutung zu einer nachfolgenden
Entzündung Veranlassung geben kann.

Das R.-M. verhält sich wie bei der andern Form. Die Pia ist
gewöhnlich blutig tingirt, ebenso die reichlich vorhandene Spinalflüssigkeit.

Symptomatologie.

Die hypertrophische Form ist bis jetzt nur am Cervicaltheil
genauer bekannt und scheint hier mit Vorliebe vorzukommen; sie hat
hier einen ziemlich charakteristischen Verlauf und ist von Charcot als
„Pachymeningite cervicale hypertrophique" beschrieben.

Er unterscheidet ein erstes Stadium der Reizungserscheinungen, welches ca. 2—3 Monate dauert und vorwiegend durch
Schmerzen ausgezeichnet ist. Dieselben zeigen sich in lebhafter
Weise im Nacken, Hinterhaupt, den Schultern und Armen, sind
continuirlich, von Zeit zu Zeit exacerbirend; häufig verbunden mit
schmerzhaftem Einschnürungsgefühl in der oberen Brustgegend. Der
Nacken ist steif, ohne dass die Dornfortsätze bei Druck besonders empfindlich wären. Formication und Taubsein, mitunter auch leichte Schwäche der obern Extremitäten stellen sich jetzt schon ein. Nicht selten kommt es zu trophischen
Störungen der Haut, Herpeseruptionen, Blasenentwicklung an
den obern Extremitäten. Nausea und Vomituritionen werden nur
selten beobachtet.

Sehr allmälig erfolgt nun der Uebergang in das zweite Stadium,
welches hauptsächlich durch Lähmung und Atrophie charakterisirt ist. Die obern Extremitäten werden mehr oder weniger vollständig gelähmt und zwar besonders das Gebiet des Medianus und
Ulnaris, während in den bisher beobachteten Fällen das Radialis-
gebiet relativ frei blieb. Dadurch entsteht eine eigenthümliche Ex-
tensionsstellung der Hand bei gleichzeitiger Klauenstel-
lung der Finger. Mit dieser Lähmung geht hochgradige und
ziemlich gleichmässige Atrophie einher, so dass ein an die pro-

gressive Muskelatrophie erinnerndes Krankheitsbild entsteht. Die
faradische Erregbarkeit der Muskeln wird vermindert oder aufgehoben. Contracturen der Muskeln stellen sich ein und einzelne anästhetische Stellen von grösserer oder geringerer Ausbreitung.

Alles dies ist wohl hauptsächlich die Folge der Affection der
Nervenwurzeln.

Weiterhin kommt es aber auch zu Lähmung und Contractur der untern Extremitäten. Jedoch fehlt in diesen die
Atrophie oder stellt sich doch erst in ganz späten Stadien ein. Das
kann sich in den schwereren Fällen zu völliger Paraplegie mit
ausgesprochener Anästhesie, Blasenlähmung, Decubitus etc.
entwickeln, welche den lethalen Ausgang herbeiführen.

Diese schwereren Erscheinungen sind zweifellos zurückzuführen
auf die an der Compressionsstelle etablirte transversale Myelitis und
die von ihr ausgehende absteigende Degeneration in den Seitensträngen.

Nicht immer jedoch ist ein so schlimmer Verlauf zu beobachten;
es gibt auch Fälle, in welchen ein Stillstand der Erscheinungen eintritt oder selbst eine deutliche Besserung derselben zu Stande kommt;
immer jedoch handelt es sich um ein sehr chronisches Leiden.

Die Symptomatologie der hämorrhagischen Pachymeningitis
interna ist noch sehr dunkel und überdies in den meisten Fällen
complicirt durch die Erscheinungen der gleichzeitigen Gehirnaffection.
Die gewöhnlichen Symptome einer schleichenden, zeitweise
exacerbirenden Meningitis: Schmerzen im Kreuz und Rücken,
reissende Schmerzen in den Extremitäten, Wirbelsteifigkeit, Nackenstarre, zunehmende Schwäche der Muskeln, theilweise bis zu völliger
Lähmung und Paraplegie gesteigert, mässige Contracturen, verschiedene Grade der Hauthyperästhesie und Anästhesie, Blasenschwäche
u. s. w. dürften bei vorhandenen ätiologischen Momenten
(bei Potatoren, bei Paralytikern, bei gleichzeitigen Erscheinungen
des Hämatoms der Dura cerebralis) den Verdacht auf die Erkrankung der Dura spinalis zu leiten im Stande sein und wenigstens in
manchen Fällen zu einer Wahrscheinlichkeitsdiagnose führen.

Ob auch bei dieser Form, wie bei der cerebralen, eine schubweise Verschlimmerung der Erscheinungen eintritt und ob dieselbe
für die Diagnose verwerthet werden kann, müssen weitere Beobachtungen lehren.

Der Verlauf dieser Form wird wohl in den meisten Fällen ein
ungünstiger sein.

Die Diagnose ergibt sich aus der vorstehenden kurzen Skizzirung des Krankheitsbildes beider Formen. Die Pachyméning. cervic. hypertroph. hat eine gewisse Aehnlichkeit mit progressiver Muskelatrophie, mit atrophischer Lateralsklerose (Charcot) u. dgl. Die wesentlichsten Unterscheidungsmerkmale sind das Stadium der Schmerzen, die partiellen Anästhesien, die Paraplegie ohne Atrophie u. dgl. Von Meningealtumoren wird man diese Form freilich nicht immer unterscheiden können.

Die hämorrhagische Form harrt noch einer genaueren diagnostischen Umgrenzung.

Die Prognose ergibt sich aus der obigen Darstellung von selbst.

Die Therapie wird wie bei der Meningitis überhaupt einzurichten sein (s. den nächsten Abschnitt). In mehr acuten Fällen wird Antiphlogose in ihren verschiedenen Formen am Platze sein.

In den späteren Stadien und den mehr chronischen Formen wird man seine Zuflucht zu Ableitungsmitteln, Jodpräparaten, zum Galvanismus und zum Gebrauche von Bädern oder der Kaltwassercur nehmen. Besonders hervorstechende Symptome (Schmerzen, Lähmung, Atrophie etc.) erfordern eine besondere symptomatische Behandlung.

4. Entzündungen der Pia mater und Arachnoides spinalis. — Leptomeningitis spinalis. — Perimyelitis und Arachnitis.

P. Frank l. c. 1792. — Ollivier l. c. III. éd. II. p. 232. — Hasse l. c. 2. Aufl. S. 690. — Hammond l. c. 3. Aufl. S. 444. — Leyden l. c. S. 406—443. — M. Rosenthal l. c. 2. Aufl. S. 283. — Köhler, Monographie der Meningitis spinalis. Leipzig 1861. (Sehr reichhaltige Arbeit mit umfassendem Literaturverzeichniss.)

Klohss, Diss. de myelitide. Halis 1820. Hufeland's Journ. XVI. 1823. — Funk. Die Rückenmarksentzündung. Bamberg 1825. — Henoch, Schmidt's Jahrb. Bd. 29. 1846. — Evans Reeves, Diseases of the spinal cord and its membranes. Monthly Journ. of med. 1855. p. 506; Edinb. med. Journ. 1855 56. p. 129 and 302. — Noetel. De meningitide spinali. Diss. Berlin. 1861. — Beaumetz, Méning. spinale, suivie de roideur des extrém. infér. Gaz. des hôp. 1861. No. 129. — Brown-Séquard, Lectures on the princ. forms of paral. of the lower extremities. London 1861. p. 66 etc. — Camerer, Ueber Meningitis spin. chronic. und deren Differentialdiagnose. Würtemb. Correspondenzbl. XXXII. 1862. — Jaccoud, Leçons de clinique médicale. 1867. p. 372—420. — Vulpian, Note sur un cas de méning. spinale et de sclérose corticale annulaire de la moelle ép. Arch. d. Physiol. II. p. 279. 1869. — Liouville, Étude anatomopathol. de la méningite cérébro-spin. tubercul. Arch. d. Phys. III. p. 490. 1870. — Stokes, Chronic inflammation of the spinal cord and its membranes. Dubl. Journ. of med. Sc. Vol. LVI. p. 62. 1873. — Bruberger, Fall von Meningit. syphilit. etc. Virch. Arch. 1874. Bd. 60.

Vgl. ausserdem v. Ziemssen, Meningit. cerebrospin. epidemica in Band II. 2. Abth. dieses Handbuchs und die reichen Literaturangaben daselbst.

Die Entzündung der weichen Rückenmarkshäute ist die wichtigste und häufigste unter den meningealen Erkrankungen: an sie denkt man, wenn von Spinalmeningitis schlechtweg gesprochen wird. Alle Arbeiten früherer Autoren beziehen sich vorwiegend auf sie. Aber man hat auch unter diesem Namen sehr vieles zusammengeworfen, was von der Meningitis entschieden getrennt werden muss, oder was gleichzeitig mit ihr vorkommt. Erst künftigen Untersuchungen wird es gelingen, das Gebiet der Meningitis schärfer, als dies bis jetzt geschehen ist, von dem Gebiet der Myelitis abzugrenzen. Das wird nur durch genaue histologische Untersuchungen des R.-M. mit Hülfe der neueren Untersuchungsmethoden in Fällen von Meningitis möglich sein. Darüber liegt bis jetzt sehr wenig positives vor.

Es erscheint a priori kaum denkbar, dass eine irgend erhebliche Entzündung der Pia mater verlaufen könnte, ohne das R.-M. selbst in höherem oder geringerem Grade mitzuafficiren. Die Pia liefert die Gefässe für das ganze R.-M., von ihr gehen die Fortsätze aus, welche dessen Bindegewebsgerüste bilden — alle Entzündungsreize also, welche das Gefässgebiet der Pia treffen, müssen wohl auch mehr oder weniger in den Gefässen des R.-M. empfunden werden, und wenn einmal ein krankhafter Process in dem Bindegewebe der Pia etablirt ist, ist schwer abzusehen, warum er sich nicht auch eine Strecke weit in das R.-M. hinein propagiren sollte.

Allerdings wird man eine gewisse Selbständigkeit der beiden Gewebsterritorien — der Pia und des Rückenmarks — bis zu einem bestimmten Grade anerkennen müssen, da beide unabhängig von einander erkranken können; dies ist wenigstens für das R.-M. selbst über jeden Zweifel festgestellt; und es legt dies den Gedanken nahe, dass die nervösen Elemente selbst nicht ohne Einfluss auf die Erkrankungen sind, dass sie primär erkranken können, oder wenigstens bei der Auslösung und Localisation der Erkrankungen der Bindesubstanz in hervorragender Weise mitwirken.

Aber gerade für die Erkrankungen der Pia wird man sehr ernstlich jedesmal eine Mitbetheiligung des R.-M. ins Auge zu fassen haben. Dies ist bisher meines Erachtens viel zu wenig geschehen, und es hat besonders die pathologische Anatomie dieser Sache zu wenig Aufmerksamkeit geschenkt. Höchstens hat man eine Mitbetheiligung der durchtretenden Wurzeln an der Erkrankung constatirt, oder in sehr exquisiten Fällen ein Uebergreifen auf das R.-M. selbst. Aber systematisch und mit Hülfe verfeinerter Untersuchungsmethoden hat man die Sache bisher nur wenig untersucht. So sah Mannkopf

bei der epidemischen Cerebrospinalmeningitis reichliche Zelleninfiltration längs der Gefässe in das R.-M. selbst eindringen; Fronmüller fand bei derselben Krankheit Anfüllung des Centralcanals
mit Eiterzellen; Liouville sah bei der tuberkulösen Meningitis die
Tuberkelkörner auch in den Piafortsätzen, welche in die Spalten des
R.-M. eindringen; und Vulpian constatirte in einem Falle von me-
ningitischer Verdickung der Pia eine ringförmige Sklerose des R.-M.,
die besonders in die Hinterstränge tief eindrang, deren Verursachung
durch die Meningitis aber mindestens zweifelhaft ist.

Diese Lücke ist nun durch Untersuchungen von Dr. F. Schultze[1])
ausgefüllt worden, welche derselbe an drei Fällen von Leptomeningitis spinalis angestellt hat, und welche eine sehr erhebliche Betheiligung sowohl der Nervenwurzeln wie des R.-M. selbst an der
Entzündung darthun.

Das Wesentliche von den Ergebnissen dieser Untersuchungen
(einige weitere Details s. bei der pathol. Anatomie der acuten Meningitis) ist folgendes:

Die Nervenwurzeln befinden sich im Zustande ausgesprochener Entzündung (Zelleninfiltration, besonders in der Umgebung
der Gefässe, Nervenfasern selbst geschwellt, körnig, in beginnendem
Zerfall, Axencylinder geschwollen und körnig); die in das R.-M.
einstrahlenden Wurzelfaserbündel mehr oder weniger erheblich geschwellt. Im R.-M. selbst findet sich theilweise eine mehr oder
weniger tief eindringende periphere interstitielle Myelitis (Zellen-
und Kerninfiltration in der Neuroglia), theilweise auch wirkliche
parenchymatöse Myelitis in kleineren und grösseren Herden (enorm
geschwollene Axencylinder, Trübung und körniger Zerfall der Markscheide, zerfallende Axencylinder etc.). In der grauen Substanz
fanden sich ausser Andeutungen von ödematöser Schwellung der
Ganglienzellen keine deutlichen Veränderungen. Nur der Centralcanal erschien mit runden Zellen dicht ausgestopft, seine Umgebung
mit den gleichen Elementen weithin infiltrirt.

Es geht aus diesen Thatsachen unzweifelhaft hervor, dass man
bei der pathogenetischen Beurtheilung der Symptome der Leptomeningitis spinalis einen etwas andern Standpunkt einzunehmen hat
als dies bisher meist der Fall war. Es ist an und für sich klar,

---

1) Berl. klin. Wochenschr. 1876. Nr. 1. Herr Dr. Schultze hat mir selbst
die Einsicht seiner hierher gehörigen mikroskopischen Präparate gestattet und es
ist mir eine angenehme Pflicht, die vielfache Förderung, welche mir durch freund-
liche Mittheilung seiner zahlreichen und vorzüglichen Präparate zu Theil geworden
ist, hier dankbarst anzuerkennen.

dass die Entzündung der Pia an sich keine sehr hervorragenden
Erscheinungen machen kann; bei ihrem Nervenreichthum wird sie
vorwiegend Schmerz und die daraus resultirenden Reflexerscheinun-
gen erzeugen können. Aber die hauptsächlichsten und wesentlichsten Symptome werden von der Betheiligung der Nervenwurzeln und
des R. M. selbst abzuleiten sein; und man wird deshalb wohl zu
unterscheiden haben zwischen rein meningealen und rein spinalen,
und endlich den von den Wurzeln ausgehenden Symptomen.

Es wird Sache einer verfeinerten klinischen Beobachtung sein,
diese Symptomenreihe von einander trennen und unterscheiden zu
lernen.

Diese Bemerkungen glaubte ich vorausschicken zu sollen, um
das bessere Verständniss der meningitischen Symptome zu erleichtern und auf die Lücken in unsern Kenntnissen über dieselben hinzuweisen.

Eine Trennung der Entzündung der Pia, der sog. Perimyelitis,
von der Arachnitis halte ich aus pathologisch-anatomischen und praktischen Gründen nicht für durchführbar.

Endlich halte ich es für praktisch am zweckmässigsten, trotz
der zahlreich vorliegenden Verschiedenheiten in der Erscheinungs-
form der Leptomeningitis spinalis, nur nach dem Verlaufe zwei
Hauptkategorien derselben zu unterscheiden: die acute und die
chronische Form.

a. *Leptomeningitis spinalis acuta.*

Wir verstehen darunter eine unter stürmischen Erscheinungen eintretende, fieberhafte Entzündung der weichen Rückenmarkshäute — der Pia und Arachnoidea spinalis
—, welche vorwiegend durch eitrig-fibrinöses, seltener serös-fibri-
nöses Exsudat charakterisirt ist. Die Krankheit tritt am häufigsten
in epidemischer Form und in Begleitung der gleichen Affection der
Gehirnhäute, als epidemische Cerebrospinalmeningitis, auf, kommt
aber, wenngleich seltener, auch sporadisch vor. Gerade diese spo-
radische Form soll uns hier vorwiegend beschäftigen.

Aetiologie und Pathogenese.

Die Prädisposition zu der acuten Spinalmeningitis ist eine
ziemlich verbreitete, wenn auch die einzelnen Momente, auf welchen
dieselbe beruht, noch nicht hinreichend gekannt sind. Man weiss,
dass die Krankheit mit Vorliebe Personen kindlichen und jugend-

lichen Alters und männlichen Geschlechts befällt; dass sie bei vorhandener Anlage zur Scrophulose und Tuberkulose öfter vorkommt;
dass besonders aber alle möglichen schwächenden Potenzen (schlechte
Wohnung, ungenügende Ernährung, sexuelle und andere Excesse
u. dgl.) eine erhöhte Disposition zu derselben bedingen. Ueber die
Art und Weise der Wirkung dieser Momente auf die spinalen Meningen wissen wir jedoch nichts Genaueres.

Unter den veranlassenden Ursachen spielt jedenfalls die
Erkältung eine hervorragende und wohlconstatirte Rolle. Es ist
zur Genüge oft beobachtet worden, dass Schlafen auf feuchter Erde,
auf Schnee, dass die Einwirkung kalten Zugwindes auf den schwi-
tzenden Rücken, dass ein unvermutheter Fall ins Wasser u. dgl. zum
Ausbruch acuter Leptomeningitis führten. Aber hier, wie bei den
meisten durch Erkältung entstandenen Entzündungen innerer Organe
wissen wir über den feineren Mechanismus des ganzen Vorganges
nichts sicheres.

Die Einwirkung der Sonnenhitze, Insolation, auf den Rücken
ist eine noch höchst zweifelhafte Entstehungsursache der acuten
Spinalmeningitis.

Dagegen bilden traumatische Einwirkungen eine unzweifelhaft sehr ergiebige Quelle derselben. Man hat sie entstehen sehen
nach einfachen Erschütterungen der Wirbelsäule (z. B. beim Sturz
von einer Treppe); bei Schuss-, Hieb- und Stichverletzungen der
Wirbelsäule und ihres Inhaltes; bei Wirbelluxationen und -Fracturen;
in Folge der Operation der Spina bifida u. s. w.

Entzündungen und andere Erkrankungen der benachbarten Theile setzen sich nicht selten auf die Spinalmeningen fort und rufen in diesen Entzündung hervor: so Caries der
Wirbel, acute Entzündungen der Dura spinalis und des extrameningealen Zellgewebes; tiefgreifender Decubitus, der bis in die Kreuz-
beinhöhle vordringt; Durchbruch von Lungencavernen in die Wirbel-
höhle; Carcinom der Wirbel; endlich auch acute Entzündungen des
R.-M. selbst, welche sich auf die Pia verbreiten. Speciell gehört
hierher als eines der häufigsten Momente die acute Entzündung
der Pia cerebralis, welche sich sehr gewöhnlich mit der spinalen Form complicirt. Diese Verbreitung ist bedingt durch die
offene Communication der Schädel- und Rückgratshöhle, durch die
anatomische Continuität der Meningen, durch den Strom der Cerebrospinalflüssigkeit, durch die nach dem Gesetz der Schwere erfolgende
Senkung der Entzündungsproducte, Extravasate u. dgl. in die Rückgratshöhle, welche hier als Entzündungsreiz wirken; endlich wohl

auch durch Ursachen, welche gleichzeitig die cerebralen und spinalen Meningen irritiren. So ist es leicht verständlich, dass die Entzündung der Pia cerebralis sich so häufig nach abwärts auf die Pia spinalis fortsetzt.

Ganz regelmässig scheint nach neueren Erfahrungen bei der tuberkulösen Basilarmeningitis das gleichzeitige Vorhandensein einer tuberkulösen Spinalmeningitis beobachtet zu werden. Daher das Auftreten spinaler Symptome bei dieser Krankheit.

Ausser früheren Angaben von Weber[1]) und Bierbaum[2]), die wenig Beweiskraft besitzen, sind besonders 3 Fälle von Köhler[3]) hier bemerkenswerth, welche das Zusammenvorkommen von Piatuberkulose im Hirn und R.-M. erweisen. Ferner 2 Fälle, welche derselbe Autor in seiner Monographie[4]) aufführt. In neuerer Zeit erklärt Liouville dies Vorkommen für ein ganz regelmässiges und hat es in zahlreichen Fällen jedes Mal gesehen. Auch in den oben erwähnten 3 Fällen von F. Schultze hatte jedes Mal die Spinalpia an der cerebralen Erkrankung Theil genommen. Auch Leyden[5]) theilt einen hierher gehörigen Fall mit, ohne genauere Angaben über die Häufigkeit des Vorkommens zu machen. Jedenfalls ist dasselbe ein viel häufigeres, als man bisher angenommen hat.

Zu den mehr oder weniger zweifelhaften Ursachen der acuten Spinalmeningitis gehören die Dentition, unterdrückte Fussschweisse, Ausbleiben der Menses und von Hämorrhoidalblutungen, Verschwinden von acuten Exanthemen etc.; obgleich in der älteren Literatur für alles dies Beispiele angeführt werden.

Die Krankheit tritt ferner hie und da auf in Begleitung oder in der Reconvalescenz fieberhafter Erkrankungen (Pneumonie, acuter Gelenkrheumatismus u. s. w.) oder infectiöser Krankheiten (acute Exantheme, Cholera, Typhus u. s. w.). Doch scheint dies vorwiegend für die epidemische Form zu gelten. — Im Puerperium hat Köhler wiederholt das Auftreten acuter Spinalmeningitis beobachtet.

Endlich sind epidemisch-infectiöse Einflüsse zu nennen. Diejenige Form der Spinalmeningitis, welche in Begleitung von Cerebralmeningitis unter dem Einflusse eines noch unbekannten Infectionsstoffes entsteht und in dem Laufe dieses Jahrhunderts als

---

1) Deutsche Klinik 1852. Nr. 34. S. 350.
2) Journ. f. Kinderkrankh. Bd. 26. S. 355. 1856.
3) Ebendaselbst Bd. 32. 1859. S. 409.
4) l. c. S. 127.
5) l. c. S. 438.

epidemische Cerebrospinalmeningitis wiederholt eine grosse
Verbreitung erlangt hat, ist weitaus die häufigste und wichtigste.
Wir haben hier jedoch nur zu verweisen auf die vortreffliche Dar-
stellung dieser Krankheit durch v. Ziemssen im II. Bande dieses
Handbuchs.

Gauné[1] berichtet von dem epidemischen Auftreten einer leicht
und günstig auftretenden (theilweise sich nicht über die Erscheinungen
einer Rückenmarkshyperämie erhebenden) Meningitis spinalis in einem
Mädchenpensionat. Die nähere Ursache blieb unbekannt.

Pathologische Anatomie.

Der Befund bei der acuten Spinalmeningitis ist je nach dem
Stadium der Krankheit ein verschiedener. Man wird im Grossen
etwa drei Stadien unterscheiden können, die natürlich unmerk-
lich ineinander übergehen: ein 1. Stadium der Hyperämie und
beginnenden Exsudation, ein 2. Stadium der serös- oder
eitrig-fibrinösen Exsudation; und ein 3. Stadium der Resorption oder anderweitiger Ausgänge. Am häufigsten
kommt das zweite Stadium zur Beobachtung, das erste weit seltener
(besonders bei der fulminanten Form der epidemischen Cerebrospinalmeningitis).

Im ersten Stadium erscheint die Pia hochgradig hyperämisch,
rosig bis dunkelroth geröthet, sammtartig gewulstet, hier und da
von grösseren und kleineren Blutpunkten und Ekchymosen durchsetzt;
ihre Gefässe in hohem Grade mit Blut überfüllt. Das Gewebe selbst
succulent, geschwellt, serös durchfeuchtet, die Cerebrospinalflüssigkeit leicht getrübt. — An diesen Erscheinungen nimmt die Arachnoidea in mehr oder weniger auffallender Weise Theil; die Hyperämie
erstreckt sich ferner gewöhnlich auch auf verschieden grosse Partien
der Dura und ist wohl auch in der Rückenmarkssubstanz selbst
nachzuweisen.

Allmälig geht nun die Sache in das zweite Stadium über:
die Durchfeuchtung des Gewebes nimmt zu, die Spinalflüssigkeit
wird mehr und mehr trübe, fibrinöse Flocken und Plättchen bilden
sich im subarachnoidealen Gewebe oder schlagen sich auf der Oberfläche der Dura nieder; die Pia erscheint mehr und mehr getrübt,
das subarachnoidcale Gewebe zu einer sulzigen, gallertigen Masse
geschwellt, die frühere Röthe wird dadurch mehr und mehr verdeckt.
Immer deutlicher tritt dann der eitrige Charakter der Exsudation
hervor: die Trübung nimmt zu, die Färbung wird mehr und mehr

---

[1] Arch. génér. 1858.

weissgelblich oder grünlichgelb und schliesslich ist die ganze Pia
und das subarachnoideale Gewebe gleichmässig eitrig infiltrirt. Die
Spinalflüssigkeit, zunehmend trüber, nimmt das Aussehen serös-
eitriger Flüssigkeit an, in welcher zahlreiche fibrinöse Flocken schwimmen, die in ähnlicher Weise auch die freien Oberflächen der Meningen bedecken. — In bestimmten Fällen erkennt man neben dem
Exsudat noch mehr oder weniger zahlreiche kleine, miliare, graue
oder weissgelbliche Knötchen, besonders längs der Gefässe, in der
Pia und Arachnoidea zerstreut, nicht selten auch in ziemlicher Anzahl die Oberfläche der Dura bedeckend (tuberkulöse Meningitis). Bei dieser Form pflegt das Exsudat mehr sulzig, serös, von
gelblicher Farbe zu sein und bietet selten das Bild der rein-eitrigen
Infiltration.

Die Ausbreitung dieses Exsudates ist in den einzelnen
Fällen eine sehr verschiedene: bald erstreckt es sich nur auf kleine,
bald auf grössere Stellen, meist aber ist es über den grössten Theil
oder über die ganze Länge des R.-M. verbreitet; vorwiegend ist es
die hintere Fläche des R.-M., welche an der Leiche damit bedeckt
erscheint — ohne Zweifel wegen der von den Kranken eingehaltenen
Rückenlage. Dass das Exsudat sich nicht selten und in sehr verschiedener Extensität auch auf die Gehirnhäute verbreitet, geht aus
dem oben Mitgetheilten hervor. Immer lässt sich dann ein directer
Zusammenhang der spinalen und cerebralen Exsudatmassen längs der
Hirnbasis nachweisen; doch ist nicht selten das Exsudat an der
Medulla oblongata auffallend spärlich.

Fast regelmässig ist eine Betheiligung der Arachnoidea
an der entzündlichen Exsudation zu constatiren. Sie erscheint getrübt und verdickt, serös oder eitrig infiltrirt, nicht selten von zahlreichen grauen Tuberkelkörnchen durchsetzt; in solchen Fällen ist
denn auch immer das subarachnoideale Bindegewebe in gleicher
Weise infiltrirt und zu einer mehr oder weniger dicken Exsudat-
schichte geschwellt, welche scheidenartig das R.-M. umgibt. —
Weniger constant ist die Betheiligung der Dura spinalis angegeben; doch wird sie vielfach hyperämisch, manchmal in entsprechender Ausdehnung getrübt und mit dünner, faserstoffig-eitriger
Exsudation bedeckt gefunden. In einzelnen Fällen hat man auch
peripachymeningitische Hämorrhagien gesehen.

Die Nervenwurzeln sind immer mehr oder weniger an den
entzündlichen Veränderungen betheiligt; sie sind in dichte Exsudatmassen eingehüllt, geschwellt, erweicht, ihre Faserung undeutlich,
ihre Consistenz vermindert.

Ueber das Verhalten des R.-M. selbst bei der Meningitis acuta sind die Angaben ziemlich dürftig: man hat es bald blass und ödematös, bald mehr hyperämisch, meistens aber erweicht gefunden; diese Erweichung kann eine mehr gleichmässige, oder sie kann eine disseminirte, auf einzelne Herde beschränkte sein; in einzelnen Fällen liess auch schon die makroskopische Betrachtung eine deutliche, eitrige Infiltration des R.-M. — in wechselnder Ausbreitung — erkennen.

Die mikroskopische Untersuchung lässt zunächst in den weichen Häuten des Rückenmarks alle Zeichen der exsudativen Entzündung erkennen: starke zellige Infiltration, besonders längs der Gefässe, strotzende Füllung der Capillaren, Quellung und Verbreitung der Bindegewebsbündel u. s. w. Die etwa vorhandenen Tuberkelkörner zeigen ihre charakteristischen histologischen Eigenthümlichkeiten und finden sich ebenfalls vorwiegend längs der Gefässe angeordnet. — Bei der Untersuchung der Nervenwurzeln fand F. Schultze die Wandungen der in den vordern und hintern Wurzeln verlaufenden Gefässe stark zellig infiltrirt und sah diese zellige Infiltration sich auch auf die Neuroglia fortsetzen. Die einzelnen Nervenfasern in den Wurzeln erschienen zum Theil in der Art verändert, dass ihre Markscheide getrübt und körnig aussah, dass die Axencylinder erheblich geschwellt und in körnigem Zerfall begriffen waren. Die in das R.-M. einstrahlenden Wurzelbündel erschienen so an vielen Stellen breiter und verdickt und liessen sich eine Strecke weit in das R.-M. hinein verfolgen, um in der Nähe der grauen Substanz allmälig wieder normale Dimensionen und normales Aussehen anzunehmen.

Am Rückenmarke selbst konnte F. Schultze zweierlei unterscheiden: entweder eine vorwiegend die Neuroglia betreffende Zellen- und Kerninfiltration, ohne · deutliche Betheiligung der Nervenfasern selbst, und nur auf die peripheren Schichten des Marks beschränkt (periphere interstitielle Myelitis), oder eine vorwiegende Betheiligung der Nervenfasern selbst an den entzündlichen Vorgängen (parenchymatöse Myelitis), so dass deutliche myelitische Herde von verschiedener Ausdehnung und Lage zu erkennen waren. So fanden sich auf dem Querschnitt schmale, keilförmige, mit der Spitze gegen das Centrum gerichtete entzündliche Herde von verschiedener Längsausdehnung, besonders in den Seitensträngen. Nicht minder konnten diffus über den ganzen Querschnitt des R.-M. verbreitet einzelne entzündlich geschwellte Nervenfasern wahrgenommen werden. Dagegen fanden sich an den Gefässen des R.-M. selbst keine wesentlichen Veränderungen; auch an der grauen Substanz war ausser einer wie ödematösen Schwellung mancher Ganglienzellen nicht viel Abnormes zu sehen; dagegen erschien regelmässig der Centralcanal obliterirt, mit rundlichen Zellen ausgestopft und seine Umgebung weithin mit ähnlichen runden Zellen infiltrirt.

Das zweite Stadium ist dasjenige, in welchem gewöhnlich der lethale Ausgang erfolgt; daher sind die diesem Stadium angehörigen anatomischen Veränderungen am genauesten bekannt. In den nicht lethal verlaufenden Fällen muss ein drittes Stadium anerkannt werden. In demselben kommen entweder die vorhandenen Veränderungen zur vollständigen Ausgleichung, es tritt vollständige Resorption ein — ein Vorgang, der selbstredend nur durch günstigen Zufall an der Leiche beobachtet werden kann; oder es bilden sich verschiedene bleibende Veränderungen aus, Residuen und Folgezustände des abgelaufenen acuten Processes, die eine sehr verschiedene Bedeutung haben können und nicht selten in mehr chronischer Weise sich fortentwickeln. Am häufigsten sieht man bleibende Trübungen und Verdickungen der weichen Häute nach acuter Meningitis zurückbleiben; nicht selten Verwachsungen derselben untereinander und mit der Dura; stärkere Ansammlung von Flüssigkeit im Arachnoidealraum (Hydrorrhachis); seltener entwickeln sich im R.-M. selbst chronisch weiter schleichende Processe: Sklerose und Atrophie des R.-M., theils einzelne Stränge desselben befallend, theils inselförmig nur einzelne Herde, theils mehr diffus den ganzen Markquerschnitt ergreifend. — So sind es also entweder fortschreitende chronisch meningitische oder myelitische Vorgänge, welche in perniciöser Weise sich an die acute Spinalmeningitis anschliessen, oder aber jene mehr harmlosen bleibenden Veränderungen (Trübungen, Verdickungen, Kalkplättchen etc.), welche so oft in der Leiche gefunden werden, ohne sich während des Lebens durch besondere Symptome verrathen zu haben.

Die anatomischen Veränderungen der übrigen Körperorgane bei der acuten Spinalmeningitis bedürfen hier keiner besonderen Schilderung. Sie sind je nach dem Verlauf und der Art des Todes verschieden, ohne irgendwie etwas besonderes zu bieten. Die wichtigsten unter denselben haben bereits im II. Bande bei der epidemischen Cerebrospinalmeningitis ihre genügende Würdigung gefunden.

Symptomatologie.

So charakteristisch auch das Krankheitsbild der acuten Spinalmeningitis an sich ist, so selten wird es doch rein und isolirt angetroffen; besonders häufig ist es die gleichzeitige Betheiligung der Pia cerebralis, welche das Krankheitsbild complicirt und die genauere Deutung der einzelnen Symptome erschwert. Doch wird man meist bei einiger Aufmerksamkeit und Erfahrung das Bild der Meningitis spinalis aus der Gesammtheit der Erscheinungen loslösen können.

Allgemeines Krankheitsbild. Der Beginn der acuten Spinalmeningitis ist meist ein plötzlicher; nicht selten tritt die Krank-

heit sofort mit fulminanten Erscheinungen auf. — Nur in einer Minderzahl von Fällen werden deutliche und ausgesprochene Vorboten
constatirt: eine allgemeine Mattigkeit und Missstimmung bemächtigt
sich der Kranken, leichtes Frösteln und geringe gastrische Beschwerden, flüchtige Kopf- und Rückenschmerzen, Unruhe und Schlaflosigkeit gehen kürzere oder längere Zeit dem Ausbruche ernsterer Erscheinungen voraus.

Der eigentliche Beginn der Krankheit markirt sich meist durch
einen mehr oder weniger intensiven Frost, an welchen sich unmittelbar lebhafte Fiebererscheinungen anschliessen: die Körpertemperatur ist erhöht, zeigt aber keine Regelmässigkeit ihrer Curve,
der Puls ist voll, hart, beschleunigt, sehr selten schon im Anfang
verlangsamt. Erbrechen und schwere Gehirnsymptome werden nur
bei der cerebrospinalen Form beobachtet.

Sehr bald treten die schmerzhaften Erscheinungen in den Vordergrund des Krankheitsbildes: vor allem ist es ein intensiver, tief-
sitzender, bohrender Rückenschmerz, der zu lebhaften Klagen
Veranlassung gibt. Er kann, je nach der Localisation der Entzündung,
verschiedenen Sitz (im Kreuz, Rücken oder Nacken) und verschiedene Ausbreitung haben, wird weniger durch Druck auf die Dornfortsätze, als vielmehr durch Bewegungen der Wirbelsäule und der
Extremitäten gesteigert; er ist meist sehr heftig, aber remittirend;
von seinem Sitze aus ziehen schmerzhafte Empfindungen reifartig
um den Rumpf, oder verbreiten sich über die Extremitäten, dieselben
nach allen Richtungen durchdringend. Dadurch werden alle Bewegungen äusserst schmerzhaft.

Mit dem Rückenschmerz verbindet sich regelmässig und in charakteristischer Weise eine hochgradige Steifigkeit der Wirbel-
säule, welche entsprechend der Höhe der Erkrankung am meisten
ausgesprochen ist. Am bekanntesten ist die bei der epidemischen
Form so constante Nackenstarre; bei tieferem Sitze der Erkran-
kung kann besonders die Lendenwirbelsäule von der schmerzhaften
Steifigkeit befallen sein, und bei diffuser Erkrankung kann diese durch
Muskelspannung und Contractur bewirkte Rückensteifigkeit die ganze
Wirbelsäule betreffen und eine täuschende Aehnlichkeit mit tetanischem
Krampfe bedingen.

Ganz analoge Erscheinungen finden sich auch an den Muskeln
der Extremitäten: schmerzhafte Spannung und Steifigkeit derselben,
nicht selten zu hochgradiger Contractur gesteigert, so dass die Glieder steif und unbeweglich erscheinen; hie und da werden sie von
krampfhaften Zuckungen in Bewegung gesetzt, die für den Kranken

äusserst schmerzhaft sind, einige Aehnlichkeit mit tetanischen Krämpfen haben, aber nur selten sich zu allgemeinen Convulsionen steigern. Solche Zuckungen einzelner Muskeln treten besonders bei Bewegungsversuchen mit denselben auf.

Die Haut der Extremitäten und des Rumpfes, so weit die Wurzeln ihrer sensiblen Nerven in das Bereich der entzündeten Partie fallen, zeigt einen hohen Grad von Hyperästhesie, so dass jede Berührung, jede Bewegung den Kranken Schmerzensäusserungen entlockt, selbst in Fällen wo ihr Bewusstsein erheblich getrübt ist. Nicht minder scheint auch in vielen Fällen deutliche Hyperästhesie der Muskeln nachweisbar zu sein.

Die Reflexthätigkeit pflegt im Beginne erhöht zu sein, im weiteren Verlaufe aber zu sinken.

Zu diesen Symptomen von Seiten der sensiblen und motorischen Sphäre gesellen sich frühzeitig Störungen der Harn- und Kothentleerung: diese Entleerungen werden behindert, zurückgehalten — wie man meist annimmt durch krampfhafte Zustände in den Sphincteren; häufig sind künstliche Mittel erforderlich, um sie in Gang zu erhalten.

Störungen der Brustorgane treten nur dann auf, wenn die Entzündung den Cervicaltheil befällt oder im weiteren Verlaufe erreicht. Dann treten Athmungsbeschwerden ein, bedingt durch die Rigidität und Schmerzhaftigkeit der Athemmuskeln; in den höheren Graden treten ernstere dyspnoische Erscheinungen ein, welche zur vollständigen Asphyxie sich steigern können. Auch Störungen der Herzthätigkeit (hochgradige Pulsverlangsamung oder Pulsbeschleunigung) können sich dazu gesellen.

Die nicht seltenen Gehirnerscheinungen, wie Schwindel, heftiger Kopfschmerz, Delirien, Bewusstlosigkeit, Coma u. s. w. gehören wohl zumeist den complicirten Fällen an, in welchen mehr oder weniger ausgesprochene Betheiligung der Gehirnpia vorhanden ist. Sie können frühzeitig erscheinen, oder erst im Verlauf der Krankheit eintreten und deuten in den höheren Graden nicht selten den lethalen Ausgang an.

Im weiteren Verlaufe können die geschilderten Reizungserscheinungen mehr und mehr zurücktreten und treten nun deutlichere Lähmungserscheinungen auf; beide Erscheinungsreihen können sich aber auch mannigfach vermischen. Es kommt zu Paresen und Paralysen: die Unbeweglichkeit der Glieder wird nicht mehr durch die Muskelspannung, sondern durch motorische Schwäche bedingt; es kommt zu Lähmungserscheinungen von Seiten der Blase; die Sensibilität der Haut stumpft sich ab, und es können selbst höhere Grade von Anästhesie eintreten; schliesslich kann Lähmung des Respirationsapparats zu höchst bedrohlichen Erscheinungen führen.

Haben die Krankheitserscheinungen einmal diese Höhe erreicht, so kann unter raschem Wachsen der Intensität aller Erscheinungen fortschreitende Verschlimmerung und ein baldiger Tod eintreten; derselbe erfolgt meist in tiefem Coma durch fortschreitende Lähmung der Respiration und Circulation, nicht selten mit hochgradiger Steigerung der Körpertemperatur in der Agone.

Andere Male gewinnt die Sache einen mehr protrahirten Verlauf; die Heftigkeit der Erscheinungen mildert sich, trügerische Zeichen von vorübergehender Besserung treten ein, aber im Ganzen schreitet die Krankheit fort, es gesellen sich schwere Lähmungserscheinungen, Decubitus u. s. w. hinzu und es tritt erst nach langen Leiden der Tod ein. Wohl immer ist dabei eine secundäre Betheiligung des R.-M. selbst anzunehmen.

Oder aber die Sache wendet sich zum Bessern: in leichten Fällen oft wunderbar rasch und mit kurzer Reconvalescenz, in schwereren Fällen dagegen immer sehr allmälig und mit vielfachen Schwankungen. Die Reconvalescenz ist langwierig, die Kräfte heben sich nur langsam, die abnorme Reizbarkeit schwindet nur sehr allmälig, und die Kranken bedürfen sehr lange Zeit der Schonung. Nicht selten bleiben einzelne unheilbare Residuen zurück: Lähmung und Atrophie einzelner Muskeln und Muskelgruppen, oder ganzer Extremitäten, Contracturen, Anästhesien u. dgl. Auch Zeichen von zurückgebliebener Degeneration und Sklerose einzelner Rückenmarksstränge können nachträglich fortbestehen.

Würdigung einzelner Symptome. Zu den constanten und wichtigsten gehört unstreitig der Rückenschmerz. Er ist meist sehr heftig, tiefsitzend, bohrend und spannend, mehr oder weniger verbreitet und fehlt beinahe niemals. Besonders charakteristisch ist, dass er durch jede Bewegung des Rumpfs oder der Glieder hochgradig gesteigert wird, so dass schon hierdurch oft die Kranken zu absoluter Ruhelage genöthigt werden. Auch die mit der Harn- und Stuhlentleerung verbundenen Bewegungen steigern natürlich den Rückenschmerz. Dagegen wird er durch Druck auf die Wirbelsäule nicht immer gesteigert.

Dieser Rückenschmerz entsteht wohl durch die entzündliche Irritation der Nerven der Pia und Dura, durch Entzündung der hinteren Wurzeln und dadurch bedingte Hyperästhesie, schwerlich durch entzündliche Mitbetheiligung des R.-M. selbst.

Dieselbe Pathogenese haben wohl auch die selten fehlenden, reissenden und bohrenden, durch jede Bewegung gesteigerten Schmerzen in den Extremitäten. Ihr Sitz und ihre Ausbreitung entsprechen dem von der Entzündung befallenen Rückenmarksabschnitte.

Auf ähnliche Reizungsvorgänge in den motorischen Apparaten lassen sich die nicht minder häufigen und wichtigen Erscheinungen von Muskelspannung, Contracturen, Spasmen, Rückensteifigkeit, Nackenstarre u. s. w. zurückführen. Am meisten charakteristisch ist die Steifigkeit des Rückens und des Nackens: der Kopf ist nach hinten gezogen, der Rücken gestreckt, oft sogar opisthotonisch gekrümmt, steif und hart, besonders bei activen oder passiven Bewegungsversuchen. An den Extremitäten sind es besonders die Strecker, manchmal aber auch die Beuger, welche von der Starre befallen sind; dadurch erscheinen die Glieder oft steinhart und unbeweglich. — Diese Spannung lässt zeitweilig etwas nach, steigert sich besonders bei Bewegungsversuchen, scheint dagegen auf Reflexreize meist nicht erheblich zuzunehmen.

Die pathogenetische Erklärung dieser motorischen Reizerscheinungen steht noch nicht ganz fest. Man glaubt gewöhnlich, dass sie auf reflectorischem Wege entstünden durch die abnorme Reizung der hinteren Wurzeln, dass sie also als Reflexcontracturen aufzufassen seien. Das mag theilweise und für bestimmte Fälle richtig sein. Auch unterliegt es keinem Zweifel, dass die Muskelspannung halb willkürlich hervorgerufen oder doch gesteigert wird, um gegenüber der Schmerzhaftigkeit aller Bewegungen eine möglichste Immobilität des Körpers herbeizuführen. Aber das Hauptgewicht möchte ich doch auf die directe Reizung der motorischen Apparate selbst legen.

Es kann sich hier theils um entzündliche Reizung der vorderen Wurzeln, theils um Reizung der motorischen Bahnen in den Seitensträngen durch secundäre myelitische Herde (wie sie F. Schultze nachgewiesen hat) handeln. Wenn das letztere das richtige wäre, müsste man wohl an eine besonders günstige Lage der Fasern für die Rumpfmuskeln (etwa an der äusseren Peripherie der Seitenstränge) denken, um die Prävalenz der Starre in den Rücken- und Nackenmuskeln zu erklären. — Jedenfalls ist es für die Annahme directer Reizung der motorischen Apparate eine ganz interessante Bestätigung, dass Leyden[1]) in 2 Fällen im späteren Verlaufe Lähmung der Nackenmuskeln eintreten sah. — Es sind endlich die bei Bewegungs-

---

1) Klinik etc. I. S. 417.

versuchen oder auch spontan auftretenden klonischen Muskelzuckungen
am besten wohl durch directe Reizung der motorischen Bahnen zu
erklären.

Wie die fast constant vorhandene hochgradige Hyperästhesie
zu erklären sei, ist schwer zu sagen. Sie ist vorwiegend an der
Haut ausgesprochen, erstreckt sich aber auch auf die tieferen Theile
— Gelenke, Muskeln u. s. w. Sie kann so hochgradig sein, dass jede
leichte Berührung oder Lageveränderung dem Kranken die lebhaftesten Schmerzäusserungen entlockt, dass selbst ganz bewusstlose
Kranke zusammenzucken und abwehrende Bewegungen machen, wenn
man sie angreift. Ausserdem rufen alle willkürlichen Bewegungen
mit den hyperästhetischen Theilen lebhafte Schmerzen hervor. Am
intensivsten pflegt die Hyperästhesie an den unteren Extremitäten
und an der unteren Rumpfhälfte zu sein; weniger ausgesprochen und
seltener findet sie sich an den oberen Gliedmassen.

Wir sind bis jetzt nicht im Stande, etwas anderes als die Ursache dieser Hyperästhesie zu betrachten, als die entzündliche Reizung
der hinteren Wurzeln, vielleicht auch die Mitbetheiligung der weissen
Stränge des R.-M. selbst an der Entzündung. Freilich ist damit
wenig genug erklärt.

Unserem Verständnisse zugänglicher sind dagegen die vorwiegend
im späteren Verlaufe vorkommenden Anästhesien und Lähmungen. Sie kommen in sehr verschiedener Form und Ausbreitung
vor: als Lähmung einzelner Muskeln und Muskelgruppen, mit oder
ohne gleichzeitige Atrophie; als Lähmung einer ganzen (unteren)
Extremität oder in Form von Paraplegie; seltener auf die oberen
Extremitäten verbreitet oder gar auf diese beschränkt. Bei der Complication mit der cerebralen Meningitis sind Lähmungen einzelner
Gehirnnerven, Sinnesstörungen u. s. w. nicht selten. Diese Lähmungen sind mehr oder weniger hartnäckig, oft leicht und rasch
mit der fortschreitenden Genesung schwindend, andere Male nur sehr
langsam sich bessernd, häufig endlich auch ganz unheilbar: und
daraus ergeben sich schon gewisse Anhaltspunkte für die Bestimmung der zu Grunde liegenden Störung.

Wir gehen wohl nicht fehl, wenn wir für die Mehrzahl dieser
sensiblen und motorischen Lähmungen die nachgewiesene hochgradige Erkrankung der hinteren und vorderen Wurzeln verantwortlich machen. Es bedarf wohl keiner ausführlichen
Auseinandersetzung, um klar zu machen, dass jene Schwellungen
und Trübungen der Nervenfasern und Axencylinder sehr leicht einen
Grad erreichen können, der mit einer weiteren Function derselben

nicht verträglich ist; dass die plastische Infiltration des Neurilemm
die Wurzelfasern so comprimiren kann, um sie leitungsunfähig zu
machen; und dass die Einbettung der zarten Wurzelbündel in ein
fibrinöses Exsudat von irgend erheblicher Mächtigkeit die Function
der Wurzeln sehr leicht vernichten wird. Es ist aber ferner auch
möglich, dass die myelitischen Herde in den weissen Strängen des R.-M. selbst, besonders in den Seitensträngen, im weiteren
Verlaufe bedrohlich für verschiedene Leitungsbahnen werden und
dadurch Lähmungen erzeugen. Und es darf endlich auch daran
gedacht werden, dass die Ansammlung eines erheblichen
flüssigen Exsudats im Sacke der Dura sowohl das R.-M.
selbst wie die von ihm abgehenden Wurzeln dermassen comprimiren kann, dass Lähmungen entstehen. An diese letztere Ursache
wird man freilich nur unter ganz bestimmten Verhältnissen, besonders bei mehr diffusen und nicht sehr hochgradigen Lähmungen,
denken dürfen.

Die Erscheinungen von Seiten der vegetativen Organe sind weniger
constant und nicht immer leicht zu deuten; sind uns ja doch ihre
Beziehungen zum R.-M. noch in vielen Punkten unklar!

Von Seiten des Harnapparats ist in den ersten Stadien ein
häufiger Harndrang bei vorhandener Ischurie oder völliger Retention
des Harns häufig beobachtet worden; man hat sich gewöhnt, diese
Erscheinungen als Folge eines (directen oder reflectorischen) Krampfes des Blasensphincters aufzufassen. Im späteren Verlauf kommt
es nicht selten zu ausgesprochener Blasenschwäche und Blasenlähmung, meist in Begleitung paraplegischer Zustände. Für ihre Erklärung sind dieselben Momente herbeizuziehen wie für die Erklärung der motorischen Lähmungen; der Mechanismus der einzelnen
Lähmungsformen ist der im allgemeinen Theile (S. 78 ff.) angegebene.

Die Beschaffenheit und Menge des Harns selbst richtet sich
wie es scheint zumeist nach dem Grad und der Höhe des Fiebers:
anfangs saturirt, dunkel, spärlich, durch harnsaure Salze getrübt,
wird er späterhin reichlich, hellgefärbt, klar. — In nicht wenigen
Fällen (besonders bei der epidemischen Form) hat man aber auch
von Beginn an eine ungewöhnliche Polyurie bemerkt und ist geneigt, dieselbe auf directe, vom R.-M. ausgehende nervöse Anregung
der Secretion zurückzuführen; ebenso die in seltenen Fällen beobachtete Mellituurie.

Im Verdauungsapparat zeigt sich ausser den jede fieberhafte Erkrankung begleitenden Störungen am regelmässigsten Stuhlverstopfung, welche von Köhler auf Krampf der Darmmuscu-

latur und dadurch verursachte Behinderung der Peristaltik und auf
die krampfhafte Spannung der Bauchmuskeln zurückgeführt wird.
Das mag für die ersten Stadien richtig sein; späterhin ist wohl mehr
an die bei so vielen Spinalerkrankungen vorkommende Trägheit und
Schwäche der Darmperistaltik zu denken. — Der Leib ist meist
eingezogen und gespannt; Auftreibung und Meteorismus kommen
selten vor; ebenso Diarrhöe. — Das manchmal auftretende Erbrechen ist wohl immer auf die Localisation des Processes an
der Schädelbasis zu beziehen, kommt deshalb am häufigsten bei
der cerebrospinalen Meningitis vor.

Der Respirationsapparat betheiligt sich bei allen schwereren
Formen der Spinalmeningitis, besonders aber bei den im Cervicaltheil localisirten, in auffallender Weise. Die verschiedenen Grade
der Respirationsbeschleunigung und -Erschwerung bis zur hochgra-
digsten Dyspnöe und zur schliesslichen Asphyxie kommen vor. Als
erklärende Momente müssen herbeigezogen werden: die Reizung der
cervicalen Wurzeln und die dadurch bedingte krampfhafte Spannung
und Unbeweglichkeit der Respirationsmuskeln — oder in den späteren
Stadien die Lähmung eben dieser Apparate; die Reizung — eventuell
Lähmung der respiratorischen Bahnen in den Seitensträngen des
Halsmarks; und endlich die directe Erkrankung der Medulla oblongata und der in ihr liegenden Respirationscentren. — Gegen das
lethale Ende hin hat man wiederholt die Cheyne-Stokes'sche
Respiration beobachtet — wahrscheinlich immer ein Zeichen, dass
die entzündliche Exsudation das verlängerte Mark erreicht hat [1]).

Die Störungen von Seiten des Circulationsapparates sind
noch wenig studirt und wegen ihrer complicirten Entstehungsweise
schwer zu deuten. Sie hängen zunächst und zumeist von dem Fieber
ab. Erhöhte Pulsfrequenz ist die Regel; doch kommt auch Verlangsamung desselben, besonders bei cerebralen Complicationen,
nicht selten vor; grosse Unregelmässigkeit in Frequenz und Rhyth-
mus kommen häufig zur Beobachtung; in lethalen Fällen steigt gegen
das Ende hin mit der Körpertemperatur die Pulsfrequenz manchmal
bis ins Unzählbare. Es mag dem Leser überlassen bleiben, sich aus
unsern physiologischen Kenntnissen über die Innervation des Herzens
vom R.-M. und verlängerten Mark aus für jeden einzelnen Fall eine
passende Erklärung der vorhandenen Störungen zu construiren.

Das Verhalten der Pupille ist noch nicht hinreichend

---

1) Vergl. Erb, Arch. f. klin. Med. I. S. 185. 1865. — Leyden, Klinik etc.
I. S. 421.

studirt, lässt auch selten eine unzweifelhafte Deutung zu. Auffallende Verengerung derselben kommt vor ebenso wie einseitige oder doppelseitige Erweiterung.. Es wird sich aber nicht immer leicht entscheiden lassen, ob Lähmung oder Reizung der oculopupillären Fasern im Halsmark die Ursache dieser Störungen ist und ob nicht der Oculomotorius auch seinen Antheil daran habe.

Die gelegentlich bei der Meningitis spinalis und regelmässig bei der Men. cerebrospinalis vorkommenden Gehirnerscheinungen (Delirien, Coma, allgemeine Convulsionen, epileptiforme Anfälle, Trismus, Zähneknirschen, Störungen der Sinnesorgane, Krampf und Lähmung einzelner Hirnnerven, Erbrechen, Schlaflosigkeit, Verlust der Sprache, Schwindel u. s. w.) seien hier nur erwähnt, da sie sowohl bei der epidemischen Cerebrospinalmeningitis (Band II. 2.) wie bei der Meningitis cerebralis (Band XI. 1.) ihre ausreichende und eingehende Würdigung und Deutung erfahren haben.

Das Fieber ist bei der sporadischen Spinalmeningitis noch wenig eingehend studirt. Es scheint die Temperaturcurve eine sehr irreguläre zu sein, hohe Temperaturen bezeichnen meist den Beginn; weiterhin pflegen erhebliche Schwankungen einzutreten, die auch in die beginnende Reconvalescenz hinein sich fortsetzen. In lethalen Fällen beobachtet man oft agonale Temperatursteigerungen. Ueber das Fieber bei der epidemischen Form siehe die Abhandlung von v. Ziemssen im II. Bande.

Pathologische Hauteruptionen (Herpes, Roseola, Petechien, Erythema, Urticaria, Erysipelas etc.) scheinen nur bei der epidemischen Form eine gewisse Constanz und grössere Bedeutung zu besitzen; wir verweisen deshalb auf den betreffenden Abschnitt.

Die allgemeine Ernährung leidet meist in erheblichem Grade, rasche und hochgradige Abmagerung tritt ein, bedingt durch die Höhe und Dauer des Fiebers, die ungenügende Nahrungszufuhr, die grosse Schmerzhaftigkeit und die Schlaflosigkeit. In schweren und langwierigen Fällen kann die Abmagerung einen sehr hohen Grad erreichen.

Es versteht sich von selbst, dass nicht in allen Fällen von acuter Spinalmeningitis sämmtliche im Vorstehenden erwähnte Symptome vorhanden sind. Das Krankheitsbild kann vielmehr in den einzelnen Fällen eine grosse Mannigfaltigkeit zeigen. Während freilich die hervorstechendsten Symptome in allen Fällen mehr oder weniger ausgesprochen sind, können aber durch das Hinzutreten der übrigen, nicht constanten Erscheinungen zahlreiche Varietäten des Krankheitsbildes entstehen, die wir unmöglich alle hier aufzählen können. Es genüge, darauf hinzuweisen, dass durch Alter und Constitution der Individuen erhebliche Verschiedenheiten im Krankheitsverlauf bedingt sein können, dass die ätiologischen Momente gelegentlich von Einfluss auf das Krankheitsbild sind; dass nothwendige oder zufällige Complicationen mit Entzündungen der Hirnhäute, mit Entzündungen und anderweitigen Erkrankungen der verschiedensten inneren Organe das Krankheitsbild erheblich zu modificiren im Stande sind; und dass endlich der Sitz der Entzündung in verschiedener Höhe des R.-M. das Symptomenbild in charakteristischer Weise verschieden gestaltet.

Gerade in Bezug auf diesen letzteren Punkt seien hier kurz die hauptsächlichsten Merkmale der verschiedenen Localisationen im Lenden-, Brust- oder Halstheil des R.-M. angeführt:

Bei vorwiegendem Ergriffensein des Lumbaltheils der Pia haben wir: Lenden- und Kreuzschmerz, Steifheit des untern Abschnitts der Wirbelsäule, ausstrahlende Schmerzen nach dem Hypogastrium und den untern Extremitäten, Krampf- und Lähmungserscheinungen nur in diesen, hochgradige Blasenbeschwerden u. s. w.

Ist der Dorsaltheil mitergriffen, so reichen die schmerzhaften Empfindungen am Rumpf weiter hinauf, Rückenschmerz und Rückensteifheit gehen bis zur Schulterhöhe, Störungen der Respiration, Präcordialangst u. dgl. machen sich bemerklich, während die Erscheinungen in den untern Extremitäten fortbestehen.

Erstreckt sich der Process auch auf den Cervicaltheil, so gesellen sich zu den charakteristischen Symptomen die Nackenstarre, excentrische Erscheinungen auch in den oberen Extremitäten, hochgradige Respirationsstörungen, Beschwerden beim Schlingen, Anomalien der Herzthätigkeit, Pupillenerscheinungen u. dgl. hinzu.

Rückt endlich die Entzündung auf die Medulla oblongata und damit an die Schädelbasis vor, so treten neben den hauptsächlichsten spinalen Symptomen jetzt mehr und mehr cerebrale Erscheinungen in den Vordergrund: Erbrechen, Kopfschmerz, Delirien, Augenmuskellähmungen, Trismus, Sprach- und Respirationsstörungen u. dgl. sind dann zu beobachten und verleihen dem Krankheitsbild ein ganz charakteristisches Gepräge.

Verlauf, Dauer, Ausgänge. Man muss hier verschiedene Gruppen unterscheiden.

In den schwersten Fällen beobachtet man einen rasch tödtlichen Verlauf. Bei der epidemischen Form hat man den lethalen Ausgang schon nach wenig Stunden eintreten sehen (Meningitis c.-sp.

siderans), häufiger aber dauert die Krankheit einige Tage bis zum
Tode: die Heftigkeit der Erscheinungen nimmt von Stunde zu Stunde
zu, tetanische Krämpfe unterbrechen die continuirliche Starre der
Muskeln, schwere Respirations- und Circulationsstörungen, comatöse
Erscheinungen stellen sich ein, in schwerem Collapsus erfolgt endlich der Tod, nachdem häufig hochgradige Temperatursteigerung
und in den letzten Stunden eine allgemeine Erschlaffung der Musculatur vorhergegangen war.

In minder fulminanten Fällen zieht sich die Krankheit 2—3 Wochen
hin; die Intensität der Erscheinungen schwankt auf und ab, aber im
Allgemeinen nehmen die gefahrdrohenden Erscheinungen zu, die
Kräfte des Kranken sinken, schliesslich stellen sich die vorgenann-
ten bedenklichen Symptome ein und führen in ähnlicher Weise den
Tod herbei.

Weiterhin kommen Fälle vor, welche einen sehr protrahirten
Verlauf nehmen. Das Fieber und die acuten Erscheinungen lassen
wohl nach, aber von Heilung ist doch keine Rede; die wichtigsten
Symptome bleiben bestehen und entwickeln sich weiter — aus der
acuten ist die chronische Form geworden. Diese kann dann unter
dem gewöhnlichen Bilde der chronischen Spinalmeningitis verlaufen,
oder es gesellen sich die Zeichen tiefergreifender Betheiligung des
R.-M. selbst hinzu, und die Kranken gehen endlich unter den Erscheinungen der chronischen Spinalparalyse — oft erst nach Jahr
und Tag — zu Grunde.

Erfreulicher, wenn auch oft vergeblich erwartet, ist der Ausgang in Genesung. In den günstigsten Fällen kann dieselbe sehr
rasch eintreten: nach 1 oder 2—5 Tagen schon lassen die drohenden Erscheinungen nach, um bald ganz zu verschwinden oder doch
nur vorübergehend und in vermindertem Grade wiederzukehren. Diese
rasche Reconvalescenz leitet sich manchmal mit kritischen Erscheinungen — einem profusen Schweissausbruch, Blutungen aus der
Nase oder mit Hämorrhoidal- und Menstrualblutungen, reichlicher
Harnentleerung oder dgl. — ein, und es wird berichtet, dass solche
Kranke schon nach 1 oder 2 Wochen zu ihrer gewohnten Beschäftigung zurückkehren konnten. — Häufiger jedoch dauert die Wiederherstellung länger; die Reconvalescenz schleppt sich durch Wochen
und Monate hin, die Schmerzhaftigkeit und die Lähmungserscheinungen schwinden nur allmälig, die Kräfte heben sich langsam, die
Kranken müssen zuerst an Krücken gehen und schleppen oft monatelang ein sieches Dasein dahin, erholen sich aber allmälig, nach
wiederholten Curen, wieder vollständig. Das sind jene Fälle, in

16 *

welchen zurückbleibende Entzündungsproducte, Exsudate, Verwachsungen u. dgl. die Heilung verzögern.

Natürlich gibt es auch einzelne Fälle, in welchen unheilbare Residuen dauernd zurückbleiben, während das Allgemeinbefinden völlig wieder hergestellt ist; hier ist also nur eine unvollständige Genesung erreicht. Die Kranken sind gesund bis auf etwaige Parese oder Paralyse einzelner Muskelgruppen, partielle Atrophien, locale Anästhesien, bleibende Rückensteifigkeit u. dgl. Nicht selten besteht auch eine ausgesprochene Neigung zu kleinen oder grösseren Rückfällen verschieden lange Zeit fort.

Diagnose.

Das voll entwickelte Symptomenbild der acuten Spinalmeningitis ist sehr charakteristisch und nicht leicht zu verkennen. Die diagnostischen Schwierigkeiten treten zumeist auf, wenn es sich um die Ausscheidung dieses Symptomenbilds aus complicirteren Krankheitsbildern oder um seine Unterscheidung von verwandten Krankheitsbildern oder um die Erkennung einzelner Formen der Erkrankung handelt.

Die allgemeinen Merkmale der Krankheit sind: Fieber, Rückenschmerz und Rückensteifigkeit, Nackenstarre, Muskelspasmen, Hyperästhesie und Parästhesie der Haut, Gliederschmerzen, Stuhl- und Harnverhaltung, Dyspnöe und erst im späteren Verlaufe Lähmungen. Wo alle oder die meisten dieser Zeichen vorhanden sind, wird die Diagnose keine erheblichen Schwierigkeiten bieten.

Sehr häufig wird man sich die Frage vorzulegen haben, ob eine vorhandene cerebrale Meningitis mit der spinalen complicirt sei. Bei der cerebro-spinalen Form stehen die cerebralen Symptome im Vordergrund des Krankheitsbildes, und für die gleichzeitige Anwesenheit spinaler Entzündung sprechen folgende Zeichen: der Rücken- und Kreuzschmerz, die Genickstarre (die wohl zweifellos von einer Betheiligung des Cervicalmarks abgeleitet werden muss) und Rückensteifigkeit, Hyperästhesie und Schmerz in den (besonders untern) Extremitäten.

Von den Krankheitsformen, die mit der Meningitis spin. verwechselt werden könnten, sind vor allen Dingen die acute Myelitis und der Tetanus zu nennen. Die Unterscheidung von der acuten Myelitis kann in vielen Fällen ihre Schwierigkeiten haben, umsomehr, als sich, wie wir glauben, beide Krankheiten sehr häufig miteinander verbinden, myelitische Symptome oft eine hervorstechende

Bedeutung in dem schulmässigen Krankheitsbilde der Meningitis gewinnen. Doch wird man bei einiger Aufmerksamkeit die Entscheidung
nach der einen oder andern Seite hin mit grösster Wahrscheinlichkeit
treffen können. Bei der acuten Myelitis treten die Schmerzen im
Rücken und den Gliedern, besonders die excentrischen Schmerzen in
den Beinen sehr zurück; die Rückensteifigkeit und Nackenstarre fehlen;
die Hyperästhesie tritt in keiner erheblichen Weise hervor, die Glieder sind nicht durch Schmerzhaftigkeit und Muskelspannung unbeweglich. Dagegen beherrscht bei der Myelitis schon früh die wirkliche Lähmung das Krankheitsbild; dieselbe tritt weit rapider und
completer ein als bei der Meningitis und sie zeigt sich besonders
auch auf sensiblem Gebiete als frühzeitige und hochgradige Anästhesie.
Dazu gesellt sich bald Blasen- und Mastdarmlähmung, nicht selten
acuter Decubitus, ferner bedeutende Steigerung der Reflexe. Dabei
pflegt das Fieber nicht so hochgradig zu sein. Man wird aus diesen
Symptomen leicht die vorhandene Myelitis und ebenso ihr compli-
cirendes Hinzutreten zur Meningitis erkennen.

Vom Tetanus, dessen anatomische Grundlage man früher
nicht selten in acuter Spinalmeningitis zu finden glaubte, lässt sich
diese meist leicht und sicher unterscheiden. Ganz abgesehen von
den ätiologischen Momenten, deren Berücksichtigung manchmal die
Entscheidung erleichtert, müssen folgende Kriterien im Auge behalten werden. Der Tetanus ist eine — im Anfang wenigstens immer
— fieberlose Affection; er beginnt fast ausnahmslos mit Trismus, der
sich bei der Meningitis erst in den späteren Stadien einzustellen
pflegt; Zeichen von Betheiligung des Gehirns fehlen bei ihm immer;
besonders charakteristisch ist der durch Starre der Gesichtsmuskeln
hervorgerufene eigenthümliche Gesichtsausdruck (Köhler, König),
welcher der Meningitis nicht zukommt; beim Tetanus fehlt die
Hauthyperästhesie, dagegen ist die Reflexerregbarkeit in einer Weise
gesteigert, wie das bei Meningitis wohl nur höchst selten vorkommt;
die Krampferscheinungen sind beim Tetanus viel stärker und häufiger;
frühzeitig treten dabei sehr hochgradige Dyspnöe und Schlingbeschwerden auf, sie begleiten bei der Meningitis nur die Affection des
Cervicaltheils und der Hirnbasis und diese ist immer durch auffallende
Störungen der Hirnnerven, Veränderungen der Pupillen u. s. w.
charakterisirt, wie sie wiederum beim Tetanus nicht vorkommen.

Es wird kaum nöthig sein, auf die diagnostische Unterscheidung
der Spinalmeningitis von dem acuten fieberhaften Rheumatis-
mus der Rückenmuskeln hinzuweisen: für diese Affection sprechen der leichte und glückliche Verlauf, die locale Schmerzhaftig-

keit der Muskeln, das Fehlen der Gliederschmerzen, der Hauthyperästhesie, der Lähmungen u. s. w.

Krankheiten innerer Organe, als z. B. Entzündungen der Lun-
gen und Pleuren, des Herzens, des Oesophagus, der Unterleibsorgane
etc. können höchstens bei Personen mit ausgesprochener Spinalirritation, bei welchen alle fieberhaften Erkrankungen von Rückenschmerzen, Wirbelempfindlichkeit u. dgl. begleitet sind, die Möglichkeit von Verwechselung mit Spinalmeningitis herbeiführen. Man
wird diese Verwechselung durch sorgfältige Beobachtung und genaue
physikalische Untersuchung leicht vermeiden können.

Unter den einzelnen Formen der Spinalmeningitis verdient eigentlich nur die tuberkulöse Form eine genauere Berücksichtigung,
da ihre Diagnose bekanntlich sehr ernste Consequenzen bezüglich
der Prognose und dann auch der Therapie nach sich zieht. Da sie
wohl immer mit der tuberkulösen Basilarmeningitis vereinigt vorkommt, wird man sich zur Entscheidung an diejenigen Kriterien zu
halten haben, welche für die Unterscheidung dieser von den übrigen
Formen der cerebralen Meningitis maassgebend sind (vgl. Bd. XI. 1).
Vorhandene schlechte Constitution, Scrophulose, Tuberkulose, langsame und schleichende Entwicklung, mässiges und irreguläres Fieber,
Pulsverlangsamung, die cerebralen Erscheinungen u. s. w. werden
hier die Diagnose leiten. Manchmal wird vielleicht die ophthalmo-
skopische Untersuchung (Tuberkel in der Chorioidea) entscheidenden
Aufschluss bringen.

Prognose.

Je nach Form und Ursachen der Spinalmeningitis, nach der
Constitution der befallenen Individuen, nach etwaigen Complicationen
u. s. w. ist ihre Prognose eine sehr verschiedene. Die genaueste
Erwägung des Einzelfalls nur kann die leitenden Gesichtspunkte
klar stellen, die hier nur kurz angedeutet werden können.

Absolut ungünstig sind die fulminant beginnenden und verlaufenden Fälle. Ebenso die tuberkulöse Form. Sehr ungünstig die
durch tiefgreifenden Decubitus, durch hochgradige Wirbelverletzungen
entstandenen Fälle. Günstiger dagegen die rheumatischen und die
durch einfache Traumata entstandenen Formen; ferner viele Fälle
epidemischen Ursprungs.

Im schlimmen Sinne beeinflusst wird die Prognose durch
folgende Verhältnisse: sehr jugendliches oder sehr hohes Alter der
Kranken; schlechte Constitution, Anämie, vorausgegangene schwere
Erkrankungen u. dgl.; durch den fortschreitend höheren Sitz der

Erkrankung — je weiter gegen das Gehirn zu die Entzündung heraufsteigt, desto gefährlicher wird die Situation; frühzeitige Lähmungserscheinungen, Zeichen von allgemeinem Kräfteverfall, hohes Fieber, continuirlich ansteigende Temperatur und wachsende Pulsfrequenz; hochgradige Athemnoth, Dysphagie, schwere Cerebralerscheinungen u. s. w.

Als prognostisch günstig sind dagegen alle den vorstehend genannten entgegengesetzte Verhältnisse zu betrachten. Besonders wird ein mässiger Intensitätsgrad der Hauptsymptome und des Fiebers bei robusten Individuen mittleren Lebensalters eine relativ günstige Vorhersage gestatten.

In allen Fällen aber sei man mit der Prognose vorsichtig. Die acute Spinalmeningitis ist immer eine ernste Erkrankung. Selbst in den anscheinend leichtesten Fällen halte man sich immer vor Augen, dass es sich um Entzündung in der nächsten Nähe eines lebenswichtigen und äusserst delicaten Organes handelt; dass ferner, wenn auch die unmittelbare Lebensgefahr beseitigt ist, nur allzuleicht der Uebergang in die chronische Form erfolgt, und dass diese eine durchaus nicht günstige Prognose gewährt; und dass endlich unvorhergesehene Verschlimmerungen eintreten können, welche die Situation plötzlich in der schlimmsten Weise verändern.

Die prognostische Beurtheilung in den spätern Stadien in Bezug auf Dauer und etwaige letzte Ausgänge der Krankheit, zurückbleibende Störungen u. s. w. geschieht nach allgemeinen Grundsätzen mit Berücksichtigung des oben über den Verlauf Gesagten. Auch hier sei man mit der prognostischen Beurtheilung vorsichtig; nicht selten trotzen anscheinend unbedeutende Residuen, partielle Lähmungen, Atrophien u. dgl. hartnäckig allen Heilversuchen, während sie andere Male allerdings einer rationellen Behandlung oft überraschend schnell weichen.

Therapie.

Von einer wirksamen Prophylaxe kann bei der sporadischen acuten Spinalmeningitis kaum die Rede sein; das für die epidemische Form geltende Verfahren wurde im II. Bande erwähnt.

Selten auch ist bei einer so acuten Affection von einer Erfüllung der Causalindication die Rede. In der Regel wird von derselben nicht viel zu erwarten sein: doch kann in geeigneten Fällen die Beseitigung von Fremdkörpern, die Behandlung von Wirbelfracturen, von benachbarten Eiterungen, von entfernteren Organkrankheiten u. dgl. nothwendig werden und hat dann in hier nicht näher zu schildernder Weise zu geschehen. Bei notorischer rheumatischer Ursache kann man energische Diaphorese versuchen.

Gewöhnlich wird man es mit der floriden Krankheit zu thun haben. Die schweren und bedrohlichen Symptome fordern meist zu energischem Einschreiten auf; in der That hat man auch von jeher bei dieser Krankheit viel gethan und viel empfohlen.

Man halte aber vor allen Dingen fest, dass die Behandlung nur mit strenger Berücksichtigung der individuellen Verhältnisse, des Kräftezustandes, der ätiologischen Momente, der hervorstechendsten Symptome festgestellt werden darf, und dass sich hiernach vor Allem die Wahl der einzelnen Mittel zu richten hat.

Zunächst wird man immer Veranlassung haben, eine energische Antiphlogose ins Werk zu setzen. Hier spielen Blutentziehungen und Kälte die Hauptrolle. Zu allgemeinen Blutentziehungen, zum Aderlass, wird man sich nur in den seltensten Fällen entschliessen — nämlich bei sehr robusten, plethorischen Individuen, bei grosser Intensität der initialen Krankheitserscheinungen. — Für gewöhnlich werden örtliche Blutentziehungen genügen; sie müssen aber reichlich gemacht und öfter wiederholt werden. Am zweckmässigsten sind Schröpfköpfe und Blutegel an der Wirbelsäule — je nach Sitz und Ausbreitung der Krankheit, Alter und Constitution des Individuums in verschieden grosser Zahl. Ausserdem sind in manchen Fällen Blutentziehungen am After und an der Vagina angezeigt.

Die Application der Kälte längs der Wirbelsäule muss in allen Fällen versucht und womöglich recht energisch durchgeführt werden. Leider sind die Eisbeutel längs der Wirbelsäule wegen der Unruhe der Kranken oft schwer zu fixiren und können doch durch kalte Umschläge und Einwicklungen, durch Irrigationen und Begiessung des Rückens nicht in ausreichender Weise ersetzt werden.

Damit verbinde man kräftige Ableitung auf den Darm oder die Haut. Zum ersteren Zweck empfehlen sich drastische Abführmittel (am besten Calomel mit Jalappe) oder starke salinische Purgantien, Aq. laxativa u. s. w.; natürlich wird man die Individuen dazu auswählen. Zur Ableitung auf die Haut benutzt man am besten und mit dem meisten Erfolge wiederholte grosse Vesicantien längs der Wirbelsäule. Für leichtere Fälle mögen Einreibungen von Pustelsalbe und Bepinselung mit Jodtinctur längs der Wirbelsäule, heisse Senffussbäder, Sinapismen auf Rücken und Waden oder die Oberschenkel u. dgl. genügen. Das Ferrum candens scheint nicht besonders günstig zu wirken; es dürfte höchstens in verzweifelten Fällen von Affection des Cervicaltheils am Platze sein.

Von Alters her bis in die neueste Zeit hat man ferner als Antiphlogisticum die Anwendung des Quecksilbers empfohlen: die täglich wiederholte Einreibung von grauer Salbe (1,0—4,0) in den Rücken oder die Extremitäten, und die innerliche Darreichung mittlerer Dosen von Calomel (0,15—0,25 zwei- bis dreimal täglich) sind hier die gebräuchlichsten Methoden — natürlich mit Berücksichtigung der gewöhnlichen Cautelen gegen Salivation. Ueber die Wirksamkeit dieser Medication haben wir kein sicheres Urtheil. — Von innern Mitteln hat man früher auch viel den Tartarus emeticus gereicht; jetzt hat man ihn ziemlich verlassen. — Ob das Ergotin seiner von Hammond ausgehenden Empfehlung (wegen seiner Einwirkung auf die Gefässe) Ehre machen wird, muss die Zukunft lehren.

Mit dem Gebrauch dieser antiphlogistischen Mittel muss das ganze Verhalten des Kranken übereinstimmen: Ruhiges, luftiges, mässig erwärmtes Zimmer; absolute Ruhe im Bett, am besten in der Seiten- oder Bauchlage, mit möglichster Vermeidung der Rückenlage; Fernhalten jedes Geräusches und jeder Aufregung; Vermeidung von körperlicher Bewegung und Anstrengung; als Nahrung flüssige, leicht verdauliche, anfangs mehr kühlende, bald aber mehr tonisirende und roborirende Diät; als Getränk Wasser, Limonade, Fruchtsäfte, leichte Säuerlinge, aber keine Spirituosen, kein Kaffee oder Thee — das mögen die hauptsächlich zu beherzigenden Dinge sein.

Damit sind jedoch unsere therapeutischen Aufgaben noch lange nicht erschöpft; es bleiben noch sehr wichtige symptomatische Indicationen zu erfüllen, die meist wegen der grossen Leiden der Kranken schon früh gebieterisch Berücksichtigung erheischen.

In erster Linie sind Beruhigungsmittel nothwendig, um die Schmerzen, die Hyperästhesie, die Schlaflosigkeit zu bannen. Allgemein werden hier in erster Linie die Opiate empfohlen und sind auch besonders in den grossen Epidemien von Cerebrospinalmeningitis hinreichend erprobt worden: grosse Dosen Opium, subcutane Injectionen von Morphium. — Daran reiht sich die Darreichung von Chloralhydrat, eventuell die Application von Chloroforminhalationen.

Ob nicht die Anwendung der Belladonna vor der des Opiums in solchen Fällen den Vorzug verdient? Die Belladonna soll ja die Rückenmarksgefässe verengern und hat nebenbei ja auch narkotische Wirkungen. Auch von dem Bromkalium sind günstige beruhigende Wirkungen mit Sicherheit zu erwarten. Alle diese Mittel scheinen besonders wirksam zu sein, wenn man sie unmittelbar nach den Blutentziehungen anwendet.

In zweiter Linie wirken Bäder, besonders laue, protrahirte Vollbäder beruhigend. Entbehrlich sind dabei die kalten Begiessungen des Kopfes und des Rückens, falls dieselben nicht durch besondere Indicationen — heftige Cerebralerscheinungen, Delirien, Collapsus u. dgl. — gefordert werden. Auch feuchte Einpackungen des ganzen Körpers wirken nicht selten beruhigend und schlafmachend.

Gegen die Hyperästhesie und die Schmerzen, die Muskelspannungen und Krämpfe hat man vielfach auch äussere Mittel versucht; von ihnen ist wenig zu erwarten; am ehesten dürften sich noch empfehlen Einreibungen von erwärmtem Oel, von Chloroformliniment mit Ol. hyoscyami u. dgl.

Gegen das Fieber wird man nur selten Veranlassung haben, einzuschreiten; es tritt dann die bekannte antipyretische Behandlung mit grossen Dosen Chinin und kühlen Bädern in ihre Rechte.

Gegen Herzschwäche und drohenden Collapsus dienen die üblichen Analeptica ganz in der Weise wie sie bei anderweitigen entzündlichen Affectionen gelegentlich zur Anwendung kommen. — Gegen die Respirationsstörung wird nicht viel auszurichten sein, wenn es nicht gelingt, den Entzündungsprocess im Cervicaltheil direct zu mässigen.

Ist die Krankheit rasch und glücklich in das Reconvalescenzstadium übergetreten, so bedarf es ausser der diätetischen Pflege und der nöthigen Schonung meist keiner weitern Behandlung. Zum Schutze gegen Rückfälle hat man das längere Zeit fortgesetzte Tragen eines Emplastr. vesicat. perpetuum auf dem Rücken empfohlen.

Wenn die Affection jedoch nur in ein mehr chronisches Stadium übergetreten ist, so handelt es sich vor allen Dingen um die Förderung der Resorption und Rückbildung der Exsudate; und hier scheint vor allen Dingen das Jod an seinem Platze zu sein: äusserlich in Form von Salben etc., innerlich in Form von grösseren Gaben Jodkalium, die längere Zeit fortzugebrauchen sind. Für dieses Stadium kommen dann auch die warmen Bäder, die Thermen und Soolbäder, zweckmässige Kaltwassercuren u. dgl. in Betracht, nach den Regeln wie sie im folgenden Abschnitt bei der chronischen Meningitis angegeben sind.

Die zurückbleibenden Residuen und Folgezustände (Lähmung, Atrophie, Anästhesie, Blasenschwäche u. dgl.) werden nach bekannten Grundsätzen und Methoden — vorwiegend mit Bädern und Elektricität — zu behandeln sein. Vgl. darüber die Abschnitte über chronische Meningitis und Myelitis.

b. Leptomeningitis spinalis chronica.

Wir verstehen darunter eine sich langsam entwickelnde und langsam verlaufende, oder nach acutem Beginn in einen mehr schleichenden Verlauf übergegangene, fieberlose Entzündung der weichen Rückenmarkshäute. Es sind meist wenig ausgesprochene, selten hochgradige anatomische Veränderungen, welche diese Form charakterisiren. Die anfangs häufig sehr unbedeutenden Erscheinungen nehmen weiterhin einen schwereren Charakter an und können sich nach und nach in geradezu deletärer Weise entwickeln. Nicht selten wird die chronische Spinalmeningitis der Ausgangspunkt von chronisch entzündlichen Vorgängen im R.-M. selbst.

Aetiologie.

Die Ursachen der chronischen Spinalmeningitis sind noch in vieler Beziehung dunkel; die Krankheit wird vielfach nicht erkannt oder nicht beachtet, da ihre Erscheinungen im Drange der Symptome complicirender schwerer Processe verschwinden.

Zunächst geht die Krankheit sehr häufig aus der acuten Form hervor und hat also dieselben Ursachen wie diese. Alle möglichen schwächenden Momente, schlechte Ernährung, Tabakmissbrauch u. dgl. sollen diesen Uebergang begünstigen und überhaupt eine gewisse Prädisposition zur chronischen Spinalmeningitis setzen.

Im Wesentlichen sind es dieselben ätiologischen Momente wie bei der acuten Form, welche direct auch die chronische Form hervorrufen können, vorausgesetzt, dass sie weniger intensiv, dafür aber vielleicht andauernder oder öfter wiederholt einwirken.

Viele Fälle sind direct von Erkältung abzuleiten; Aufenthalt in feuchten Wohnungen, Beschäftigung in Nässe und Kälte, Bivouakiren bei schlechtem Wetter (daher bei Officieren im Felde ziemlich häufig. Braun) u. dgl. werden am häufigsten beschuldigt.

Traumatische Einwirkungen mässigen Grades führen manchmal zur chronischen Meningitis. Besonders einfache Erschütterungen, Fall aufs Gesäss oder den Rücken, Contusion der Wirbelsäule, leichte Eisenbahnunfälle u. dgl. können nach und nach zur Entzündung führen.

Häufig greifen chronisch-entzündliche oder neoplastische Processe benachbarter Theile auf die Spinalhäute über: so bei Caries der Wirbelsäule, chronischer Periostitis derselben, Carcinom und andern Neubildungen der Wirbel oder der Spinalhäute selbst u. dgl. — Besonders wichtig ist dieser Zusammenhang bei den meisten chronischen Erkrankungen des R.-M. selbst: bei der chronischen Myelitis, der Sklerose, der Atrophie und grauen Degeneration des R.-M. ist nichts gewöhnlicher, als eine entsprechende Ausdehnung des chronisch entzündlichen Processes auf die weichen Spinalhäute. — Hierher gehören auch die im Wirbelcanal nicht selten vorkommenden syphilitischen und leprösen Affectionen, deren specifische Producte gewöhnlich von mehr oder weniger weit verbreiteter chronischer Meningitis umgeben sind. Bruberger fand einmal eine exquisite syphilitische Spinalmeningitis des Cervicaltheils in Verbindung mit syphilitischer Basilarmeningitis.

In wie weit unterdrückte Secretionen, z. B. stockende Hämorrhoidalflüsse und Menstrualflüsse, unterdrückte Fussschweisse, das Verschwinden chronischer Exantheme u. dgl. mit der chronischen Spinalmeningitis in ursächlichem Zusammenhang stehen, wagen wir nicht zu entscheiden.

Sicher aber scheint der Alkoholmissbrauch eine sehr wirksame Ursache dieser Krankheit zu sein (Huss). Körperliche Strapazen und geschlechtliche Excesse mögen wohl eher zu den prädisponirenden als zu den direct veranlassenden Momenten gehören.

Köhler betont chronische Herz- und Lungenleiden, Leberkrankheiten und alle möglichen Veranlassungen zu Stauungen in den Wirbelvenen als regelmässige Ursachen chronischer und schleichend verlaufender Entzündungen der Rückenmarkshäute, scheint aber dabei die einfache Stauungshyperämie und Transsudation nicht genügend von der wirklichen Entzündung getrennt zu haben.

Pathologische Anatomie.

Der Befund bei der chronischen Spinalmeningitis ist in den meisten Fällen ein ziemlich constanter, nur in Intensität und Ausbreitung des Processes gewisse Verschiedenheiten zeigend.

Neben mehr oder weniger ausgesprochener Hyperämie sind es besonders Trübungen und Verdickungen der Pia und Arachnoidea, stärkere Verklebung und Verwachsung derselben untereinander und mit der Dura, festere Anheftung der Pia an das R.-M. und reichlichere Ansammlung von Spinalflüssigkeit, welche man als die anatomischen Charaktere der chronischen Meningitis zu betrachten hat.

Die Hyperämie hat vorwiegend den venösen Charakter, die

kleinen Venen und die Capillaren sind erweitert, die Färbung eine mehr dunkelrothe, mehr oder weniger diffuse.

Die bindegewebige Verdickung kann sehr hochgradig werden, so dass die weichen Häute eine trübe sehnige Beschaffenheit annehmen und zu einer einzigen gleichmässig derben Membran verschmelzen. Dieselbe kann stellenweise pigmentirt, von kleinen Blutextravasaten und Pigmentflecken besetzt sein und steht häufig durch mehr oder weniger ausgedehnte Pseudomembranen mit der Dura in Verbindung. Jaccoud fand in einem interessanten Falle starke fibröse Platten in der Arachnoidea längs der Region der Nervenwurzeln gelagert; fast confluirend im Cervical- und Lendenmark, vorwiegend die vordern, weniger die hintern Wurzeln betheilend und zur Atrophie führend. Häufiger ist eine Auflagerung dünner, kleiner, mehr oder weniger zahlreicher Kalkplättchen auf die Arachnoidea, welche besonders im Lendentheil häufig auch ohne sonstige ausgesprochene Zeichen von Entzündung gefunden werden.

Fast immer wird eine reichliche Ausscheidung von Spinalflüssigkeit gefunden, die beträchtlich vermehrt erscheint. Viele Fälle, die man früher unter dem Namen Hydrorrhachis beschrieb, gehören offenbar hierher. Das Serum ist häufig klar und von der gewöhnlichen Beschaffenheit; häufiger aber trübe, flockig, manchmal blutig tingirt, oder mit reichlichem Faserstoffexsudat gemischt. Stokes fand in einem fieberlos verlaufenen Falle eine reichliche eitrige Exsudation.

Die Dura mater nimmt nicht selten in entsprechender Ausdehnung an dem entzündlichen Processe Theil, ist verdickt, trübe, zuweilen körnig, mit Bindegewebswucherungen und Adhäsionen bedeckt (vgl. auch das bei Pachymeningitis interna Gesagte S. 221 u. 222).

Das R.-M. selbst ist in den meisten Fällen, wenn auch in verschiedenem Grade und in verschiedener Ausdehnung mitbetheiligt (Myelomeningitis). Manchmal erscheinen bloss die in das R.-M. eindringenden Piafortsätze verdickt und geschwellt; häufiger aber kommt es zu mehr oder weniger verbreiteter sog. Sklerose des R.-M., in verschiedenen Formen. Bald nur eine ringförmig unter der Pia gelegene Sklerose, bald eine bandförmig in einzelnen Strängen sich auf- und abwärts verbreitende Sklerose, bald eine Sklerose in disseminirten Herden, bald endlich eine den ganzen Querschnitt in grösserer oder geringerer Ausdehnung einnehmende chronische Myelitis. Von solchen Herden aus sieht man dann nicht selten aufsteigende Degeneration in den Hintersträngen, absteigende Degeneration in den Seitensträngen sich weithin erstrecken. — Eine erhebliche

Atrophie und Verschmächtigung des ganzen Marks kann die Folge dieser Processe sein.

Die Nervenwurzeln werden in der Regel atrophisch, blass, grau, degenerirt gefunden; sie verschwinden für das Auge in den verdickten und getrübten Spinalhäuten und erleiden je nach der Intensität und Dauer der Affection mehr oder weniger tiefgreifende Veränderungen.

Als weitere secundäre Veränderungen findet man dann in der Leiche noch: Atrophie und Degeneration peripherer Nerven und Muskeln, Decubitus in den verschiedensten Stadien und Localisationen, chronische Cystitis u. dgl., ganz abgesehen von allen möglichen, mehr zufälligen Complicationen mit Erkrankungen innerer Organe.

Symptomatologie.

Dieselbe ist noch durchaus nicht hinreichend klar, weil die Aufmerksamkeit der Aerzte sich noch nicht genügend auf diese Krankheitsform gelenkt hat und weil sie fast immer mehr oder weniger complicirt mit anderen Krankheiten vorkommt.

Im Allgemeinen müssen die Symptome dieselben sein, wie diejenigen der acuten Form, nur dass sie sich viel langsamer und ohne Fieber entwickeln, weniger stürmisch auftreten und oft für lange Zeit nur sehr wenig hervortreten.

Wenn die Krankheit sich aus der acuten Form entwickelt, so lassen die stürmischen Erscheinungen derselben nach, das Fieber schwindet, aber ein Rest von Symptomen, von Schmerz und Steifigkeit, Schwäche und abnormen Sensationen etc. bleibt zurück, bleibt länger bestehen, entwickelt sich allmälig weiter und zu schlimmeren Zuständen — es ist eine chronische Meningitis daraus geworden.

Manchmal sind es öfter wiederholte Anfälle von subacuter Meningitis, welche sich mehr und mehr festsetzen, allmälig zusammenfliessen und dann in gleichmässig chronischem Verlaufe weiter schreiten.

. In den meisten Fällen aber entwickelt sich die Krankheit von vornherein auf chronische Weise und hier ist der Beginn oft ganz latent, wenigstens von den Kranken in keiner Weise beachtet und lange nicht nach seiner wirklichen Bedeutung gewürdigt.

Hier und da auftretende abnorme Sensationen in den untern Extremitäten, nach und nach zunehmender Schmerz und etwas Steifigkeit im Rücken deuten den Beginn der Krankheit an.

Bald nimmt der Rückenschmerz an Intensität zu; doch ist er meist nicht sehr heftig, oft nur als Ziehen und Drücken, als ein Gefühl von Schwere im Rücken beschrieben; er pflegt durch Druck auf die Dornfortsätze oder die Rückenmuskeln nicht, wohl aber durch Bewegungen der Wirbelsäule gesteigert zu werden. Selten gesellt sich hierzu schon in frühen Stadien eine gewisse Nackensteifigkeit.

Auffallend und von gewichtiger Bedeutung sind die weiterhin auftretenden excentrischen Erscheinungen am Rumpf und den Gliedern. Dem Sitze der Krankheit entsprechend macht sich nicht selten ein lästiges Gürtelgefühl bemerklich, in dessen Verbreitungsbezirk hier und da, besonders bei Bewegungen, reissende und bohrende Schmerzen auftreten können. In den Gliedern macht sich frühzeitig das Gefühl grosser Schwere geltend; in der Haut beschreiben die Kranken allerlei Parästhesien, oft sehr wunderbarer Art: Kriebeln, Kältegefühl, Ameisenlaufen und Aehnliches; sehr häufig gesellen sich dazu mehr oder weniger lebhafte reissende und ziehende Schmerzen, dem Gebiete eines oder des andern Nervenstammes angehörend, häufig aber ihre Localisation wechselnd. Diese Schmerzen werden durch Bewegungen gesteigert und exacerbiren auch nicht selten bei Witterungswechsel: feuchtem nebligen Wetter, Schneefall, niederem Barometerstand; endlich beobachtet man auch nicht selten verschieden hohe Grade von Hauthyperästhesie, doch nicht so ausgesprochen wie bei der acuten Form.

Alle diese excentrischen Erscheinungen haben ihren Sitz im Verbreitungsbezirk derjenigen Nerven, deren Wurzeln von dem hauptsächlich erkrankten Theile ausgehen. Sie können also bald vorwiegend in den obern, bald mehr in den untern Extremitäten sich zeigen; das letztere ist der häufigere Fall.

Die motorischen Reizungserscheinungen treten bei der chronischen Meningitis mehr zurück; doch pflegen sie in dem Krankheitsbilde nicht zu fehlen. Fast constant ist eine gewisse Steifigkeit des Rückens, eventuell auch des Nackens, die gelegentlich auch höhere Grade erreicht. Zittern der Extremitäten, Zuckungen einzelner Muskeln, plötzliches Zusammenfahren, unwillkürliches Heraufziehen oder Strecken der Beine werden nicht selten beobachtet.

Im weiteren Verlaufe nun — und es kann dies nach sehr verschieden langer Zeit geschehen — treten aber die Erscheinungen zunehmender Schwäche, fortschreitend bis zur völligen Lähmung, mehr und mehr in den Vordergrund. Die Schwere der Glieder, ihre Schwäche nehmen mehr oder weniger rapide zu, die Kranken ver-

lieren mehr und mehr an Willenseinfluss auf ihre Extremitäten, es
gesellen sich Zeichen von sensibler Parese, von Blasenschwäche,
gestörter Darmentleerung hinzu — es entwickelt sich eine an Intensität und Ausbreitung allmälig zunehmende P a r a p l e g i e.

Diese Paraplegie kann mehr oder weniger ausgesprochen und
hochgradig sein; selten jedoch ist ganz vollständige Paralyse, meist
nur hochgradige Parese; ein gewisses Schwanken in der Intensität
der Lähmung scheint einigermassen charakteristisch zu sein; die
Kranken können bald diese bald jene Bewegung den einen Tag
besser, den andern schlechter ausführen; man vermuthet, dass dies
mit Schwankungen in der Menge des flüssigen Exsudats oder wohl
auch des Blutgehalts im Spinalcanal zusammenhänge: ist reichliche
Spinalflüssigkeit vorhanden, so nimmt die Lähmung im Stehen zu
(weil dann die Flüssigkeit die untern Markabschnitte mehr comprimirt), und nimmt im Liegen ab; umgekehrt kann sie durch Blut-
stauung im Liegen zunehmen, im Stehen und Gehen besser werden.
Beide Momente wirken einander also entgegen.

Hochgradige Anästhesie ist dabei selten; meist handelt es sich
nur um leichte Abstumpfung der sensiblen Hautempfindungen, auf
Sohlen, Füsse, Unterschenkel beschränkt. Diese Störungen sind
dann immer begleitet von ausgesprochenen Parästhesien, nicht selten
auch gemischt mit Hyperästhesie; doch ist diese Hyperästhesie meist
nicht sehr ausgesprochen, wiewohl es nach einigen casuistischen
Mittheilungen scheint, als könnte sie auch sehr hochgradig sein.

Die begleitende Sphincterenlähmung entwickelt sich mehr und
mehr, und in schwereren Fällen kann es auch zu hochgradiger
Atrophie mit Verlust der elektrischen Erregbarkeit der Muskeln
kommen.

Die Störung der Sensibilität nimmt zu, die Reflexe erlöschen,
Decubitus und Cystitis stellen sich ein, ein bedeutender Marasmus
beschliesst die Scene.

Störungen der verschiedensten innern Organe (Respirations-,
Circulations-, Verdauungsapparat) sind sehr gewöhnlich und entstehen
auf dieselbe Weise wie bei der acuten Form, wenn auch gradweise
davon verschieden.

Ueberhaupt ist die pathogenetische Erklärung der einzelnen
Symptome im Wesentlichen dieselbe wie bei der acuten Form; vielleicht ist hier sogar noch mehr an die Betheiligung des R.-M. selbst
zu denken als dort. Wir können in dieser Beziehung auf das bei
der acuten Spinalmeningitis Gesagte verweisen.

Verlauf. Dauer. Ausgänge. Der Verlauf dieser Krankheit ist immer ein chronischer und langwieriger, auf Monate und Jahre, oft viele Jahre ausgedehnter. Erhebliche Schwankungen in der Intensität der Erscheinungen sind sehr gewöhnlich; intercurrirende acute Exacerbationen nicht selten.

Ein Theil der Fälle geht in Genesung über; das sind die leichtesten, frühzeitig und rechtzeitig zur Behandlung gekommenen Formen. Immer ist der Uebergang in Genesung ein sehr langsamer und allmäliger, erfolgt oft schubweise, wird durch Verschlimmerungen oder Stationärbleiben unterbrochen; die sensiblen Störungen pflegen zuerst zu verschwinden, die motorischen am längsten zu bestehen. Auch nach erfolgter Genesung pflegen die Kranken noch längere Zeit angegriffen, wenig leistungsfähig und zu Rückfällen geneigt zu sein.

Häufig bleibt die Genesung eine unvollständige. Die Besserung schreitet nur bis zu einem gewissen Grade vor, alle Erscheinungen des activen fortschreitenden Entzündungsprocesses schwinden, aber es bleiben Residuen und Folgezustände zurück, die ohne Zweifel auf liegen gebliebene Exsudate, Compression der Wurzeln durch Adhäsionen und Verdickungen, narbige Sklerosen im R.-M. selbst u. dgl. zu beziehen sind. Hierher gehören vollständige oder unvollständige Lähmung einzelner Muskeln oder Extremitäten, mit oder ohne Atrophie, circumscripte Anästhesien, Blasenschwäche u. s. w.

Nicht selten wird auch die Genesung durch immer wieder eintretende Nachschübe, durch immer wiederholte Recidive getrübt.

Ein grosser Theil der chronischen Meningitiden aber führt unaufhaltsam zum Tode. Mannigfach sind die Vorgänge und Ereignisse, welche dieses Endresultat herbeiführen können; meist sind es die Erscheinungen schwerer Spinalparalyse, welche das lethale Ende herbeiführen: Paraplegie, Blasenlähmung, Cystitis, Decubitus mit consecutiver Anämie und Hydrämie und schliesslich allgemeiner Marasmus. In andern Fällen führt das Weiterschreiten des Processes auf den Cervicaltheil durch progressive Deglutitions- und Respirationsbeschwerden, mit secundären Pneumonien u. dgl. zu dem traurigen Ziel. In wieder andern Fällen macht ein irgendwie verursachtes Wiederaufflammen einer acuten, eitrigen Meningitis dem Leben ein rasches Ende. Und so können noch mancherlei Complicationen und zufällige Ereignisse den lethalen Verlauf der chronischen Meningitis beschleunigen.

Diagnose.

Die chronische Spinalmeningitis wird in vielen Fällen deshalb so schwer erkannt, weil ihre Symptome lange Zeit äusserst geringfügig

sein können, und weil oft sehr lange das Krankheitsbild ein unvoll-
ständiges oder durch complicirende Erkrankungen verwischtes und
unklares ist.

Wo die Gesammtheit der oben erwähnten Symptome vorhanden
ist, wird man mit der Diagnose nicht lange zögern.

Schwierig ist eigentlich. nur die Unterscheidung von den verschiedenen Formen der chronischen Myelitis, um so schwieriger,
als beide Krankheiten sich nur allzu häufig miteinander combiniren.
Maassgebend mag hier folgendes sein: Rückenschmerz und Rückensteifigkeit, verbreitete Schmerzen in den Extremitäten, überhaupt
weitverbreitete Wurzelerscheinungen, geringer Grad der Lähmung
und gleichmässige Verbreitung derselben, bei Wechsel ihrer Intensität mit der Lage sprechen mit grossem Gewichte für Meningitis.
Das Fehlen gesteigerter Sehnenreflexe, hartnäckiger Contracturen,
schmerzhafter Muskelzuckungen kann wohl im gleichen Sinne verwerthet werden. An Myelitis dagegen muss man denken, wo Paralyse und Anästhesie in hohem Grade vorhanden sind, die Schmerzerscheinungen zurücktreten, gesteigerte Sehnenreflexe, erhebliche
Contracturen etc. vorhanden sind.

Besteht Lähmung mit hochgradiger Atrophie ohne jede Sensibilitätsstörung und ohne Schmerzen, so hat man zunächst an eine
Myelitis der vordern grauen Substanz zu denken.

Von der Tabes dorsalis, soweit darunter jetzt das Symptomenbild der grauen Degeneration der Hinterstränge verstanden wird, ist
die chronische Spinalmeningitis äusserst leicht zu unterscheiden; die
charakteristischen lancinirenden Schmerzen, die Ataxie, die Störungen
der Muskelsensibilität etc. geben die Entscheidung. Doch ist nicht
zu vergessen, dass beide Krankheitsformen sehr häufig miteinander
combinirt vorkommen, dass also das Symptomenbild ein gemischtes
sein kann.

Die Bestimmung der etwa der Spinalmeningitis zu Grunde lie-
genden speciellen Krankheitszustände geschieht nach allgemeinen
Grundsätzen. Die Diagnose des Sitzes der Krankheit im Lumbal-,
Dorsal- oder Cervicaltheil nach den schon wiederholt angegebenen
Regeln.

Prognose.

Sie ist im allgemeinen eine bedenkliche, da Heilung besonders
in den einigermassen veralteten und langwierigen Fällen nur schwierig
gelingt. Doch ist selbst aus anscheinend desolaten Zuständen noch
Besserung und Genesung beobachtet worden, so dass die Prognose
auch in schweren Fällen nicht absolut schlecht ist.

Man wird sich dabei stets vor Augen halten dürfen, dass die chronische Entzündung der Spinalhäute an sich kein unaufhaltsam weiterschreitender Process zu sein braucht; dass derselbe vielmehr sehr wohl des Stillstands und der Rückbildung fähig ist; dass der Gang der Rückbildung wesentlich abhängig sein wird von der vorhandenen Organisation, Verkalkung, Retraction der Entzündungsproducte; dass aber in diesen durch die Länge der Zeit manchmal noch Veränderungen zu erwarten sind, welche erhebliche Besserung der Function gestatten.

Man wird demnach mit Berücksichtigung dieser Thatsachen die Prognose der chronischen Spinalmeningitis zu stellen suchen, indem man dabei das Alter, die Constitution und Widerstandskraft, den Ernährungszustand des Kranken, die zu Grunde liegenden ätiologischen Momente und die Möglichkeit sie zu entfernen, die etwa bereits ausgebildeten anatomischen Veränderungen, die Intensität der Symptome, die therapeutischen Resultate etc. in gebührende Erwägung zieht. Natürlich muss man sich dabei, angesichts der Erfahrung, vor allzugrossen Illusionen in Bezug auf die Heilbarkeit des Leidens hüten.

Therapie.

Auch bei der chronischen Spinalmeningitis hat man zuerst an die Erfüllung der causalen Indication zu denken. Indem wir, um unnöthige Details zu vermeiden, einfach auf die Aufzählung der ätiologischen Momente verweisen, welchen gegenüber sich die geeigneten therapeutischen Maassregeln von selbst ergeben, wollen wir hier nur die sorgfältige Behandlung der acuten Spinalmeningitis betonen. Immer suche man dieselbe vollständig zur Heilung zu bringen, beachte in der Reconvalescenz von derselben die grösste Vorsicht, lasse die Kranken ja nicht zu früh zu den Anstrengungen ihres Berufs zurückkehren, hüte sie vor Erkältung und neuen Schädlichkeiten, und man wird manche chronische Spinalmeningitis verhüten.

Bei der eigentlichen Behandlung derselben wird der antiphlogistische Apparat nur in sehr mässiger Weise in Thätigkeit zu setzen sein. Mit Blutentziehungen, energischen Ableitungen auf den Darm u. dgl. wird bei einer so chronischen Krankheit selten viel anzufangen sein. Immerhin gibt es Fälle, wo diese Mittel Anwendung verdienen. Bei robusten, gut genährten Individuen, bei etwas lebhafteren Erscheinungen, ausgesprochener Schmerzhaftigkeit des Rückens u. s. w. wird man zweckmässig alle 8—14 Tage 10—14 blutige Schröpfköpfe längs der Wirbelsäule appliciren lassen; bei

weniger kräftigen Individuen wird man sich auf die Application trockener Schröpfköpfe ein bis zwei Mal in der Woche beschränken.
Gleiche Grundsätze und etwaige specielle Indicationen (habituelle
Stuhlverstopfung, Hämorrhoidalleiden u. s. w.) werden für die Anwendung der Abführmittel maassgebend sein.

Fast einstimmig wird von den Autoren die Ableitung auf die
Haut als Hauptmittel gerühmt. Nichts scheint hier zweckmässiger
zu sein, als die wiederholte Anwendung grosser Vesicantien auf den
Rücken. Brown-Séquard räth, dieselben alle 14 Tage zu appliciren. — Die schwachen Ableitungsmittel (Sinapismen, Pustelsalben,
Einreibung mit Ol. terebinth. und Ol. crotonis, Bepinseln mit Jodtinctur u. s. w.) sind weniger empfehlenswerth, können aber in leichteren Fällen und zur Abwechselung versucht werden. — Nur in
schweren und verzweifelten Fällen wird man zur Anwendung der
Moxen oder des Ferrum candens (strichweises Brennen längs der
Wirbelsäule) schreiten.

Unter den Arzneimitteln erfreut sich vor allem das Jodkalium
eines grossen und gesicherten Rufs; es wird in den gewöhnlichen
Dosen längere Zeit fortgegeben. — Von der Anwendung der Quecksilberpräparate wird man bei diesen chronischen Formen besser absehen (wenn nicht Syphilis im Spiele ist). — Auch von Ergotin
und Belladonna hat man keine sonderlichen Erfolge zu erwarten.
Hat man Grund, einen reichlichen serösen Erguss zu vermuthen, so
kann man die Anwendung der Diuretica versuchen.

Für viele Fälle scheint die Wärme ein äusserst wohlthuendes
Mittel zu sein: warme Bedeckungen, Pelzwerk u. dgl., warme Umschläge, Einreibungen mit warmen Oelen u. dgl. werden gerühmt.

Darauf scheint auch theilweise der unzweifelhafte Nutzen der
Bäder zu beruhen, die eine Reihe notorischer Heilerfolge bei chronischer Spinalmeningitis aufzuweisen haben. Warme Bäder aller
Art, indifferente und Soolthermen, gasreiche Sool- und Stahlbäder
u. s. w.) können hier Anwendung finden. Braun, der diese Frage
genauer untersucht hat, formulirt die Regeln für die Anwendung
der Bäder dahin, dass man im Allgemeinen Bäder von langer Dauer
anzuwenden habe und zwar um so länger, je indifferenter die Quelle;
je salzreicher und koblensäurereicher die Quelle, desto kürzer das
Bad. Mit der Badetemperatur sei man anfangs vorsichtig; sind myelitische Complicationen vorhanden, so vermeide man ja die höheren
Temperaturen; bei reiner Meningitis scheinen aber höhere Temperaturen am ehesten vertragen zu werden, und daher das gefährliche
Renommé mancher Thermen gegen Spinalparalysen überhaupt zu

kommen. Das muss aber noch genauer an der Hand einer geläuterten Diagnostik untersucht werden.

In besonders hartnäckigen Fällen kann man auch energische **Kaltwassercuren**, besonders feuchte Einpackungen, abwechselnd kalte und warme **Douchen** auf den Rücken, **Moorbäder** und heisse **Sandbäder** versuchen.

Ueber die Wirksamkeit des **galvanischen Stroms** gegen die chronische Spinalmeningitis sind die Erfahrungen noch nicht abgeschlossen. Es ist a priori im höchsten Grade wahrscheinlich, dass gerade bei dieser Krankheitsform die katalytischen Wirkungen des Stroms von auffallendem Nutzen sein werden. Eine Beobachtung von Hitzig[1]) scheint dies auch in glänzender Weise zu bestätigen; der Erfolg wurde hier mit absteigenden stabilen Strömen erzielt. Meine eigenen Erfahrungen darüber sind ebenfalls sehr günstig, doch ist ihre Zahl zu gering, um ein abschliessendes Urtheil zu ermöglichen. Jedenfalls ist aber ein Versuch mit der galvanischen Behandlung (vorwiegend stabile Ströme längs der Wirbelsäule, successive Einwirkung beider Pole) immer angezeigt und kann sehr wohl mit dem Gebrauche der Bäder verbunden werden.

Symptomatisch kann noch mancherlei gethan werden. Gegen die Schmerzen die üblichen Sedativa; gegen Lähmungen, Anästhesien, Atrophien u. s. w. die Elektricität; gegen Blasenschwäche: Secale, Nux vomica, Elektricität. Gegen die Anämie und Kachexie: Tonica, Eisen, Chinin, kräftige Nahrung, etwas Wein u. s. w. Ueberhaupt muss die **Diät** der an chronischer Spinalmeningitis Leidenden vorwiegend eine tonisirende, den Stoffwechsel anregende und beschleunigende sein. Die **Lebensweise** richtet sich nach dem Zustand und den äusseren Verhältnissen der Kranken und wird nach den früher angegebenen allgemeinen Grundsätzen (S. 195 ff.) regulirt.

In allen zur Genesung kommenden Fällen sind lange Schonung und grosse Vorsicht in jeder Beziehung unbedingt geboten. Als Nachcur empfehlen sich für viele Fälle die Elektricität, Kaltwassercuren, Gebirgsklima und die schwächeren Seebäder.

5. Geschwülste der Rückenmarkshäute.

Ollivier l. c. 3. Aufl. p. 517. — Cruveilhier, Anatomie pathol. Livrais. XXXII. pl. 1; XXXV. pl. VI. — Hasse l. c. 2. Aufl. S. 731. — Rosenthal l. c. 2. Aufl. S. 346. — Hammond l. c. 3. Aufl. p. 517. — Leyden l. c. I. S. 443. — Virchow, Geschwülste, I. S. 356, 423, 514; II. S. 92, 120, 345, 354, 461. — Charcot, Leçons sur les mal. d. syst. nerv. II. Sér. II. fasc. Paris 1873.

---

1) Virchow's Archiv 1867. Bd. XL.

— Jaccoud, Les paraplégies et l'ataxie du mouv. Paris 1864. p. 236. — Brown-Séquard, Lectures on paralys. of lower extremities etc. 1861. p. 92.
Athol Johnson, Fatty tumour connected with the interior etc. Brit. med. Journ. 1857. — Virchow, Bösartige, zum Theil in der Form des Neuroms auftretende Fettgeschwülste. Virch. Arch. 1857. XI. S. 281. — Traube, Fünf Fälle von Rückenmarkskrankheiten. Charité-Annal. IX. 1861. (Gesamm. Abhandl. II b. S. 991.) — Whipham. Tumour of the spin. dura mat, resembl. psammoma etc. Transact. path. Soc. XXIV. 1873. p. 15. — Benj. Bell, Tumour of the pia mater etc. (übro-nucleated growth). Edinb. med. Journ. Oct. 1857. p. 331. — Löwenfeld. Faserig. Sarkom an d. Wurz. der zwei ersten Sacralnerven links. Wiener med. Pr. 1873. Nr. 31. — L. Benjamin, Neurom innerhalb der Rückenmarkshäute. Virch. Arch. 1857. XI. S. 87. — Seitz, Pseudoplasma medull. spin. Deutsche Klinik 1853. Nr. 37. — Charcot, Hémiparapleg. determinée par une tumeur etc. Arch. de Phys. 1869. II. p. 291. — Baierlacher, Zur Symptomatologie der Geschwülste am R.-M. Deutsche Klinik 1860. Nr. 31. — Meschede, Sarkom am R.-M. Ibid. 1873. Nr. 32. — Th. Simon, Tumor im Sack der Dura spinal., die Cauda comprim. etc. Arch. f. Psych. u. Nervenkrankh. V. S. 114. 1874. — Simon, Paraplegia dolorosa. Berl. klin. Wochenschr. 1870. Nr. 35 u. 36. — Davaine, Traité des entozoaires etc. Paris 1860. p. 666. — Bartels, Echinoc. innerh. des Sacks der Dura spin. Deutsches Archiv für klin. Med. V. S. 108. 1869. — Béhier, Compress. d. l. moelle épin. par un kyste hydatique. Arch. génér. 1875. Mars p. 340. — Westphal, Cysticerken des Gehirns und R.-M. Berl. klin. Wochenschr. 1865. Nr. 45.

Unter den Neubildungen innerhalb des Rückgratscanales sind wohl die von den spinalen Meningen ausgehenden die häufigsten und wichtigsten.

Sie gehen zumeist von der Dura aus und entwickeln sich nach deren äusserer oder innerer Fläche hin; manche Neubildungen jedoch nehmen auch ihren Ursprung von der Arachnoidea oder der Pia und bleiben auf die weichen Häute beschränkt. — Nicht immer sind aber die Häute selbst der Ausgangspunkt des Leidens; häufig pflanzen sich von den Nachbartheilen ausgehende Neoplasmen auf die Spinalhäute fort, ziehen diese in secundärer Weise in ihr Bereich und rufen dann natürlich im Wesentlichen dasselbe klinische Bild hervor, wie die primären Meningealtumoren.

Schon die Enge des vorhandenen Raumes bringt es mit sich, dass die Tumoren, um die es sich hier handelt, meist von unbeträchtlicher Grösse sind, dass sie aber trotzdem sehr frühzeitig die erheblichsten Störungen durch Irritation und Compression der wichtigen intraspinalen Gebilde hervorrufen.

Meist handelt es sich um Geschwülste, die nur eine Längsausdehnung von 2—4, selten von 8—10 Cm. innerhalb des Wirbelcanals erreichen, und die dabei eine Dicke von 1—3 Cm. besitzen. Secundäre Tumoren natürlich und solche, welche wuchernde Ausläufer durch die natürlichen oder durch künstliche Lücken im Wirbelcanal entsenden, können auch eine viel beträchtlichere Grösse erreichen.

Die Gestalt der Tumoren ist meist eine ovale, olivenförmige oder ähnliche; die Schnelligkeit und Richtung ihres Wachsthums hängt zunächst von der Natur der Neubildung ab; davon natürlich dann auch die Gestaltung des Symptomenbildes. Man will beobachtet haben, dass während der Gravidität ein stärkeres Wachsthum solcher Tumoren stattfinde.

Bei der Aufzählung der Meningealtumoren werden wir uns aus praktischen Gründen nicht streng auf die eigentlichen Neubildungen sensu strictiori beschränken, sondern manches noch hier herbeiziehen, was klinisch dieselbe Bedeutung hat, z. B. entzündliche Bildungen in Geschwulstform, thierische Parasiten im Spinalcanal u. s. w. Es wird das zur Vereinfachung unserer Aufgabe dienen.

Pathologische Anatomie.

Die genaue histologische Diagnose vieler intraspinalen Tumoren lässt noch sehr viel zu wünschen übrig. Besonders aus den älteren Beobachtungen ist schwer zu entnehmen, in welche der jetzt gültigen Kategorien der Neubildungen dieselben unterzubringen seien. Aus den Beobachtungen der letzten Jahrzehnte, die an sich nicht sehr zahlreich sind, geht hervor, dass folgende Formen der Geschwulstbildung an den Spinalmeningen vorkommen können:

Fibrom (und Fibrosarkom). Meist kleine ovale Geschwülste, 3—5 Cm. lang, 2—4 Cm. dick, von der Dura oder der Pia ausgehend und je nachdem bald innerhalb, bald ausserhalb des Sacks der Dura liegend. Die Geschwulst besteht aus Bindegewebe, mit mehr oder weniger reichlichen Zellen, Spindelzellen, Rundzellen (Uebergang zum Sarkom).

Sarkom. Kommt in allen möglichen Formen vor, als hartes und weiches, faseriges und zelliges Sarkom, häufig mit Cystenbildung, Cystosarkom (Beobachtungen von Baierlacher, Leyden u. A.). Geht seltener von der Dura, häufiger von den weichen Häuten aus; hat vorwiegend längliche Gestalt, nicht selten gelappten Bau und dadurch höckerige Oberfläche, grossen Gefässreichthum und zeigt die bekannten histologischen Charaktere der sarkomatösen Neubildung [1]).

Das Myxom ist von Virchow, Traube u. A. an den Spinalmeningen gefunden worden. Es geht fast ausschliesslich von der Arachnoidea oder Pia aus, stellt eine weiche, saftreiche, lappige Geschwulst von mässiger Grösse und blasser Färbung dar. Es erscheint als reines Myxom, oder häufiger in Mischformen als lipomatöses, sarkomatöses Myxom u. dgl.

---

1) s. Virchow, Geschwülste, II.

In die gleiche Reihe der Neubildungen gehört das von Whipham, Cayley, Charcot, Bouchard u. A. gefundene Psammom — eine Sarkomform mit eingelagerten körnigen Kalkconcrementen. Gewöhnlich kleine rundliche oder olivenförmige, glatte oder gelappte Geschwulst, meist von den weichen Häuten ausgehend.

Auch Lipome sind wiederholt im Wirbelcanal gefunden worden, entweder durch eine Wucherung des perimeningealen Fettgewebes entstanden (Athol Johnson, Obré, Virchow) und dann ausserhalb des Sacks der Dura gelegen; oder von den weichen Häuten ausgehend, innerhalb des Sacks der Dura befindlich.

Ein haselnussgrosses, mit der Dura und dem anliegenden Wirbel fest verwachsenes Enchondrom wurde einmal von Virchow gefunden und für wahrscheinlich congenital entstanden erklärt.

Osteom — Knochenneubildung, kommt an der Arachnoidea in Form der bekannten sogenannten Knorpelplättchen ungemein häufig vor, kann aber in dieser Form wohl nicht zu den Geschwülsten gerechnet werden und hat keine klinische Bedeutung. Auch an der Dura kommt Ossification nur in diffuser Form vor.

Multiple, fibröse Melanome innerhalb des Spinalcanals sind von Virchow und Sander gesehen worden.

Auch zu den Neuromen hat man manche im Spinalcanal, an den Nervenwurzeln, besonders an der Cauda equina vorkommende Neubildungen gezählt (Benjamin, Virchow). Es handelt sich zumeist um sogenannte falsche Neurome, die entweder vereinzelt oder multipel vorkommen[1].

Das eigentliche Carcinom scheint am seltensten primär von den Rückenmarkshäuten auszugehen; wenigstens ist mir ausser den älteren unsichern Beobachtung von „fungöser“, „krebsiger“ Wucherung etc. keine unzweifelhafte Beobachtung primären Carcinoms an dieser Stelle bekannt geworden. Fast immer handelt es sich um secundär von den Wirbeln oder andern benachbarten Theilen fortgeleitete Carcinome, oder um metastatische Neubildungen bei primärem Krebs anderer Organe. Besonders in Folge primären Brustkrebses treten solche secundäre Carcinome nicht selten an der Wirbelsäule auf.

Die Bildung miliarer Tuberkel in den Rückenmarkshäuten haben wir schon bei der Meningitis erwähnt.

Hieran reihen sich nun die Geschwülste, welche durch entzündliche, hämorrhagische u. dgl. Vorgänge an den

---

1) s. Bd. XII. 1. S. 544 ff.

Rückenmarkshäuten oder benachbarten Theilen entstehen. So die peripachymeningitischen Exsudate, mit oder ohne Caries der Wirbelsäule, jene derben, eitrigen oder käsigen umschriebenen Wucherungen, die wir früher schon erwähnt haben und die besonders beim Malum Pottii so gewöhnlich sind; ferner die grünlich-gelben, speckigen, scrophulösen Exsudate zwischen Dura und Wirbelsäule; endlich die Hämatome der Dura mater, die Folgen der Pachymeningitis interna haemorrhagica.

Analoge Verhältnisse bieten die Syphilome dar, welche hie und da an den Spinalhäuten gefunden wurden (Wilks, Virchow). Sie sind noch wenig erforscht; meist handelt es sich um Gummata an der Dura oder Pia.

Endlich sind noch die parasitären Neubildungen zu erwähnen, welche, wenn auch selten, innerhalb des Spinalcanals vorkommen können:

Cysticercus cellulosae ist von Westphal einmal im Sack der Dura gefunden worden: zahlreiche Blasen fanden sich im Lendentheil, theils frei schwimmend, theils fest in die Maschen der Arachnoidea eingeschlossen; einzelne auch im Brust- und Halstheil. Zahlreiche Blasen im Gehirn. Nur eine davon enthielt einen Kopf. Klinisch waren u. A. auch spinale Symptome vorhanden.

Häufiger ist Echinococcus gefunden worden (bis jetzt im Ganzen in 13 Fällen) Davaine, Cruveilhier, Lebert, Förster, Rosenthal, Bartels etc. Die Entwicklung der Blasen geschah meist ausserhalb der Dura und führte nicht selten zu umfangreichen Geschwulstbildungen auch ausserhalb des Wirbelcanals. Nur in zwei Fällen (Esquirol und Bartels) entwickelten sich die Blasen innerhalb des Sackes der Dura. Sie können sehr verschiedene Grösse haben und bieten alle Charaktere der Echinococcuscolonien dar.

Wir schliessen damit diese — vielleicht noch lückenhafte — Aufzählung.

Ueber den Sitz der meningealen Tumoren brauchen wir nicht viel hinzuzufügen. Sie können an allen Stellen des Wirbelcanals vorkommen, können das R.-M. von vorn, von hinten oder von den Seiten her comprimiren, grössere oder geringere Anzahl von Nervenwurzelpaaren in ihr Bereich ziehen u. s. w. Das wird in jedem Einzelfalle verschieden sein; einigermassen wichtig und charakteristisch ist nur, dass es sich dabei immer um ganz circumscripte, festsitzende Krankheitsherde handelt.

Für das Verständniss der klinischen Erscheinungen aber und.

des ganzen Verlaufs der Krankheit sind besonders wichtig: die
consecutiven Veränderungen, welche die Tumorenbildung im
Spinalcanal regelmässig, wenn auch in verschiedenem Grade, zu begleiten pflegen.

Die Nervenwurzeln im Bereich des Tumors finden sich z. Th.
geschwellt, geröthet, entzündlich erweicht, z. Th. dünn, platt, graulich
durchscheinend, atrophisch und degenerirt — je nach Dauer und Ausbreitung des Processes.

Das Rückenmark selbst erleidet immer eine mehr oder weniger
hochgradige Compression, die es in einen platten, bandartigen Strang
verwandeln kann oder doch wenigstens eine mehr oder weniger
seichte locale Impression bewirkt. Selten ist damit nur eine einfache Atrophie des comprimirten Markabschnittes verbunden. Weit
häufiger finden sich an der gedrückten Stelle ausgesprochen entzündliche Erscheinungen (Compressionsmyelitis), welche sich
nur wenig nach oben, häufig aber eine gute Strecke nach abwärts
verfolgen lassen. Das Mark befindet sich im Zustande weisslicher
oder röthlicher Erweichung, ist von kleinen Hämorrhagien durchsetzt
und lässt mikroskopisch zahlreiche Körnchenzellen unter Trümmern von
Nervenelementen erkennen. Dieselbe Veränderung setzt sich mehr
oder weniger weit nach abwärts in der weissen und besonders auch in
der grauen Substanz fort. Cruveilhier fand einmal den ganzen
peripheren Markabschnitt in eitrigem Zerfall begriffen.

Ausserdem lässt die Untersuchung des gehärteten R.-M. dann
regelmässig die secundäre aufsteigende Degeneration in den Hintersträngen und absteigende Degeneration in den hinteren Seitensträngen
erkennen. (S. unten II No. 19). Simon fand diese aufsteigende
Degeneration der Hinterstränge auch bei einem Tumor der Cauda
equina.

An den Rückenmarkshäuten finden sich fast ausnahmslos
die Zeichen chronischer Entzündung (Verdickung, Trübung, Pigmentirung, Hyperämie etc.) in grösserer oder geringerer Ausdehnung.
Dem entsprechend ist auch eine Vermehrung der Spinalflüssigkeit
(Hydrorrhachis) ziemlich constant.

Nicht selten findet sich an den peripheren Nerven und
• Muskeln die bekannte degenerative Atrophie und zwar in
jenen Nervengebieten, deren Wurzeln entweder direct in das Bereich
der Neubildung fallen, oder mit degenerirten Abschnitten der grauen
Substanz in Verbindung stehen.

Welche weiteren Veränderungen sich an den Leichen der an
Meningealtumoren Verstorbenen noch finden können (Decubitus,

Cystitis, hochgradiger Marasmus, Veränderung innerer Organe etc.), wird sich aus der Darstellung des Krankheitsverlaufs ergeben und bedarf hier keiner besonderen Schilderung.

Aetiologie.

Die Ursachen der Meningealtumoren sind in den meisten Fällen dunkel. Am sichersten scheint festzustehen, dass Traumata im Stande sind, die Anregung zu Neubildungen abzugeben. So hat man besonders nach Fall, Schlag oder Stoss u. dgl. auf den Rücken oder die Wirbelsäule die ersten Erscheinungen des Leidens sich entwickeln sehen.

In mehreren Fällen wird, wie es scheint mit genügendem Grunde, Erkältung als die Ursache der Krankheit bezeichnet.

Ferner wird auffallend häufig angegeben, dass im Puerperium, nach einem kürzlich überstandenen Wochenbett, sich die ersten Erscheinungen entwickelten.

Nach Beobachtungen von Cruveilhier und Kohts ist es wahrscheinlich, dass durch heftige psychische Erregung, durch lebhaften Schrecken die Anregung zur Bildung meningealer Neubildungen gegeben werden kann.

Dass endlich Wirbelleiden, tuberkulöse und scrophulöse Diathese, und Syphilis zu den Ursachen der Meningealtumoren gehören, ergibt sich aus der vorstehenden Aufzählung der einzelnen Formen von selbst. — Die Einfuhr thierischer Parasiten geschieht in der bekannten Weise durch Aufnahme der Eier, resp. Proglottiden der betreffenden Bandwurmspecies durch den Magen.

Wie leicht ersichtlich, bleibt bei diesen spärlichen Thatsachen in der Aetiologie der Meningealtumoren noch Vieles dunkel.

Symptomatologie.

Das allgemeine Krankheitsbild, unter welchem die Meningealtumoren sich gewöhnlich darstellen, lässt sich in wenig Zügen entwerfen.

Bei einem häufig ganz latenten und schleichenden Beginn sind es meist zuerst an Lebhaftigkeit zunehmende Schmerzen in bestimmten Wurzelgebieten, welche die Entwicklung der Geschwulst anzeigen. Abnorme Sensationen am Rumpf (Gürtelempfindungen) und den Extremitäten, Parästhesien, Anästhesien, partielle Lähmungen gesellen sich hinzu — alle diese Erscheinungen zunächst auf dieselben Wurzelgebiete localisirt. Schmerzhafte

Steifigkeit eines bestimmten Abschnitts der Wirbelsäule deutet näher auf den Sitz des Leidens hin.

Nach kürzerer oder längerer Zeit, manchmal. erst nach Jahren, gesellt sich dann eine mehr oder weniger rasch zunehmende Paraplegie hinzu; sie entwickelt sich aus fortschreitender Parese, manchmal halbseitig in Form der Brown-Séquard'schen Lähmung, meist aber rasch in der Quere fortschreitend und mit absoluter sensibler und motorischer Lähmung endigend. Selten bleibt das Leiden auf einer erträglichen Stufe stationär; meist schreitet das Uebel bis zu den letzten Graden fort und nach grossen Leiden, durch alle Scheusslichkeiten schwerster spinaler Paralyse, Blasen- und Mastdarmlähmung, Cystitis, ausgebreiteten Decubitus, allgemeinen Marasmus u. s. w. wird der Kranke einem elenden Tode entgegengeführt.

Wenn auch die einzelnen Züge dieses Krankheitsbildes nichts absolut für die Meningealtumoren Charakteristische haben, so ist es doch aus dem Ensemble der Erscheinungen nicht selten möglich, die Krankheit zu erkennen und genauer zu localisiren.

Die genauere Betrachtung zeigt, dass wir zwei Gruppen von Symptomen unterscheiden können, welche sich sowohl durch ihre zeitliche Aufeinanderfolge wie durch ihre pathogenetische Bedeutung von einander unterscheiden. Nämlich erstens die Symptome örtlicher Irritation und Compression der zunächst von der Geschwulstbildung betroffenen Nervenwurzeln und Rückenmarkshäute;

und zweitens die Symptome der Irritation und Compression des R.-M. selbst und der consecutiven Myelitis (Compressionsmyelitis).

Die Erscheinungen der ersten Gruppe sind die frühesten und gehen oft monate- und jahrelang der Paraplegie voraus; ihre Gestaltung ist natürlich in jedem Einzelfall eine verschiedene je nach Sitz, Wachsthumsrichtung und Wachsthumsraschheit der Neubildung, so dass natürlich eine erschöpfende Darstellung nicht gegeben werden kann. Doch ergeben sich die zahlreichen Varietäten aus dem allgemeinen Schema leicht von selbst. Alle diese Erscheinungen rühren von Irritation oder Compression der Nervenwurzeln, von consecutiver Meningealreizung und zum Theil wohl auch von beginnender Irritation des R.-M. selbst her.

Man beobachtet zunächst lebhafte Schmerzen, welche durch ihren lancinirenden, reissenden, bohrenden Charakter sich schon als excentrische documentiren. Sie können auf einen einzelnen Punkt beschränkt sein oder nur einen einzelnen Nervenstamm befallen

und erscheinen so je nach dem Sitz der Erkrankung bald als Gürtelschmerz in verschiedener Höhe des Rumpfs, bald als excentrische
Schmerzen in den obern oder den untern Extremitäten, bald auf
eine Seite beschränkt, bald doppelseitig. Sie können sich allmälig
oder sprungweise auf benachbarte Nervenbahnen verbreiten, werden
durch Bewegungen der Wirbelsäule nicht selten gesteigert und exacerbiren wohl auch bei plötzlichen Witterungsänderungen (Bell).
Diese Schmerzen gehören so sehr zum Krankheitsbild der Rückenmarkscompression durch Tumoren, dass Cruveilhier die Paraplegia dolorosa geradezu als von Compression des R.-M. herrührend unterschied von der durch primäre Erkrankung des Marks
bedingten Paraplegia non dolorosa.

Entsprechend der Verbreitung der Schmerzen treten dann auch
Parästhesien auf: Gefühle von Kriebeln, Formication, Taubsein,
Vertodtung u. s. w. entweder gürtelförmig oder auf bestimmte Partien der Extremitäten beschränkt.

Sind vorwiegend motorische Wurzeln dem Einflusse des Tumors
zunächst zugänglich, so können einzelne Muskelzuckungen,
Spasmen, Krämpfe im Beginne auftreten.

Diese Reizungserscheinungen sind fast immer begleitet von deutlichem, zuweilen sehr lebhaftem Rückenschmerz, der in der
Nähe des Geschwulstsitzes localisirt ist und gewöhnlich von einer
localen Steifigkeit der Wirbelsäule begleitet wird. Leyden
macht darauf aufmerksam, dass häufig die Bewegung der Wirbelsäule in einer bestimmten Richtung erschwert und schmerzhaft ist,
weil durch dieselbe ein stärkerer Druck auf den Tumor ausgeübt werde.

Im weiteren Verlaufe gesellen sich dann mehr oder weniger
rasch dem örtlichen Sitze der Geschwulst entsprechende Lähmungserscheinungen hinzu: circumscripte Anästhesien, häufig im Gebiete
der besonders schmerzenden Nerven (Anaesthesia dolorosa), locale
Paresen und Paralysen der entsprechenden Muskelgruppen, Atrophie
derselben u. s. w. machen das Bild dieser Initialsymptome äusserst
complicirt und mannigfaltig.

Es braucht nur angedeutet zu werden, in welch verschiedener
Weise sich die Erscheinungen dieser ersten Gruppe bei verschiedenem Sitze der Geschwulst gestalten werden: wie beim Sitz im
Cervicaltheil z. B. zuerst eine obere Extremität von Schmerzen,
Parästhesien, partieller Lähmung und Atrophie befallen wird, ehe
die Erscheinungen von Compression des R.-M. hinzutreten; wie beim
Sitz im Dorsaltheil die Intercostalneuralgien, viscerale Schmerzparoxysmen, Zoster u. s. w. die Krankheit einleiten werden; wie

endlich beim Sitz im Lumbaltheil alle die genannten Störungen bald
im Bereich des Plexus lumbalis, bald des Plexus sacralis sich entwickeln und hier eine sehr mannigfaltige Gestalt annehmen können.
Die Casuistik gibt dafür zahlreiche und belehrende Belege.

Nachdem die Erscheinungen der ersten Gruppe verschieden
lange Zeit (Wochen — Monate — manchmal mehrere Jahre) bestanden haben, treten immer deutlicher die Symptome der zweiten Gruppe, die Folgen der fortschreitenden Compression des
R.-M., und gewöhnlich auch der fast nie fehlenden consecutiven
Myelitis hervor und verändern die Scene in sehr unliebsamer Weise.

Sie können sich rascher oder langsamer entwickeln; manchmal
treten sie fast plötzlich, im Laufe weniger Stunden auf, und sind
dann wohl immer durch die secundäre Myelitis bedingt, da an eine
so rasche Zunahme des Druckes durch die Geschwulst wohl selten
zu denken ist. Nicht selten beschränkt sich die Compression zunächst auf eine seitliche Hälfte des R.-M. und es können dadurch
die charakteristischen Erscheinungen der Brown-Séquard'schen
„Halbseitenläsion" (Paralyse auf Seite der Compression, Anästhesie
auf der entgegengesetzten Seite; s. u. den Abschnitt über „Halbseitenläsion" II. No. 14.) für kürzere oder längere Zeit hervortreten.
Oder die Compression findet von der vordern oder von der hintern
Fläche des R.-M. her statt und daher kommt es, dass im erstern
Fall die motorischen, im letzteren die sensiblen Lähmungserscheinungen mehr in den Vordergrund treten und oft eine Zeit lang allein
bestehen.

Nach kürzerer oder längerer Zeit aber ergreift die Lähmung
alle auf dem der Geschwulst entsprechenden Querschnitt des R.-M.
gelegenen Bahnen und wir haben dann die Erscheinungen der hochgradigen Rückenmarkscompression. Wir werden dieselben in dem
Abschnitt über „Compression des R.-M." (s. u. II. No. 5.) ausführlich
erörtern und wollen deshalb hier nur die hauptsächlichsten anführen,
um das Krankheitsbild zu vervollständigen, für alle Details auf
jenen Abschnitt verweisend.

Es besteht vor allen Dingen hochgradige Paraplegie; Motilität und Sensibilität sind mehr oder weniger vollständig gelähmt,
bis herauf zu der dem Sitze der Geschwulst entsprechenden Höhe; die
Abgrenzung dieser Lähmungserscheinungen nach oben ist mehr oder
weniger scharf. Die Blase ist gelähmt und es treten im Anfang mehr
die Erscheinungen der Retention, später mehr die der Incontinenz, beständiges Harnträufeln, zu Tage. Auch der Sphincter ani ist gelähmt.

Dazu gesellen sich gewöhnlich lebhafte excentrische Schmerz e n in den hinter dem Sitze der Läsion liegenden Theilen. Obgleich physiologische Anschauungen gegen die Möglichkeit der Entstehung solcher excentrischen Schmerzen durch Compression oder Reizung des R.-M. selbst sprechen, geht doch aus manchen Beobachtungen (z. B. von Whipham, Leyden, Brown-Séquard) hervor, dass Geschwülste, die hoch oben im Dorsaltheil oder im Cervicaltheil sitzen, lebhafte excentrische Schmerzen in den Beinen hervorrufen können. Jedenfalls sind in den meisten Fällen die gelähmten Theile zeitweilig der Sitz sehr lebhafter Schmerzen — vielleicht durch die secundäre Myelitis.

Von Seiten des motorischen Apparats fehlen ebenfalls neben der völligen Lähmung die Reizungserscheinungen nicht: Muskelzuckungen, Spasmen, anfangs temporäre, später permanente Contracturen stellen sich ein, die im Beginn ganz schlaffen Muskeln werden allmälig mehr gespannt und rigide (secundäre Degeneration der Seitenstränge).

Besonders auffallend ist in vielen Fällen die Steigerung der Reflexe. Leise Hautreize rufen ausgiebige und lebhafte Muskelzuckungen, starke Beuge- oder Streckcontracturen, lebhaftes klonisches Zittern besonders in den untern Extremitäten hervor; besonders dann, wenn der Sitz der Geschwulst hoch oben ist. Ist durch diese aber die graue Substanz selbst comprimirt (beim Sitz im Lumbaltheil), so fehlen die Reflexe völlig. Dasselbe ist der Fall, wenn etwa durch secundäre absteigende Myelitis der grauen Substanz diese functionsunfähig gemacht wird. Deshalb sieht man häufig in den späteren Stadien die vorher gesteigerte Reflexthätigkeit wieder abnehmen und schliesslich ganz erlöschen. — Auch die Sehnenreflexe erscheinen erheblich gesteigert.

Ungefähr parallel damit geht auch die Ernährung der Muskeln; sie bleibt im Anfange wohlerhalten; späterhin aber stellt sich häufig hochgradige Atrophie der Muskeln ein. Gleichen Schritt mit derselben hält die elektrische Erregbarkeit: anfangs wohlerhalten, kann sie später sinken und ganz erlöschen.

Durch die Blasenlähmung kommt es nach kürzerer oder längerer Zeit zur Cystitis mit ammoniakalischer Zersetzung des Harns, reichlicher Eiterbildung in demselben. Durch die absolute Unbeweglichkeit der Kranken, die fast immer in der Rückenlage verharren, in Verbindung mit der häufigen Verunreinigung durch Urin und Koth u. s. w. wird brandiger Decubitus am Kreuz und Gesäss, den Trochanteren und Fersen u. s. w. hervorgerufen, welcher oft unaufhaltsam weiterschreitet und die scheusslichsten Zerstörungen hervorruft.

Schüttelfröste mit sehr hohen Temperaturen, mehr oder weniger continuirliches Fieber stellen sich ein. Dies und die Säfteverluste durch die eiternden Wunden, sowie die durch die anhaltenden Parästhesien und Schmerzen bedingte Schlaf- und Appetitlosigkeit bewirken eine mehr und mehr zunehmende Anämie und Kachexie des Kranken, einen Marasmus der an und für sich schon das lethale Ende herbeiführen kann. Es geschieht dies meist so, dass soporöse Zustände sich einstellen, bei wachsender Temperatur und häufig sehr prolongirter Agonie endlich der Tod erfolgt. In andern Fällen macht ein hinzutretender Bronchialkatarrh oder eine Pneumonie oder eine von dem Decubitus ausgehende acute Meningitis od. dgl. den Leiden der Kranken ein Ende.

Je nach dem Sitze der Geschwulst, der Raschheit ihres Wachsthums, der Widerstandsfähigkeit der Kranken kann die Aufeinanderfolge dieser Erscheinungen eine langsamere oder raschere sein. Bei hohem Sitze, in der Cervicalgegend, ist der Verlauf gewöhnlich ein sehr rascher, indem Suffocationserscheinungen eintreten und durch Lähmung der respiratorischen Bahnen ein frühzeitiges Ende gesetzt wird.

Verlauf. Dauer. Ausgänge. Der Verlauf der Krankheit ist meist ein schleichender und langsamer, besonders der Beginn geschieht oft sehr allmälig und die erste Periode der Krankheit kann sich mehrere Jahre lang hinziehen. Mit dem Eintritt der Paraplegie tritt die Krankheit in die zweite Periode. Die Entwicklung der Paraplegie geschieht manchmal rasch, in wenigen Tagen, in 1—2 Wochen, kann aber auch viel längere Zeit in Anspruch nehmen. In einzelnen Fällen geschieht sie ganz plötzlich und ist dann wohl durch die Myelitis bedingt (so z. B. in einem Fall von Ollivier, in welchem sich nach dem Tode hochgradige Erweichung fand).

Ist einmal die Paraplegie eingetreten, dann pflegt die Sache schneller zu gehen, doch können auch hier noch Jahre bis zum lethalen Ausgang verstreichen. Es hängt dies natürlich von der Schnelligkeit des Wachsthums der Tumoren und von ihrem Sitze in verschiedener Höhe des R.-M. ab. Vorübergehende Besserung ist wiederholt erwähnt, so dass oft erhebliche Schwankungen in der Intensität der Erscheinungen beobachtet werden; man hat dieselben wohl hauptsächlich zu beziehen auf den Verlauf der Compressionsmyelitis, z. Th. aber auch auf Veränderungen im Volumen der Tumoren durch verschiedenen Blutgehalt derselben, Erweichungsvorgänge, veränderte Wachsthumsrichtung u. dgl.

Die ganze Dauer der Krankheit lässt sich nicht immer leicht

bestimmen, da der Beginn derselben nur selten mit Exactheit festgestellt werden kann. Man hat Fälle in 8—10 Monaten, andere in
1—3—5 Jahren lethal verlaufen sehen; aber es ist auch von viel
längerer Dauer des Leidens — bis zu 15 Jahren — berichtet.

Der Ausgang der Krankheit ist fast immer lethal und erfolgt
unter den oben beschriebenen schweren Erscheinungen. — Selten
wohl wird ein Stationärbleiben des Leidens zur Beobachtung kommen,
oder gar Besserung bis zu einem gewissen Grad oder völlige Herstellung. Doch ist immerhin, wenigstens für gewisse Geschwulst-
formen, die Möglichkeit derselben nicht von der Hand zu weisen.
Für Syphilome und scrophulöse Geschwülste, für entzündliche Neubildungen, für Cysticerken (durch Schrumpfung oder Verkalkung) ist
dieselbe wohl als sicher anzunehmen und für andre Neubildungen
wenigstens offen zu halten. Es wird allerdings schwer halten, dies
Vorkommen zu constatiren, weil einerseits die Diagnose während des
Lebens ihre grossen Schwierigkeiten hat, anderseits in geheilten
Fällen selten zur Eröffnung des Wirbelcanals post mortem Gelegenheit und Veranlassung sein wird.

Diagnose.

Die Diagnose eines Meningealtumors ist mitunter ziemlich leicht,
meist aber sehr schwierig und lange Zeit unsicher. — Wo das oben
gezeichnete Symptomenbild sich rasch und prompt entwickelt und mit
all seinen charakteristischen Eigenthümlichkeiten ausgebildet ist, oder
wenn die Krankheit bereits in das zweite Stadium eingetreten ist, hat
die Diagnose meist keine erheblichen Schwierigkeiten. Bis zu diesem
Zeitpunkte aber können Jahre der Ungewissheit und des diagnostischen Umhertappens vergehen. Anderseits kann in Fällen mit
wenig markirten Symptomen die Krankheit eine verzweifelte Aehnlichkeit mit sehr verschiedenen circumscripten Erkrankungen des
R.-M. haben, so dass eine sichere Unterscheidung unmöglich wird.

Die Diagnose gründet sich hauptsächlich auf den Nachweis
einer langsam sich entwickelnden Compression des R.-M.
(s. unten den betreffenden Abschnitt 5 S. 318 ff.), welcher kürzere oder
längere Zeit die Zeichen einer circumscripten Reizung oder
Compression gewisser Wurzelpartien vorausgegangen
sind. Besonders zu beachten ist dabei, dass die Erscheinungen nur
auf ein Fortschreiten der Lähmung im Querschnitt des R.-M.
deuten, dass ein Fortschreiten in der Längsrichtung nicht zu erkennen ist; wenigstens nicht nach oben; während allerdings eine

absteigende Verbreitung der Myelitis nicht selten zur Beobachtung kommt. Das ändert aber an den Symptomen nicht mehr viel.

Hat man mit einiger Sicherheit eine Geschwulst im Spinalcanal erkannt, so steht man erst vor der zweiten, noch schwierigeren Frage, welcher Art dieselbe ist. Dafür finden sich oft gar keine Anhaltspunkte, umsoweniger als die Geschwülste innerhalb des Wirbelcanals einer directen Untersuchung meist absolut unzugänglich sind. In manchen Fällen lässt sich einiges ermitteln, was als Anhaltspunkt für die Bestimmung dienen kann, und hier wird man nach sorgfältiger Erwägung aller Umstände nach allgemein pathologischen Grundsätzen zu verfahren haben.

Man wird z. B. auf ein peripachymeningitisches Exsudat schliessen, wenn Malum Pottii oder wenn ausgesprochene Scrophulose vorhanden ist; auf ein Carcinom, wenn direct Wirbelkrebs oder wenn primärer Krebs an andern Organen vorhanden ist; auf ein Syphilom, wenn syphilitische Infection nachweisbar ist; auf Echinococcus, wenn Blasenwürmer in andern Organen gefunden sind oder wenn cystische Geschwülste neben der Wirbelsäule constatirt werden; auf ein Neurom, wenn Neurome an peripheren Nerven sich finden u. s. w. In den meisten Fällen wird man sich aber auf Vermuthungen beschränken müssen.

Leichter ist es in den meisten Fällen, den genaueren Sitz der Geschwulst (oder wenn deren mehrere vorhanden sind, wenigstens den der höchst gelegnen) zu bestimmen. Es geschieht dies nach den wiederholt erörterten und auch weiter unten noch genauer zu präcisirenden Regeln, auf Grund der örtlichen Verbreitung der Reizungs- und Lähmungserscheinungen.

Es ist hier der Ort, ein Wort über die Tumoren an der Cauda equina beizufügen, welche wohl meist von den Meningen ausgehen und in jeder Beziehung sehr grosse Aehnlichkeit mit den höher gelegenen und das R.-M. selbst betreffenden Tumoren haben. Sie sind diagnostisch schwer von diesen zu unterscheiden; doch wird dies vielleicht in vielen Fällen gelingen, wenn man bedenkt, dass die Tumoren der Cauda ausschliesslich Wurzelsymptome machen, dass bei ihnen die Zeichen der Compression des R.-M., der secundären Myelitis u. s. w. wegfallen. Je höher dieselben heraufrücken, je mehr sie sich dem Lumbaltheil des Marks nähern, um so schwieriger wird die Unterscheidung sein. Für die weiter abwärts gelegenen Tumoren mögen folgende Anhaltspunkte beachtet werden: der Sitz der Schmerzen (die in solchen Fällen oft eine colossale Heftigkeit erreichen) ist streng localisirt auf bestimmte Nervengebiete; alle oberhalb der Geschwulst den Rückgratscanal verlassenden Nerven sind frei; so sah ich in einem Falle von Myxosarcoma telangiectodes der Cauda den

Schmerz streng beschränkt auf das Ischiadicusgebiet, das Cruralisgebiet und die Dorsalnerven waren total frei. Constant lebhafter Schmerz im Kreuz. Ist Lähmung eingetreten, so müssen sofort die Reflexe erloschen sein. Spasmen und Krämpfe kommen selten zur Beobachtung, häufiger Contracturen. Atrophie der Muskeln stellt sich relativ frühzeitig ein. Die Localisation der Lähmung und Anästhesie lässt häufig die obere Grenze der Läsion fixiren. Steigerung der Reflexe, hochgradige Sehnenreflexe kommen nicht vor. Im Uebrigen können sich Paraplegie, Blasenlähmung, Decubitus u. s. w. gerade so entwickeln, wie bei höher oben gelegenen Tumoren. Doch scheinen die Lähmungserscheinungen hier nicht so nothwendig zum Krankheitsbild zu gehören, wie mein oben erwähnter Fall beweist, der lethal verlief, ehe Lähmung oder Anästhesie eingetreten waren.

Prognose.

Es geht aus dem über den Verlauf Gesagten schon hervor, dass die Prognose der Meningealtumoren in fast allen Fällen eine sehr traurige ist. Handelt es sich um wirklich neoplastische Bildungen, so ist die Prognose absolut schlecht. Im besten Falle kann Stillstand des Leidens oder eine relativ lange Dauer desselben erwartet werden. Je rascher die Symptome wachsen, desto schlimmer; am schlimmsten bei Carcinom.

Bei einzelnen andern Tumoren, bei den entzündlichen, scrophulösen, hämorrhagischen, syphilitischen Formen ist die Prognose relativ günstiger und wird nach allgemeinen Grundsätzen festgestellt.

Ist einmal völlige Paraplegie eingetreten, dann steht die Sache meist schon hoffnungslos. Der spätere oder frühere Eintritt des lethalen Endes hängt dann von der mehr oder weniger raschen und intensiven Entwicklung der Cystitis und des Decubitus ab. Je nach den Verhältnissen und der Constitution des Kranken, nach der Möglichkeit einer ausreichend sorgfältigen Pflege, nach einzelnen besonders hervortretenden Erscheinungen oder Complicationen u. s. w. wird man dann die Prognose des Einzelfalls modificiren.

Therapie.

Trostlos wie die Prognose ist auch die Therapie bei Meningealtumoren. Gegen das eigentliche Leiden ist — wenn es sich um eine Neubildung sensu strictiori handelt — so gut wie nichts zu machen. Gegen die entzündlichen, syphilitischen, scrophulösen Formen verspricht die Therapie einige Erfolge. Ueberhaupt suche man so viel als möglich etwaiger Causalindication zu genügen.

Den Zweck der Verkleinerung und Entfernung des Tumors hat man durch verschiedene Mittel, aber meist vergebens — zu errei-

18*

chen gesucht. Man hat örtliche Ableitungsmittel aller Art — vom
Bepinseln mit Jodtinctur und dem Vesicans bis zur Moxa und dem
Ferrum candens — angewendet. Innerlich werden Jodkali und jod-
haltige Mineralwässer, Quecksilber, Arsenik etc. zu probiren sein.
Von Thermen und Soolbädern hat man einigen symptomatischen
Erfolg gesehen. So lange eben, wie dies oft für geraume Zeit der
Fall ist, die Diagnose in der Schwebe bleibt, wird man sich immer
wieder zu neuen Curversuchen hinreissen lassen.

Stehen die Diagnose und der Sitz einer Geschwulst ganz fest,
so könnte man wohl an die Trepanation der Wirbelsäule denken:
nur selten werden sich genügend sichere Anhaltspunkte finden, um
die Vornahme dieser heroischen Operation zu rechtfertigen. Doch
liegt ein Erfolg derselben durchaus nicht ausserhalb des Bereichs
der Möglichkeit, zumal wenn es sich um einen Tumor ausserhalb
des Sacks der Dura, auf der hintern Fläche derselben handelt. Ist
man genöthigt, die Dura zu eröffnen, so wachsen die Gefahren der
Operation erheblich. Immerhin wird man aber ihre Vornahme angesichts der traurigen Prognose des Leidens zu erwägen haben. —
Echinococcuscysten, die aus dem Wirbelcanal herausgewuchert sind,
sind zu eröffnen und zu entleeren, resp. zu exstirpiren.

Die Hauptsache wird in der grossen Mehrzahl der Fälle die
allgemeine Pflege und die symptomatische Behandlung
sein. In Bezug auf erstere haben wir dem im allg. Theil Gesagten
nichts hinzuzufügen. Es handelt sich vor allen Dingen um möglichste Verhütung der Cystitis und des Decubitus und um Erhaltung
des Kräftezustandes.

In symptomatischer Beziehung sind vor allen Dingen die
Schmerzen Gegenstand beständiger Behandlung; sie trotzen häufig
allen Mitteln und nur colossale Dosen Morphium können gewöhnlich
die Leiden der Kranken erträglich machen. Man muss die ganze
Scala der narkotischen und antineuralgischen Mittel durchprobiren.
— Gegen die eigentlichen Lähmungserscheinungen ist direct nichts
zu machen. — Die Cystitis und der Decubitus werden nach allgemeinen Regeln behandelt.

Anhang.

Anatomische Veränderungen der Rückenmarkshäute ohne klinische Bedeutung.

Die pathologische Anatomie kennt verschiedene Veränderungen
an den Spinalmeningen, die, wie es scheint, während des Lebens keine
Symptome machen: theils Altersveränderungen, theils zufällige leicht

entzündliche oder degenerative Störungen, die so lange ohne Symptome bleiben, wie sie die Häute allein betreffen und nicht die Wurzeln oder das R.-M. selbst in Mitleidenschaft ziehen. Dinge, die in ihrer Wichtigkeit ungefähr den pleuritischen Adhäsionen am Respirationsapparat gleichkommen mögen.

Der Arzt muss sie aber kennen, um nicht bei Nekropsien diese meist ganz unschuldigen Dinge als die Ursache der im Leben beobachteten Erscheinungen anzusprechen. Sie seien deshalb hier kurz erwähnt.

1. Die Knorpel- und Knochenplättchen der Arachnoidea sind ein sehr häufiger Befund. Es sind kleine, rundliche oder eckige flache Plättchen, von 6–15 Mm. Durchmesser, in der Mitte etwas dicker, an den Rändern zugeschärft. Sie sind mehr oder weniger zahlreich in die Arachnoidea eingelagert, besonders zahlreich am Lendentheil und an der hintern Fläche des R.-M., oft eine förmliche Mosaik bildend. Während Ollivier[1] sie für rein knorpelig hielt, hat Virchow[2] nachgewiesen, dass sie aus jungem Knochengewebe bestehen und eine Structur zeigen, welche am meisten mit der des Knochenknorpels übereinstimmt: eine geschichtete streifige Grundsubstanz mit eingelagerten sternförmigen Körperchen, durch Verkalkung direct in Knochengewebe übergehend. Ihre äussere Oberfläche ist glatt, ihre innere mehr rauh und zackig, so dass sie sich wie eine Katzenzunge anfühlen.

Sie machen in den meisten Fällen gar keine Erscheinungen; kommen im höhern Alter fast regelmässig vor. Man findet sie vielfach auch bei jungen Leuten, welche gar keine spinalen Symptome dargeboten haben. Immerhin deuten sie einen Reizungszustand der Meningen an, besonders wenn sie in grösserer Menge vorhanden sind. Wahrscheinlich sind sie auf leichtere, oft wiederholte Reizungen zurückzuführen. Jedenfalls ist ihr Zusammenhang mit Epilepsie, an welche man (Esquirol, Ollivier) früher dachte, mehr als zweifelhaft.

2. Diffuse Verknöcherung der Spinalhäute kommt hier und da vor, scheint aber auch ohne jede klinische Bedeutung zu sein. An der Dura hat man diffuse Ossification beschrieben (Andral, Virchow), doch kommen auch kleine osteophytische Erhabenheiten an derselben vor; auch die Ablagerung von Acervulus in den Exsudaten und Verdickungen der Dura (Pachymeningitis arenosa[3]) dürfte hierher zu rechnen sein.

3. Die Pigmentirung der Pia kann manchmal so hohe Grade erreichen, dass die Sache pathologisch wird. Pigmentirte Bindegewebskörper finden sich in der Pia oft schon bald nach der Pubertät, besonders im Cervicaltheil. In den höheren Graden kann dadurch eine mehr diffuse, leicht bräunliche, rauchgraue oder schwärzliche Färbung entstehen[4]. Allmälige Uebergänge dieses Zustandes in wirkliche

---

1) l. c. 3. Aufl. II. p. 466 sqq.
2) Geschwülste II. S. 92.
3) Virchow ebda. II. S. 117.
4) Ebda II. S. 120.

Melanome hat man beobachtet. Die einfache Pigmentirung hat gar keine pathologische Bedeutung und hat keine nachweisbaren Beziehungen zur Entzündung, oder zur Epilepsie, wie man früher annahm.

4. Kleine Geschwülste aller Art können in ganz unschuldiger Weise bestehen. Haufkorn- bis erbsengrosse Fibrome, Cysten, Melanome, Neurome etc. hat man wiederholt an der Cauda und den Häuten gefunden, ohne dass sie Symptome machten. Das ist auch sehr einfach erklärlich.

5. Eine vermehrte Menge der Spinalflüssigkeit darf durchaus nicht ohne Weiteres als die Ursache erheblicher Functionsstörungen angesehen werden.

Am häufigsten findet sich eine vermehrte Ansammlung der Spinalflüssigkeit (Hydrorrhachis externa[1])) in den Maschen der Arachnoidea in Verbindung mit atrophischen Zuständen des R.-M. So lange die Flüssigkeit den Charakter normaler Spinalflüssigkeit hat, ist ihre Vermehrung ohne erhebliche Bedeutung. Wenn sie aber getrübt, röthlich oder weisslich gefärbt ist, zahlreiche zellige Elemente, Blutkörperchen u. dgl. enthält, ist ihre Zunahme die Folge eines stärkeren Reizungsvorganges oder erheblicher Stauung in den Spinalhäuten und stellt dann einfach eine Theilerscheinung des vorhandenen Krankheitsprocesses dar. Jedenfalls ist aber auch dann kein Grund vorhanden, die Ursache schwerer Erscheinungen ausschliesslich in dem Druck durch die vermehrte Spinalflüssigkeit zu suchen, wie man dies früher vielfach mit Vorliebe gethan hat.

II. Krankheiten des Rückenmarks selbst.

Einleitung. Vor dem Eintritt in die specielle Betrachtung mögen hier einige rechtfertigende Bemerkungen über die Gründe der im Folgenden beliebten Anordnung und Eintheilung des Stoffes eine Stelle finden.

Von einer streng wissenschaftlichen Eintheilung der Rückenmarkskrankheiten kann bei dem jetzigen Stande unserer Kenntnisse noch keine Rede sein. Speciell ist eine Abhandlung der einzelnen Krankheitsformen auf streng pathologisch-anatomischer Grundlage noch völlig unmöglich, weil wir über die allgemein-pathologische Bedeutung vieler Processe noch gar nicht im Klaren sind und ausserdem für viele klinische Krankheitsbilder noch gar keine anatomischen Grundlagen kennen.

Ebensowenig ist eine nach der speciellen Localisation durchgeführte Betrachtung möglich, weil wir für viele Formen die genaue

---

1) Virchow, Geschwülste I. S. 175.

Localisation noch gar nicht kennen und weil die Darstellung in den andern Fällen allzuviele Wiederholungen bieten müsste.

Man muss sich also zu helfen suchen so gut es geht.

Wir haben geglaubt, durch die folgende Eintheilung dem praktischen Bedürfniss am besten zu genügen, indem wir eine möglichst vollständige Darlegung des Wissenswerthesten aus der Rückenmarkspathologie zu geben meinen, ohne jedoch uns in allzuviele Details zu verlieren und allzuvieler Wiederholungen zu bedürfen. Zudem ist das zu Grunde liegende Princip einfach und verständlich und verstösst nicht allzusehr gegen die unerbittlichen Gesetze der Logik.

In der ersten Gruppe — sie umfasst 11 Nummern — werden wir diejenigen Processe abhandeln, welche sich in mehr diffuser Weise über den ganzen Querschnitt des R.-M. verbreiten oder doch verbreiten können, für welche wenigstens die Localisation auf bestimmte Theile des Querschnitts nicht nothwendig und nicht die Regel ist. Diese Processe können mehr oder weniger weit über den Längsschnitt sich ausbreiten. Hierher gehören zunächst Hyperämie, Anämie und Blutungen des R.-M., acute schwere Traumata und endlich die langsame Compression desselben. (No. 1—5.)

Dann folgen 3 Krankheitsformen: Commotion des R.-M., Spinalirritation und spinale Nervenschwäche (No. 6—8), für welche wir keine anatomischen Veränderungen kennen, bei welchen wir aber doch jedenfalls feinere Ernährungsstörungen annehmen dürfen, die, mehr oder weniger diffus über den Quer- und Längsschnitt verbreitet, jedenfalls nicht an bestimmte Partien des Querschnitts geknüpft sind.

In No. 9—11 besprechen wir dann die Entzündung des R.-M. (acute und chronische Form), die einfache Erweichung desselben und jene eigenthümliche anatomische Veränderung, die man gewöhnlich als Herdsklerose bezeichnet — Processe, welche ebenfalls ihre charakteristische Erscheinungsweise nicht von einem bestimmten Sitze auf dem Querschnitt ableiten.

In der zweiten Gruppe (No. 12—16) handeln wir dann diejenigen Krankheitsformen ab, so weit sie bis jetzt bekannt sind, welche sich durch ihre mehr oder weniger strenge Localisation auf bestimmte Theile des Rückenmarksquerschnitts auszeichnen, dabei jedoch eine sehr verschiedene und wechselnde Längsausdehnung erreichen können. Hierher gehören die degenerativen Vorgänge in den Hintersträngen, in den Seitensträngen und die auf eine seitliche Rückenmarkshälfte beschränkten

Läsionen; ferner die auf die grauen Vordersäulen beschränkten acuten und chronischen Processe.

Unter No. 17 folgt dann die Paralysis ascendens acuta, eine noch total dunkle Krankheitsform, die wir des besseren Verständnissesshalber erst nach den vorher genannten Krankheitsformen abhandeln wollten.

Die Stellung der Tumoren, der secundären Degenerationen und der Missbildungen des R.-M. (No. 18—20) an das Ende dieser Abtheilung rechtfertigt sich wohl durch die geringere Häufigkeit und Wichtigkeit dieser Vorgänge und die Unmöglichkeit, sie der einen oder andern grösseren Gruppe ohne weiteres anzuschliessen.

Endlich bringen wir unter No. 21 eine Rubrik einzelner zerstreuter Thatsachen, die eine unzweifelhafte aber in vielen Stücken noch unklare Beziehung zur Pathologie des R.-M. haben, und die als Bausteine für die künftige Weiterentwicklung dieser Lehre jetzt schon gesammelt zu werden verdienen. Sie mögen als Anregung zu weiteren Forschungen und Untersuchungen hier eine kleine Stelle finden.

1. Hyperämie des Rückenmarks.

Wir haben dieselbe bereits früher, als von der Hyperämie der Rückenmarkshäute anatomisch sowohl wie klinisch nicht trennbar, abgehandelt und verweisen deshalb auf die oben S. 198 ff. gegebene ausführliche Darstellung.

2. Anämie des Rückenmarks.

Hasse l. c. 2. Aufl. S. 652. — Hammond l. c. 3. Aufl. p. 396. — M. Rosenthal l. c. 2. Aufl. S. 290. — Leyden l. c. II. S. 27. — Jaccoud, Les paraplégies et l'ataxie du mouv. Paris 1884. p. 293 sqq.

N. Stenon, Element. myologiae specimen. Flor. 1667. — Kussmaul und Tenner, Unters. über Ursprung und Wesen der fallsuchtartigen Zuckungen bei Verblutungen etc. Molesch. Unters. zur Naturl. III. 1857. S. 59. — Schiffer, Ueber die Bedeutung des Stenson'schen Versuchs. Centralbl. f. d. med. Wiss. 1869. Nr. 37 und 38. — Ad. Weil, Der Stenson'sche Versuch. Diss. Strassburg 1873. — Romberg, Lehrb. der Nervenkrankh. 2. Aufl. I. 3. S. 2. — Barth, Oblitérat. complète de l'aorte. Arch. général. 1835. VIII. p. 26. — Gull, Paraplegia from obstruct. of abdom. aorta. Guy's hosp. Rep. 3. Ser. III. p. 311. 1858. — Cumings, Paraplegia from arteritis. Dubl. Quart. Journ. 1856. May.

Panum, Zur Lehre von der Embolie. Virch. Arch. XXV. 1862. — Brown-Séquard, Lectures on the diagn. and treatment of the princip. forms of paralys. of lower extremities. London 1861. — Sandras, Traité des maladies nerveuses. Paris 1851. — Service de Grisolle: Paraplég. après une métrorrhag. considérable. Gaz. des hôp. 1852. No. 108. — Moutard-Martin, Parapleg. causées par les bémorrh. utérines ou rectales. Soc. méd. des hôp. 1852. Union méd. 1852. — Abeille, Études sur la paraplégie indépend. de la myelite. Paris 1854. — Van Bervliet, Observ. de paraplég. chlorotique. Annal. de la soc. méd. de Gand. 1861. — Mordret, Traité prat. des affect. nerveuses et chloro-anémiques. Paris 1861.

Begriffsbestimmung. Wir verstehen unter Anämie, vermindertem Blutgehalt, des R.-M.

einmal die verminderte oder völlig aufgehobene Zufuhr normalen arteriellen Bluts zum Rückenmark, also im Wesentlichen ischämische Zustände, und

ferner die durch Verminderung der Gesammtblutmenge und schlechte Zusammensetzung des Bluts (Oligämie, Hydrämie u. dgl.) bedingten Zustände von Blutmangel im R.-M., die man gewöhnlich als anämische schlechtweg bezeichnet.

Die erste Form ist Gegenstand experimenteller Untersuchungen gewesen und auch klinisch in einzelnen Fällen genauer bekannt und studirt.

Die zweite Form ist klinisch noch unsicherer, weil bei ihr die spinalen Erscheinungen oft zu wenig hervortreten und wegen gleichzeitiger, von dem Blutmangel herrührender cerebraler und anderweitiger Störungen nicht sicher gedeutet werden können.

Es ist klar, dass zahlreiche Uebergänge zwischen beiden Formen vorkommen und eine scharfe Trennung derselben nicht in allen praktischen Fällen möglich ist, wenn wir sie auch in der folgenden Darstellung versuchen wollen. Das schliessliche Endresultat beider Störungsreihen wird dasselbe sein, wenn es auch in dem einen Falle rasch, in dem andern langsam zur Entwicklung kommt: die Ernährung der Rückenmarkssubstanz wird mehr oder weniger Noth leiden und daraus werden die entsprechenden Störungen resultiren.

Pathogenese und Aetiologie.

Die Verhältnisse, welche etwa eine erhöhte Prädisposition gewisser Individuen zur Rückenmarksanämie bedingen könnten, sind noch nicht genauer untersucht. Doch wäre wohl verschiedenes hier anzuführen, was künftighin Beachtung verdient. Ich erwähne z. B. die angeborene Enge des Gefässystems, wie sie von Virchow als ein so häufiges Vorkommniss bei Chlorose kennen gelehrt wurde; ferner angeborene oder erworbene Herzschwäche; endlich eine abnorm grosse Erregbarkeit der vasomotorischen Nerven, wie sie ja so häufig bei nervösen Individuen vorkommt, und die gelegentlich ihren Prädilectionsort im R.-M. haben könnte. Es mag mit diesen Verhältnissen zusammenhängen, dass das weibliche Geschlecht, wenigstens für gewisse Formen der Rückenmarksanämie, in besonderem Grade prädisponirt erscheint. Auch die ziemlich häufig vorkommenden Erkrankungen der Gefässe des

R.-M. bedingen wohl eine gewisse Prädisposition zur Anämie. Ich bin geneigt, bei alten Leuten mit ausgesprochenem Atherom hie und da vorkommende leichte Schwächezustände der untern Extremitäten auf Anämie des R.-M. zu beziehen.

Besser bekannt sind die directen Ursachen der Rückenmarksanämie.

Eine erste Gruppe umfasst alle jene Momente, welche eine Verengerung oder Verschliessung der zuführenden Arterien des Rückenmarks bedingen (Paraplégies ischémiques von Jaccoud). Hier ist vor allen Dingen zu nennen: Compression, Thrombose oder Embolie der Aorta abdominalis oberhalb des Abgangs der Lumbalarterien. Sie führt zu einer hochgradigen Ischämie derjenigen Rückenmarksabschnitte, welche aus den betreffenden Lumbal- (und Intercostal-)arterien Zweige erhalten.

Es ist eine längst bekannte Thatsache, dass Compression der Bauchaorta sehr rasch von Lähmung der Hinterkörpers gefolgt wird (Stenson'scher Versuch). Die Lähmung tritt wenige Augenblicke nach Beginn der Compression ein und wurde von den früheren Beobachtern durchweg auf eine periphere Ernährungsstörung der Nerven und Muskeln bezogen. Kussmaul und Tenner wiesen aber nach, dass Anämie des R.-M. viel rascher zur Lähmung führe, als Anämie der Nerven und Muskeln. Schiffer hat diese Frage nochmals geprüft und dahin entschieden, dass die Anämie des R.-M. selbst jedenfalls die nächste Ursache der Lähmung ist, dass Nerven und Muskeln dabei noch lange erregbar bleiben und dass bei Compression weiter unten die Lähmung erst viel später eintritt. Freilich kommt hinzu, dass bei längerer Dauer der Compression auch Lähmung der Cauda equina, der peripheren Nerven und der Muskeln hinzutritt. A. Weil hat die Angaben von Schiffer in allen wesentlichen Punkten bestätigt. — Beim Menschen hat man in den selten Fällen von Thrombose und Embolie der Aorta denn auch solche ischämische Paraplegien auftreten sehen (Barth, Gull, Leyden, Tutscheck u. A.), von welchen freilich nicht immer entschieden werden kann, ob sie spinalen oder peripheren Ursprungs sind.

Thrombose und Embolie einzelner Rückenmarksarterien kann nur zu ganz circumscripter Ischämie führen, wegen der zahlreichen arteriellen Zufuhren, welche das R.-M. besitzt.

Diese Ursache ist experimentell von Panum studirt worden; beim Menschen jedoch bisher nur ganz zufällig beobachtet und in ihrer pathogenetischen Bedeutung noch nicht hinreichend festgestellt. Leyden fand capilläre Embolien im R.-M. bei ulceröser Endocarditis.

Ob auch Krampf der Spinalgefässe Anämie des R.-M. bedingen könne, ist noch zweifelhaft; jedenfalls ist es noch nicht sicher bewiesen, wenn auch nicht gerade unwahrscheinlich. Man kann annehmen, dass eine directe Reizung der betreffenden vasomotorischen Bahnen diese Art der Ischämie bedinge; häufiger aber hat man sich zu der Theorie bekannt, dass Irritationen peripherer Organe durch die verschiedensten Momente im Stande seien, solchen Gefässkrampf auf reflectorischem Wege herbeizuführen; dadurch soll eine grosse Zahl der sog. „Reflexlähmungen" bedingt sein.

Diese letztere Anschauung ist besonders von Brown-Séquard zu einer Theorie der „Reflexlähmung" ausgebildet worden. Der periphere Reiz ruft eine Reflexcontraction der Spinalgefässe von verschieden langer Dauer hervor; dadurch entsteht Lähmung und eine mehr oder weniger bleibende Ernährungsstörung des R.-M., wie sie Kussmaul und Tenner sowohl wie Schiffer auch nach einfacher Aortencompression beobachtet haben, wenn dieselbe hinreichend lange gedauert hatte.

Wenn es auch nicht sicher ist, dass so anhaltender und schwerer spinaler Gefässkrampf vorkommt, wie ihn die Theorie Brown-Séquard's verlangt, und wenn auch anderseits viele „Reflexlähmungen" schon auf schwerere Ernährungsstörungen zurückführbar sind, so ist doch ein vorübergehender Krampf der Spinalarterien durchaus nicht undenkbar. Vasomotorische Krämpfe an der Haut der Extremitäten können Stunden und Tage lang dauern[1]), warum sollte das nicht auch im R.-M. vorkommen? Und wenn es vorkommt, sind schwerere Störungen unvermeidlich bei den feinen und zarten Ernährungsstörungen der centralen Nervenapparate.

Dass auch mechanischer Druck auf das R.-M. eine entsprechend localisirte Ischämie in demselben hervorbringen kann, versteht sich von selbst; in solchen Fällen werden aber die Erscheinungen mehr von dem Druck auf die Nervenelemente, als von der Compression der Blutgefässe abzuleiten sein.

Die zweite Gruppe der directen Ursachen umschliesst alle Momente, welche die Gesammtblutmasse vermindern, oder eine erhebliche Störung ihrer Zusammensetzung bedingen, in der Richtung, dass Oligocythämie, Hydrämie und verwandte Störungen entstehen. (Ein Theil der Paraplégies dyscrasiques von Jaccoud.)

Im Ganzen ist das Vorkommen schwerer spinaler Erscheinungen, speciell von Lähmungen, bei diesen Zuständen relativ selten, und nicht immer erscheint uns der Causalzusammenhang zwischen der vorhandenen Anämie und der nachfolgenden Lähmung vollkommen sicher gestellt. Auf den ersten Blick scheint es befremdend, dass

---

1) s. Nothnagel, Vasomotorische Neurosen. Deutsches Arch. für klin. Med. II.

die betreffenden Lähmungen fast immer nur die untern Extremitäten
befallen; eine genauere Ueberlegung zeigt jedoch, wie dies Jaccoud
treffend ausgeführt hat, dass die vorwiegende Betheiligung der Beine
sich wahrscheinlich erklärt durch die relativ grossen Ansprüche,
welche jederzeit an die Leistungsfähigkeit derselben gestellt werden;
in ihnen macht sich denn auch die Schwäche zuerst bemerkbar. —
Es wird ferner in vielen Fällen unentschieden bleiben, ob und in
welchem Grade die vorhandenen Schwächeerscheinungen auf Anämie
und Ernährungsstörungen der peripheren Nerven und der Muskeln
zurückzuführen sind. Man muss deshalb die vorliegende Casuistik
mit einiger Vorsicht aufnehmen.

Mehrere Fälle sind beschrieben, wo Paraplegien nach grossen
Blutverlusten — bei Entbindungen, durch Metrorrhagien, Nieren-
und Darmblutungen, Epistaxis u. s. w. — auftraten. Jaccoud
citirt solche Fälle von Grisolle, Moutard-Martin, Abeille,
Landry u. A.

In ähnlicher Weise wirken grosse Säfteverluste, schwere
acute Krankheiten, Inanitionszustände etc., indem sie hochgradige Anämie bedingen und so die Ernährung des R.-M. schädigen.

Besonders häufig — wenn auch im Verhältniss zur absoluten
Häufigkeit der Chlorose sehr selten — hat man bei der Chlorose
Schwäche- und Lähmungszustände beobachtet und dieselben auf
Anämie des R.-M. zurückgeführt. Jaccoud erwähnt derartige Fälle
von Dusourd, Bervliet, Bouchut, Mordret, Landry u. A.
und rechnet auch die Paraplegien bei Schwangern hierher. Es
scheinen übrigens nur besonders hochgradige und schwere Fälle
von Chlorose zu sein, bei welchen solche Paraplegien vorkommen.

Pathologische Anatomie.

Anämische Rückenmarksabschnitte sehen blass, blutleer, weiss
aus; auf der Schnittfläche erscheinen keine Blutpunkte, sind keine
gefüllten Gefässchen sichtbar; die graue Substanz ist auffallend matt
gefärbt, sinkt auf der Schnittfläche etwas ein; die weisse wird oft
auffallend weich und zerfliesslich gefunden, quillt über die Schnittfläche vor. Doch gibt es auch Angaben, nach welchen bei Anämie
die Rückenmarkssubstanz etwas fester und zäher gefunden wurde,
als normal. Es handelt sich hier vielleicht um verschiedene Stadien
der Veränderung.

Auch die Häute des R.-M. erscheinen blass, ihre Gefässe schwach
gefüllt und wenig sichtbar.

Damit contrastirt in mehr oder weniger deutlicher Weise das

Verhalten und Aussehen derjenigen Rückenmarksabschnitte, in welchen die Circulation erhalten ist: dieselben sehen rosig aus, sind von derberer Consistenz, und nicht selten erkennt man in der Nähe der anämischen Partien eine stärkere Injection und Blutextravasate von verschiedener Grösse.

Bei allgemeiner Anämie pflegt natürlich das ganze Rückenmark anämisch zu sein.

Nicht immer ist es leicht, Verwechselungen mit Leichenerscheinungen zu vermeiden; man wird deshalb eine vorhandene Anämie des R.-M. nur dann als schon intra vitam bestehend annehmen, wenn alle Momente, welche in der Leiche dieselbe bedingen können (bestimmte Lage des Körpers, cadaveröse Quellung der Marksubstanz u. dgl.) ausgeschlossen werden können.

Bei Thrombose und Embolie der kleinen Rückenmarksgefässe gelingt es manchmal die Verstopfungsstelle aufzufinden. In dem Bereich der verstopften Arterie findet sich rothe Erweichung, in ihrer Umgebung collaterale Fluxion. Das hat man vorwiegend bei Thieren constatirt. Tuckwell fand ähnliches beim Menschen. Leyden beobachtete mikroskopische embolische Herde bei ulceröser Endocarditis.

Bei längerer Dauer der Ischämie stellen sich secundäre Störungen ein: weisse und gelbe Erweichung der betreffenden Markabschnitte, herdweiser Zerfall, Blutstase etc. — Die auch nach kürzerer Dauer schon eintretenden feineren Ernährungsstörungen sind der pathologisch-anatomischen Untersuchung noch nicht zugänglich.

Symptomatologie.

Um ein Krankheitsbild der Rückenmarksanämie zu entwerfen, müssen wir uns vor allen Dingen an die experimentellen Thatsachen halten, welche wenigstens für die acut ischämischen Formen hinreichende Aufschlüsse gegeben haben.

Bei Compression der Aorta tritt alsbald motorische und sensible Lähmung der Beine ein, die Reflexe sind aufgehoben, Blase und Mastdarm erscheinen gelähmt. Auch wenn die Circulation wieder hergestellt ist, tritt nur langsam wieder Besserung dieser Erscheinungen ein, um so langsamer je länger die Unterbrechung der Circulation gedauert hatte.

Genau dieselben Erscheinungen folgen auch beim Menschen auf die Embolie der Aorta; rasch eintretende Lähmung der Beine, der Sphincteren, der Reflexe u. s. w. Besonders die Beobachtung von Gull, in welcher die Lähmung in wenigen Minuten eintrat, ist ein gutes Beispiel für die Paraplegie durch Obstruction der Aorta. Schwieriger dagegen ist es für die meisten übrigen hierher gehörigen Fälle, zu behaupten, dass die Lähmung von der Rückenmarksanämie herrühre; es ist vielmehr wahrscheinlich, dass das Krankheitsbild von peripherem Ursprunge ist (s. die Fälle von Romberg, Cumings, Leyden, Tutscheck etc.).

Entwickelt sich die Verengerung der Aorta langsam und allmälig zunehmend, dann handelt es sich um allmälig wachsende, weniger hochgradige Störungen, leichtes Taubheitsgefühl und Einschlafen; leichtere Ermüdung und Schwäche der untern Extremitäten, die besonders bei stärkeren Anstrengungen hervortritt. Mehr und mehr treten nebenbei die Symptome des Aortenverschlusses: Fehlen des Pulses in den Crurales, Kälte und Oedem der Füsse, Entwicklung collateraler Arterien etc. hervor, welche sich bei acuten Fällen ganz rasch einstellen.

Hierher gehören auch die Fälle von sog. intermittirendem Hinken, einer Art von intermittirender Lähmung. In solchen Fällen beobachtet man in der Ruhe keinerlei Störung; erst bei etwas angestrengterem Gehen oder Laufen tritt deutliche Schwäche und selbst Lähmung ein, welche in der Ruhe wieder verschwindet, um alsbald nach Wiederaufnahme der Bewegung wiederzukehren. Man hat diese Form besonders bei Pferden beobachtet und auf Aortaverstopfungen zurückführen lernen. Auch beim Menschen hat man ähnliches beobachtet (Charcot, Frerichs — intermittirende Lähmung in einer Unterextremität), und auch hier ist zweifellos der Verschluss einer Iliaca oder der Aorta die Ursache des Phänomens. Doch scheint es sich dabei nur um periphere Lähmungen zu handeln: die nur ungenügend mit frischem Blut versorgten Muskeln werden bei stärkeren Anstrengungen insufficient, während sie geringere Arbeit noch leisten können.

All das Gesagte gilt nur, wenn die Ischämie ihren Sitz im Lendentheil des R.-M. hat. Ueber die Symptome der Ischämie des Halstheils wissen wir nichts. Verschliessung beider Vertebrales könnte auch hier Ischämie im Gefolge haben; doch sind dann wohl derartige Störungen von Seiten des Gehirns und der Medulla oblongata vorhanden, dass die spinalen Symptome nicht beachtet werden und schnell der lethale Ausgang erfolgt.

Die Erscheinungen von vasomotorischer Ischämie des R.-M. müssen ähnliche sein; doch werden sie nicht so hochgradig sein. Genaueres ist über dieselben nicht bekannt, wenn wir absehen von den Symptomen der „Reflexlähmung", welche nach Brown-Séquard auf diesem Wege zu Stande kommen. Charakteristisch für diese Lähmungen soll es sein, dass sie von einer peripheren

Reizung ausgehen, dass Schwankungen in der Intensität des peripheren Reizes auch von Schwankungen der Lähmungserscheinungen gefolgt sind, und dass diese oft verschwinden, wenn die periphere Reizung aufhört. Dass diese Charakteristik viel zu wünschen übrig lässt, ist klar.

Die durch Thrombose und Embolie kleiner Arterien entstandenen Anämien machen wohl nur locale und untergeordnete Symptome, über die nichts genaueres bekannt ist. Entstehen grössere Erweichungsherde, so folgen daraus die Erscheinungen circumscripter Zerstörung des R.-M., die je nach ihrem Sitz etwas verschieden sein werden und auf die wir in dem Capitel über „Rückenmarkserweichung" unten (Nr. 10) zurückkommen.

Das Krankheitsbild der zweiten Gruppe von Rückenmarksanämie ist nur schwer aus der Fülle der übrigen, über die meisten Körperorgane verbreiteten anämischen Symptome herauszuschälen.

Am constantesten scheinen motorische Schwächeerscheinungen zu sein: Schwäche und hochgradige Müdigkeit, die alle stärkeren Anstrengungen verbietet, leichter Tremor bei der geringsten Muskelarbeit, in den höheren Graden hochgradige Parese und endlich Paralyse. Alles dies pflegt in den untern Extremitäten zu beginnen, und nur allmälig auf den Rumpf und die Arme überzugreifen.

Meist ist dabei die Sensibilität intact; doch kommen wohl auch Parästhesien aller Art, Schmerzen, Hyperästhesie oder leichte Anästhesie vor. — Die Reflexe sind dabei oft erhöht und nur in den schwersten Fällen herabgesetzt. Die Sphincteren scheinen gewöhnlich nicht betheiligt zu sein, wenn es nicht zu den höchsten Graden der Anämie und damit zu völliger Paraplegie gekommen ist.

Dabei bestehen die ausgesprochensten Zeichen allgemeiner Anämie oder ausgebildeter Chlorose.

Besonders charakteristisch soll es für diese Formen sein, dass längeres Liegen die Erscheinungen bessert, weil es die Blutzufuhr zum R.-M. fördert; ebenso wirken Veränderungen der Circulation auf die Intensität der Symptome ein. Von Wichtigkeit ist endlich, dass in solchen Fällen durch ein tonisirendes Verfahren, Eisengebrauch und Stimulantien rasch Besserung eintritt.

Hammond hat den Beweis zu führen gesucht, dass die sog. Spinalirritation auf einer localen Anämie der Hinterstränge beruhe. Wir werden auf diese Meinung bei der Besprechung der Spinalirritation (s. u. Nr. 7) zurückkommen.

Verlauf. Dauer. Ausgänge. Der Beginn der Krankheit kann ein rapider und acuter sein: so bei Embolie, bei hochgradigen Blutverlusten etc.

Andere Male ist er langsamer und allmäliger: so bei Thrombose, Chlorose u. dgl. Die Erscheinungen treten zuerst nur bei gewissen Anstrengungen hervor, werden allmälig deutlicher und dauernder, bis das Krankheitsbild voll entwickelt ist.

Der weitere Verlauf führt entweder sehr rasch zur Genesung durch Herstellung des Collateralkreislaufs, oder durch Regeneration der verlorenen Blutmasse, oder wohl auch durch Lösung des vasomotorischen Krampfs;

oder es kommt nach längeren Schwankungen zu einer langsamen Genesung; so besonders wenn die Circulation zwar wieder frei geworden ist, aber doch lange genug gestört war, um erhebliche Ernährungsstörungen zu hinterlassen;

oder endlich es ist keine Ausgleichung möglich, es tritt Erweichung des R.-M. ein und mit ihr alle Erscheinungen schwerer Spinalparalyse, unter welchen schliesslich der lethale Ausgang erfolgt.

Ueber die Dauer des Leidens ist nichts besonderes zu sagen, da dieselbe je nach der Ursache des Leidens, nach den Möglichkeiten der Ausgleichung, nach der Entwicklung secundärer Ernährungsanomalien u. s. w. eine sehr verschiedene sein kann.

Diagnose.

Auf eine vorhandene Rückenmarksanämie kann aus den oben geschilderten Symptomen nur dann mit einiger Sicherheit geschlossen werden, wenn die Ursachen derselben klar vorliegen. Die acut-ischämische Form tritt oft ganz ähnlich auf, wie eine spinale Blutung oder eine acute Myelitis; nur wenn sich gleichzeitig eine Verschliessung der Aorta nachweisen lässt, oder ein hochgradiger Blutverlust vorausging, gewinnt die Diagnose an Sicherheit und kann dann weiterhin durch den raschen und günstigen Verlauf bestätigt werden. — Dass die Intermittenz der Lähmungserscheinungen gerade auf Anämie des R.-M. zu beziehen sei, haben wir oben schon als unwahrscheinlich bezeichnet.

Die mehr chronisch-anämischen (dyskrasischen) Formen haben Aehnlichkeit mit chronischer Myelitis, oder mit ganz schleichender Meningitis u. dgl. Besteht aber dabei Chlorose oder hochgradige allgemeine Anämie, so ist der Gedanke an Rückenmarksanämie der nächstliegende. Auch die Besserung der Erscheinungen durch die

horinzontale Lage kann vielleicht für die Diagnose verwerthet werden.
Meist aber wird erst der therapeutische Versuch definitiv darüber
entscheiden.

Die vasomotorische Ischämie ist wohl schwierig zu erkennen.
Anhänger der Brown-Séquard'schen Theorie der Reflexlähmungen
werden an sie denken bei vorhandener peripherer Reizung (Krankheiten der Harn- oder Digestionsorgane, des Uterus u. s. w.). — Die
idiopathischen Formen bedürfen noch genauerer Constatirung und
weiteren Studiums.

Prognose.

Diese richtet sich hauptsächlich nach den Ursachen der Rückenmarksanämie und nach der Möglichkeit, dieselben zu beseitigen.
Man wird also zunächst darüber nach allgemeinen Grundsätzen zu
entscheiden haben.

Die Anämie des R.-M. an sich ist nichts schlimmes. Hat sie
nur kurz gedauert, oder ist sie nicht hochgradig gewesen, so ist
die Prognose ganz günstig; so besonders auch bei Chlorose.

Aber selbst bei relativ kurzer Dauer kann durch hochgradige
Anämie eine relativ schwere Schädigung der Ernährung des R.-M.
herbeigeführt werden, welche sehr lange Zeit zur Ausgleichung
braucht. Das haben die verschiedenen Experimente zur Genüge gelehrt, und deshalb sei man mit der Prognose in solchen Fällen etwas
vorsichtig!

Ist die Wiederherstellung der Circulation unmöglich und ist einmal Erweichung eingetreten, dann ist die Prognose schlecht, wenn grössere Rückenmarksabschnitte befallen sind. Bei kleinen Erweichungs-
herden richtet sich die Prognose nach Grösse und Sitz derselben.

Therapie.

In erster Linie steht die Erfüllung der Causalindication.
Gelingt es, die Ursachen der Rückenmarksanämie zu beseitigen, so
steigen damit die Chancen der Wiederherstellung erheblich. Es sei
deshalb hier nur erinnert an die Behandlung der Aortenthrombose
und Embolie (geeignete Lage, Anregung der Herzthätigkeit u. s. w.),
der Chlorose und Anämie (tonisirende und Eisencuren), der allgemeinen Nervosität, an die Beseitigung peripherer Irritationen u. s. w.
Durch alles dies kann meist die Hauptsache für die Therapie ge-
leistet werden.

Direct gegen die Anämie des R.-M. empfehlen sich: Geeignete Lage, um den Blutzufluss zum R.-M. zu begünstigen; Brown-
Séquard empfiehlt dringend die Rückenlage, bei erhöhtem Kopf,

Armen und Beinen; sie soll während der Nacht und auch am Tage mehrere Stunden eingehalten werden.

Medicamente, welche den Blutzufluss zum R.-M. steigern: also besonders Strychnin, Opium und Amylnitrit. Brown-Séquard empfiehlt vor allen Dingen das Strychnin und Hammond unterstützt diese Empfehlung dringend; er gibt Strychnin in steigenden Dosen (0,002—0,015 dreimal täglich) oder noch lieber Strychnin mit Phosphor zusammen (Extr. nuc. vomic. 0,02. Zinkphosphid 0,006). —

Galvanisation der Wirbelsäule, um die Rückenmarksgefässe zu erweitern und die Ernährung des R.-M. anzuregen. Hammond empfiehlt besonders den aufsteigenden stabilen Strom.

Application von Wärme auf den Rücken, durch heisse Sandsäcke oder die Chapman'schen Beutel mit heissem Wasser gefüllt. Gegen die vasomotorische Ischämie werden abwechselnd kalte und heisse Douchen empfohlen.

Nebenbei wird man die etwa vorliegenden symptomatischen Indicationen (Beseitigung von Schmerzen, Lähmung, Circulationsstörungen u. s. w.) mit den gebräuchlichen Mitteln und Methoden zu erfüllen suchen.

Die Diät und Lebensweise der Kranken wird sich nach den vorhandenen Indicationen und besonderen Verhältnissen zu richten haben.

3. Blutungen in die Rückenmarkssubstanz. — Hämatomyelie (Haematomyelitis). Haemorrhagia medullae spinalis. — Spinalapoplexie.

Vergl. die wiederholt citirten Werke von Ollivier (II. p. 167), Jaccoud (p. 251). Hasse (S. 667), Hammond (p. 440), M. Rosenthal (S. 292) und Leyden (II. S. 54). Ferner:
E. Levier, Beitr. zur Pathologie der Rückenmarksapoplexie. Diss. Bern 1864 (enthält alle älteren Beobachtungen). — Hayem, Des hémorrhag. intrarhachidiennes. Paris 1872 (Casuistik bis auf die neuesten Fälle vervollständigt). — Breschet, Hématomyélie. Arch. de méd. XXV. 1831. — Grisolle, Rév. hébdom. des progr. des sc. méd. 1836. No. 3. — Monod, De quelqu. malad. de la moëlle épin. Bull. de la Soc. anat. 1846. No. 18. — Cruveilhier, Anatom. pathol. Livr. III. pl. VI. — Gendrin, De l'apoplexie rhachidienne. Gaz. des hôp. 1850. No. 48. — M. Trier, Hospit. Meddelelser Bd. IV. 1852 (citirt bei Levier. Schmidt's Jahrb. Bd. 78. S. 293). — Lebeau, Cas d'hématomyélite. Arch. belg. de méd. milit. Janv. 1855. — Barat-Dulaurier, Sur les hémorrh. de la moëlle. Thèse. Paris 1859. — Duriau, De l'apoplexie de la moëlle ép. Union méd. 1859. No. 20—25. — Brown-Séquard, Paralysis of the lower extremit. p. 86. 1861. — Colin, Hémorrh. de la moëlle. Soc. méd des hôp. 1862. — Mouton, Consid. sur l'hémorrh. rhachid. Thèse. Strasb. 1867. — Schützenberger, Apoplexie spinale. Gaz. méd. de Strasb. 1865. No. 5. — Koster, De pathogenie der apoplex. medull. spin. Nederl. Arch. voor Geneesk. IV. p. 426. 1870. — Gorsse, De l'hémorrhag. intramédull. etc. Thèse. Strasb. 1870.

— C. O. Jörg, Fall von Spinalapoplexie. Arch. d. Heilk. XI. S. 526. 1870. —
Bourneville, Hémorrh. de la moëlle ép. Gaz. méd. de Paris 1871. No. 40. —
Liouville. Hématomyélie avec anévrysmes. Soc. de Biolog. 1872. — Erb,
Ueber acute Spinallähmung. Arch. für Psychiatrie und Nervenkrankh. V. 1875.
Beob. 5. S. 779. — H. Eichhorst, Beitr. zur Lehre von der Apoplexie in die
Rückenmarkssubstanz. Charité-Annalen I. (1874). S. 192. Berlin 1876. —
E. Goltdammer, Zur Lehre von der Spinalapoplexie. Virch. Arch. Bd. 66. 1876.

Begriffsbestimmung. Man versteht unter den obenstehenden Bezeichnungen alle Blutergüsse in die Substanz des
Rückenmarks selbst. Sie theilen die Seltenheit des Vorkommens mit den meningealen Blutungen; eine wesentliche Ursache
dieses seltenen Auftretens ist jedenfalls die Geringfügigkeit und
relativ gesicherte Constanz des Blutdrucks in den kleinen Spinalarterien.

Die intramedullären Blutergüsse haben fast ausschliesslich ihren
Sitz in der grauen Substanz; selten und vielleicht niemals primär
und spontan treten sie in der weissen Substanz auf. Meist sind sie
auf einen kleinen Umfang beschränkt, nicht selten aber auch weiter
verbreitet, manchmal über die ganze Länge der grauen Axe.

Gerade für die letzteren, mehr diffusen Formen ist es in neuester
Zeit mehr als zweifelhaft geworden (Charcot, Hayem, Koster),
ob es sich dabei um eine primäre idiopathische Blutung und nicht
vielmehr um eine hämorrhagische Myelitis handele. So viel ist jedenfalls sicher, dass unter dem Namen Hämatomyelie sehr vieles zusammengeworfen wurde, was nicht direct zu der primären und spontanen Blutung gehört; eine strengere Sichtung der Fälle ist aber
erst von der Zukunft zu erwarten. — Dass es sich in vielen Fällen
von Hämatomyelie um nichts anderes, als um eine mit Hämorrhagie
complicirte Myelitis (Myelitis centralis haemorrhagica) handelt, ist
zweifellos richtig; aber durchaus nicht in der Ausdehnung, dass man
mit Hayem alle Blutungen in die Rückenmarkssubstanz auf vorausgegangene Myelitis beziehen müsste. Jedenfalls sind wir, besonders
auf Grund der klinischen Erscheinungen, entschieden der Meinung,
dass es auch primäre Rückenmarksblutungen gibt, wenn dieselben
auch vielleicht in manchen Fällen durch leichte Veränderungen an
den Gefässen oder am R.-M. selbst vorbereitet und erleichtert sein
mögen. Ein in dieser Beziehung ganz beweisender Fall scheint uns
der in neuester Zeit von Goltdammer publicirte zu sein.

Die Hauptsymptome und der Verlauf sind freilich bei beiden
Formen so übereinstimmend, dass wir sie zusammen abhandeln
können. Doch werden wir auf die entzündlichen Hämorrhagien bei
der Myelitis noch einmal kurz zurückzukommen haben.

19*

Pathogenese und Aetiologie.

Ueber die Prädisposition zu Rückenmarksblutungen sind
unsere Kenntnisse sehr dürftige. Aus den wenigen bisher beschriebenen Fällen scheint hervorzugehen, dass das jugendliche und mittlere Lebensalter am häufigsten betroffen wird; die meisten Fälle
kamen im 2.—4. Decennium vor — im Gegensatz zu den Gehirn-
apoplexien, deren Frequenz mit höherem Alter zunimmt.

Männer werden weit häufiger befallen, als Frauen, wahrscheinlich in Folge ihrer Lebensweise.

In wie weit Herzleiden (Hypertrophie des linken Ventrikels)
Rückgratsverkrümmungen u. dgl. die Entstehung dieser Blutungen
begünstigen, ist nicht genauer ermittelt.

Dagegen ist es unzweifelhaft, dass Erkrankungen der
Rückenmarksgefässe (Verdickung, Fetteinlagerung, Kernvermehrung ihrer Wandungen; aneurysmatische Erweiterungen — Liouville) ein wesentliches prädisponirendes Moment zu Rückenmarksblutungen abgeben. Dasselbe gilt für chronische Erkrankungen
des Rückenmarks selbst (chronische Myelitis, progressive Muskelatrophie, Tumoren u. s. w.), welche nicht selten durch Hämorrhagien zu einem raschen Ende gebracht werden. Der Einfluss dieser
Momente kann so weit gehen, dass anscheinend ganz spontane Blutungen entstehen, weshalb wir sie unter den veranlassenden Ursachen
ebenfalls aufzuführen haben.

Unter diesen directen Ursachen sind vor allen Dingen
Traumata zu nennen. Durch Fall oder Stoss auf den Rücken,
durch Wirbelfracturen und Luxationen, durch heftige Erschütterung
beim Fahren, durch Fall von der Treppe u. dgl. hat man Spinalapoplexien entstehen sehen, auch ohne dass eine directe traumatische
Läsion des Rückenmarks selbst vorhanden war.

In zweiter Linie sind alle Momente zu nennen, welche eine
erhebliche active Congestion zum R.-M. veranlassen. In
dieser Richtung beschuldigt man Erkältungen, starke geschlechtliche
Excesse und Masturbation, übermässige Körperanstrengungen u. dgl.
als wirksam. — Anderseits sind auf collateralem Wege entstandene
Fluxionen hierher zu rechnen, so die Fälle, wo nach Retentio oder
Suppressio mensium (Levier, Schützenberger), nach unterdrückten Hämorrhoidalblutungen, in der Nähe entzündlicher Processe an den Wirbeln, der Dura u. s. w. Spinalapoplexie erfolgte;
hierher sind wohl auch die durch Embolie der Rückenmarksarterien
entstehenden rothen Erweichungsherde zu rechnen. — Endlich ge-

hört die entzündliche Congestion hierher, welche bei acuter centraler Myelitis und ähnlichen Zuständen so oft zur capillaren Hämorrhagie führt.

Weiterhin kann alles, was ein Missverhältniss zwischen intra- und extravasculärem Druck herbeiführt, Quelle von Rückenmarksblutung werden. Bei rascher Verminderung des äusseren Luftdrucks (Austritt aus Räumen mit comprimirter Luft, bei Brückenbauten, beim Tauchen u. s. w.) hat man Erscheinungen eintreten sehen, die auf Spinalapoplexie deuteten, jedoch ohne dass bis jetzt eine Bestätigung durch die Section erfolgt wäre. — Aehnlich wirkt eine erhebliche Steigerung des Blutdrucks, wie sie durch übermässige Herzaction, oder in mehr passiver Weise durch Stauungen des Blutlaufs bei Herz- und Lungenkrankheiten, durch plötzliche starke Körperanstrengung beim Heben schwerer Lasten, bei schweren Krampfzuständen u. dgl. eintritt.

In eine weitere Gruppe lassen sich diejenigen Ursachen vereinigen, welche durch Verminderung der Resistenz der Gefässwandungen die Blutung bewirken. Hierher gehören die aneurysmatischen Erweiterungen der kleinsten Gefässe, wie sie von Griesinger und Liouville gefunden wurden; die Fettdegeneration, Verdickung, Kernvermehrung u. s. w. in den Wandungen der kleinen Arterien, welchen man bei mikroskopischer Durchforschung des erkrankten R.-M. nicht selten begegnet; vielleicht auch die chronischen Erweichungs- und Entzündungsvorgänge im R.-M., Tumoren des R.-M. (besonders die weichen Myxome und Myxosarkome), in deren Inneres oder Umgebung Blutungen so häufig erfolgen. Hierher darf man wohl auch die Blutungen rechnen, welche in seltenen Fällen bei hämorrhagischen Affectionen (Scorbut, hämorrhagischen Pocken u. s. w.) oder bei acuten Infectionskrankheiten (Typhus, gelbes Fieber, Malaria u. s. w.) gefunden sind.

Pathologische Anatomie.

Die Blutung findet sich meistens und in vielen Fällen ausschliesslich auf die graue Substanz beschränkt und erreicht in derselben eine sehr verschiedene Ausdehnung und Mächtigkeit. Sie kann hier einzelne Hörner oder den ganzen Querschnitt der grauen Substanz befallen und eine mehr oder weniger beträchtliche Längsausdehnung zeigen. Viel seltener sind Blutungen in die weisse Substanz und dann fast immer verbunden mit Blutungen in die graue Substanz.

Man muss nach der Beschaffenheit des Extravasats zwei Arten desselben unterscheiden, die wohl gelegentlich zusammen vorkommen

können, aber in Genese und Gestaltung doch wesentlich verschieden sind.

1. Der hämorrhagische (oder apoplektische) Herd. Man
findet einen grösseren oder kleineren Blutknoten, von Erbsen-, Mandel-,
höchstens Nussgrösse; manchmal als bläulicher Knoten durch die Pia
hindurchschimmernd, diese selbst dadurch vorgewölbt, manchmal
selbst geborsten, so dass Blut in den Subarachnoidealraum ergossen
ist. Der Knoten selbst wird gebildet von schwärzlich rothem, geronnenem, im Centrum zuweilen noch flüssigem Blut. Die Rückenmarkssubstanz ist in entsprechender Ausdehnung zertrümmert und
umgibt mit fetzigen Wandungen den apoplektischen Herd. Eine
Hülle von weisser Substanz von wechselnder Dicke pflegt den Herd
zu umgeben; sie ist mehr oder weniger weithin blutig imbibirt, roth
oder gelblich verfärbt, so dass sich die Grenzen zwischen dem Herd
und dem unzerstörten Gewebe vielfach verwischen. Mehr oder weniger
lange Fortsätze des Extravasats können sich in die graue Substanz
und auch zwischen die Bündel der weissen Stränge erstrecken.

Fast immer überwiegt die Längsausdehnung des Knotens; nur
bei ganz kleinen Ergüssen ist die kugelige Form gewöhnlich; meist
erstreckt sich der Erguss auf längere Partien der grauen Säulen,
oft auf sehr beträchtliche Abschnitte derselben (Röhrenblutungen). —
Ein einzelner Herd ist der gewöhnliche Befund; doch kommen auch
mehrfache und selbst vielfache Herde gelegentlich vor. Weitaus
am häufigsten (natürlich aber nicht immer) haben sie ihren Sitz im
Cervical- und oberen Dorsaltheil.

Das Mikroskop lässt in dem Herde massenhafte Blutkörperchen
auf allen Stadien der Zersetzung und Umwandlung, Pigmentkörner
und Pigmentkrystalle, Faserstoff, zertrümmerte Markelemente, Myelin-
kugeln und meist auch Körnchenzellen erkennen.

Der Blutknoten selbst erfährt bei längerem Bestehen eine Reihe
weiterer Veränderungen: entweder kommt es zur Eindickung
und allmäliger Vertrocknung zu einem käsig-bröcklichen Knoten,
in welchem die Färbung und die Anwesenheit von Hämatoidinkry-
stallen die Abstammung verrathen; oder es treten mehr Erweichungs-
und Verflüssigungszustände ein, so dass am Ende eine derbe bindegewebige Kapsel einen serösen oder mehr breiigen Inhalt umschliesst.
Kleinere Extravasate können wohl auch grösstentheils resorbirt
werden und nur eine kleine, bindegewebige, durch eingelagerte Pigmentkrystalle ockergelb gefärbte Narbe hinterlassen.

Sehr gewöhnlich finden sich in der Umgebung des Herdes secundäre Erkrankungen des R.-M. Am gewöhnlichsten sind Er-

weichungsvorgänge, die sich nach oben und unten mehr oder weniger weit (oft durch den grössten Theil des R.-M.) fortsetzen. Besonders ist es die hämorrhagische Erweichung der grauen Substanz, durch welche diese in einen theils schwarzrothen, theils chocoladefarbenen, theils ockergelben Brei weithin verwandelt wird (siehe die Abbildung bei Cruveilhier); hier handelt es sich aber wohl immer um die primäre centrale Myelitis. Aber auch die einfache weisse Erweichung kommt in mehr oder weniger beträchtlicher Ausdehnung in der Nähe des Herdes vor: neben der charakteristischen makroskopischen Beschaffenheit wird sie mikroskopisch an den reichlichen Körnchenzellen, zerfallenen Nervenfasern und Ganglienzellen, den fettig'degenerirten Gefässen, an der Neurogliawucherung erkannt. In älteren Fällen endlich kommt es zu den schon wiederholt erwähnten secundären auf- und absteigenden Degenerationen der Hinter- und Seitenstränge, in derselben charakteristischen Gestaltungsweise wie bei anderen Herderkrankungen des R.-M. (Goltdammer).

2. Die hämorrhagische Infiltration oder Erweichung; die entzündliche Hämorrhagie. Sie kommt ebenfalls nur in der grauen Substanz, entweder local auf einzelne Hörner beschränkt, oder über den ganzen Querschnitt verbreitet vor; selten greift sie auch etwas auf die weisse Substanz über. Man hat sie in einer Ausdehnung von wenigen Centimetern, aber auch verbreitet über die ganze Längsaxe des R.-M. gesehen.

Die graue Substanz ist dabei in einen rothbraunen, von dunkleren, schwarzrothen Punkten und kleinen Gerinnseln durchsetzten Brei umgewandelt; das Blut ist innig mit der Nervensubstanz gemischt. In der näheren und ferneren Umgebung zeigt sich ein ungleichmässiges rost- oder ockerartiges Colorit.

Das Mikroskop lässt im Wesentlichen dieselben Elemente wie in den Blutherden erkennen; doch überwiegen hier die Körnchenzellen; es finden sich Spuren von Bindegewebswucherung und von histologischen Veränderungen an den Nervenfasern und Ganglienzellen.

Diese letzteren lassen sich in der grauen Substanz meist weit über die Grenzen der hämorrhagischen Infiltration hinaus verfolgen: Erweichung, Anhäufung von Körnchenzellen, verdickte und geschwollene, rosenkranzförmige Axencylinder, enorm geschwellte Ganglienzellen (Charcot), reichliche Bindegewebswucherung, Blutüberfüllung in den feinsten Gefässen, die theilweise ampullenartig erweitert (Liouville) sind, theilweise verdickte und degenerirte Wandungen besitzen — mit einem Wort das Bild der acuten centralen Myelitis.

Ueber die weiteren Veränderungen solcher hämorrhagischer Infiltrationen ist nichts genaueres bekannt; die Fälle kommen wohl meist früh zur Section.

Die eigentlichen capillären Blutungen — kleine punktförmige Blutextravasate und als solche leicht zu erkennen — kommen ziemlich häufig vor; sie haben an sich keine grosse Bedeutung und machen keine klinischen Symptome. Sie sind aber häufige Theilerscheinungen wichtiger Processe, von Erweichungen u. dgl. In ihren höchsten Graden stellen sie nichts anderes dar als die hämorrhagische Infiltration. — Eichhorst hat in neuester Zeit einen bemerkenswerthen Fall von Hämatomyelie mit weitverbreiteten capillären Blutextravasaten mikroskopisch untersucht und genau beschrieben. Doch können wir mit seiner Auffassung dieses Falles als einer primären Blutung nicht wohl übereinstimmen, da es sich um eine mit Fieber einhergehende, allmälig von unten nach oben fortschreitende und in wenigen Tagen zum Tode führende Paraplegie handelte.

Veränderungen an den Spinalmeningen sind bei den intramedullären Hämorrhagien mehr oder weniger zufällige Erscheinungen. Fast immer findet sich Hyperämie, dem Sitze der Blutung entsprechend; selten kleinere und grössere Ekchymosen.

Die peripheren Nerven und Muskeln gerathen manchmal in ausgesprochene degenerative Atrophie; das hängt vom Sitze der Läsion, resp. wahrscheinlich von der Zerstörung ihrer trophischen Centren ab.

Die Veränderungen der übrigen Körperorgane sind dieselben wie bei den anderen Formen schwerer Spinalparalyse (siehe das Capitel über Myelitis).

Symptomatologie.

Trotz der im ganzen ziemlich geringen Zahl von einschlägigen Beobachtungen lässt sich doch ein ziemlich charakteristisches Krankheitsbild der Spinalapoplexie entwerfen.

Der Beginn ist in vielen Fällen ein ganz plötzlicher und mit fulminanten Erscheinungen: unter lebhaftem Schmerz werden die Kranken von plötzlicher Paraplegie befallen und brechen ohne Störung des Bewusstseins zusammen.

Manchmal trat die Blutung während des Schlafes ein; die Kranken erwachten am Morgen gelähmt.

Nicht immer aber ist das Auftreten ein so ganz plötzliches, sondern manchmal gehen Vorboten voraus und zwar entweder die Erscheinungen einer spinalen Congestion (Schmerzen im Rücken, excentrische Schmerzen und Parästhesien in den Extremitäten, grosse

Müdigkeit und Abgeschlagenheit, Hauthyperästhesie u. dgl.) und diese können tage- und wochenlang dauern; oder die Symptome einer acuten centralen Myelitis (allgemeines Unbehagen, Fieber, heftige Schmerzen, Formication, Gürtelgefühl, Schwere- und Taubheitsgefühl, deutliche Schwäche in den Extremitäten, Blasenschwäche u. s. w.) und diese pflegen nun Stunden oder Tage zu dauern, bis die apoplektische Paraplegie zum Ausbruch kommt.

Besonders charakteristisch für die Spinalapoplexie ist es nun, dass im Laufe weniger Minuten oder Viertelstunden sich eine völlige, schwere Paraplegie ausgebildet hat; gewöhnlich wird dieselbe durch einen localen oder über die ganze Wirbelsäule verbreiteten lebhaften Schmerz eingeleitet, der aber meist bald nach der Entwicklung der Lähmung wieder schwindet.

Solche Kranke trifft der Arzt dann mit völliger und absoluter Lähmung der Beine, oder es erstreckt sich die Lähmung weiter hinauf bis über den Rumpf und selbst auf die oberen Extremitäten; dann sind die exspiratorischen Muskeln gelähmt und der Kranke, ein Bild der Hülflosigkeit, athmet mühsam und unvollständig mittels des Zwerchfells. Die gelähmten Muskeln sind vollkommen schlaff, bieten passiven Bewegungen nicht den geringsten Widerstand.

In seltenen Fällen ist die Lähmung eine unvollständige, einzelne Bewegungen bleiben erhalten, oder es besteht nur Parese. In einem Falle sah man nur eine obere Extremität gelähmt (Bourneville); selten auch ist hemiplegische Lähmung und dann immer die obere Extremität stärker betroffen als die untere. Das hängt natürlich alles von dem Sitz und der Grösse der Blutung ab.

Gleichzeitig und in derselben Ausdehnung wie die motorische Paralyse besteht mehr oder weniger vollständige Anästhesie gegen alle möglichen sensiblen Eindrücke. Dass es auch hier Ausnahmen und Abstufungen der Störung gibt, liegt auf der Hand; selten oder niemals jedoch wird man einen gewissen Grad der Anästhesie vermissen.

Ebenso regelmässig besteht Lähmung der Blase und des Mastdarms: anfangs völlige Retention des Harns, so dass zum Katheter gegriffen werden muss, weiterhin die verschiedenen Formen der Incontinenz; die Stühle werden unwillkürlich und unbemerkt entleert.

In wohlbeobachteten Fällen fand man auch ausgesprochene vasomotorische Lähmung. Levier constatirte in seinem Falle constant eine Temperatursteigerung der untern gelähmten

Körperhälfte (Schenkelbeuge), welche 0,2 — 0,5 — 1,0 — 2,0° C. gegenüber der Achselhöhlentemperatur betrug; eine Erscheinung, die bei längerem Bestehen nicht bloss auf eine einfache Trennung der vasomotorischen Bahnen sondern auch auf eine Zerstörung der vasomotorischen Centren im R.-M. schliessen lässt. Die Hautperspiration fand Levier an den gelähmten Theilen aufgehoben.

Die Reflexe verhalten sich je nach dem Sitze des Leidens sehr verschieden; sie sind völlig aufgehoben, wenn die graue Substanz bis unten hin völlig zerstört ist; sitzt die Blutung höher oben, so können sie im ersten Moment, durch den Shock, ebenfalls verschwunden sein, aber sie kehren bald wieder und können dann selbst erhöht erscheinen. — In einzelnen Fällen wird Priapismus unter den Symptomen erwähnt.

Während diese schweren Störungen in der untern Körperhälfte bestehen, kann die obere ganz normal und gesund sein; die Arme können normal fungiren, Bewusstsein, Intelligenz, Gehirnnervenfunctionen bleiben ganz intact. Höchstens stellen sich in den allerersten Tagen ganz leichte Fieberbewegungen ein.

Einigermassen auffallend ist, dass die Reizungserscheinungen so sehr in den Hintergrund treten.   Am constantesten scheint noch der Rückenschmerz beobachtet zu sein, local oder weitverbreitet; die Wirbelsäule ist bei Druck nicht oder nur wenig empfindlich, in höherem Grade wohl nur bei Myelitis.

Wenn auch im Momente des Entstehens der Blutung motorische Reizerscheinungen, Zuckungen und partielle Krämpfe beobachtet werden, so treten sie doch weiterhin vollständig zurück; und spasmodische Erscheinungen werden im weitern Verlauf fast nur in den nicht gelähmten Theilen beobachtet und markiren in dieser Weise das Fortschreiten des Grundprocesses oder das Auftreten secundärer Affectionen. — Auch Parästhesien können in den gelähmten Theilen völlig fehlen, die Kranken empfinden ihre Glieder gar nicht oder nur wie eine todte Last; in andern Fällen wird Kriebeln oder dgl. in den gelähmten Theilen empfunden.

In den folgenden Tagen und Wochen vervollständigt sich nun dies den ersten Tagen entnommene Bild in meist sehr unliebsamer Weise.

Die erste bedrohliche Erscheinung ist gewöhnlich das rasche Entstehen und unaufhaltsame Weiterschreiten eines Decubitus gangraenosus am Kreuzbein, den Trochanteren, den Fersen und anderen dem Drucke ausgesetzten Stellen.   Schon nach wenigen Tagen kann dies üble Ereigniss eintreten und oft in seiner acutesten Form.

Die Harnsecretion wird verändert, der Harn wird rasch blutig, eitrig, albuminhaltig; die hochgradige Blasenlähmung führt alsbald zur Alkalescenz des Urins, Cystitis, Pyelitis mit ihren Folgen.

Dass diese schweren Störungen immer von ausgesprochenem Fieber begleitet sind, versteht sich von selbst. Schüttelfröste stellen sich ein, pyämische und septicämische Erscheinungen folgern aus dem Decubitus und zehren rapide an den Kräften der Kranken.

Die gelähmten Muskeln atrophiren, zum Theil sehr rapide; Hand in Hand damit geht der Verlust ihrer faradischen Erregbarkeit resp. das Auftreten der Entartungsreaction in denselben. In einzelnen Muskeln entwickelt sich wohl auch Starre und Contractur, besonders wenn bei längerem Verlauf secundäre Degenerationen im R.-M. eintreten; spontane spasmodische Zuckungen, Steigerung der Reflexe pflegen das Auftreten dieser Contracturen einzuleiten. — Sitzt aber die Hämorrhagie hoch oben, so kann die Ernährung der Muskeln ebenso wie ihre elektrische Erregbarkeit ziemlich intact bleiben; so in dem Falle von Goltdammer.

Die Reflexe schwinden allmälig, oft ziemlich rasch und vollständig; so besonders bei der centralen Myelitis, wenn sie sich nach abwärts verbreitet.

Schwer sind in der Regel die durch die secundäre Myelitis hervorgerufenen Erscheinungen zu erkennen; lebhaftere Schmerzen, zuckende Bewegungen und Stösse in den Muskeln, Ausbildung von Contracturen, — alles dies nicht selten auch in den von der Lähmung nicht betroffenen Theilen — das sind etwa die Erscheinungen, die sich darauf beziehen lassen.

Es ist klar, dass das vorstehende Krankheitsbild nur für die schwereren Fälle mit relativ umfangreichen Blutextravasaten seine volle Geltung hat, dass es aber je nach Sitz, Grösse und Ursache der Blutung zahlreiche Modificationen erleiden wird. Es erscheint überflüssig, dieselben hier erschöpfend zu behandeln; dem denkenden Leser wird es nicht schwer werden, sich ein Bild von den Erscheinungen zu machen, welche kleine Blutergüsse mit ganz localem Sitze etwa hervorrufen: dass z. B. kleine Ergüsse in die Vordersäulen vorwiegend locale Lähmungserscheinungen bedingen werden, dass Ergüsse geringen Umfangs in die Hintersäulen nur sehr unbedeutende Symptome machen können u. dgl. Es mag dabei besonders betont werden, dass in manchen derartigen Fällen von sehr unbedeutenden Blutergüssen das Krankheitsbild so wenig klar und

entschieden sein, so sehr aller charakteristischen Züge entbehren
kann, dass von einer Diagnose der Blutung nicht die Rede sein kann.
Das steht bekanntlich in vollem Einklang mit wohlbegründeten
Sätzen der Rückenmarkspathologie.

Als die chronische Form der Spinalapoplexie bezeichnet
Hayem die Fälle, in welchen die Hämorrhagie bei schon vorhandener
chronischer Spinalerkrankung auftritt. Er citirt dafür u. A. die Fälle
von Massot (progressive Muskelatrophie), Nonat (chronische centrale
Myelitis), Lancereaux (periependymäre Myelitis). In allen diesen
Fällen traten die Erscheinungen der Blutung mehr oder weniger acut
auf. Unseres Erachtens kann eine Blutung im R.-M. überhaupt nicht
wohl chronisch sein. Es handelt sich einfach um das Hinzutreten einer
acuten Complication — der Blutung — zu einer chronischen Spinalerkrankung; aber keineswegs um eine chronische Form der Spinal-
hämorrhagie.

Ueber die Charakteristik der Blutungen je nach ihrem Sitz in
verschiedener Höhe des R.-M. können wir mit wenigen Wor-
ten hinweggehen.

Beim Sitz im Lendentheil beschränken sich die Erscheinungen
der Lähmung und Anästhesie auf die untern Extremitäten, auf Blase
und Mastdarm; die Reflexe fehlen; rapide Atrophie der Muskeln
mit Entartungsreaction, rasch entstehender Decubitus werden selten
fehlen.

Beim Sitz im Brusttheil reichen die Lähmungserscheinungen
am Rumpf weiter hinauf; die Exspirationsmuskeln, die Bauchpresse
sind gelähmt; die Reflexe können eine Zeit lang erhalten sein; die
Atrophie der Muskeln verzögert sich.

Beim Sitz im Halstheil erstreckt sich die Paraplegie auf alle
4 Extremitäten; ein Theil der Inspiratoren ist gelähmt; Pupillenerscheinungen können vorhanden sein; das Verhalten der Reflexe
und der trophischen Vorgänge richtet sich nach der Verbreitung des
Processes nach abwärts. Hat die Blutung ihren Sitz oberhalb
des Abgangs der Phrenici, so ist ein rascher asphyktischer Tod unvermeidlich.

In einigen Fällen (Monod, Oré, Breschet — citirt bei Levier) hat man auch die Blutung auf eine Seitenhälfte des
R.-M. beschränkt gefunden; die charakteristischen Erscheinungen
der Brown-Séquard'schen „Halbseitenläsion" (Paralyse auf der
gleichnamigen, Anästhesie auf der entgegengesetzten Körperhälfte)
waren die Folge davon.

Verlauf. Dauer. Ausgänge. Grösse und Sitz der Blutung,
zum Theil auch die nächste Ursache derselben sind entscheidend

für den Verlauf des Leidens. In schweren Fällen, besonders
von diffuser centraler Blutung, tritt entweder sehr rapide, durch
Respirationslähmung der lethale Ausgang ein; oder es führen die
secundären Veränderungen, der acute brandige Decubitus, Pyämie,
Septicämie unter scheusslichen Qualen der Kranken bald den Tod
herbei. Charcot glaubt, dass eine richtige Hämatomyelie immer
lethal verlaufe; wir können uns dieser Meinung nicht anschliessen.

Bei kleineren Blutungen kann sich die Sache sehr lange
hinschleppen, bis aber endlich doch durch Decubitus, Cystitis, Fieber,
Marasmus, hinzutretende Complicationen der Tod erfolgt.

Manchmal erfolgt aber auch eine theilweise Genesung: es
tritt im R.-M. eine Vernarbung und Ausheilung der Läsion ein, soweit dies eben möglich ist. Motilität und Sensibilität kehren
wenigstens theilweise wieder, der Decubitus heilt, die Blasenschwäche verliert sich und das Allgemeinbefinden wird wieder ein
gutes. Meist aber bleiben einzelne atrophische und gelähmte Muskelgruppen zurück.

Völlige Genesung ist wohl selten, und nur bei ganz kleinen
Herden möglich. Es ist auch schwer zu constatiren, ob dieselbe
vorgekommen ist, wiewohl die vorliegenden Krankheits- und Sections-
berichte ganz entschieden dafür sprechen.

Die Dauer der Krankheit muss nach dem Gesagten eine sehr
verschiedene sein. Die rapiden Fälle verlaufen in Minuten, Stunden
oder Tagen zum lethalen Ende; die weniger schweren brauchen
Wochen, Monate und selbst Jahre, ehe der Tod eintritt, oder eine
leidliche Besserung erreicht ist.

Diagnose.

Die Diagnose der Hämatomyelie gründet sich hauptsächlich auf
das plötzliche und ganz rapide Auftreten der Paraplegie, ohne erhebliche motorische Reizungserscheinungen, auf die
sofort vorhandene Schwere der Erscheinungen und auf
den sehr schweren und langwierigen Verlauf des Leidens;
unterstützend für die Diagnose können eintreten etwa nachweisbare
ätiologische Momente, gewisse Prodromalerscheinungen, die Fieber-
losigkeit und die Temperaturerhöhung der gelähmten Theile.

Immerhin kann die Diagnose in weniger ausgesprochenen oder
in complicirten Fällen ihre Schwierigkeiten haben, und es kann die
Krankheit mit verschiedenen ähnlich auftretenden Störungen verwechselt werden.

Mit Gehirnapoplexie freilich ist kaum eine Verwechselung

möglich: das Fehlen der Bewusstlosigkeit und aller Lähmungserscheinungen von Seiten der Gehirnnerven, die paraplegische Form
der Lähmung, die Sphincterlähmung u. s. w. müssen davor schützen.
Und selbst in schwierigeren Fällen, wie sie ja vorkommen, wird
man durch genaue Erwägung aller Symptome sicher zur Diagnose
gelangen.

Auch von M eningealblutung wird die Unterscheidung meist
leicht sein (s. o.), bei dieser bestehen lebhafte Reizungserscheinungen,
Hyperästhesie und Schmerzen, lebhafte spasmodische Symptome; die
Lähmungserscheinungen treten mehr zurück, besonders sind die sensiblen Störungen gering, der Verlauf ist ein rascher und günstiger.
— Bei der Hämatomyelie stehen die schweren Lähmungserscheinungen ganz im Vordergrund, die Reizungserscheinungen treten vollkommen zurück, es entwickelt sich rasch Decubitus, der Verlauf
ist schwer und häufig tödtlich, oder es bleiben unheilbare Lähmungen
zurück.

Am schwierigsten wird die Unterscheidung von der acuten
centralen Myelitis sein, um so mehr als man die hämorrhagische Form derselben zur Spinalapoplexie rechnet. In beiden Fällen
handelt es sich um eine Destruction der centralen grauen Substanz,
und nur in der Raschheit der Entwicklung der Symptome kann das unterscheidende Merkmal liegen. Die Paraplegie
braucht bei der einfachen Myelitis Stunden und Tage zur Entwicklung, bei der Hämatomyelie Minuten oder Viertelstunden.
Dasselbe gilt natürlich aber auch für die hämorrhagische Myelitis.
Man kann sagen, dass, je rascher die Entwicklung geschieht, desto
mehr das hämorrhagische Element in dem Krankheitsprocess vor-
wiegt. — Um die centrale Myelitis von der spontanen Hämatomyelie
zu unterscheiden, müssen noch andere Merkmale herbeigezogen werden: die Myelitis beginnt mehr mit Reizungserscheinungen, Schmerzen,
leichten spasmodischen Zuständen, die Wirbel sind bei Druck empfindlich, es kann Fieber bestehen, Anästhesien und Parästhesien,
partielle Lähmung und Blasenschwäche gehen dem Auftreten der
schweren Paraplegie voraus. Auch die aufsteigende Weiterverbreitung der Myelitis centralis wird gegenüber dem Stationärbleiben
der Symptome bei der Blutung verwerthet werden können. — Mit
Hülfe der angegebenen Charaktere wird man die Hämatomyelie
wohl von der centralen Myelitis und bei dieser wieder die einfache
von der hämorrhagischen Form trennen können.

Der Hämatomyelie ziemlich ähnlich gestalten sich manchmal
die Formen der Poliomyelitis anterior acuta (acuten Spinal-

lähmung), wenn sie bei Erwachsenen eintreten. Der meist fieberhafte Beginn dieses Leidens, das völlige Fehlen aller sensiblen Störungen, das Fehlen der Blasenlähmung und das Ausbleiben des Decubitus unterscheiden diese Krankheit hinlänglich sicher von der Hämatomyelie.

Leicht wird meist auch die Unterscheidung von der ischämischen Paraplegie sein; wenn auch der Beginn viel Aehnlichkeit hat, so kommen doch schwere ischämische Paraplegien nur bei Obstruction der Aorta vor und diese wird man leicht an ihren pathognostischen Symptomen (Fehlen des Femoralpulses, Circulationsstörung in den Beinen) erkennen.

Die Diagnose des Sitzes der Blutung in verschiedener Höhe des R.-M. geschieht nach den oben kurz angegebenen Merkmalen.

Prognose.

Wenn wir auch dem Charcot'schen Ausspruch von der meist tödtlichen Bedeutung der Hämatomyelie keineswegs zustimmen können, so ist doch die Prognose derselben fast immer eine sehr bedenkliche. Grosse centrale Blutungen verlaufen immer lethal. Dasselbe gilt für Blutungen mit sehr hohem Sitze.

Sind die ersten Tage und Wochen einmal überstanden, dann wird die Prognose allmälig günstiger, wenn nicht allzuschwere Complicationen vorhanden sind. Eine völlige Heilung ist jedoch wohl selten zu erwarten.

Aber selbst bei anscheinend günstigem und protrahirtem Verlauf ist immer noch ein schlimmer Ausgang möglich. Abgesehen von dem Decubitus ist hier besonders die ascendirende Weiterverbreitung der centralen Myelitis zu fürchten.

Kleine umschriebene Blutungen sind ohne Zweifel günstiger zu beurtheilen, wenn sie überhaupt während des Lebens erkannt werden.

Im Uebrigen wird eine prognostische Beurtheilung des individuellen Falles immer nur nach sorgfältiger Erwägung aller einzelnen Umstände möglich sein.

Therapie.

Die etwa anzuwendenden prophylaktischen Maassregeln ergeben sich einfach aus der Aetiologie. Soweit die betreffenden Dinge überhaupt einer Behandlung zugänglich sind, wird man diese ins Werk zu setzen haben. Man wird also eventuell die Retention oder Unterdrückung der Menses, ausgebliebene Hämorrhoidalblutun-

gen, Herzfehler, bereits vorhandene Rückenmarkscongestion u. dgl.
zum Gegenstande sorgfältiger Behandlung machen. Ganz besonders
hat man zu erforschen, ob etwa die Krankheitserscheinungen auf
eine Myelitis centralis zu beziehen sind, und gegen diese wird man
dann mit aller Energie einschreiten (starke Blutentziehungen, Kälte auf
den Rücken, kräftige Ableitungsmittel, Quecksilber, Jodkalium u. dgl.).

Gegen die Blutung selbst wird man in der Regel nicht
viel zu thun haben; bis der Arzt kommt, wird die ja meist nur unbedeutende Hämorrhagie längst zum Stehen gekommen sein. Immerhin kann es sich darum handeln, eine Wiederholung derselben, eine
Weiterverbreitung auf andere Rückenmarksabschnitte zu verhüten;
besonders wenn Zeichen von Plethora, von erregter Herzaction, von
hochgradiger Spinalcongestion vorhanden sind, dann gehe man in
energischer Weise vor: örtliche und allgemeine Blutentziehungen,
energische Anwendung der Kälte, ruhige Lage auf der Seite oder
dem Bauche, innerlich Digitalis oder Secale cornutum, noch besser
subcutane Injectionen von Ergotin, Abführmittel, Application von
Wärme auf die Extremitäten — das sind die Mittel, die hier in
Frage kommen und aus welchen man die für den Einzelfall pas-
sendste Auswahl zu treffen hat.

Demnächst hat man vor allen Dingen die Folgezustände
ins Auge zu fassen. Man wird zunächst die secundäre Myelitis
mit den später anzugebenden (s. Myelitis) Mitteln in Schranken zu
halten haben. Die Hauptsache aber ist die möglichste Verhütung
der schweren trophischen Störungen, des Decubitus, der Cystitis
u. s. w., welche das Leben der Kranken zunächst bedrohen. Dies
kann nur durch die sorgfältigste und aufopferndste Pflege
geschehen nach den Grundsätzen, die wir im Allgemeinen Theil (s. o.
S. 192 ff.) entwickelt haben.

Sind die ersten Wochen glücklich überstanden, so kann man versuchen, durch Darreichung von Jodkalium die Resorption des Extravasats, die Ausgleichung der secundären Myelitis zu fördern und zu
erleichtern. Zu demselben Zweck empfiehlt sich die Anwendung
von lauwarmen Bädern, Thermen und Soolbädern oder
eine mässige Kaltwasserbehandlung, ganz besonders aber die sach-
gemässe Anwendung des galvanischen Stroms.

Dieser letztere ist auch das Hauptmittel gegen die in den relativ günstigen Fällen zurückbleibenden Lähmungen, Atrophien und
Anästhesien.

Natürlich können in jedem einzelnen Falle noch specielle Indicationen auftauchen, deren Besprechung hier jedoch überflüssig ist.

4. Wunden, Quetschung, Zerreissung des Rückenmarks. (Acute traumatische Rückenmarksläsionen.

Ollivier l. c. I. p. 246. — J. Hahn, Paraplégies par cause externe ou traumatique Thèse. Strasb. 1866. — Leyden l. c. I. S. 310 u. 321; II. S. 84 u. 139. — M. Rosenthal l. c. S. 331. — E. Gurlt, Handbuch der Lehre von den Knochenbrüchen II. 1. 1864. — Lente, Recovery from fracture of the spine. Americ. Journ. med. Sc. 1857. Oct. p. 361. — Rühle, Greifsw. med. Beitr. 1863. I. S. 12. — Vogt, Lähmung der vasomotorischen Unterleibsnerven nach Rückenmarksverletzung. Würzb. med. Zeitschr. VII. S. 248. 1866. — Quincke, Einige Fälle excessiv hoher Todestemperatur. Berl. klin. Wochenschr. 1869. Nr. 29. — Fronmüller sen., Die Rückenmarkszerreissung. Memorabil. 1870. Nr. 12. — M'Donnel, Fracture of the spine. Dubl. Quart. Journ. 1871. Bd. 51. p. 215. — W. Müller, Beitr. zur pathol. Anat. und Physiol. des R.-M. Leipzig 1871. Beob. 1. — Nieder, Lowered temperat. in injur. of spinal cord. Med. Times 1873. I. p. 154. — Steudener, Zur Casuistik der Herzwunden (Schuss auch durchs R.-M.). Berl. klin. Wochenschr. 1871. Nr. 7.

Wir fassen hier eine ganze Gruppe von Störungen zusammen, wohl wissend, dass sie nur durch ein ziemlich lockeres Band vereinigt werden. Allen aber ist das gemeinsam, dass es sich dabei regelmässig um eine acute traumatische Läsion der Rückenmarkssubstanz handelt, welche zu einer meist in der Längsausdehnung beschränkten Zerstörung eines grösseren oder geringeren Theils des Rückenmarksquerschnitts führt und welche unvermeidlich von einer ähnlich localisirten, mehr oder minder circumscripten traumatischen Myelitis gefolgt wird. Dadurch erhält das klinische Bild aller dieser Läsionen (zu welchen wir Schnitt-, Stich- und Schusswunden, Quetschung, Zertrümmerung und Zerreissung des R.-M. rechnen) sehr viel Uebereinstimmendes, so dass vom praktischen Standpunkte aus diese Gesammtdarstellung wohl gerechtfertigt ist.

Aetiologie.

Schwere traumatische Läsionen des R.-M. sind fast nur dadurch möglich, dass die knöcherne Hülle des R.-M., die Wirbelsäule, mit verletzt wird.

Nur an einzelnen wenigen Stellen (im obern Cervicaltheil und im Lendentheil) können lädirende Instrumente oder Fremdkörper das R.-M. ohne gleichzeitige Verletzung der Wirbel erreichen — indem sie durch die Zwischenwirbelspalten eindringen.

Als ein ganz seltenes Ereigniss aber darf es angesehen werden, wenn schwere traumatische Läsionen des R.-M. ohne gleichzeitige erhebliche Verletzung der Knochen oder der Weichtheile erfolgen.

Weitaus die häufigsten und wichtigsten Ursachen der fraglichen Rückenmarksläsionen sind dem zufolge die Fracturen und Luxationen der Wirbel. Als entferntere Ursachen der Rückenmarksverletzungen können somit alle jene Schädlichkeiten bezeichnet werden, welche zur Entstehung von Wirbelbrüchen und Wirbelverrenkungen Veranlassung geben.

Ueberall da, wo bei Wirbelbrüchen eine Dislocation der Fragmente nach dem Wirbelcanal zu stattfindet; überall wo bei Wirbelluxationen die einzelnen Wirbel so übereinander verschoben werden, dass sie den Wirbelcanal verengern — da sind erhebliche Läsionen des R.-M., da sind Compression und Quetschung, selbst Zertrümmerung und Zerreissung des R.-M. nahezu unvermeidlich. Obgleich die Verhältnisse für das R.-M. in dieser Beziehung noch relativ günstige sind, wegen der relativen Weite des Rückgratscanals, wegen der losen Befestigung des R.-M. in demselben, so dass nur e r h e b l i c h e Raumbeschränkung verderblich für dasselbe werden kann, gehören doch die genannten Läsionen zu den gewöhnlichsten Folgeerscheinungen bei Fracturen und Luxationen der Wirbelsäule. Und gerade darauf beruht die grosse Gefahr dieser Verletzungen.

Wir haben hier weder Beruf noch Raum, auch nur in einige Details über die Ursachen und das Zustandekommen der Wirbelbrüche und -Luxationen, über die dabei stattfindenden Dislocationen, deren Grad und Richtung und die daraus sich ergebenden Consequenzen einzugehen. Wir verweisen in dieser Beziehung auf die einschlagenden chirurgischen Werke, besonders auf die erschöpfende Abhandlung von G u r l t. — Dass auch quasi spontan erfolgende Wirbelverletzungen, so das plötzliche Zusammenbrechen cariös gewordener Wirbel ähnliche Läsionen des R.-M. herbeiführen können, versteht sich von selbst.

Dass der Sitz dieser traumatischen Läsionen an allen möglichen Stellen sein kann, ist klar; vom Atlas und Epistropheus an, deren Brüche und Luxationen so rapide tödtlich zu verlaufen pflegen, bis hinab zur Lendenwirbelsäule und selbst zum Kreuzbein hat man dieselben beobachtet; und an all diesen Stellen kann das R.-M. resp. die Cauda equina in mehr oder minder erhebliche Mitleidenschaft gezogen werden.

In zweiter Linie sind S c h u s s v e r l e t z u n g e n d e s R.-M. hier zu nennen; sie bilden ein wichtiges Capitel in der Kriegschirurgie. Sie sind wohl immer mit gleichzeitiger Schussfractur der Wirbel verbunden und die Läsion des R.-M. erfolgt entweder indirect durch diese oder direct durch Eindringen der Kugel in das R.-M. selbst. Immer handelt es sich also um complicirte Wirbelfracturen, um Wunden, die zum Theil brandig sind, Fremdkörper verschiedener Art enthalten u. dgl., also um die denkbar ungünstigsten Verhältnisse.

Freilich sind nicht alle Schüsse, welche die Wirbelsäule treffen, in gleichem Maasse gefährlich für das R.-M.; die Läsion desselben beschränkt sich dabei nicht selten auf Meningealblutung, oder auf Commotion des R.-M. u. dgl., Störungen, welche von ungleich günstigerer Bedeutung sind, als wirkliche Verwundung des R.-M. selbst.

Seltner schon werden Stich- und Schnittverletzungen des R.-M. beobachtet. Man hat wiederholt gesehen, dass Messer-, Degen- oder Dolchstiche das R.-M. erreicht haben, indem die Spitze des Instruments entweder nach Durchtrennung der Wirbelbögen oder durch die Zwischenwirbellücken in den Rückgratscanal eindrang. Das R.-M. ist dann in verschiedener Ausdehnung verletzt: die Spitze des Instruments drang nur in dasselbe ein, oder das R.-M. ist partiell in verschiedener Ausdehnung, oder selbst total durchschnitten. Der verletzende Fremdkörper (Degenspitze, abgebrochene Messerklinge) kann dann im R.-M. resp. den Wirbeln stecken bleiben. In ähnlicher Weise können auch bei Fracturen spitze Knochenfragmente das R.-M. verletzen und anhaltend reizen.

Endlich hat man in seltenen Fällen auch schwere Erschütterungen des Körpers, wie sie durch einen schweren Fall auf den Rücken, das Gesäss, oder die Füsse, oder durch das Aufschlagen schwerer Massen auf den Rücken u. dgl. hervorgerufen werden, von erheblichen Läsionen des R.-M. (Bluterguss, Zertrümmerung etc.) gefolgt werden sehen, ohne gleichzeitige Verletzung der Wirbelsäule. So fand z. B. Fronmüller eine schwere, complete Zermalmung des Brustmarks in der Ausdehnung von $3^{1}\!/_{2}$ Cm. bei einem Individuum, dem ein gewichtiger Balken auf den Rücken gefallen war, ohne die Wirbelsäule zu verletzen. — (Diese Fälle können wohl auch den schwersten Formen der Rückenmarkscommotion zugerechnet werden und sind von diesen nur durch die grobe anatomische Läsion zu trennen. — Parrot fand einmal beim Neugebornen Zerreissung des R.-M. durch allzukräftigen Zug während der Geburt.)

Pathologische Anatomie.

Die der Rückenmarksverletzung zu Grunde liegenden oder sie begleitenden Läsionen an der Wirbelsäule und andern benachbarten Theilen haben uns hier nicht weiter zu beschäftigen; wir verweisen dafür auf die Lehrbücher der Chirurgie und patholog. Anatomie.

Am R.-M. selbst beobachten wir verschiedenes:

1. Einfache Stich- oder Schnittverletzung. In der ersten Zeit eine mehr oder weniger tiefe und breite Wunde, mit geronnenem Blute ausgefüllt und verklebt; nicht selten die Schnitt-ränder vorquellend über die Pia. — Manchmal ein Fremdkörper (Messerspitze, Dolchspitze, Knochensplitter) in der Wunde. — Die

20*

Ausdehnung der Wunde verschieden: verschieden grosse Abschnitte des Rückenmarksquerschnitts, den einen oder andern weissen Strang, mehr oder weniger von der grauen Substanz betreffend, manchmal eine seitliche Hälfte des R.-M., selten das ganze R.-M. durchschneidend (J. L. Petit, Vogt).

Nach wenigen Tagen und im weitern Verlauf sind die Wundränder noch mehr gewulstet, braunroth, hier und da mit etwas Eiter belegt; ihre Umgebung ist hyperämisch, mehr oder weniger erweicht, von kleinen Blutextravasaten durchsetzt; seltner kommt es zu eitriger Infiltration oder zu wirklicher Abscessbildung im R.-M. — Dabei sind die Meningen geröthet und entzündet, mit faserstoffig-eitrigem Exsudat belegt, von capillären Hämorrhagien durchsetzt; in grösserer Entfernung getrübt, verdickt, adhärirend; die Spinalflüssigkeit vermehrt, getrübt, röthlich.

Es ist wahrscheinlich und bei Thieren vielfach, beim Menschen jedoch nicht hinreichend constatirt, dass in günstig ablaufenden Fällen Verheilung der Wundränder, Ersatz durch eine zunächst bindegewebige Narbe stattfindet. Wie weit eine Restitution der Nervenelemente stattfindet, ist noch genauer festzustellen.

2. Quetschung des R.-M. erscheint als eine der Grösse des einwirkenden Körpers entsprechende Erweichung und Zertrümmerung des Marks, gewöhnlich mit Bluterguss, nicht immer jedoch mit gleichzeitiger Zerreissung der Meningen verbunden. Die Marksubstanz ist in einen schwarzrothen oder mehr chocoladefarbenen, manchmal mehr grauen Brei verwandelt, der aus Blut und Trümmern der Nervensubstanz besteht, mit seiner Farbe durch die Pia durchschimmert, welche mehr oder weniger weithin blutig suffundirt erscheint. Gewöhnlich ist die Quetschungsstelle platt, eingeschnürt, dünn, schwappend.

In kurzer Zeit bilden sich in der Umgebung stärkere Hyperämie und fortschreitende entzündliche Erweichung aus; das Mark schwillt an, die Querschnittszeichnung wird verwischt, die Consistenz des Marks nimmt ab, es erscheint röthlich, späterhin gelblich imbibirt, von kleinen Blutextravasaten durchsetzt. Das Mikroskop lässt in der unmittelbaren Umgebung des Herdes zahlreiche Körnchenzellen, Myelintrümmer, zersetzte Blutkörperchen, Pigment und Blutkrystalle, ausserdem aber auch entzündliche Schwellung und späteren Zerfall der Nervenfasern, Axencylinder und Ganglienzellen erkennen — kurz es mischen sich mit den Trümmerresten der Marksubstanz die Producte acuter traumatischer Entzündung derselben.

Nach einigen Wochen findet man an der Quetschungsstelle einen

dünneren, graugelben Brei, z. Th. eingeschlossen in ein junges binde-
gewebiges Gerüste; die Schwellung der angrenzenden Theile besteht fort, dieselben sind mit den Häuten innig verwachsen, ihre
Färbung ist eine blassere, graugelbliche geworden, und eine deutlich
nachweisbare einfache Erweichung setzt sich mehr oder weniger
weit nach oben und nach unten hin fort. Besonders der untere
Rückenmarksabschnitt findet sich manchmal in seiner ganzen Ausdehnung erweicht. Selten kommt es zur wirklichen Abscessbildung
dabei. Dagegen pflegt sich die charakteristische secundäre Degeneration der Hinter- und Seitenstränge, in den ersteren aufsteigend,
in den letzteren absteigend, ganz regelmässig einzustellen.

Leben die Verletzten noch länger, so findet eine allmälige Resorption der zertrümmerten Markmassen statt, an ihrer Stelle entwickelt sich eine Art Narbe von jungem, saftreichem Bindegewebe,
welches mehr und mehr derb wird und hie und da grössere oder
kleinere cystische Räume einschliesst. Von einer ausgiebigen Regeneration der Nervensubstanz ist beim Menschen nichts bekannt.

3. Völlige Zerreissung des R.-M. ist leicht daran kenntlich, dass eine mehr oder weniger breite Kluft (bis zu 3 Cm. und
mehr) die beiden Stümpfe des R.-M. trennt, wobei natürlich immer
die Pia mitzerrissen ist, während die Dura dabei unverletzt oder
nur wenig lädirt sein kann.

Ein hämorrhagisch-breiiger, anfangs dunkler, später mehr choco-
ladefarbener oder grauer Erguss füllt die Lücke aus. Entzündliche
Erweichung stellt sich hier ebenso wie nach der Quetschung ein und
schreitet mehr oder weniger weit nach oben und unten fort. — Er-
leben es die Kranken, so können auch hier die Anfänge der Narbenbil-
dung und Wiedervereinigung der Stümpfe beobachtet werden.

4. Die hämorrhagische Zertrümmerung durch einfache
Erschütterung bietet ganz das Bild eines hämorrhagischen Erweichungs-
herdes mit allen seinen Folgen dar.

Die secundären Veränderungen an den übrigen Körperorganen,
Decubitus, Cystitis, Nierenleiden etc. sind dieselben wie bei andern
Formen schwerer Spinalparalyse und werden bei der Myelitis aus-
führlicher besprochen werden.

Symptomatologie.

Wir halten es der Uebersichtlichkeit der Darstellung wegen
für zweckmässig, hier zwei Gruppen von Fällen zu unterscheiden;
in der einen Gruppe (a.) vereinigen wir die relativ leichteren
Verletzungen des R.-M., die einfachen Schnitt- und Stich-

verletzungen desselben; zur andern Gruppe (b.) nehmen wir alle
die schwereren Läsionen, Quetschung, Zertrümmerung
und Zerreissung des R.-M. Es braucht wohl nicht besonders
betont zu werden, dass Uebergänge und vielfache Analogien zwischen
beiden Gruppen vorhanden sind — sowohl was die anatomischen
Veränderungen, als was die Symptome, den Verlauf und die Ausgänge der einzelnen Fälle betrifft.

a. Die Erscheinungen, welche darauf hindeuten, dass eine
in der Nähe der Wirbelsäule eingedrungene Stich-,
Hieb- oder Schnittverletzung das R.-M. selbst getroffen hat, können zunächst keine andern sein, als die einer partiellen
oder totalen Leitungsunterbrechung im R.-M., welche sich auf die
hinter der Verletzungsstelle gelegnen Körpertheile erstreckt, und
nicht bloss auf die an derselben liegenden Nerveuwurzelgebiete beschränkt ist.

Die Ausdehnung und Verbreitung dieser Leitungshemmung kann
je nach Sitz und Ausdehnung der Verletzung eine sehr verschiedene
sein. Fast alle physiologischen Rückenmarksversuche sind ja nichts
anderes als solche einfache Schnittverletzungen — und daraus kann
man auf die mögliche Mannigfaltigkeit der Symptome schliessen.

Im Moment der Verletzung besteht meist motorische Lähmung von sehr verschiedener Ausdehnung (in Form von Paraplegie,
oder von spinaler Hemiplegie oder von Hemiparaplegie oder wohl
auch von Lähmung aller vier Extremitäten und des Rumpfs). Dazu
gesellt sich gewöhnlich sensible Lähmung von der Verletzung
entsprechender und sehr verschiedener Ausdehnung. (Sie kann paraplegisch sein, oder ist nur auf eine Körperseite und dann auf die
der motorischen Lähmung und Verletzung entgegengesetzte beschränkt,
oder ist ganz circumscript; sie kann einzelne Empfindungsqualitäten
— Tastempfindung, Muskelsinn u. dergl. — isolirt betreffen.) In
Fällen von sehr beschränkter Läsion wird manchmal Hyperästhesie (gürtelförmige, oder anders verbreitete) gefunden.

Bei irgend nennenswerther Ausdehnung der Verletzung pflegt
Lähmung der Blase und des Mastdarms immer vorhanden
zu sein; zuerst besteht völlige Retention des Harns, welche bald
ebenso vollständiger Incontinenz Platz macht; die Kothentleerung
geschieht unwillkürlich und unbemerkt. — Genauere Untersuchung
enthüllt in der Regel auch vasomotorische Lähmung (Erhöhung
der Hauttemperatur, stärkere Röthe) in den von der motorischen
Lähmung getroffenen Körpertheilen.

Die Reflexe pflegen im ersten Momente, unter dem erschütternden Eindruck der Verletzung des R.-M., völlig erloschen zu sein, kehren aber bald zurück und können dann erheblich gesteigert sein. Doch hängt das natürlich wesentlich vom Sitze der Läsion ab.

Beachtet man ausserdem die dem Sitze der Läsion entsprechenden und gewöhnlich vorhandenen Gürtelschmerzen (durch die etwaige Läsion der Wurzeln bedingt), so wie die von der Verletzung der Weichtheile und der Knochen ausgehenden Erscheinungen, so hat man ein ziemlich vollständiges Bild einer solchen Verletzung, wie es sich in den ersten Stunden und Tagen darstellt.

Bald aber wird dies Bild complicirt durch die Symptome der hinzutretenden, traumatischen Myelitis. Es handelt sich dabei gewöhnlich um eine Myelitis transversa, welche sich fast immer über den ganzen Querschnitt erstreckt, aber meist nur eine geringe Längsausdehnung erreicht. — Fieber besteht dabei gewöhnlich nur für einige Tage, selten länger. Zumeist treten jetzt auffallende Reizungserscheinungen auf: Schmerzen, die gürtelartig den Rumpf umziehen, lebhafte excentrische Schmerzen in den gelähmten Theilen, Hauthyperästhesie in verschiedener Ausbreitung; ferner spasmodische Zustände, Zuckungen und Contracturen einzelner Muskeln und Muskelgruppen. Dabei nimmt die Lähmung rasch in transversaler Richtung zu, ohne erheblich weiter in die Höhe sich zu verbreiten; d. h. die Lähmung ergreift nach und nach die etwa noch freigebliebenen motorischen Bahnen hinter der Verletzungsstelle, die sensiblen und vasomotorischen Bahnen, Blase und Mastdarm etc., ohne dass die obere Grenze der Lähmung und Anästhesie sich erheblich ändert. Die Reflexe werden erheblich gesteigert, können aber auch weiterhin, wenn der Process bis zum untern Ende des R.-M. fortschreitet, ganz erlöschen. — Sind Fremdkörper in der Wunde zurückgeblieben, so erreichen die Reizerscheinungen noch höhere Grade, es treten sehr lebhafte Schmerzen, starke Krämpfe und Contracturen ein.

Weiterhin kommt es zur Entwicklung von Decubitus mit allen seinen schlimmen Folgen, pyämischen und septicämischen Zuständen, zur Ausbildung von Cystitis u. s. w.

Je nach dem Sitz der Verletzung in verschiedener Höhe des R.-M. können noch andre Erscheinungen das Krankheitsbild compliciren, die hier nicht alle zu erwähnen sind. Je höher oben die Verletzung sitzt, desto mehr treten Störungen des Respirationsactes auf und gewinnen eine mehr und mehr bedrohliche Bedeutung.

b. Die Symptome, welche bei schweren Läsionen der Wirbelsäule oder andern schweren Traumen die gleichzeitige Quetschung oder Zerreissung des R.-M. ankündigen, sind gewöhnlich die einer completen und sehr schweren Paraplegie. Es besteht absolute Lähmung der hintern Körperhälfte, völlige Anästhesie in entsprechender Ausdehnung, nach oben gewöhnlich ziemlich scharf begrenzt, Herabsetzung und Vernichtung, selten Steigerung der Reflexe, hochgradige Lähmung der Blase und dadurch bedingte Retention des Harns, oft bis zu enormer Ausdehnung der Blase, Lähmung des Darms und dadurch bedingter Meteorismus, Lähmung des Mastdarms mit daraus folgenden unwillkürlichen Entleerungen; Lähmung der vasomotorischen Bahnen, erhöhte Temperatur der hinteren Körperhälfte, bei Männern nicht selten mehr oder weniger hochgradige und anhaltende Erection des Penis; Verminderung oder Unterdrückung der Urinabsonderung u. s. w. Dazu kommen die durch den Wirbelbruch oder dergl. bedingten örtlichen Erscheinungen: Schmerz, Unbeweglichkeit, Dislocation der Wirbel u. s. w., um das Krankheitsbild zu vervollständigen.

Alle die genannten Erscheinungen ergeben sich in ungezwungener Weise aus der schweren Läsion des R.-M. Die motorische, sensible und vasomotorische Lähmung folgen ohne Weiteres aus der Leitungsunterbrechung im R.-M. Die Unterdrückung der Reflexe, auch in Fällen, wo die betreffenden Reflexcentren nicht direct lädirt sind, ist Folge der durch die Verletzung gesetzten schweren Erschütterung des R.-M.; nach Stunden oder Tagen erholen sich die Reflexcentren wieder, die Reflexe treten wieder auf und können selbst nach Lage der Dinge eine erhebliche Steigerung erfahren. Dasselbe gilt für die vasomotorischen Centren und ganz besonders für die im Lendenmark liegenden Centren für die Blasenentleerung; der mit der Quetschung verbundene Shock lähmt diese Centren zunächst, daher die völlige Retention des Harns in der übermässig ausgedehnten Blase, auch in Fällen, wo das Lendenmark nicht der Sitz der Quetschung ist. Erholen sich die Centren wieder, so treten dann zeitweilig, aber durchaus unwillkürlich und meist auch unbemerkt, völlige Entleerungen der Blase ein; so sah Stendener in seinem Falle regelmässig eine kräftige Entleerung der Blase eintreten, sobald der Katheter die Fossa navicularis der Harnröhre irritirte — eine Erscheinung, die in völligster Uebereinstimmung mit von Goltz gefundenen physiologischen Thatsachen steht. Späterhin tritt dann beständiges Abträufeln des Harns ein. — Weit schwieriger zu erklären ist der bei schweren Wirbelbrüchen so häufig zu beobachtende Priapismus. Er kommt vorwiegend bei Quetschung des Cervicaltheils vor, seltner bei jenen des Brusttheils, gar nicht bei Fracturen vom 3. Lendenwirbel abwärts. In vielen Fällen hat man die Erection des Penis unmittelbar nach der Verletzung gefunden; nur hie und da aber wurde eine gleichzeitige Ejaculation constatirt. Die Erection ist entweder sehr stark und kräftig, oder nur eine schlaffe

und unvollkommene; sie wird gar nicht empfunden, oder ist schmerzhaft; im späteren Verlauf kann sie nachlassen und dann durch
Kathetrisiren oder dgl. wieder hervorgerufen werden.

Es ist nicht gerade schwierig, sich auf Grund unserer Kenntnisse
über die Erection eine plausible Vorstellung von dem Zustandekommen
dieser Erscheinung zu machen, wenn dieselbe auch allerdings noch
manche dunkle Seiten hat. Die Annahme einer Reizung der zum Gehirn verlaufenden Bahnen, welche zur Erregung des Erectionscentrums
im Lendenmark dienen, an der Läsionsstelle erklärt wohl die Erscheinung am besten. Wenn man dagegen einwendet, dass die Centren
im Lendenmark ja gewöhnlich zunächst gelähmt sind und dass die
völlige Lähmung der Blase damit nicht harmonirt, so ist darauf zu
erwidern, dass das Symptom des Priapismus um so häufiger wird, je
mehr die Läsion sich vom Lendenmark entfernt, je mehr also die
Chance einer erhaltenen Erregbarkeit des Lendenmarks zunimmt; und
ferner, dass die Erregbarkeit der Centren für die Erection und für
die Blase nicht gleich zu sein braucht und dass über das genauere
Verhalten der Blasencentren und ihrer Reflexerregbarkeit in Fällen,
wo anhaltende Erection bestand, nichts bekannt ist. Jedenfalls wird
man mit Rücksicht auf die mehrfach beobachtete Ejaculation, die ja
nur ein Reizungsphänomen sein kann, die Annahme einer Reizung
der die Erection auslösenden Bahnen plausibler finden. Es ist uns wenigstens nicht recht ersichtlich, wie man den Priapismus in solchen Fällen
als ein Lähmungsphänomen auffassen soll, wenn man nicht an vasomotorische Lähmungen denken will. Für die spätere Zeit — vielleicht
auch schon von Beginn an in manchen Fällen — sind ohne Zweifel
Reflexreize (der Reiz der gefüllten Harnblase, des eindringenden Katheters, der Decubituswunden u. s. w.) für das Entstehen und Fortdauern
der Erection verantwortlich zu machen.

Wenn das Ensemble der oben genannten Symptome noch den
geringsten Zweifel lassen sollte über eine vorhandene schwere Rückenmarksverletzung, wenn man anfangs vielleicht an eine besonders
schwere einfache Commotion denken könnte, so wird in der Regel
nach wenigen Tagen der weitere Verlauf hinreichende Aufklärung
bringen. Es tritt dann mehr oder weniger lebhaftes Fieber auf, die
Erscheinungen acuter traumatischer Myelitis werden immer deutlicher, es tritt rapide zunehmender und unaufhaltsamer Decubitus
auf, bei Quetschung im Lendentheil erscheint rapide Atrophie der
Beinmuskeln mit Verlust ihrer elektrischen Erregbarkeit, der Harn wird
blutig, eitrig, ammoniakalisch u. s. w. Nicht selten beobachtet man,
besonders bei Quetschungen des Cervicaltheils, continuirlich und bis
zu excessiven Graden (43⁰,0 — 44⁰,0 C., Brodie, M'Donnel,
Quincke u. s. w.) ansteigende Temperatur, die Temperatursteigerung der neuroparalytischen Agonie. In andern Fällen, bei Läsion
des Brusttheils, sah man abnorm niedrige Temperaturen dem Tode

einige Tage vorausgehen (Nieder). Wir verweisen für die Deutung dieser Symptome auf das früher (S. 127 ff.) Gesagte.

So verlaufen die schwersten Fälle meist rapide zum Ende, das durch verschiedene Störungen eingeleitet werden kann (Respirationslähmung, Circulationsstörung, Pyämie, neuroparalytische Agonie etc.).

Aber durchaus nicht in allen Fällen ist das Krankheitsbild ein so schweres; es gibt günstigere Fälle, in welchen bloss partielle Quetschungen des R.-M. eingetreten sind, in welchen ein glücklicher Zufall einen Theil des Rückenmarksquerschnitts vor der Zerstörung bewahrt hat; da treten dann partielle Lähmungen auf (Ollivier, Beob. 25 und 26). Der ganze Verlauf ist ein milderer und weniger gefährlicher. Es ist hier nicht der Raum, alle die möglichen Fälle solcher partiellen Läsionen auch nur anzudeuten: es braucht nur gesagt zu werden, dass die Literatur der Wirbelbrüche alle möglichen Gradabstufungen der gleichzeitigen Rückenmarksverletzung kennt.

Verschieden sind natürlich die Erscheinungen beim Sitz der Läsion in verschiedener Höhe des R.-M.

Beim Sitz im Cervicaltheil tritt gewöhnlich sofortiger Tod ein, wenn die Quetschung in der Höhe des 1. oder 2. Halswirbels erfolgt, z. B. durch Luxation des Zahns des Epistropheus; nahezu ebenso rasch tritt das Ende ein, wenn die Läsion noch oberhalb des Abgangs der Phrenici erfolgt. Neben der völligen Lähmung aller vier Extremitäten zeigt sich dann die Respiration im höchsten Grade erschwert und nur durch angstvolle Action der auxiliären Respirationsmuskeln noch mühsam im Gang erhalten; Sprache und Stimme sind schwach, das Schlingen erschwert. Beim Sitz in der Cervicalanschwellung, unterhalb der Phrenici, ist vorwiegend die Exspiration beschränkt; die Lähmung der Beine ist ganz, die der Arme mehr oder weniger vollständig, die Sensibilität der Arme kann theilweise erhalten sein; die Reflexe sind erhalten und oft erhöht; M'Donnel sah selbst coordinirte Reflexe (Greifen der völlig gelähmten linken Hand nach den Genitalien während des Kathetrisirens); sehr häufig besteht Priapismus; das Leben kann längere Zeit erhalten bleiben.

Sitzt die Läsion im Brusttheil, so sind die Arme frei, der Rumpf bis zu verschiedener Höhe ergriffen; die Beine sind mehr oder weniger gelähmt, manchmal halbseitig mit gekreuzter Anästhesie; die Exspiration ist in abnehmendem Grade erschwert, Stimme und Sprache dadurch etwas beeinträchtigt; die Reflexe sind im wei-

tern Verlauf erhalten und gesteigert; Blase und Mastdarm gelähmt;
Priapismus ist ziemlich selten; Decubitus folgt.

Bei Läsion des Lendentheils sind die Arme ebenso wie der
grösste Theil des Rumpfes frei. Beine, Blase und Mastdarm total
gelähmt, Respiration nicht erschwert; Reflexe jeder Art total erloschen; keine Erection; rapide Atrophie der Muskeln und Erlöschen
ihrer elektrischen Erregbarkeit.—Ganz ähnlich sind die Erscheinungen
bei Läsion der Cauda equina, nur dass man hier aus dem Ergriffensein oder Freibleiben gewisser Nervenbahnen (speciell der dem
Plexus lumbalis angehörigen) öfter den Sitz der Läsion genauer bestimmen und in die Cauda equina selbst verlegen kann.[1])

Verlauf. Dauer. Ausgänge.

Dass bei der ersteren, leichteren Form der Verletzung,
bei einfachen Schnittwunden des R.-M., Besserung und selbst Heilung
eintreten kann, lehren hundertfache Erfahrungen der Physiologen
zur Genüge. Goltz und Frensberg haben Hunde selbst mit
völlig durchschnittenem Dorsalmark viele Monate am Leben erhalten;
allerdings aber trotzdem keine Regeneration eintreten sehen.

Es darf also an einen absolut lethalen Verlauf auch beim
Menschen nicht wohl gedacht werden; in der That existiren auch
mehrfache Beispiele unzweifelhafter Rückenmarksverletzungen, in
welchen eine relative Heilung eintrat und das Leben viele Jahre
lang erhalten blieb. (So Heilung einer — wahrscheinlichen —
Stichwunde bei Ollivier, verschiedener Schnittwunden bei Brown-
Séquard u. A.) Immerhin sind das Ausnahmen, auf die man nur
bei kleinen Verletzungen mit einiger Zuversicht rechnen darf. Die
Erscheinungen der Myelitis bleiben dann mässig, verlieren sich bald,
die äussere Wunde schliesst sich; die Lähmungserscheinungen gleichen sich theilweise wieder aus, bleiben aber auch theilweise zurück und es kann so ein höherer oder geringerer Grad der Genesung
allmälig erreicht werden. Welche Rolle dabei die von Schiff
urgirte functionelle Ausgleichung der Läsion (s. o. S. 63) spielt, lässt
sich kaum übersehen.

Meistentheils aber schreitet die secundäre Myelitis weiter, die
Lähmung nimmt zu, Decubitus mit seinen traurigen Consequenzen
stellt sich ein, und der lethale Ausgang tritt nach mehr oder weniger
langen Leiden ein.

---

1) Vgl. Erb, Ueber acute Spinallähmung bei Erwachsenen. Arch. f. Psych.
und Nervenkrankh. V. S. 755. Beob. VI.

Die zweite schwerere Form verläuft wohl fast immer lethal.
Bei einigermassen vollständiger Quetschung oder gar Zerreissung ist
an Regeneration der zertrümmerten Markpartien nicht zu denken;
und wenn auch das Leben manchmal wochen- oder monatelang erhalten bleibt (M'Donnel 2 Monate; Steudener 15 Wochen;
Page — Trennung des Halsmarks zwischen 5. und 6. Wirbel — sogar 15 Monate), so pflegt doch der schliessliche Ausgang meist nicht
zweifelhaft zu sein und erfolgt unter den gewöhnlichen traurigen
Erscheinungen einer schweren Spinalparalyse. — Dass der Tod in
den ersten Stunden und Tagen nach der Verletzung durch Respirationslähmung, Shock u. dergl. erfolgen kann, versteht sich von selbst.

Ob wohl Heilung je vorkommt und ob sie überhaupt möglich
ist bei schweren Rückenmarksverletzungen? Die Meinungen der Physiologen darüber sind getheilt (s. o. S. 63 u. 64). Für den Menschen
liegen keine beweisenden Erfahrungen vor. In dem Falle von
M'Donnel war nach 2 Monaten wohl eine Art Narbe gebildet,
aber darin keine Spur von Nervengewebe zu erkennen. Die Beobachtung 18 bei Ollivier, sowie der Fall von Lente sprechen
sehr für die Möglichkeit einer Heilung wenigstens bei nicht sehr
hochgradiger Läsion.

Diagnose.

Eine Rückenmarksverletzung ist aus den oben angeführten Symptomen meist nicht schwer zu erkennen.

Bei einfacher Verletzung der Rückenmarkshäute (durch Stich
oder Schnitt) könnte eine Meningealapoplexie zur Verwechselung mit Rückenmarksverletzung Anlass geben. Man wird erstere
leicht erkennen an den im Beginn schon hervortretenden Reizungserscheinungen (Schmerzen, spasmodische Erscheinungen) und an dem
geringeren Grade und der mehr diffusen Verbreitung der Lähmung;
endlich an dem raschen und günstigen Verlauf.

Bei schwereren Rückenmarksverletzungen kann das Vorhandensein
einer Spinalapoplexie in Frage kommen; die Unterscheidung
derselben hat aber keinen Zweck, da Quetschungen des R.-M. wohl
immer von Hämatomyelie begleitet sind, und die Erscheinungen und
der Verlauf beider Krankheiten sich im wesentlichen gleichen.

Fälle von schwerer Commotion des R.-M. wird man meist
an dem Mangel einer scharfen Begrenzung der Anästhesie und Lähmung, an dem weiteren Verlauf, dem Fehlen des Decubitus u. s. w.
erkennen können. Lassen sich Dislocationen der Wirbel nachweisen,
so wird die Quetschung des R.-M. wahrscheinlicher.

Prognose.

Sie ergibt sich aus dem Gesagten von selbst. Selbst in den leichtesten Fällen der Verletzung ist sie mindestens sehr bedenklich, und man muss auf einen schlimmen Ausgang durch die secundäre Myelitis gefasst sein; doch ist die Prognose dabei nicht hoffnungslos.

Wohl aber ist sie in allen schweren Fällen von Quetschung und Zerreissung des R.-M. fast absolut lethal; in kürzerer oder längerer Zeit pflegt der Tod einzutreten. Doch kommen auch hier, wie oben schon erwähnt, Ausnahmen vor; doch beschränken sich dieselben wohl nur auf schwächere und ganz partielle Läsionen.

Therapie.

Vor allen Dingen hat hier eine sorgfältige Behandlung der äusseren Verletzungen (Wunden, Wirbelfracturen und -Luxationen) einzutreten, für deren Details wir auf die chirurgischen Handbücher verweisen.

Die Rückenmarksverletzung führt in allen solchen Fällen ein sehr gravirendes Moment ein; sie bedingt den Tod in den meisten Fällen; es ist also alles zu versuchen, um dieselbe zu beseitigen, oder ihre Ausgleichung zu fördern. Neben den gewöhnlichen chirurgischen Verfahrungsweisen wird in vielen solchen Fällen die Trepanation der Wirbelsäule in Frage kommen, um die Compression des R.-M. zu beseitigen, Knochenfragmente zu entfernen, die Verschiebung der Bruchenden auszugleichen etc. Es ist hier nicht unsere Aufgabe, uns in eingehende Betrachtungen über den Werth, die Ausführbarkeit und die Indicationen der Trepanation zu vertiefen (s. darüber das Werk von Gurlt). Doch glauben wir aussprechen zu sollen, dass die Operation uns überall indicirt erscheint, wo gegründete Aussicht vorhanden ist, durch dieselbe etwas zur Beseitigung der Dislocationen beizutragen, von welchen die Läsion des R.-M. ausgegangen ist, also besonders bei Fracturen der Wirbelbögen (da die Bruchstücke der Wirbelkörper wohl kaum zu erreichen sind). Allerdings ist dabei selten oder niemals ein directer Erfolg zu erwarten, denn die Rückenmarksverletzung besteht nicht in einfacher Compression, sondern gewöhnlich in Quetschung oder Zerreissung. Aber durch Beseitigung der Dislocation der Fragmente kann man wenigstens die möglichen Chancen einer Wiederherstellung und der Erhaltung des Lebens um etwas steigern. Man wird deshalb nicht zögern dürfen, bei solchen Kranken, die fast sicher rettungslos verloren sind, eine an sich nicht sehr gefährliche Operation auszuführen,

wenn diese auch nur einen möglichen Erfolg bietet. — Eine sorgfältige Erwägung aller Umstände wird den Arzt dabei leiten müssen;
jedenfalls ist sicher, dass in allen schweren Fällen die Operation
wenig schaden, und doch etwas nützen kann.

In zweiter Linie kommt die Bekämpfung der traumatischen Myelitis in Betracht: örtliche (und nach Umständen allgemeine) Blutentziehungen, Kälte, Ergotin und Belladonna, Einreibungen von Quecksilber etc. kommen hier zur Anwendung (s. die
Therapie der acuten Myelitis).

Die weitaus schwierigste Aufgabe hat aber die Pflege der Kranken
zu erfüllen, nämlich die Verhütung des Decubitus und der
Cystitis, welche den Kranken zumeist verderblich werden. Zwei
einander widerstreitende Indicationen sind hier gewöhnlich vorhanden: die vorhandene Verletzung erfordert absolut ruhige Lage, zur
Verhütung des Decubitus ist häufiger Wechsel der Lage erforderlich.
Man muss sich hier zu helfen suchen, so gut es geht, mit Wasserkissen, Luftkissen, abwechselnd an verschiedenen Stellen unterge-
schobenen Polstern, Spreukissen, sorgfältiger Reinigung, Bauchlage etc.; das werden die Umstände im einzelnen Falle lehren.

Die Bekämpfung der Blasenerscheinungen, des Fiebers, des
Marasmus, der Schmerzen etc. geschieht nach allgemeinen Grundsätzen. Es ist darüber auch die Therapie der acuten Myelitis zu
vergleichen.

5. Langsame Compression des Rückenmarks (Chronische traumatische Rückenmarksläsionen).

Vgl. die Werke von Ollivier (I. p. 387), Hasse (S. 735), Jaccoud (Des
paraplégies etc., Brown-Séquard (Paralysis of the lower extrem. etc. 1861),
M. Rosenthal (S. 313), Leyden (I. S. 213—311; II. S. 147). Ferner:
Charcot, De la compress. lente de la moëlle ép. Leçons sur la mal. du
syst. nerv. II. Sér. II. fasc. 1873. — Bouchard, Compress. lente de la moëlle.
Dictionn. encyclop. des sc. médic. II. Sér. Tom. VIII. p. 664. 1874. — C. Haw-
kins, Cases of cancerous etc. disease of the spinal column. Med. chir. Transact.
XXIV. p. 45. 1841. — Vogel und Dittmar, Deutsche Klinik 1851. Nr. 35. —
Traube, 5 Fälle von Rückenmarkskrankheiten. Charité-Annalen IX 2. S. 129.
1861. - Röhle, Zur Compression des R.-M. Greifsw. med. Beitr. I. S.5. 1863.
— Jam. Young, Case of tempor. paralysis. Edinb. med. Journ. 1856. May. —
Ogle, Case of paraplegia etc. Transact. path. Soc. XIX. p. 16. 1868. —
A. Joffroy, Cas de fract. de la colonne vert. Arch. de l'hys. I. p. 735. 1868.
— Leudet, Curabilité des accid. paralyt. conséc. au mal vert. Mém. de la Soc.
de Biol. 1862—1863. — Michaud, Sur la méning. et la myelite dans le mal
vertébr. Paris 1871. — Charcot, Anat. pathol. et trait de la parapl. liée au
mal de Pott. Gaz méd. 1874. No. 49. — A. Courjon, Parapleg. dans le mal
de P. Paris 1875. — E. Rollett, Wien. med. Wochenschr. 1864. Nr. 24—26. —
De Giovanni, Storia di un caso di paraplegia etc. Riv. clin. d. Bologna 1870.
No. 12. — Leyden, Ueber Wirbelkrebs. Charité-Annalen XI. 3. S. 54. 1863. —
M. Rosenthal, Wiener med. Presse 1865. Nr. 42—45; Zeitschr. f. prakt. Heilk.

1866. Nr. 46—51. — Tripier, Du cancer de la colonne vertébr. Paris 1866. — Th. Simon, Paraplegia dolorosa. Berl. klin. Wochenschr. 1870. Nr. 35 und 36.

Begriffsbestimmung. So mannigfaltig auch die Krankheits-zustände sind, die wir hier zusammenfassen, so haben sie doch alle das gemein, dass eine von aussen her auf das Rückenmark (und die Nervenwurzeln) wirkende Kraft dasselbe ganz langsam und allmälig in einer beschränkten Längsaus-dehnung comprimirt und so zu einer Reihe charakteristischer Erscheinungen Veranlassung gibt, die sich in allen Fällen in ihren wesentlichen Zügen wiedererkennen lassen und häufig auch die ersten Erscheinungen sind, welche auf das beginnende schwere Leiden auf-merksam machen.

Diese Erscheinungen sind aber in der Regel nicht durch die Compression an sich oder allein bedingt, sondern durch die fast aus-nahmslos an der comprimirten Stelle sich entwickelnde subacute oder chronische transversale Myelitis und durch die von dieser aus nach unten und nach oben fortschreitenden se-cundären Degenerationen des R.-M.

Es handelt sich also im Wesentlichen um eine circumscripte transversale Myelitis — die sog. Compressionsmyelitis, und wir würden derselben nicht ein eigenes Capitel widmen, wenn nicht durch sie ein verbindendes Band zwischen sehr weit ausein-anderliegenden Krankheitszuständen gegeben wäre, welche von der Wirbelsäule und ihrem Inhalte ausgehen, und wenn nicht gerade die Erscheinungen der Druckmyelitis einen sehr wesentlichen und allen jenen Krankheitsformen gemeinschaftlich zukommenden Zug in deren Krankheitsbild darstellten.

Aetiologie und Pathogenese.

Alles, was ganz allmälig und meist auf dem Wege organischen Wachsthums den Wirbelcanal verengert und zu einer langsam weiter-schreitenden localen Compression des R.-M. führt, kann Ursache der Compressionsmyelitis werden.

Einen wesentlichen Theil dieser Ursachen haben wir bereits kennen gelernt: die meningealen Tumoren. Um Wieder-holungen zu vermeiden, verweisen wir auf das oben (S. 261 ff.) über diesen Gegenstand bereits Gesagte. Es ist hier nur noch einmal hervorzuheben, dass nicht bloss die eigentlich neoplastischen Ge-schwülste, welche von den Spinalhäuten ausgehen, sondern dass ebenso gut auch die durch entzündliche und hämorrhagische Vor-gänge, durch Parasiten u. dgl. gebildeten Meningealtumoren, dass

endlich auch Geschwülste, die ihren Ursprung im perimeningealen
Gewebe genommen haben, in ganz der gleichen Weise zu einer allmäligen Compression des R.-M. führen können. Allen diesen Tumoren ist es gemeinsam, dass ihr Wachsthum bei den engen Raum-
verhältnissen des Rückgratscanals sehr bald zu einer erheblichen Raumbeschränkung in demselben führt und so einen zunehmenden Druck auf
das R.-M. bedingt. Dass dieser Druck in sehr verschiedener Weise
und von verschiedenen Seiten her das R.-M. treffen und so eine grosse
Mannigfaltigkeit der einzelnen Fälle bedingen kann, versteht sich
von selbst, ändert aber an den wesentlichen Verhältnissen nichts.

Ob auch die intramedullären Tumoren, die in der Rückenmarkssubstanz sich entwickelnden Geschwülste, zu den Ursachen
der Rückenmarkscompression gerechnet werden dürfen, kann streitig
sein. Sie wirken nicht von aussen her auf das R.-M. und haben
deshalb auch eine etwas verschiedene Symptomatologie. Für sie
ist charakteristisch, dass das R.-M. von einem Punkte seines Querschnitts aus allmälig comprimirt wird, und dass auch hierbei die
secundäre Myelitis nicht zu fehlen pflegt; dass deshalb die so
charakteristischen Initialerscheinungen von Seiten der comprimirten
Nervenwurzeln fehlen, und die Erscheinungen der Rückenmarkscompression sofort im Beginne auftreten. — Für alle Details verweisen
wir auf den Abschnitt über Rückenmarkstumoren und bemerken hier
nur vorweg, dass alle möglichen intramedullären Tumoren gelegentlich die Erscheinungen der Druckmyelitis hervorrufen können, so
Gliom, Sarkom, Myxom, Tuberkel, syphilitische Gummata, Cysten-
bildungen (Hydromyelus und Syringomyelie) etc.

Weitaus die wichtigsten ätiologischen Momente aber werden
von Erkrankungen der Wirbelsäule geliefert. Die häufigste
unter denselben und gewiss auch die häufigste Ursache der Compressionsmyelitis ist die Caries der Wirbelsäule (Malum Pottii,
Spondylarthrocace). Wir haben auf diese Krankheit hier nicht weiter
einzugehen; sie wird in den Handbüchern der Chirurgie weitläufig abgehandelt; hier haben wir nur zu untersuchen, in welcher Weise sie
Veranlassung zu einer langsamen Compression des R.-M. werden kann.

Es kann dies zunächst dadurch geschehen, dass mit der durch
das Schwinden und Einsinken der Wirbelkörper bedingten Kyphose
eine Knickung und Verengerung des Wirbelcanals zu
Stande kommt und so das R.-M. comprimirt wird. Dies ist
jedenfalls sehr selten und nur bei hochgradiger Kyphose der Fall.
Einerseits kommen auffallende Beispiele von enormer spitzwinkliger
Kyphose ohne alle Erscheinungen von Rückenmarkscompression vor;

ferner sieht man nicht selten die Kyphose begleitende Paraplegien vollständig verschwinden, ohne dass die Kyphose sich im geringsten ändert; und endlich gibt es Fälle von Wirbelcaries ohne jede Kyphose, die dennoch mit Paraplegie einhergehen. Die Kyphose ist also nicht das allein bestimmende und nicht einmal das hauptsächlichste Moment für die Rückenmarkscompression.

Vielmehr wird in den allermeisten Fällen diese Compression herbeigeführt durch das die Caries begleitende entzündliche Exsudat. Die von der Caries gelieferten Eitermassen und besonders die fungösen Granulationen häufen sich zwischen der Dura und den Wirbelkörpern an und drängen die Dura nach innen; sie rufen eine pachymeningitische Wucherung und Verdickung der Dura selbst hervor und bewirken dadurch die Raumbeschränkung im Wirbelcanal (Charcot, Michaud; s. auch die sehr anschauliche Abbildung bei Ogle). Die Dura ist verdickt, besonders ihre äussern Schichten sind in eine wuchernde Masse jungen fibroplastischen, zum Theil in Verkäsung begriffenen Gewebes umgewandelt, welche entweder die Dura an einer Stelle ringförmig umgibt, oder sie von einer Seite her 10—15—20 und mehr Mm. gegen den Wirbelcanal zu vordrängt. Die Nervenwurzeln sind an dieser Stelle mehr oder weniger in den Process mit einbezogen, verdickt, geschwellt, entzündet etc. Gelegentlich können auch einfache käsige Eiterherde, oder es können die vorspringenden Zwischenwirbelknorpel, oder abgelöste und dislocirte Knochenfragmente bei der Caries die Ursache der Compression werden.

In zweiter Linie ist das Carcinom der Wirbel als eine nicht seltene, vorwiegend bei älteren Personen zu beobachtende, Ursache der Rückenmarkscompression zu nennen. Sowohl primäre, wie auch secundäre Carcinome der Wirbel kommen in Frage; die letzteren ganz besonders häufig nach primärem Brustkrebs, gelegentlich aber auch bei primärem Krebs aller möglichen andern Organe. — Natürlich rufen nicht alle Wirbelkrebse Spinalerscheinungen hervor; das hängt von ihrem Sitz, ihrer Grösse, ihrer Entwicklungsrichtung ab; aber wenn der Krebs die Wirbelbögen ergreift und die durchtretenden Nervenwurzeln in Mitleidenschaft zieht, wenn er die ganzen Wirbelkörper zerstört, erweicht und zum Zusammensinken gebracht hat; wenn er in den Wirbelcanal eindringt, die Spinalhäute ergreift und sich direct gegen das R.-M. hin entwickelt — dann pflegen die charakteristischen Spinalerscheinungen aufzutreten; unter lebhaftesten Schmerzen entwickelt sich das Symptomenbild der Rückenmarkscompression (Paraplegia dolorosa).

Den genannten Krankheitsformen der Wirbelsäule an Wichtigkeit sehr nachstehend sind noch mehrere Erkrankungen zu bezeichnen, die gelegentlich auch zur Compression des R.-M. führen können. So Exostosen der Wirbel, welche in den Rückgratscanal hineinwachsen; Osteome; syphilitische Neubildungen an den Wirbelknochen; ferner die Arthritis sicca der Wirbel, sofern sie zu erheblicher Schwellung der Gelenkfortsätze, zu osteophytischen Wucherungen, Knochenauflagerungen u. dgl. führt. Hierher gehören auch die Verdickungen des Proc. odontoideus des Epistropheus, die Anchylosen der Wirbel und alles derartige.

Endlich haben wir noch zu erwähnen, dass auch äussere Tumoren aller Art, welche gegen die Wirbelsäule hinwachsen und durch irgend eine natürliche oder pathologische Lücke in den Rückgratscanal eindringen, Veranlassung zur Rückenmarkscompression werden können. So Echinococcen, Sarkome, Aneurysmen etc.

Allen diesen ätiologischen Momenten nun (mit theilweiser Ausnahme der intramedullären Tumoren) ist es gemeinsam, dass sie von aussen her ganz allmälig gegen das R.-M. vorrücken und auf diesem Wege zuerst die Nervenwurzeln und die Meningen in ihr Bereich ziehen, zuerst irritirend und dann comprimirend auf jene einwirken und dadurch eine Gruppe ganz charakteristischer Symptome hervorrufen, welche der ersten Entwicklungsperiode der Krankheit angehören.

Dann kommt das R.-M. selbst an die Reihe; es wird einer allmälig zunehmenden Compression ausgesetzt und dadurch die Leitung in demselben gehemmt und unterbrochen. Dabei bleibt es jedoch nicht, sondern kürzere oder längere Zeit nach Beginn der comprimirenden Einwirkung (meist schon sehr bald nachher, manchmal selbst schon, ehe noch Paraplegie vorhanden ist, Charcot, Michaud) gesellen sich entzündliche Veränderungen hinzu: eine zunächst auf die Compressionsstelle beschränkte, aber meist über den grössten Theil des Querschnitts verbreitete Myelitis tritt auf. Mit dem Auftreten der Compression und der sich anschliessenden Myelitis hängen wieder sehr charakteristische Erscheinungen zusammen, welche einem zweiten Stadium der Krankheit angehören. In den meisten Fällen scheinen sich diese Symptome an das Auftreten der Myelitis anzuknüpfen.

Die Frage, ob die Compression allein, ohne Myelitis bestehen könne und ob sie allein die paraplegischen Symptome bedinge, oder ob dazu immer eine Druckmyelitis gehöre, ist eine ziemlich müssige. Es ist zweifellos, dass — besonders bei relativ acut eintretender

Compression — diese allein im Stande ist, die Symptome schwerster Paraplegie zu erzeugen, und dass diese nach glücklicher und rascher Beseitigung der Compression in relativ kurzer Zeit wieder verschwinden können (so in den viel citirten Fällen von E h r l i n g und B r o w n - S é q u a r d). Es ist aber ebenso zweifellos, dass in der übergrossen Mehrzahl der Fälle jede längere Zeit bestehende Compression des R.-M. sehr bald durch eine Compressionsmyelitis complicirt wird; dass diese Myelitis die Folge einer durch die Compression gesetzten Ischämie, eine ischämische Erweichung sei, ist uns nicht wahrscheinlich; vielmehr betrachten wir sie als die directe Folge des die Gewebselemente treffenden Reizes der Compression. — Endlich scheint es ebenfalls zweifellos, dass in manchen Fällen schon der Reiz der gegen die Spinalhäute andringenden Geschwulstmassen (Carcinom etc.) auch ohne nachweisbare Compression genügt, die Myelitis hervorzurufen. Wir sehen somit, dass in den einzelnen Fällen die Pathogenese derjenigen Erscheinungen, welche man gewöhnlich als die der Rückenmarkscompression bezeichnet, eine etwas verschiedene sein kann: sie sind bedingt entweder durch die Compression allein, oder durch die Compression und die von ihr bedingte Myelitis, oder endlich durch die Myelitis allein.

Weiterhin endlich, wenn die Compression nicht bald wieder nachlässt, und die Druckmyelitis einmal definitiv etablirt ist, g e - s e l l e n s i c h secundäre Degenerationen und Sklerosen d e s R.-M. hinzu, wie bei jeder transversalen Myelitis (s. u. Nr. 19), welche in streng gesetzmässiger Weise sich in verschiedenen Partien des Rückenmarksquerschnitts oberhalb und unterhalb der Compressionsstelle einstellen. Auch sie führen zum Theil wieder zu bestimmten Symptomenreihen, welche man einer dritten Entwicklungsperiode der Krankheit zutheilen kann.

Pathologische Anatomie.

Die pathologisch-anatomischen Veränderungen, welche der Grundkrankheit (den Wirbelleiden, Tumoren etc.) angehören, hier zu schildern, würde uns zu weit führen; man vgl. darüber die Lehrbücher der pathologischen Anatomie und der Chirurgie. Einiges Wesentliche haben wir auch bei der Aetiologie schon erwähnt. Hier ist nur das zu schildern, was das R.-M. und seine Adnexa angeht.

Die R ü c k e n m a r k s h ä u t e werden vielfach hyperämisch, getrübt, verdickt, mit der Umgebung verwachsen gefunden; häufig sind sie mit verschieden dicken Auflagerungen versehen, welche

ihren wesentlichen Antheil am Zustandekommen der Compression
haben; manchmal aber auch erscheinen sie auffallend wenig verändert, glatt und nur einfach aus ihrer normalen Lage verdrängt.

Die Nervenwurzeln sind fast immer an den krankhaften
Processen mehr oder weniger betheiligt. Sie können mit der Geschwulst oder dem Exsudat innig verwachsen, mit denselben verschmolzen sein; dabei erscheinen sie selbst im Beginne meist geschwellt, hyperämisch, entzündet; ihre Fasern in fettiger Degeneration
und beginnendem Zerfall, die sich bis in das R.-M. selbst hinein-
verfolgen lassen (Neuritis); in späteren Stadien sind die Wurzeln
atrophisch, blass, grau, degenerirt, lassen fast nur noch ein kern-
reiches Bindegewebe erkennen.

Beim Carcinom der Wirbel besonders erscheinen die Nerven
und Nervenwurzeln geröthet, geschwellt, saftreicher; nur selten
findet man sie atrophisch, noch seltener in die carcinomatöse Störung
direct mit hereinbezogen. Der einfache Contact mit der bösartigen
Neubildung genügt, um eine lebhafte Neuritis zu entfachen.

Das Rückenmark selbst erscheint an der Compressionsstelle mehr oder weniger abgeplattet und verdünnt, oft zu einem
ganz dünnen, kaum federkieldicken Cylinder, oder zu einem ganz
platten, bandförmigen Strang comprimirt. Es erscheint bald mehr
von vorn, bald mehr von hinten, bald von der Seite her zusammen-
gedrückt, dadurch verschoben, unregelmässig geformt. Die Compressionsstelle kann eine sehr verschiedene Länge haben; oberhalb
und unterhalb derselben zeigt das R.-M. entweder seine normale
Dicke, oder es erscheint in mässigem Grade kolbig angeschwollen.
Die Consistenz der comprimirten Stelle ist im Beginne meist vermindert (entzündliche Erweichung), späterhin kann sie vermehrt erscheinen (Sklerose). Die Compressionsstelle ist blutarm, blass,
manchmal ohne jede deutliche makroskopische Veränderung; meist
ist aber auf dem Durchschnitt die Querschnittszeichnung ganz undeutlich, das Mark hat eine trübe Beschaffenheit oder nimmt weiterhin ein mehr graues, durchscheinendes Aussehen an.

Die mikroskopische Untersuchung lässt nach einiger
Dauer der Compression an der Compressionsstelle eine beträchtliche
Zunahme und Verdickung des interstitiellen Bindegewebes erkennen;
dazwischen findet man zahlreiche Körnchenzellen, oft auch Corpp.
amylacea eingestreut, die Wandungen der Gefässe verdickt und
in fettiger Degeneration; die Nervenfasern auf verschiedenen Stadien
des Zerfalls und der fettigen Degeneration; die Axencylinder meist
erhalten, zum Theil geschwellt, zum Theil aber auch im Zerfall oder

geschwunden; an den Ganglienzellen der grauen Substanz lassen
sich Quellung, Vacuolenbildung, Pigmentablagerung und manchmal
Zerfall und Schwund nachweisen (Michaud, Joffroy). Es ist mit
einem Worte das Bild einer vorwiegend interstitiellen,
chronischen transversalen Myelitis, über den grössten
Theil oder das Ganze des Querschnitts verbreitet.

Auch über die Quetschungsstelle hinaus erstrecken
sich die myelitischen Veränderungen; oberhalb und
unterhalb lassen sich dieselben auf verschieden weite
Strecken verfolgen, mit abnehmender Intensität.

In geringer Entfernung gewöhnlich erscheinen
schon die Veränderungen auf genau umschriebene
Stellen des Querschnitts beschränkt, lassen sich aber
dann auf diesen fast durch die ganze Länge des R.-M.
nach auf- und nach abwärts verfolgen. Das sind
die bekannten secundären Degenerationen
(Türck s. u. Nr. 19). Oberhalb der Compressionsstelle sind die Hinterstränge davon ergriffen, weiter
oben beschränkt sich die Veränderung auf die zarten
Stränge und steigt in diesen häufig bis gegen das
verlängerte Mark hinauf. Im untern Rückenmarksabschnitt dagegen beschränkt sich die Degeneration
auf die Seitenstränge und zwar vorwiegend die hinteren Abschnitte derselben und steigt hier bis gegen
den Conus terminalis hinab. Makroskopisch schon
erkennt man am frischen Präparat häufig die Degeneration an der graulich durchscheinenden oder leicht
gelblichen Beschaffenheit des Gewebes; häufiger aber
ist die Veränderung mit Sicherheit erst nach einigem
Liegen in Chromsäure an der helleren Färbung zu
erkennen. Mikroskopisch ist eine interstitielle Bindegewebswucherung mit Degeneration der Nervenfasern
zu constatiren. — In einzelnen Fällen hat man die
Degeneration auch in den Seitensträngen aufsteigen
sehen, meist nur eine kurze Strecke, selten weit hinauf
(Michaud). Gewöhnlich ist die Degeneration auf
beiden Seiten ungleich entwickelt. Die nebenstehende
Abbildung (Fig. 5) gibt ein gutes Bild von dem typischen Verhalten dieser Veränderungen.

Fig. 5.
Compression des
Dorsalmarks.
Diffuse Myelitis an der
Compressionsstelle (1);
die rechte R.-M.-Hälfte
vorwieg. v. d. Compr.
getroffen. Oberhalb
secundäre aufsteigende
Degener. in den zarten
Strängen (1 3); unter-
halb absteig. Degener.
der Seitenstr. bis ins
Lendenmark (5 7).
(Nach Michaud.)

Auch in der grauen Substanz verbreitet sich manchmal der
myelitische Process über grössere Strecken, besonders nach abwärts,

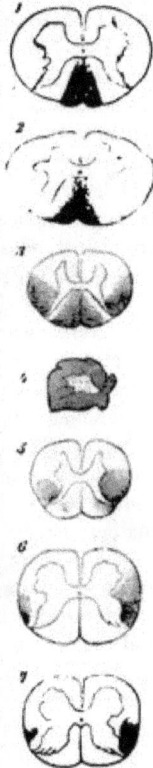

kann aber hier nur durch genaue mikroskopische Untersuchung
erkannt werden: Sklerose des Bindegewebes, Verdickung der Arterien-
wandungen, Atrophie und Schwund der Nervenelemente, Pigmentirung
u. s. w. sind die charakteristischen Zeichen hiervon. Dieser Vorgang
ist wichtig für die Erklärung mancher späteren Erscheinungen.

In schweren Fällen schreiten alle diese Processe fort; es kommt
zu consecutiven Veränderungen an entfernteren Körpertheilen (Muskelatrophie, Degeneration der peripheren Nerven, Cystitis, Decubitus
u. s. w.), welche den lethalen Ausgang beschleunigen.

In günstigeren Fällen ist aber auch Rückbildung und völlige
Heilung möglich; dies gilt sicher für die Compression bei Wirbelcaries und würde wohl auch für die andern Fälle gelten, wenn die
Ursache der Compression verschwände. Es muss dabei zu einer
wenigstens theilweisen Regeneration und Restitution der Nervenelemente an der Compressionsstelle kommen. Bisher sind aber die
Vorgänge in diesen Fällen noch zu wenig erforscht. Charcot und
Michaud untersuchten solch einen geheilten Fall: die Compressionsstelle war dabei noch sehr deutlich, ihr Querschnitt viel geringer
als der des übrigen R.-M., und sie hatte ein graues, wie degenerirtes
Aussehen. Die mikroskopische Untersuchung zeigte viel Bindegewebe,
dazwischen aber sehr zahlreiche, normal aussehende, wenn auch
schmächtige Nervenfasern; ihre Zahl musste entschieden vermindert
sein. Auch in der sehr reducirten grauen Substanz fanden sich
einige, aber nicht sehr zahlreiche, erhaltene Ganglienzellen. Ueber
den feineren Verlauf dieser Regenerationsvorgänge ist nicht viel bekannt; es ist wahrscheinlich, dass die Axencylinder zum Theil erhalten bleiben und sich, wenn die Compression nachlässt, mit einer
frischen Markscheide umgeben. Weitere Untersuchungen darüber
wären erwünscht.

Symptomatologie.

Es ist wichtig, sich von vornherein darüber klar zu werden, dass
man in dem Krankheitsbilde der Rückenmarkscompression im wesentlichen zwei Hauptgruppen von Symptomen zu unterscheiden hat,
die man ganz wohl auch zur Begründung zweier Stadien der Krankheit verwerthen könnte.

In die erste Gruppe gehören alle die Symptome, welche von
Läsion der ausserhalb des R.-M. gelegenen Theile (besonders der Nervenwurzeln, der Meningen, der Knochen u. s. w.) her-
rühren. Man kann sie wohl auch als Prodromalsymptome bezeichnen. (Sympt. extrinsèques, Charcot.) Es sind gerade die

Erscheinungen dieser Gruppe, welche für die differentielle Erkenntniss der verschiedenen Compressionsursachen entscheidend zu sein pflegen, während die Erscheinungen der zweiten Gruppe bei allen möglichen Formen nahezu gleich sind, und nur nach dem Sitz der Läsion in verschiedener Höhe des R.-M. oder nach ihrer Ausbreitung auf dem Querschnitt variiren.

Diese zweite Gruppe umschliesst alle die Symptome, welche von der Compression des R.-M. selbst und von der Druckmyelitis abzuleiten sind. (Sympt. intrinsèques, Charcot.) Sie sind, wie gesagt, bei allen möglichen Compressionsursachen nahezu die gleichen.

Gerade aus der Aufeinanderfolge und Entwicklungsweise der Symptome beider Gruppen werden die charakteristischen Merkmale für die uns hier beschäftigenden Krankheitsprocesse gewonnen.

Dies vorausgeschickt, so gestaltet sich nun das allgemeine Krankheitsbild etwa folgendermassen: Nachdem die Erscheinungen des etwaigen Grundleidens (des Malum Pottii oder Wirbelcarcinoms oder dergl.) mehr oder weniger lange bestanden haben, oder wohl auch, ehe sich dieselben irgendwie bemerkbar gemacht haben, treten als erste Anzeichen dafür, dass der Process sich gegen den Inhalt des Wirbelcanals wendet und diesen in Mitleidenschaft zieht, zunächst Symptome von Reizung aller hier gelegenen Theile, des Periosts, der Meningen, ganz besonders aber der spinalen Nervenwurzeln ein. Schmerzen verschiedener Art und von verschiedener Heftigkeit, Gürtelschmerzen, excentrische Neuralgien verschiedensten, aber constanten Sitzes eröffnen die Scene; eine hochgradige Hyperästhesie der Hautstellen, die der Ausbreitung des Schmerzes entsprechen, kann sich hinzugesellen; nicht selten macht diese bald einer entsprechenden, oft auf einzelne Inseln beschränkten Anästhesie Platz, oder beide können nebeneinander bestehen. Heftiger Rückenschmerz, locale Steifigkeit der Wirbelsäule, grössere Empfindlichkeit der Dornfortsätze pflegen selten zu fehlen. Nicht selten sind die neuralgischen Schmerzen von herpetischen oder bullösen Hauteruptionen begleitet. — Dazu gesellen sich dann nach Lage der Sache, besonders beim Sitz an der Cervical- oder Lendenanschwellung, motorische Reizungszustände in den von der Läsion zunächst getroffenen Wurzelgebieten: Zuckungen, Spasmen, tonischer Krampf und Contracturen können erscheinen; aber auch hier pflegen bald Schwäche- und Lähmungszustände nicht auszubleiben; sie sind auf einzelne Muskeln oder Muskelgruppen, auf die eine oder die andere Extremität beschränkt und nicht selten von hochgradiger Atrophie und Verlust der elektrischen Erregbarkeit begleitet. — Es ist dabei wohl zu beachten, dass diese sensiblen sowohl wie diese motorischen Initial-symptome im wesentlichen den gleichen oder doch nahe benach-barten Wurzelgebieten angehören und also von einem einheitlichen Krankheitsherde abgeleitet werden können.

Kommen dazu noch deutliche Erscheinungen von Seiten des Grundleidens, beginnende und zunehmende Kyphose, Congestions-abscesse, ganz localer Schmerz an der Wirbelsäule, äussere Anschwel-lungen aller Art u. dgl., so kann die Deutung des Leidens jetzt schon klar sein.

Dieses prodromale Stadium kann sehr verschieden lange — Monate und Jahre — dauern; immer gehen seine Erscheinungen jenen der eigentlichen Rückenmarkscompression mehr oder weniger lange vor-aus; nur bei intramedullären Symptomen fehlen diese prodromalen Erscheinungen, und die Sache beginnt mit Druckerscheinungen.

Diese, die Erscheinungen des zweiten Stadiums, stellen zunächst nichts anderes dar, als eine mehr oder weniger rasch sich entwickelnde Lähmung, gewöhnlich in Form von Paraplegie, seltener in hemi-plegischer Form und dann meist allmälig zur Paraplegie fortschrei-tend. Nicht selten gehen dem Auftreten der ersten Lähmungssym-ptome Parästhesien in der unteren Körperhälfte einige Zeit vor-aus: Kriebeln, Pelzigsein, Gefühl von Brennen oder von Kälte, Gürtel-gefühl u. dgl. werden von den Kranken angegeben. Je nach der Seite, von welcher der Druck wirkt, können bald die sensiblen, bald die motorischen Lähmungserscheinungen früher eintreten und wohl auch eine Zeit lang für sich bestehen. Sehr bald aber über-wiegen dem Grade nach die motorischen Störungen und gerade die vorwiegende motorische Lähmung ist ein nicht wenig charakteri-stischer Zug in dem Bilde der Druckmyelitis. Zunächst sind die gelähmten Muskeln vollkommen schlaff und weich, die Glieder gelöst, jeder passiven Bewegung ohne Widerstand folgend. — Gleichzeitig macht sich, ausgenommen bei der Compression der Lenden-anschwellung, eine erhebliche Steigerung der Reflexe, der Haut-reflexe sowohl, wie der Sehnenreflexe, in den gelähmten unteren Extremitäten bemerkbar, so dass auf die geringsten Reize die aus-giebigsten Reflexbewegungen, convulsivisches Zittern u. dgl. ausge-löst werden, in grellem Contraste zu der vollständigen willkürlichen Lähmung.

Blase und Mastdarm werden häufig erst spät, aber bei irgend erheblicher Compression sicher mitgelähmt und es kommt dann zu den bekannten Erscheinungen der unwillkürlichen Entleerungen.

Im weiteren Verlaufe nun werden die vorher ganz schlaffen Muskeln allmälig mehr gespannt und rigide, sie werden von Zuckungen, vorübergehenden tonischen Krämpfen befallen; anfangs temporäre, später permanente Contracturen stellen sich ein; die unteren Extremitäten verharren in beständiger Streckstellung, späterhin macht diese mehr Beugecontracturen Platz. Damit zugleich wird eine weitere Steigerung der Reflexe bemerkt; besonders die Sehnenreflexe gewinnen an Intensität, jede leichte Dorsalflexion des Fusses ruft den lebhaftesten Klonus, oft convulsivisches Zittern beider unteren Extremitäten hervor u. s. w. Die Ernährung der Muskeln kann dabei lange Zeit intact bleiben, oder es tritt mehr oder weniger rapide Abmagerung derselben ein.

Weiterhin nun scheiden sich die Fälle: die leichteren bleiben auf diesem Punkte verschieden lange Zeit stehen; allmälig tritt leichte Besserung ein; die Anästhesie nimmt zuerst ab; die Blasenfunction stellt sich wieder geregelter ein; einzelne Bewegungen kehren wieder, nehmen allmälig zu — kurz es kann die Besserung Schritt vor Schritt weiter gehen und zur völligen Genesung führen.

In den schwereren Fällen aber schreiten die Erscheinungen weiter; die Paraplegie ist und bleibt eine complete; Decubitus an verschiedenen Stellen, Cystitis, Fieber, allgemeiner Marasmus stellen sich ein, und unter unsäglichen Leiden gehen die Kranken in der schon öfter geschilderten Weise zu Grunde.

Gehen wir nun etwas auf die Würdigung der einzelnen Symptome ein und suchen wir sie auf die vorzufindenden anatomischen Veränderungen zurückzuführen.

Das constanteste und wichtigste unter den Prodromalsymptomen ist unstreitig der Schmerz. Er hat sehr viel charakteristisches; er ist beschränkt auf ganz bestimmte Wurzelgebiete, im Beginn oft auf eine schmerzende Linie, einen schmerzenden Punkt localisirt; er ist neuralgiform, lancinirend, manchmal bei ausgesprochener Neuritis mehr brennend. Ganz besonders heftig ist er bei Wirbelcarcinom; hier tritt er in schweren Paroxysmen besonders des Nachts auf, lässt sich bald durch Narcotica nicht mehr stillen und bereitet den Kranken furchtbare Qualen. — Nicht selten entstehen im Bereich des schmerzenden Hautgebietes allerlei Hauteruptionen.

Ohne Zweifel sind diese Schmerzerscheinungen zurückzuführen auf die mechanische Irritation und ganz besonders auf die dadurch hervorgerufene Neuritis der sensiblen Wurzeln: das allmälige

Wachsen des comprimirenden Momentes, das Zusammensinken der Wirbel, die Verengerung der Intervertebrallöcher sind die Mittelglieder für diese Vorgänge.

Da alle diese Dinge in jedem Einzelfalle verschieden sein können, so erklärt es sich leicht, dass Grad und Ausbreitung, Intensität, Charakter und Auftreten des Schmerzes in den einzelnen Fällen sehr verschieden sein können. Doch kann auf diese Einzelheiten hier nicht näher eingegangen werden.

Auf die gleiche Ursache, Irritation und entzündliche Reizung der sensiblen Wurzeln, ist ohne Zweifel auch die in vielen Fällen zu beobachtende Hyperästhesie zurückzuführen, welche sich meist im Verbreitungsbezirke des Hautschmerzes findet, und in ihrer Erscheinungsweise vielfachem Wechsel unterliegt.

Eine fortgeschrittenere Läsion der Wurzeln bedeutet schon die in ihrem Verbreitungsbezirk auftretende Anästhesie; sie kann in Form einer gürtelförmigen Zone, oder im Bereiche einzelner Hautnerven, oder auf ganz isolirte Hautinseln beschränkt vorkommen — je nach der Compression einer grösseren oder geringeren Zahl von Wurzelfasern.

Auf ganz analoge Verhältnisse an den vorderen Wurzeln sind die Erscheinungen von motorischer Reizung und Lähmung zurückzuführen, welche sich im initialen Stadium einstellen. Tremor, Spasmen, Crampi, dauernde gleichmässige schmerzlose Contracturen kommen hier vor und wechseln mit Paresen und Paralysen einzelner Muskeln und Muskelgruppen ab oder bestehen mit diesen gleichzeitig. Je nach dem Sitze der Läsion werden diese Störungen verschieden localisirt sein; besonders früh werden sie die Aufmerksamkeit auf sich lenken, wenn die Compression die von der Hals- oder Lendenanschwellung abgehenden Wurzelgebiete betrifft, weil dann alsbald erhebliche Störungen in den Extremitäten eintreten.

Dass diese motorischen Störungen von jenen motorischen Wurzeln abzuleiten sind, welche genau oder nahezu auf gleicher Höhe mit den besonders afficirten sensiblen Wurzeln liegen, ist eine Erscheinung, die bei vielen spinalen Herderkrankungen vorkommt, aber hier doch besonders hervortritt und zu beachten ist.

Erreicht die Compression und Neuritis der vorderen Wurzeln höhere Grade, so wird die nun complete Lähmung der entsprechenden Muskeln von fortschreitender Atrophie gefolgt; damit geht dann eine entsprechende Verminderung und Verlust der faradischen Erregbarkeit Hand in Hand, welche wohl, wie sich

bei genauerer Untersuchung zeigen wird, nur eine Theilerscheinung
der Entartungsreaction darstellt.

Es braucht kaum hervorgehoben zu werden, dass bei diesen durch
Wurzelcompression entstandenen Lähmungen die Reflexe alle-
mal erloschen sind, und dass dieses Verhalten für die Diagnose
nicht ohne Werth ist.

Im zweiten Stadium treten zuerst und zumeist die Erscheinungen
der motorischen Lähmung hervor. In der That ist häufig genug
die Paraplegie erst dasjenige Symptom, welches auf die Schwere
der vorliegenden Krankheit aufmerksam macht. Sie kann sich mehr
oder weniger rasch entwickeln; oft sind· dazu nur wenige Stunden
oder Tage, meist aber Wochen erforderlich; die Beine werden den
Kranken schwerer und schwerer, werden nachgeschleift, bleiben am
kleinsten Hinderniss hängen, knicken schliesslich zusammen, bis
endlich Gehen und Stehen unmöglich werden; schliesslich kommt
es dann zur völligen Aufhebung aller Bewegung, auch im Liegen.
Dabei sind die Muskeln vollkommen schlaff, weich und setzen passiven Bewegungen nicht den geringsten Widerstand entgegen. · Ihre
elektrische Erregbarkeit bleibt erhalten, ihre Ernährung zunächst
ganz intact.

Das ist alles wohl verständlich aus der allmälig wachsenden
Compression des R.-M. und der dazu sich gesellenden Myelitis; die
leichten Anfangserscheinungen beginnender Schwäche werden wohl
unbedenklich der Compression zugeschrieben werden dürfen, während
ein rascheres Wachsen der Parese, eine relativ rasche Entwicklung
der Paralyse gewiss auf Rechnung der Myelitis kommt. Später
freilich wird man den Antheil beider Momente an dem Zustandekommen der completen Lähmung nicht leicht abschätzen können.
Da es sich zu Beginn immer um eine circumscripte Erkrankung
handelt, bleiben Ernährung und elektrische Erregbarkeit derjenigen
Muskeln, deren Wurzeln von dem hinteren, intacten Rückenmarksabschnitte stammen, so lange intact, als nicht eine absteigende Erkrankung der grauen Substanz diese in ihrer Function bedroht.

Da die Compression des R.-M. in den meisten hierher gehörigen
Fällen (Pott'sches Uebel) von vorn her stattfindet, ist es erklärlich,
dass dabei die motorischen Störungen die frühesten sind und jedenfalls lange Zeit die sensiblen überwiegen.

In einer Minderzahl der Fälle beschränkt sich die Compression
auf eine Rückenmarkshälfte und lässt die andere zunächst mehr oder
weniger intact. Dann tritt die Lähmung in Form der spinalen
Hemiplegie oder Hemiparaplegie auf; ist die Compression der

betreffenden Seitenhälfte eine ziemlich vollständige, so kann damit eine gekreuzte Anästhesie verbunden sein und so das charakteristische Bild der Halbseitenläsion (s. u. Nr. 14) zu Stande kommen. Meist wird aber über kurz oder lang die Druckmyelitis sich über den ganzen Querschnitt verbreiten und so die Lähmung eine paraplegische werden.

Nicht gerade selten beginnt auch die Lähmung in Form einer Paraplegia cervicalis, d. h. die oberen Extremitäten sind zuerst und vollständig gelähmt, während die unteren ganz oder nahezu frei sind und erst später an der Lähmung Theil nehmen. Dies Verhalten kann entstehen einmal dadurch, dass die Läsion in der Höhe der Cervicalanschwellung sitzt und hier zunächst die vorderen Wurzeln für die oberen Extremitäten trifft; für diese Form der Lähmung ist es dann charakteristisch, dass Muskelatrophie eintritt und die Reflexe fehlen; oder es tritt bei höherem Sitze der Läsion, im oberen Cervicaltheil, der Fall ein, dass die der oberen Extremität angehörigen motorischen Bahnen in den Vorderseitensträngen zuerst und ausschliesslich von der Compression getroffen werden, die für die unteren Extremitäten erst später. Dies würde sich vielleicht daraus erklären, dass die ersteren der Rückenmarksoberfläche näher liegen sollen, als die letzteren und also zuerst von Compression und Myelitis betroffen werden. In diesem Falle bleiben dann die Reflexe auch in den oberen Extremitäten erhalten.

Endlich hat man auch in einzelnen seltenen Fällen eine sog. recurrente Lähmung beobachtet, d. h. eine Weiterverbreitung der Lähmung nach oben, oberhalb der Compressionsstelle, z. B. bei Compression des Brusttheils auf die oberen Extremitäten. Dies erklärt sich aus der in manchen Fällen vorkommenden aufsteigenden Myelitis, speciell aus der (sehr seltenen) aufsteigenden Degeneration in den Seitensträngen, die sich bis zur Cervicalanschwellung erstrecken kann (Michaud).

Die sensiblen Störungen pflegen meist, im Beginne wenigstens, nicht so ausgesprochen zu sein, wie die motorischen. Häufig gehen der Entwicklung der paraplegischen Symptome kürzere oder längere Zeit Parästhesien (Kriebeln, Formication, Brennen etc.) voraus, welche sich über den ganzen Hinterkörper verbreiten können, und auch oft im weiteren Krankheitsverlaufe fortbestehen oder wiederkehren. Sie sind theilweise die Folge der Compression der Hinterstränge, theilweise wohl schon die Zeichen der beginnenden Myelitis, welche sich in den Hintersträngen und der grauen Substanz etablirt. Von derselben Ursache haben wir wohl die in den gelähmten Theilen nicht selten auch im weitern Verlauf noch auftretenden Schmerzen abzuleiten; sie haben nicht den laucinirenden, neuralgiformen Charakter, sondern stellen mehr ein diffuses, intensives Wehgefühl, Brennen, Bohren, Drücken u. dgl. dar, welches sich über die ganzen unteren Extremitäten verbreitet. Ich habe sie wiederholt bei Paraplegie durch Wirbelcaries beobachtet, und Michaud macht geradezu die myelitische Reizung der grauen Substanz für dieselben verantwortlich. —

Charcot beschreibt ausserdem noch eine hie und da zu beobachtende abnorme Irradiation der Schmerzen und der Parästhesien, eine eigenthümliche Dysästhesie, welche auf die verschiedensten sensiblen Reize hin eintritt: es ist eine eigenthümlich schmerzhafte vibrirende Empfindung in der untern Körperhälfte, welche nach allen sensiblen Einwirkungen die gleiche ist; auch diese Empfindung ist wohl auf die Erkrankung der grauen Substanz zu beziehen.

Am constantesten jedoch sind immer die Erscheinungen der Anästhesie; freilich kann dieselbe in sehr verschiedenem Grade ausgesprochen sein; meist ist sie unvollkommen und bietet so nicht selten einen gewissen Gegensatz zur Schwere der motorischen Lähmung; Courjon behauptet, dass die Sensibilität bei Wirbelcaries nie ganz erlösche; jedenfalls aber kommt dies bei andern Formen der Compressionslähmung vor. Manchmal wird auch eine Verlangsamung der Empfindungsleitung beobachtet. Alle diese Erscheinungen erklären sich in der einfachsten Weise aus den verschiedenen Graden der Compression und der Druckmyelitis, aus der grössern oder geringern Betheiligung der grauen Substanz etc.

Von vasomotorischer Lähmung sprechen die vorliegenden Krankheitsberichte sehr wenig; nur Hawkins will in einem Falle von Compression des Dorsalmarks eine constant erhöhte Temperatur der gelähmten Körperhälfte beobachtet haben. Es ist wohl denkbar, dass bei der langsam fortschreitenden Leitungsunterbrechung die im Lendenmark liegenden vasomotorischen Centren ihre Wirksamkeit rechtzeitig entfalten können, um erhebliche vasomotorische Störungen zu verhüten.

Die Lähmung der Blase tritt bei den häufigeren Formen der Compressionsmyelitis, besonders wenn dieselbe oberhalb der Lendenanschwellung ihren Sitz hat, gewöhnlich zurück und erscheint erst im späteren Verlauf und erreicht meist nicht sehr hohe Grade. Das hängt aber natürlich von dem Sitz und der Intensität der Läsion, von der Erhaltung der Centren im Lendenmark u. s. w. ab; es können einfach alle Varianten der Blasenlähmung zur Beobachtung kommen. Am schwersten ist dieselbe, wenn das Lendenmark selbst der Sitz der Compressionsmyelitis ist. Dasselbe gilt für die Mastdarmläbmung.

Von besonderem Interesse ist das Verhalten der Reflexe, und es ist die Steigerung der Reflexthätigkeit eines der constantesten Symptome der Compressionsmyelitis, vorausgesetzt, dass nicht gerade die reflexvermittelnden Abschnitte der grauen Substanz der Sitz der Erkrankung sind.

Zunächst fällt die Steigerung der Hautreflexe auf; die leiseste Berührung der Haut ruft eine lebhafte Reflexzuckung hervor; drückt oder kneift man die Haut stärker, so werden lebhafte und ausgiebige Bewegungen mit der ganzen Extremität ausgeführt, die sich nicht selten auf die andere untere Extremität verbreiten, oder in den höchsten Graden mit einem convulsivischen Zucken und Schütteln der Glieder endigen, das einige Zeit anhalten kann.

Auch die Reflexe von andern Theilen her sind gesteigert; jec.c Entleerung der Blase oder des Mastdarms, die Einführung des Katheters u. dgl. werden von lebhaften und nicht selten schmerzhaften Zuckungen der Glieder begleitet. Auf Reizung der Haut der innern Oberschenkelfläche, Reizung der Urethra sieht man reflectorische Erection des Penis eintreten.

Ganz besonders entwickelt zeigen sich aber in solchen Fällen die Sehnenreflexe, und man kann gerade bei solcher Druckmyelitis dieselben am schönsten studiren. Von der Patellar- und Achillessehne aus, vom Tibialis posticus, von den Sehnen der Unterschenkelbeuger aus lassen sich bei leichtestem Aufklopfen Reflexe auslösen; nicht selten gelingt dies auch von dem Perioste der Knochen und von verschiedenen Fascien her; kräftiges Abwärtsdrücken der Patella löst einen Reflexklonus im Quadriceps aus; die leichteste Dorsalflexion des Fusses ruft jenes klonische Schütteln des Unterschenkels hervor, das in den höchsten Graden sich auf das ganze Bein und dann auch auf das andere Bein verbreitet und mit einem intensiven, einige Zeit anhaltenden Schütteltremor beider Beine endigt.

Dass alle diese Reflexe in günstigen Fällen durch kräftigen Druck auf einen der grossen Nervenstämme der untern Extremitäten gehemmt und sistirt werden können, hat Nothnagel neuerdings angegeben.

Es kann wohl nicht zweifelhaft sein, dass diese Steigerung der Reflexthätigkeit zurückgeführt werden muss auf zwei Momente: einmal auf Unterbrechung der Leitung zum Gehirn, wodurch die reflexhemmenden Fasern in ihrer Function beeinträchtigt werden; und dann auf die Hyperämie und entzündliche Reizung der grauen Substanz. Den Antheil jedes dieser Momente auf die Reflexsteigerung genauer festzustellen, ist zur Zeit noch nicht möglich.

Interessant ist, dass erloschene Sehnenreflexe, deren Centren in das Bereich der Compression fielen, mit der Wiederkehr der Motilität und mit der Heilung der Compressionsmyelitis sich wieder einstellen können.

Ich sah dieses in einem Fall von Kyphose der Lendenwirbelsäule, in welchem die Compression offenbar den obern Theil der Lendenanschwellung betraf. So lange die Paraplegie bestand, waren die Sehnenreflexe von dem Ligam. patellae und den Adductorensehnen aus völlig erloschen, die im ganzen Ischiadicusgebiet dagegen erhalten und erheblich gesteigert. Als die Lähmung nach vielmonatlichem Bestehen wieder verschwand, kehrten die Patellar- und Adductorensehnenreflexe zurück.

Einen weiteren Fortschritt in der Rückenmarkserkrankung bekundet das Symptom der Rigidität der Muskeln. Anfangs sind dieselben, wie wir gesehen haben, vollkommen schlaff. Aber manchmal schon nach wenig Tagen, meist erst nach Wochen, manchmal noch später beginnen die Muskeln von Zuckungen und leichten Crampis heimgesucht zu werden; sie gerathen in einen Zustand von Spannung, setzen passiven Bewegungen einen allmälig wachsenden Widerstand entgegen, endlich treten erst vorübergehende, dann aber permanente Contracturen ein, welche das Krankheitsbild in charakteristischer Weise verändern. Gewöhnlich sind es zuerst Streckcontracturen, welche man beobachtet; die Beine liegen starr gestreckt und gerade neben einander, die Füsse in Varocquinusstellung, die Knie steif und gegeneinander gepresst. Späterhin aber, besonders bei Wirbelcaries, treten immer Beugecontracturen auf; Hüft- und Kniegelenk sind stark gebeugt, die Knie in die Höhe gezogen, die Fersen am Gesäss, die Beine oft gekreuzt und verschränkt. Anfangs sind die Contracturen noch relativ leicht zu lösen, kehren aber mit Nachlass des Zuges sofort wieder zurück; späterhin leisten sie jeder äussern Gewalt Widerstand.

Es scheint ziemlich sicher, dass diese motorischen Reizungserscheinungen auf Erkrankung der Seitenstränge zu beziehen sind, dass sie der absteigenden Degeneration und Sklerose der hinteren Seitenstränge angehören. Sie scheinen bei der Compressionsmyelitis im höheren Grade ausgesprochen zu sein, als bei den meisten andern Formen der Myelitis.

Trophische Störungen sind bei der Druckmyelitis nicht sehr

hervortretend, so lange nicht gewisse Abschnitte der grauen Substanz (im Cervical- und Lendenmark) direct von derselben getroffen werden. Die Ernährung der Muskeln bleibt dann lange Zeit intact, ebenso ihre elektrische Erregbarkeit; höchstens bemerkt man eine, von der Unthätigkeit und dem allgemeinen Sinken der Ernährung herzuleitende Abmagerung.

Anders aber, wenn die Compression die Lenden- oder Cervicalanschwellung betrifft, oder wenn die secundäre Myelitis der grauen Substanz sich nach oben oder nach unten hin bis zu jenen Abschnitten verbreitet; rapide und hochgradige Abmagerung der Muskeln, Verlust der faradischen Erregbarkeit, Entartungsreaction sind die Folgen davon.

In seltenen Fällen hat man Gelenk- und Hautaffectionen im Gefolge von Druckmyelitis gefunden.

Nur in den schwereren Fällen pflegt Decubitus mit allen seinen Varietäten und Consequenzen einzutreten. Dasselbe gilt für die Cystitis und andere Folgeerscheinungen der Harnretention.

Nach dieser Betrachtung der Hauptsymptome haben wir noch einige Worte hinzuzufügen über Verschiedenheiten des Symptomenbildes, welche durch den verschiedenen Sitz der Compression bedingt sind.

Am complicirtesten gestaltet sich das Krankheitsbild beim Sitze der Läsion im Cervicaltheil des R.-M. Hier kann man wieder zweierlei unterscheiden, je nachdem die Cervicalanschwellung selbst der Sitz der Compression ist, oder der oberhalb gelegene Theil des R.-M.

Im letzteren Falle — Compression des obern Cervicaltheils beginnt die Sache nicht selten mit Occipitalschmerz, Steifigkeit des Halses und Nackens, Schiefstehen des Kopfes, Unfähigkeit zu Nick- und Drehbewegungen desselben u. dgl. — Die Lähmung beginnt häufig und besteht an den obern Extremitäten (Paraplegia cervicalis), während die unteren ganz oder relativ frei bleiben. Später kommt es zu Lähmung aller vier Extremitäten. Die Reflexe bleiben auch in den obern Extremitäten erhalten. Dazu kommen dann aber noch weitere Symptome, die ganz für diesen Sitz der Läsion charakteristisch sind und sich einfach aus der Betheiligung der hier liegenden Nervenbahnen erklären. Dahin gehören: oculopupilläre Symptome, entweder paralytische Myosis (durch Lähmung der betreffenden Bahnen im Halsmark) oder spastische Mydriasis (durch Reizung der betreffenden Bahnen); einseitig oder doppelseitig. Respiratorische Störungen, Dyspnöe, durch Betheiligung der respiratorischen

Bahnen. Gastrische Störungen, wiederholtes Erbrechen; Schlingbeschwerden, anhaltender Singultus — zu erklären durch Betheiligung des Vagus, Accessorius und Phrenicus. Ferner hat man in manchen Fällen eine auffällige und permanente Pulsverlangsamung beobachtet, bis auf 48—20 Schläge in der Minute, begleitet von Ohnmachtsanfällen mit vollständiger Intermittenz des Pulses; man hat diese Erscheinung auf Vagusreizung zurückgeführt (Charcot, M. Rosenthal); endlich hat man auch öfter schon epileptische Anfälle bei diesem Sitze der Compression eintreten sehen.

Betrifft die Compression die Halsanschwellung selbst, so localisiren sich die initialen Erscheinungen — Schmerzen, Anästhesie, Krampf, Lähmung, Atrophie — in den oberen Extremitäten; auch werden diese zuerst von der Lähmung befallen, die unteren Extremitäten folgen später nach. Entscheidend für diese Localisation ist das Fehlen der Reflexe und die bald eintretende Atrophie an den oberen Extremitäten (s. o. die Schilderung der Pachymeningitis cervical. hypertrophica. S. 220 ff.). Auch bei dieser Form können einzelne oder mehrere der oben genannten Symptome (pupilläre Veränderungen, Respirationsstörungen, Pulsverlangsamung u. s. w.) hinzutreten und das Krankheitsbild vervollständigen.

Am häufigsten beobachtet man den Sitz der Compression im Brusttheil. Die Erscheinungen sind dabei sehr charakteristisch: Gürtelschmerz, Intercostalneuralgie in verschiedener Höhe des Rumpfs, Paraplegie bis zur entsprechenden Rumpfhöhe, Reflexe in den unteren Extremitäten erhalten und gesteigert, Ernährung der Muskeln und ihre elektrische Erregbarkeit intact u. s. w.

Ist der Lendentheil befallen, so beschränkt sich die Lähmung auf die unteren Extremitäten, auf Blase und Mastdarm. Die initialen Erscheinungen sind auf die unteren Extremitäten localisirt; die Reflexe sind aufgehoben, die Muskeln sind und bleiben schlaff, verfallen zum grossen Theil der Atrophie, zeigen die Entartungsreaction etc. Die Lähmung der Blase und des Mastdarms ist frühzeitig eine vollständige und schwere.

Es bedarf kaum der Erwähnung, dass für diese verschiedenen Localisationen etwaige Erscheinungen an den Wirbeln, Kyphose, Anschwellung, Schmerzhaftigkeit etc. unterstützende und bestätigende Momente abgeben können.

Betrifft die Compression nur eine Seitenhälfte des R.-M., so treten die charakteristischen Erscheinungen der Brown-Séquardschen Halbseitenläsion zu Tage: motorische Paralyse mit Hyperästhesie und erhöhter Temperatur auf der Seite der Läsion, nach oben begrenzt von einer anästhetischen Zone, während auf der entgegengesetzten Körperseite (gekreuzt) Anästhesie besteht (s. u. No. 14).

Verlauf. Dauer. Ausgänge. Das hängt alles von der Grundursache ab. Bei den meningealen und intramedullären Tumoren (vergleiche die betreffenden Abschnitte) geht die Sache fast immer unaufhaltsam dem lethalen Ende zu; bald mehr bald weniger rasch, in Monaten oder Jahren; und dann immer unter den trostlosen Erscheinungen schwerer Spinalparalysen (Decubitus, Cystitis, Fieber, Marasmus etc.).

Nicht anders ist es in Fällen, wo Wirbelcarcinom oder andre bösartige Tumoren die Ursache der Compression sind; nur dass hier der tödtliche Ausgang meist viel rascher erfolgt.

Anders jedoch in den weitaus häufigsten Fällen von Wirbelcaries, die ja doch das Hauptcontingent zur Rückenmarkscompression stellen. Dabei ist der Verlauf in relativ vielen Fällen ein günstiger. Freilich gehen auch Fälle genug in der gewöhnlichen Weise — durch schwere Paraplegie, Decubitus, pyämisches Fieber u. s. w. — zu Grunde; aber es geschieht das meist langsamer, mit Remissionen und Exacerbationen, oft nach scheinbarer Heilung, wenn durch irgend einen Zufall, ein Trauma, eine heftige Erkältung oder dergl. das Wirbelleiden aufs neue angefacht wurde.

In den günstigeren Fällen dagegen besteht die Paraplegie unverändert und in gleichmässiger Weise längere Zeit (2—5—10 Monate, 1—3 Jahre) fort; Decubitus fehlt oder heilt wieder, wenn er vorhanden war. Endlich beginnt eine langsame Besserung; einzelne Bewegungen können zeitweilig, z. B. im Bade, von den gelähmten Gliedern wieder ausgeführt werden; dann kehren sie bleibend zurück, werden allmälig kräftiger, die Contracturen gehen zurück, die Sensibilität bessert sich, die Blasenfunction kehrt unter die Herrschaft des Willens zurück, die Steigerung der Reflexe nimmt ab. Die Kranken machen dann erfolgreiche Stehversuche, allmälig lernen sie auch, zuerst mit Krücken, dann mit dem Stock, endlich auch ohne solche Hülfe wieder gehen. So kann es bis zur völligen Wiederherstellung weiter gehen; immer aber ist dazu eine Reihe von mehreren Monaten erforderlich. Die etwa vorhandene Kyphose kann dabei ganz unverändert bleiben; es ist offenbar nur das Exsudat im Wirbelcanal kleiner geworden und hat dadurch die Ausgleichung und Heilung der Druckmyelitis ermöglicht.

Nicht immer aber ist der Ausgang ein so vollkommen günstiger. Die Sache kann auch bei einer unvollkommenen Wiederherstellung stehen bleiben: es bleiben partielle Lähmungen und Contracturen, locale Atrophie und Anästhesie, Schwäche und Ungeschicklichkeit der Glieder zurück. Ausserdem befinden sich solche Individuen immer in der Gefahr des Rückfälligwerdens, und irgend eine äussere Schädlichkeit kann bei ihnen das schlummernde Leiden wieder zum Ausbruch bringen.

Diagnose.

Aus dem ganzen Krankheitsbild, aus dem Auftreten und der Aufeinanderfolge der Symptome ist gewöhnlich leicht zu erkennen, dass eine langsame Compression des R.-M. vorliegt. Charakteristisch sind die längere Zeit vorhergehenden initialen Wurzelerscheinungen, dann die mehr oder weniger rasch auftretende Paraplegie mit gesteigerten Reflexen, mit anfangs völlig schlaffen, später mehr rigiden Muskeln etc.

Diagnostische Schwierigkeiten macht gewöhnlich nur die Ursache der Compression. In vielen Fällen können dieselben geradezu unüberwindliche sein, so bei kleinen Wirbelexostosen, bei meningealen Tumoren etc.

Für die gewöhnlicheren Fälle werden es mehr äussere, der Grundkrankheit als solcher angehörige Momente sein, welche die Anhaltspunkte für die Diagnose liefern, aber gleichwohl nicht immer eine sichere Entscheidung gestatten. Einiges sei hier kurz angeführt.

Beim Malum Pottii findet sich gewöhnlich der typische Verlauf aller Erscheinungen, und die eigentliche Ursache derselben kann nur ermittelt werden, wenn die sonstigen auf Spondylarthrocace deutenden Symptome vorhanden sind, wenn sich allmälig eine Kyphose, besonders eine spitzwinklige, ausbildet, wenn die Bewegungen der Wirbelsäule schmerzhaft, die Dornfortsätze bei Druck sehr empfindlich werden, wenn beim Aufsetzen der Elektroden eines galvanischen Stroms in unmittelbarer Nähe der erkrankten Wirbel lebhafter Schmerz entsteht (M. Rosenthal), wenn Congestionsabscesse erscheinen, wenn es sich um jugendliche, besonders um scrophulöse Individuen handelt, oder wenn bei älteren Individuen ein entsprechendes Trauma vorausgegangen ist u. dergl.

Für Wirbelcarcinom wird gewöhnlich die Heftigkeit der Schmerzen im Beginn als charakteristisch angesehen; doch gibt es so viele Ausnahmen von der Regel, dass man dadurch höchstens den Verdacht auf Carcinom begründen darf. Die Gürtelschmerzen und andre excentrische Schmerzen sind dabei allerdings oft von furchtbarer Heftigkeit und treten in schweren Anfällen vorwiegend

22 *

des Nachts auf. Hochgradige Hyperästhesie pflegt in dem schmerzhaften Bezirke zu bestehen, gleichzeitig mit allen möglichen andern
Wurzelsymptomen. Charakteristisch soll die Localisation des Schmerzes
gerade im Rücken dicht neben der Wirbelsäule sein (Gull). Gesellen sich dazu localer Wirbelschmerz, zunehmende rundliche Cur-
vatur der Wirbelsäule, Compressionserscheinungen von Seiten des
R.-M., äusserer Tumor und allgemeine Kachexie, so wird die Diagnose
sicherer, um so mehr wenn sich irgendwo im Körper, an der Mamma
z. B., ein primärer Krebs nachweisen lässt, nach welchem man in
solchen Fällen immer zu suchen hat. — Immerhin sind besonders in
den ersten Stadien Verwechselungen mit allen möglichen Affectionen
denkbar, welche die Wurzeln comprimiren.

Ueber die Meningealtumoren haben wir das wichtigste
schon oben (S. 261 ff.) mitgetheilt; sie zeichnen sich in der Regel
durch langsame Entwicklung aus, und für sie ist es einigermassen
charakteristisch, dass alle und jede Erscheinungen von Wirbelaffec-
tion fehlen.

Ueber die intramedullären Tumoren werden wir genaueres
unten (s. No. 18) noch beibringen. Es dürfte in den meisten Fällen
überaus schwer sein, sie von den Fällen spontan entstandener, circumscripter transversaler Myelitis zu trennen. Hier ist nur zu bemerken, dass bei ihnen die initialen Symptome von Wurzelreizung
zu fehlen pflegen und dass sie mit den Symptomen der Compression
und der Druckmyelitis debutiren.

Die Diagnose der seltneren Ursachen der Rückenmarkscompression, der Wirbelgicht, der Exostosen, der syphilitischen Neubildungen,
der Aneurysmen etc. geschieht aus den für diese Krankheitsformen
geltenden, aber bekanntlich sehr oft trügerischen Merkmalen.

Prognose.

Sie ergibt sich einfach aus dem über den Verlauf Gesagten und
hängt zunächst von dem Grundleiden ab. Carcinom der Wirbel,
meningeale Tumoren, Exostosen u. dergl. heilen nie. Führen sie zur
Rückenmarkscompression, so ist die Prognose sehr schlimm oder absolut lethal und kann höchstens Modificationen in Bezug auf die
Dauer des Leidens je nach der Grundursache und ihrem rascheren
oder langsameren Fortschreiten erfahren.

Heilbar dagegen sind die Fälle von Compression durch syphilitische Neubildungen, durch perimeningeale Exsudate, durch Wirbelcaries. Die Frage, ob eine Ausgleichung und Heilung der Compressionsmyelitis möglich ist, muss entschieden bejaht werden. Ueber-

all da, wo die Compressionsursache beseitigt werden kann, ist also auch Heilung der Paraplegie zu erwarten.

Dies scheint speciell beim Malum Pottii gar nicht selten zu sein. Von sechs Paraplegien durch Wirbelcaries, die mir im letzten Jahre zur Beobachtung kamen, sind fünf (darunter zwei Erwachsene) geheilt oder erheblich gebessert worden, und nur ein Fall ist lethal verlaufen. Aehnliches wird von den verschiedensten Seiten berichtet (Leudet, Charcot, Courjon u. A.). Danach ist also die Prognose für solche Paraplegien relativ günstig zu stellen — natürlich immer mit einer gewissen Reserve. Besonders bei jugendlichen, leidlich genährten Individuen, bei welchen das Knochenleiden keine sehr erheblichen Dimensionen angenommen und nicht zu grossen Congestionsabscessen geführt hat, welche ausserdem nicht schwer scrophulös sind u. s. w., kann man auf günstigen Ausgang rechnen. Es scheint vollständige Heilung eintreten zu können, abgesehen von den etwa bleibenden Difformitäten der Wirbelsäule. Doch wird man sich in manchen Fällen auch mit einer unvollkommenen Genesung zufrieden geben müssen.

Therapie.

Die Therapie dieser Affectionen hat im Ganzen sehr wenig tröstliche Seiten. Gegen die schwereren Läsionen (Carcinom, Exostosen, Meningealtumoren etc.) ist einfach nichts zu machen, und man wird sich hier auf eine symptomatische Therapie beschränken müssen, welche die Beseitigung der Schmerzen und andrer Belästigungen und eine möglichste Verlängerung des Lebens der Kranken im Auge hat.

Das einzig dankbare Object für die Behandlung bieten die Fälle von Spondylarthrocace; denn hier lässt sich oft durch eine consequente Durchführung einer rationellen Behandlung das Leiden auf günstigere Bahnen lenken und allmälig Heilung herbeiführen. Es ist hier nicht unsere Aufgabe, in Details über die Behandlung der Wirbelcaries einzugehen; nur ein flüchtiger Blick auf die hauptsächlichsten Punkte derselben sei gestattet.

Vor allen Dingen ist möglichste Ruhe der erkrankten Wirbelsäule zu erstreben, monatelanges, ruhiges Bettliegen, in der Rücken- oder Bauchlage, ist dazu erforderlich. Stütz- und Schutzapparate für die Wirbelsäule können sehr nützlich sein in Fällen, wo Bewegungen unvermeidlich oder aus anderen Gründen angezeigt sind, oder endlich wenn die Besserung bereits bis zu einem gewissen Grade vorgeschritten ist, die Wirbelsäule aber noch Schonung bedarf. Vor mechanischen Manipulationen, wie sie zum Zwecke der Geradrichtung

der Wirbelsäule, der Beseitigung der Kyphose von unverständigen
Orthopäden und Bandagisten nur allzuoft ausgeführt werden, ist
dringend zu warnen. Es ist ja sicher, dass die Kyphose gewöhnlich nicht die Ursache der Paraplegie ist.

Im Allgemeinen ist dann das tonisirende Verfahren zu empfehlen:
gute, reichliche Diät, wie sie besonders für Scrophulöse passt, Genuss frischer Luft, von Medicamenten Eisen, Chinin, Leberthran sind
hier besonders zu empfehlen. Gegen das Knochenleiden selbst sind
die Jodpräparate besonders beliebt: innerlich Jodkalium oder besser
Jodeisen, äusserlich die Bepinselung mit Jodtinctur oder das Ein-
reiben kräftiger Jodsalben. In geeigneten Fällen kann man Blutegel oder Schröpfköpfe an die Wirbelsäule appliciren. — Ganz besonders beliebt sind die Ableitungsmittel, Vesicatore, Moxen etc. In
neuerer Zeit wird wiederholt das Ferrum candens als vorzüglich
wirksam beim Malum Pottii gerühmt (Charcot u. A.). Es werden
alle paar Wochen zu jeder Seite der Kyphose 2—4 etwa Halbmark-
stückgrosse, die ganze Haut durchdringende Schorfe gebrannt. Davon hat man noch in späteren Stadien auffallende Erfolge gesehen.
— Der Gebrauch von Soolbädern oder warmen Seebädern kann in
vielen Fällen dies Curverfahren unterstützen.

Gegen die Druckmyelitis selbst wird wenig zu machen
sein, so lange nicht die Compressionsursache beseitigt ist. In den
schon wiederholt bezeichneten unheilbaren Fällen wird man also am
besten alle gegen die Myelitis gerichteten Heilversuche unterlassen.

Auch bei der Wirbelcaries wäre es wohl am besten, mit der
Behandlung der Myelitis so lange zu warten, bis die Compression
nachzulassen beginnt; da aber dieser Zeitpunkt nicht zu bestimmen
ist, und ausserdem eine günstige Beeinflussung des Uebels auch schon
früher denkbar erscheint, wird man sich in der Regel veranlasst
sehen, die gegen chronische und subacute Myelitis gebräuchlichen
Mittel zur Anwendung zu bringen (vgl. unten die Therapie der
Myelitis). Also örtliche Blutentziehungen, Ableitungsmittel, Einreibungen von Quecksilbersalbe, Darreichung von Jodkalium, Jodbe-
pinselungen u. s. w.

Hat die Regeneration einmal begonnen, so gibt es verschiedene
Mittel, welche dieselbe möglicher Weise beschleunigen: die längere
Darreichung von Arg. nitr.; der Gebrauch von Jodeisen und Jodkalium, von Chinin; die höchst vorsichtige Anwendung des Strychnin; die Application leichter hydropathischer Proceduren, und ganz
besonders die Anwendung des galvanischen Stroms. Schon bei
Ollivier (p. 481) findet sich ein Fall, in welchem die Galvano-

punctur anscheinend mit gutem Erfolg angewendet wurde.   Ich selbst
habe durch meine Erfahrungen den Eindruck gewonnen, dass die
stabile Anwendung eines mässig starken galvanischen Stroms auf
die Läsionsstelle die Wiederherstellung der spinalen Functionen entschieden befördert. Ich setze einen Pol oberhalb, den andern unterhalb
der erkrankten Stelle auf die Wirbelsäule und lasse einen schwachen
Strom stabil erst in der einen und dann in der entgegengesetzten
Richtung (im Ganzen etwa 2—3 Minuten täglich) einwirken.   Schaden habe ich davon nie gesehen. Geduld und Ausdauer sind natürlich dabei erforderlich.

Die symptomatische Behandlung der hauptsächlichsten besonderen Störungen (der Schmerzen, Krämpfe, Atrophien, des Decubitus,
der Kachexie, der Cystitis u. s. w.) geschieht dabei nach allgemeinen
Grundsätzen. ·

Nach erfolgter Heilung hüte man die Kranken möglichst vor
neuen Schädlichkeiten, welche einen Rückfall der Krankheit hervorbringen könnten.

6. Erschütterung des Rückenmarks. — Commotio medullae spinalis.

Abercrombie, Krankheiten des Gehirns und Rückenmarks. Deutsch von
G. v. d. Busch. 1829. S. 520. — Ollivier l. c. I. p. 488. — Leyden l. c. II.
S. 92. — Holmes, Syst. of surgery. Vol. II. p. 238. — Clemens, Die Erschütterung des R.-M. und deren Behandlung durch Elektricität. Deutsche Klinik
1863—1865. — Lidell, On injuries of the spine, including concussion of spinal
cord. Americ. Journ. of med. Sc. 1864. Oct. — Erichsen, Ueber Verletzung
der centralen Theile des Nervensystems, vorzüglich durch Unfälle auf der Eisen-
bahn. Deutsch von Kelp. Oldenburg 1868. — Webber, Recovery after four
years paralysis follow. railway injur. Bost. med. and surg. Journ. 1872. July 18.
— Morgan, Injuries of the spine result of railway concussion. Med. Press and
Circul. 1873. Jan. — Scholz, Ueber Rückenmarksähmung und deren Behandlung
durch Cudowa. 1872. S. 76. — Erichsen, On concussion of the Spine, nervous
Shock and other obscure injuries of the nerv. system. London 1875.

Einleitung und Begriffsbestimmung.   Wir fassen unter
dem Namen „Rückenmarkserschütterung" diejenigen Fälle zusammen,
in welchen durch energische traumatische Einwirkungen (Fall, Stoss,
Anprallen u. dergl.) schwere Störungen der Function des
R.-M. entstehen, ohne dass gleichzeitig erhebliche anatomische Veränderungen in demselben nachzuweisen
wären. Unbedeutende Veränderungen, kleine capilläre Extravasate
u. dergl. werden wohl in solchen Fällen gefunden, allein sie scheinen
nicht das eigentliche Wesen der Krankheit auszumachen; vielmehr
ist in der Hauptsache der anatomische Befund ein negativer, und
wir wissen zur Zeit noch nicht, ob und welche anatomischen Ver-

änderungen den Erscheinungen der eigentlichen Commotion zu Grunde liegen.

In den vorhergehenden Capiteln haben wir Fälle betrachtet, in welchen durch schwere traumatische Einwirkungen grobe anatomische Veränderungen — Blutergüsse, Quetschungen, hämorrhagische Erweichung des R.-M. u. dgl. — entstanden. Hier handelt es sich um Fälle, bei welchen dies nicht der Fall ist und dennoch schwere Spinalerscheinungen auftreten. Ob diese beiden Reihen von Fällen nur gradweise verschieden sind und allmälig ineinander übergehen können, wollen wir dahin gestellt sein lassen; es ist uns aber nicht ganz wahrscheinlich. Wir möchten vielmehr der Ansicht beipflichten, dass die Commotion des R.-M. eine ganz besondere Art der Störung darstellt, und dass sie in der Regel auch bei jenen schwereren Verletzungen in höherem oder geringerem Grade vorhanden ist, jedoch durch die Erscheinungen derselben mehr oder minder verdeckt wird. Es darf wohl hier dasselbe Verhältniss angenommen werden, wie zwischen der Commotio cerebri, für welche man ja auch keine sicheren und constanten anatomischen Veränderungen kennt und der Contusio cerebri — der Quetschung und Zertrümmerung des Gehirns.

Hierher können wir wohl auch unbedenklich diejenigen Zustände rechnen, die man als Shock des R.-M. bezeichnet hat.

Wegen der Unsicherheit der Diagnose in vielen Fällen und wegen des Mangels beweisender nekroskopischer Befunde ist die Geschichte dieser Krankheitsformen noch von mancherlei Dunkelheit umgeben. Wir wollen uns daher möglichst kurz fassen, ohne dabei der hohen praktischen Wichtigkeit des Gegenstandes zu vergessen.

Aetiologie und Pathogenese.

Am häufigsten ist es ein Fall von mässiger Höhe auf die Füsse, das Gesäss, den Rücken, in selteneren Fällen auf die beiden vorgestreckten und steif gehaltenen Arme, welcher die Erscheinungen der Rückenmarkserschütterung nach sich zieht. Ich habe bei zwei Damen durch Ausgleiten auf dem Parquetboden, resp. dem Glatteis Rückenmarkserschütterung beobachtet; Fall auf das Gesäss beim Ausgleiten auf einer Treppe wird vielfach als Ursache angegeben.

In ganz ähnlicher Weise wirkt der Stoss von einem bewegten schweren Körper, welcher die Wirbelsäule oder den Rumpf überhaupt trifft.

Eine plötzliche Erschütterung des ganzen Körpers, wie sie beim plötzlichen Aufhalten einer sehr raschen Bewegung,

z. B. durch Zusammenstoss beim Fahren zu Stande kommen, sind eine gewöhnliche Ursache der Commotion; in neuerer Zeit spielen in dieser Richtung die Eisenbahnunfälle, bei welchen die Raschheit der Bewegung die Energie der Erschütterung wesentlich erhöht, eine ganz hervorragende Rolle. Sie scheinen mitunter ganz besondere Formen der Commotion zu produciren und sind besonders in England, wo solche Zufälle wegen der Entschädigungsklagen eine sehr wesentliche praktische Bedeutung erlangt haben, Gegenstand genauerer Untersuchung geworden.

Die Wirkung irgend eines dieser mechanischen Momente kann eine mehr oder weniger partielle sein, wenn der Stoss die Wirbelsäule und damit das R.-M. möglichst direct getroffen hat; sie kann aber auch weiter und oft über das ganze R.-M. verbreitet sein, wenn die Erschütterung eine indirecte war oder den ganzen Organismus gleichzeitig getroffen hat. Nicht immer treten sofort nach der Erschütterung schwere Erscheinungen ein, manchmal erst später, nach Wochen oder Monaten, vielleicht erst dann, wenn der Kranke sich weiteren Schädlichkeiten ausgesetzt hat. Man muss dann wohl annehmen, dass die Erschütterung nur eine bestimmte Disposition zum Erkranken im R.-M. gesetzt hat.

Bei allen den genannten mechanischen Ursachen kann gleichzeitig noch eine mehr oder weniger erhebliche Verletzung der Weichtheile oder der Wirbelsäule vorhanden sein; das hängt natürlich ganz vom Zufall ab.

Ausser den mechanischen Momenten gibt es aber noch einige andere, welche der Rückenmarkscommotion sehr ähnliche Erscheinungen hervorrufen können, und die wir zu erwähnen nicht unterlassen wollen.

Von Clemens wird excessiver, mit besonderer Aufregung verbundener, oder plötzlich gestörter, oder im Stehen vollzogener Coitus als die nicht seltene Ursache einer Art von Commotion des R.-M. bezeichnet, welche sich in plötzlicher Schwäche, Zusammensinken und nachfolgenden schweren spinalen Symptomen äussern soll.

Auch lebhaften psychischen Einwirkungen, besonders heftigem Schrecken oder Aerger schreibt man eine ähnliche Wirkung zu und leitet die manchmal darnach zu beobachtenden paretischen Erscheinungen von dem R.-M. ab; doch ist die Art und Weise des Zusammenhangs noch ganz dunkel, und es scheint uns derselbe eher durch Congestion oder Myelitis, als durch eine der Commotion ähnliche Veränderung vermittelt zu werden.

Endlich ist es nicht zweifelhaft, dass auch Blitzschlag nicht

selten einen allgemeinen Shock hervorruft, an welchem auch das
R.-M. theilnimmt und in welchem rasch der Tod erfolgt. Manchmal aber erholen sich die Getroffenen, es bleibt jedoch für kürzere
oder längere Zeit Lähmung, Paraplegie oder dgl. zurück, für welche
sich bisher keine anatomische Ursache auffinden liess. Man denkt
deshalb an eine Art von Commotion, welche bei solchen Unfällen
das Centralnervensystem und in einzelnen Fällen das R.-M. in besonderem Maasse erleidet. Eine genauere Vorstellung davon lässt
sich jedoch zur Zeit nicht gewinnen.

Die pathologische Anatomie der Rückenmarkserschütterung
ist noch in hohem Grade dürftig.

In manchen früh zur Section gekommenen Fällen findet sich gar
nichts am R.-M., höchstens ein paar kleine, unwesentliche Blutextravasate. Leyden berichtet von einem Falle, der in 5 Tagen lethal
verlief und bei welchem die genaueste Untersuchung keine Veränderung des R.-M. erkennen liess.

In andern Fällen finden sich wohl anatomische Veränderungen,
welche aber nicht intensiv genug sind, um als Todesursachen gelten
zu können: kleine und grössere Blutextravasate, Quetschungen, Erweichungen des R.-M. an verschiedenen Stellen u. dgl.

In den erst nach längerer Zeit lethal verlaufenen Fällen finden
sich vielleicht chronisch-entzündliche Veränderungen; man nimmt
neuerdings an, dass chronische Meningitis und Myelitis sich in Folge
von Commotion allmälig entwickeln können, ebenso verschiedene
Formen der grauen Degeneration und Sklerose; aber alles dies
ist noch nicht mit genügender Bestimmtheit nachgewiesen.

Es ist deshalb auch mehr oder weniger gewagt, eine bestimmte
Ansicht über das eigentliche Wesen der Commotion des
R.-M. zu haben. Soviel scheint aus Allem hervorzugehen, dass der
anatomische Befund dabei ein wesentlich negativer ist. Es ist deshalb die am meisten verbreitete Ansicht, dass es sich bei der Commotion nur um moleculare Veränderungen in den feinen Nervenelementen handle, die entweder sofort eine völlige Functionslähmung
derselben bedingen oder die Anfänge zu weiteren Ernährungsstörungen setzen, die sich späterhin zu degenerativen Entzündungen u. dgl.
fortentwickeln. Neuerdings hat nun H. Fischer[1]) in ausführlicher
Weise eine andere Ansicht über Shock und Commotion zu begründen gesucht. Nach ihm ist der den Chirurgen bekannte Shock nichts
anderes, als eine traumatische Reflexlähmung der Gefässnerven; die

1) Volkmann's Samml. klin. Vortr. Nr. 10 u. 27.

Commotion des Gehirns aber nichts anderes als ein auf das Gehirn localisirter Shock — eine traumatische Reflexlähmung der Gehirngefässe. Scholz hat diese Anschauung einfach auf die Rückenmarkscommotion übertragen.

Wir können das Zwingende der Fischer'schen Beweisführung durchaus nicht anerkennen; es ist nicht abzusehen, wie bei einer solch schweren Erschütterung nur die Gefässnerven allein gelähmt werden sollten und die übrigen Nervenelemente nicht; wir glauben vielmehr, dass dieselben in mindestens ebenso intensiver Weise lädirt werden. Natürlich wird damit auch die Scholz'sche Application der Hypothese von Fischer auf das R.-M. hinfällig.

Bis auf Weiteres bleibt die moleculare Störung für uns die Hauptsache bei der Commotion. Die in den einzelnen Fällen etwa nachweisbaren anatomischen Veränderungen sind zufällige und nicht wesentliche Beigaben. Es ist ja vollkommen klar, dass die Commotion des R.-M. sehr häufig mit Contusion desselben, mit Hämorrhagien etc. complicirt sein muss.

Sehr interessant, wenn auch der Deutung sich vorläufig noch entziehend, ist die Angabe bei Erichsen[1]), dass Personen, welche im Momente eines Eisenbahnunfalls schlafen, in der Regel keine Erschütterung des Nervensystems davontragen. Diejenigen, welche mit dem Rücken nach der Seite hin gerichtet sitzen, von welcher der Stoss kommt, werden am schwersten betroffen. — Recht passend erscheint der Vergleich, welchen Erichsen zwischen der Wirkung einer heftigen mechanischen Erschütterung auf das R.-M. und einem Magneten macht, welcher durch den Schlag eines Hammers seiner magnetischen Kraft beraubt wird.

Symptomatologie.

Das Krankheitsbild der Rückenmarkserschütterung kann ein sehr verschiedenes sein; verschiedene Momente haben auf die Gestaltung desselben Einfluss: die Art und Heftigkeit des Trauma, die grössere oder geringere Resistenz der Individuen, vielleicht auch neuropathische Einflüsse, äussere Momente der Pflege und nachfolgender Schonung u. dgl.

Wesentlich ist für die vollkommen ausgesprochenen Fälle eine plötzliche, mehr oder weniger vollständige Aufhebung der spinalen Functionen; bei mehr örtlicher Erschütterung nur in den unterhalb der Commotionsstelle gelegenen Theilen, bei mehr diffuser Erschütterung im grössten Theil des Körpers. Es zeigt sich also eine mehr

---

1) On concussion etc. p. 120.

oder weniger verbreitete Lähmung und Anästhesie, Kälte, Cyanose, Schwäche des Pulses, Störung der Respiration, Retention des Harns u. s. w. Gradweise und unmerkliche Abstufungen von leichter Schwäche und Erschlaffung bis zur schwersten Lähmung kommen vor.

Nach Minuten, Stunden, Tagen oder selbst Wochen kehren Bewegung und Empfindung allmälig wieder zurück; manchmal ohne weitere Erscheinungen bis zur völligen Genesung; häufiger folgt darnach eine Art von Reizungsstadium, an welches sich chronisch-entzündliche Spinalleiden anschliessen können, die unter Umständen sehr lange dauern und zu einem schlimmen Ausgang führen.

Nicht alle Fälle aber beginnen mit schweren Symptomen; es gibt eine Kategorie von Fällen, die ohne Zweifel hierher gehören, die aber mit höchst unbedeutenden Erscheinungen beginnen, an welche sich später die Entwicklung eines chronischen, ernsten Spinalleidens anschliesst.

Es entsteht dadurch, soweit unsere Erfahrung bis jetzt reicht, eine sehr grosse Mannigfaltigkeit der einzelnen Krankheitsfälle von Rückenmarkscommotion. Der Uebersicht wegen halten wir es für zweckmässig, etwa folgende Hauptgruppen zu unterscheiden und zu skizziren:

a) Im Moment der Verletzung schwerste und diffuse Symptome. Tod nach kurzer Zeit. Schwerer Shock. Man findet die von irgend einem schweren Trauma getroffenen Kranken mit vollkommener Paralyse aller Extremitäten, mit deutlicher Anästhesie, grosser Prostration, häufig, aber nicht immer mit Störung des Bewusstseins, mit unwillkürlichen Entleerungen. Dabei ist der Puls sehr klein, schwach und langsam, die Haut kühl und blass oder leicht cyanotisch, die Respiration gestört, dyspnoisch u. s. w.

Nach wenigen Stunden oder Tagen erfolgt der Tod unter zunehmender Prostration, wachsendem Collapsus, Respirations- und Circulationslähmung.

Hierher gehören wohl auch die Fälle schwerer Rückenmarksverletzung, welche in den ersten Tagen tödtlich enden, ohne dass die Section eine nothwendig den Tod herbeiführende Läsion ergibt (z. B. eine Quetschung des Dorsalmarks).

Die schweren Störungen sind offenbar bedingt durch eine hochgradige moleculare Erschütterung der Rückenmarkssubstanz, wodurch deren intime Ernährung gestört und unmöglich gemacht wird.

b) Im Moment der Verletzung schwere Symptome. Heilung in kurzer Zeit. Leichter Shock.

· Gleich nach dem Ereigniss, welches die Erschütterung bedingte, findet man den Kranken gewöhnlich bei vollem Bewusstsein, über heftige, diffuse Schmerzen in der untern Körperhälfte oder im ganzen Körper klagend; die unteren Extremitäten, selten auch die oberen, in mehr oder weniger intensiver und extensiver Weise gelähmt, meist auch anästhetisch, dies letztere jedoch nicht immer und oft nur in geringem Grade. Die Blase ist nicht immer gelähmt. Krampferscheinungen bestehen nicht. — Gelingt es, einen solchen Fall nicht allzulange nach dem Beginn zur Untersuchung zu bekommen, so kann man wohl Erhöhung der Reflexe, besonders auch der Sehnenreflexe constatiren; die elektrische Erregbarkeit in den paretischen Theilen kann erhöht oder vermindert sein.

Bald, nach wenigen Tagen, stellt sich Besserung ein; das Stehen und Gehen gelingen wieder, aber langsam, zögernd, schwach, mit Zittern. Die Schmerzen verlieren sich; die Besserung nimmt rasch zu, und in wenigen Wochen ist eine völlige Herstellung zu constatiren. — Als Beispiel für diese Form gebe ich den folgenden Fall kurz wieder:

Johann Schäfer, 55 J. alter Taglöhner, fiel vor 4 Wochen etwa 20 Fuss hoch von einem Baume herab gerade auf die Füsse und das Gesäss. War nicht bewusstlos, aber sofort lahm, so dass er nach Hause getragen werden musste. Es wurden daselbst folgende Erscheinungen wahrgenommen: heftige, diffuse Schmerzen im Kreuz und in den Beinen. Beine ganz lahm und unbeweglich, etwa 8 Tage lang, dann traten allmälig wieder Bewegungen ein, so dass Pat. jetzt ein paar Schritte gehen kann. Das Gefühl in den Beinen war immer gut, Anästhesie wurde nicht bemerkt. Blasenentleerung immer ganz normal. Stuhl die ersten Tage angehalten, dann regelmässig. Die Schmerzen haben sich allmälig verloren, aber die Beine sind noch zitterig und steif.

Status praesens. Pat. kann kaum ein paar Schritte gehen und thut dies langsam, zögernd, die Füsse nachschleifend, aber ohne Ataxie. Zehenstand sehr schwierig, ebenso Stehen auf einem Fuss. Beim Stehen tritt Tremor beider Beine ein. Sensibilität der untern Extremitäten ganz normal. Hautreflexe erhalten. Sehnenreflexe auffallend lebhaft. Keine deutliche Atrophie der Beine. Die elektrische Erregbarkeit der Nerven und Muskeln der untern Extremitäten ist auffallend herabgesetzt, ohne qualitativ verändert zu sein. Sphincteren und obere Extremitäten ganz normal. Am Rücken und der Wirbelsäule keine Veränderung. Kreuzbeingegend bei Druck etwas empfindlich.

Die galvanische Behandlung (Wirbelsäule und Beine) hatte wunderbaren Erfolg; nach wenigen Sitzungen konnte Pat. schon ganz gut gehen und wurde nach 22 (täglichen) Sitzungen geheilt entlassen. Die elektrische Erregbarkeit war wieder nahezu normal.

c) Beginn mit schweren Symptomen; daran anschliessend sehr langes, mehrjähriges Leiden; meist Heilung.

Kurz nach dem betreffenden Unglücksfall zeigen die Kranken eine grosse Schwäche, die rasch bis zur Lähmung sich steigert, mehr oder weniger verbreitet, manchmal über alle Extremitäten. Damit verbinden sich lebhafte Schmerzen, mehr oder weniger diffus, oft vorwiegend längs der Wirbelsäule, im Nacken und Kreuz. Parästhesien kommen vor; Hautanästhesie ist gewöhnlich nicht sehr ausgesprochen. Harnverhaltung, Pulsverlangsamung kommen vor. In manchen Fällen deuten initiale Bewusstlosigkeit und Erbrechen auf Mitbetheiligung des Gehirns; ebenso eine sich anschliessende erhöhte psychische Reizbarkeit.

Im weiteren Verlauf tritt nur sehr langsam und allmälig Besserung ein; grosse Schwäche der Extremitäten, leichte Atrophie der Muskeln, lebhafte Schmerzen und hochgradige Empfindlichkeit bleiben zurück. Die Extremitäten sind kühl und livide, die Wirbelsäule bei Druck schmerzhaft und oft hochgradig empfindlich. Das Gehen muss nach und nach wieder erlernt werden. — Nach langer Zeit, oft erst nach Jahren tritt ein der Heilung nahestehender Zustand ein; immer aber bleiben die Kranken reizbar, empfindlich und haben sich vor Schädlichkeiten sehr zu hüten. — Als Beispiel diene folgender Fall:

Frl. X., 20 J. alt, fiel im April 1572, auf glattem Parquet ausgleitend, auf das Gesäss, fühlte sofort heftigen Schmerz im Nacken und Kreuz und grosse Schwäche, konnte aber noch in ein anderes Zimmer gehen. Nach ¼ Stunde Erbrechen, Zunahme der Schmerzen, hochgradige Parese des ganzen Körpers, so dass nicht einmal der Kopf gehoben werden kann. Alle Bewegungsversuche äusserst schmerzhaft, grosse Empfindlichkeit gegen das Licht. Wirbel sehr schmerzhaft bei Druck; Vertaubung der Hände und Füsse, Brustbeklemmungen, Puls schwach und verlangsamt: das waren die Haupterscheinungen in der ersten Zeit. Retention des Harns nur während der ersten Tage. Erst im 3. Monate kann der Kopf auf kurze Zeit gehoben werden; die Beängstigungen schwinden; später kehren die Bewegungen der Hände und Füsse wieder. Anfang September kann die Kranke gestützt einige Schritte gehen. Sehr langsam fortschreitende Besserung.

Anfang Juni 1573 finde ich: Blühend aussehendes, nervös sehr erregbares Mädchen. Beim Gehen, welches nur mit leichter Unterstützung möglich ist, fällt eine bedeutende Langsamkeit und Erschwerung der Bewegungen auf. Der Rücken erscheint schwach, wird wankend hin und her bewegt; nach einigen Minuten sinkt Pat. in die Knie und muss sich setzen. Stehen geht leidlich für längere Zeit. Sitzen ohne Anlehnen des Rückens ist nur kurze Zeit möglich. — Keine Ataxie. — Einzelbewegungen der Beine leicht, aber unkräftig. Arme und Kopf jetzt ganz frei. Keine Blasenbeschwerden, keine Beengung, keine Herzpalpitationen. Sensibilität überall normal; hier und da soll noch leichtes Taubsein in den Sohlen auftreten. Wirbelsäule gerade, leicht beweglich. Die Dornfortsätze der Hals- und obersten Brustwirbel, sowie die der Lendenwirbel bei Druck sehr empfindlich.

Es wird eine vorsichtige galvanische Behandlung eingeleitet. Dabei rasch fortschreitende Besserung. Mitte August geht Pat. ohne Stock schon ganz sicher. Sie gebraucht dann eine Kaltwassercur in der Schweiz, von welcher sie ebenfalls erheblich gebessert zurückkehrt. Eine wiederholte fünfwöchentliche galvanische Behandlung hat wieder guten Erfolg. Die Kranke ist im Laufe des Jahres 1574 vollständig geheilt und hat sich 1575 verheirathet.

d) Beginn mit sehr unbedeutenden Symptomen; nach kürzerer oder längerer Zeit Entwicklung eines progressiven schweren Spinalleidens. Ausgang zweifelhaft.

Im ersten Moment — z. B. bei einem Eisenbahnunfall sind die Erscheinungen ganz unbedeutend. Die Kranken haben ein Gefühl schwerer Erschütterung, momentaner Schwäche, vielleicht etwas Verwirrtheit — aber sie erholen sich rasch, können sich erheben und herumgehen, beruhigen sich über den Unfall und können ihre Reise fortsetzen.

Erst am folgenden, oder nach mehreren Tagen, manchmal erst nach Wochen und selbst Monaten stellen sich bedrohlichere Erscheinungen ein, welchen vielleicht schon längere Zeit ganz leichte und unbeachtete Symptome vorausgingen. Die Kranken bemerken eine allgemeine Abgeschlagenheit, Schlaflosigkeit, leichte psychische Alteration, Weinerlichkeit u. dgl.; sie sind unfähig, ihre gewöhnlichen Berufsgeschäfte zu verrichten; es stellen sich allmälig zunehmende Schmerzen im Rücken und den Gliedern ein.

Das entwickelt sich dann ganz allmälig weiter zu einem in den einzelnen Fällen mannigfach wechselnden Symptomenbilde, dessen Hauptzüge etwa folgende sein mögen: Zunehmende, bis zu verschiedenen Graden fortschreitende Schwäche der Beine; Gang unsicher, breitbeinig, steif und schleppend; Stehen unsicher; manchmal Andeutungen von Coordinationsstörung. Steifigkeit des Rückens und der ganzen Haltung. Rücken schmerzhaft, besonders bei Bewegungen; einzelne Dornfortsätze bei Druck hochgradig empfindlich. — Gürtelgefühl, Parästhesien aller Art, Anästhesie verschiedenen Grades und wechselnder Localisation, nicht selten auch Hyperästhesie. — Schwäche der Blase, Abnahme und Erlöschen der Geschlechtsfunction. Abnahme der allgemeinen Ernährung, blasse fahle Hautfarbe, ver-

änderter Gesichtsausdruck. — An einzelnen Muskeln und Muskelgruppen — oft ziemlich weit verbreitet — ausgesprochene Atrophie.
Circulationsstörungen, bläuliche Hautfarbe, Kälte der Extremitäten
u. s. w.

Dazu kommen in der Regel auch noch Erscheinungen, welche
auf eine Störung der cerebralen Functionen zu beziehen sind: Unter-
brochener, schlechter Schlaf, Schreckhaftigkeit und Reizbarkeit,
Schwäche der Intelligenz, Abnahme des Gedächtnisses und der
Arbeitsfähigkeit, Veränderung des Charakters, Eingenommenheit des
Kopfs, erhöhte Reizbarkeit der Sinne u. s. w.

Es sind also im Wesentlichen die Erscheinungen einer schleichenden Meningomyelitis, verbunden mit mehr oder weniger erheblichen Störungen auch der Gehirnfunction.　　　—

Der weitere Verlauf ist in der Regel ein sehr schwankender.
Perioden scheinbarer Besserung und relativen Wohlbefindens wechseln
mit solchen von fortschreitender Verschlimmerung ab. Im Ganzen
aber tritt meist eine allmälige Verschlimmerung ein; selten ist ein
günstiger Ausgang zu beobachten; doch kommt es vor, dass selbst
nach sehr langer Zeit noch eine erhebliche Besserung oder wenigstens Stillstand des Leidens erreicht wird.

Die zu dieser Kategorie gehörigen Fälle sind besonders von
Erichsen in vortrefflicher Weise beschrieben worden; sie sind in
neuerer Zeit besonders nach Eisenbahnunfällen relativ häufig zur
Beobachtung gekommen und haben hier eine relativ grosse praktische
Wichtigkeit erlangt (Railway-spine der Engländer). Sie kommen
aber ebenso gut nach anderen schweren Erschütterungen des Körpers
und besonders des Rückens vor. Clemens beschreibt einen hierher
gehörigen, ähnlichen Fall, in welchem nach einem Sturz von einem
Gerüst erst nach ³⁄₄ Jahren sich Lähmung und Atrophie einstellten.
Die beiden letzten Beobachtungen von Scholz sind vortreffliche
Beispiele für diese Form der Commotion. Auch verschiedene Fälle
von durch Trauma entstandener progressiver Muskelatrophie dürften
wohl ebenfalls hier unterzubringen sein.

Diagnose.

Die sichere Constatirung einer Rückenmarkserschütterung hat ihre
nicht geringen Schwierigkeiten, weil die Erscheinungen besonders
im Beginn eine sehr grosse Aehnlichkeit mit jenen bei geringen
Blutergüssen oder bei Contusion des R.-M. haben.

Die ganze Gruppe der Rückenmarkscommotion ist noch immer
eine etwas zweifelhafte und unbestimmte und wird von Vielen nur

zur Unterbringung gewisser, anders nicht wohl zu deutender Fälle beibehalten. Wir wollen versuchen, sie etwas schärfer abzugrenzen.

Als das entscheidende Merkmal ist zu betrachten, dass in Folge eines der oben angeführten ätiologischen Momente, besonders in Folge von traumatischen Einwirkungen, schwere Störungen der Rückenmarks-function entstehen, während doch gleichzeitig der ganze Verlauf ergibt, dass es sich keinenfalls um schwere anatomische Läsionen handeln kann, wie sie auf solche traumatische Einwirkungen ebenfalls nicht selten folgen.

Die Sache kann sich dann nach zwei Richtungen hin verschieden gestalten: entweder erstens plötzliches Eintreten der schweren Störung, am intensivsten sofort nach der Verletzung, dann aber nach verhält-nissmässig kurzer Zeit Besserung, Verschwinden der schweren Symptome, bis zur Herstellung; oder zweitens im Beginn gar keine oder sehr unbedeutende Symptome, eine relative Freiheit der Rückenmarks-functionen, welche den Gedanken an eine ernstere anatomische Läsion nicht aufkommen lässt, und welche dennoch über kurz oder lang gefolgt ist von zunehmenden, schweren Störungen, welche eine tiefere Erkrankung des Marks erkennen lassen. In beiden Fällen wird man wohl nicht anders, als mit der Annahme durch das Trauma ge-setzter molecularer Veränderungen auskommen.

Aber die Fälle beiderlei Art können zu Verwechselungen An-lass geben.

Die Fälle der ersten Kategorie können verwechselt werden mit Quetschung und Contusion des R.-M., mit Hämatomyelie und Häma-torrhachis. Die Erscheinungen aller dieser Affectionen können ein-ander im Beginn frappant ähnlich sein; gleichwohl ist die Aufstel-lung diagnostischer Kriterien nicht allzu schwierig. Die Commotion theilt mit der Quetschung und Zerreissung des R.-M., ebenso wie mit der Hämatomyelie die Intensität und Schwere der Initialerschei-nungen, die schwere Lähmung u. s. w.; aber sie verläuft viel rascher und günstiger. Das ist vollkommen entscheidend. Wo also eine anscheinend schwere Paraplegie in wenig Tagen oder Wochen günstig endet, wo kein Decubitus u. dgl. eintritt, ist Commotion anzunehmen. — Mit der Hämatorrhachis theilt die Commotion die Raschheit der Herstellung und den günstigen Verlauf, aber sie unterscheidet sich von ihr durch die Initialerscheinungen; diese sind bei der Commo-tion in der Regel schwerer. Bei Hämatorrhachis überwiegen Schmer-zen, spastische Zustände in dem Krankheitsbild; die Lähmungserschei-nungen sind geringer; bei der Commotion verhält sich das Alles in der Regel umgekehrt.

Für die Annahme einer Commotion in solchen Fällen können dann noch folgende Momente sprechen: Verbreitung der Lähmung über das ganze Rückenmarksgebiet ohne entsprechende Störung der Respiration und rasch lethalen Ausgang (wie das z. B. bei Quetschung des Cervicaltheils doch die Regel ist); Blässe und Kühle der Haut; Kleinheit und Verlangsamung des Pulses; Fehlen von Dislocation und Fractur der Wirbel, Fehlen von Rückenschmerz und Rückensteifigkeit im Beginn u. s. w.

Die Fälle der zweiten Kategorie unterscheiden sich in ihrem ganzen Auftreten und Verlauf nicht wesentlich von einer schleichend beginnenden Myelitis oder Myelomeningitis; hier entscheidet einzig das ätiologische Moment; der unmittelbare und unzweifelhafte Anschluss der Erscheinungen an irgend ein traumatisches oder ähnliches Moment. Dann wird eben die Commotion nur als die Ursache und der Ausgangspunkt eines organischen Leidens anzusehen sein.

Wir glauben, dass man von den angegebenen Gesichtspunkten aus wenigstens viele Fälle von Rückenmarkscommotion wird richtiger beurtheilen und schärfer abgrenzen können. Freilich ist in dieser Beziehung noch manches zu thun; es handelt sich vor allen Dingen darum, erst genauere Beobachtungen zu sammeln, und sich vor der Hereinmengung aller möglichen anderen schweren Läsionen mehr zu hüten, als dies bisher geschehen ist.

Die Diagnose wird vorläufig in vielen Fällen noch recht schwierig bleiben; am schwierigsten natürlich da, wo es sich neben der Commotion gleichzeitig um irgend eine schwere Läsion, Quetschung, Blutung des R.-M. od. dgl. handelt. In solchen Fällen wird vielfach die genauere Diagnose ganz unmöglich sein; in manchen aber wird es bei umsichtiger Beurtheilung vielleicht gelingen, die beiden Störungen zu erkennen. Das Verschwinden der Commotionserscheinungen in einem Theil des Körpers, gleichsam das Zurückführen der Functionsstörung auf den Grad der anatomischen Läsion wird hierzu die nöthigen Anhaltspunkte liefern können.

Prognose.

Bei den als Shock bezeichneten schwersten Formen der Rückenmarkserschütterung ist die Prognose immer eine sehr bedenkliche. Dagegen werden von den leichteren Fällen der Art die meisten geheilt; wenn die Sache sich rasch zum Besseren wendet und gute Pflege hinzukommt, wird die Prognose ganz günstig zu stellen sein. Ueberhaupt ist die Prognose im Verhältniss zu den meistens vorübergehenden schweren Initialsymptomen nicht allzu ungünstig. Jedenfalls scheinen gerade die Fälle mit schweren initialen Symptomen prognostisch nicht so ungünstig zu sein, wie jene mit sehr langsamer, schleichender Entwickelung (Erichsen).

Aber auch in den protrahirten und schleichenden Fällen ist die Prognose nicht absolut ungünstig. Bei ausgesprochenen myelitischen oder meningitischen Symptomen tritt die Prognose dieser Krankheitsformen ein; doch scheinen auch hier die in Folge einer Commotion, bei sonst gesunden Individuen entstandenen Fälle eine günstigere Beurtheilung zuzulassen, als die spontan entstandenen. Wenn jedoch die Besserung Stillstände macht, wenn sie selbst nach längerer Zeit (nach 1—2 Jahren) und bei rationeller Behandlung nicht weiter schreitet, ist Herstellung kaum mehr zu erwarten.

Ist gleichzeitig mit der Commotion noch eine schwere anatomische Läsion vorhanden, so bestimmt diese, wenn einmal die Gefahr des Shock vorüber ist, im Wesentlichen die Prognose; diese kann dann mehr oder weniger schlimm ausfallen.

Therapie.

Für die Behandlung der Rückenmarkserschütterung erwachsen je nach der vorliegenden Form der Krankheit verschiedene Aufgaben.

Zunächst wird in vielen Fällen die Behandlung des Shock die dringendste Indication bilden. Hier muss vor allen Dingen genau untersucht, die Beschaffenheit des Pulses, der Respiration u. s. w. geprüft werden. Ruhige und bequeme Lage, Erwärmung des Körpers, Bedecken mit warmen Tüchern, Frottiren der Haut sind hier zunächst angezeigt. Dann müssen gewöhnlich Reizmittel in reichlichen Dosen gegeben werden: man wählt hier je nach den Umständen Wein, Kaffee, Thee, warmen Grog, Cognac od. dgl.; von Medicamenten Liqu. ammon. anisat., Aether, Moschus, Campher od. dgl. — In schweren und bedrohlichen Fällen sind starke Hautreize angezeigt: grosse Sinapismen und Vesicantien, der faradische Pinsel od. dgl. — Ob die von Leyden in Anregung gebrachten subcutanen Injectionen von Strychnin nützlich sein werden, müssen erst weitere Versuche lehren.

Mit Blutentziehungen, die früher sehr beliebt und gebräuchlich waren, wird man unter solchen Umständen immer vorsichtig sein müssen; man wird sie aber unter bestimmten Voraussetzungen, bei robusten, vollsaftigen Individuen, bei kräftigem Puls, normaler oder erhöhter Körpertemperatur, bei ausgesprochener localer Schmerzhaftigkeit an der Wirbelsäule, bei Verdacht gleichzeitiger anatomischer Läsion u. s. w. wohl anwenden können. Zu allgemeinen

23*

Blutentziehungen wird man selten Veranlassung finden; meist werden örtliche genügen.

In zweiter Linie wird man dann die etwaigen Reactions-erscheinungen zu bekämpfen haben: auch hier ist vor allen Dingen absolute Ruhe in geeigneter Lage angezeigt; wird die Seiten- oder Bauchlage nicht ertragen, so kann man die Rückenlage auf einem gegen das Fussende geneigten Lager (Erichsen) einnehmen lassen. Je nach der Heftigkeit der Erscheinungen werden dann die gegen Hyperämie des R.-M., gegen leichte Meningitis und Myelitis gebräuchlichen Mittel in Anwendung zu ziehen sein: Kälte, blutige oder trockene Schröpfköpfe, Ableitungen auf Haut und Darm, Secale cornutum, Kal. jodatum u. s. w.

Eine besondere Aufmerksamkeit ist aber nach Ablauf dieser Erscheinungen der Ueberwachung der Reconvalescenz zuzu-wenden. Die Kranken müssen sich vor allen Schädlichkeiten sorg-fältig hüten; besonders müssen körperliche oder geistige Ueberan-strengungen, geschlechtliche Aufregungen und Excesse, Erkältungen, stärkere Erschütterungen des Körpers (z. B. längeres Fahren, Fahren auf schlechten Wegen u. dgl.) strengstens vermieden werden; Sorge für ausreichenden Schlaf ist wohl im Auge zu behalten. Die Wieder-herstellung kann in vielen Fällen wesentlich gefördert werden durch vorsichtige Abreibungen mit kaltem Wasser, durch mässige Anwen-dung des galvanischen Stroms (aufsteigend stabil durch die Wirbel-säule) oder durch periphere Faradisation; durch den vorsichtigen Ge-brauch kohlensäurereicher Stahlbäder (Cudowa, Schwalbach u. s. w.); ferner durch den innerlichen Gebrauch tonisirender Medicamente; Eisen, Chinin, Leberthran u. dgl. Zur Anwendung des Strychnin schreite man erst, wenn alle Reizungserscheinungen vorüber sind. Geduld und Ausdauer sind in vielen solchen Fällen, die oft ver-zweifelt lange dauern, nöthig.

Endlich sind die langwierigen und oft schweren Folgekrank-heiten zu behandeln, welche sich an so manchen Fall von Commotion des R.-M. anschliessen. Hier tritt in den meisten Fällen die Behandlung der chronischen Myelomeningitis in ihre Rechte. Ruhe und richtig geordnete Lebensweise sind in erster Linie wichtig; ausserdem wird man nach allgemein gültigen Indicationen specielle Heilmittel anwenden: in erster Linie den galvanischen Strom, Ab-leitungen auf die Haut, Jodkalium. Erichsen empfiehlt als besonders wirksam eine Combination von Sublimat und Chinin. Zur Verab-reichung der Strychnin- und Eisenpräparate wird erst im späteren, günstigen Verlaufe Anlass sein. — Von besonderer Wichtigkeit sind für diese Fälle aber Badecuren; ihre richtige Auswahl aber ist beim jetzigen Stande unseres Wissens schwierig. Thermen, besonders die höher temperirten, scheinen für solche Fälle entschieden schädlich, während mässige und vorsichtige Kaltwassercuren von deutlichem Nutzen zu sein pflegen. Scholz rühmt Cudowa als das Hauptmittel für die meisten Fälle von Rückenmarkserschütterung; er fasst die Indicationen dafür etwa folgendermassen zusammen: Cudowa ist angezeigt bei allen reinen, uncomplicirten Fällen von Erschütterung; in späteren Stadien besonders dann wenn wenig entzündliche Symptome vorhanden sind, selbst bei ausgebildeten Paralysen und Anästhesien. Dagegen passt Cudowa wenig oder gar nicht bei ausgesprochener Meningitis.

Unter allen Umständen erfordert die Behandlung dieser schwereren und langwierigen Fälle grosse Umsicht und Sachkenntniss.

7. Functionelle Rückenmarksreizung. — Spinalirritation.

Stiebel, Rust's Magazin XVI. S. 550. 1823. — C. Brown, On irritation of the spinal nerves. Glasg. med. Journ. No. 2. May 1828. — T. Pridgin Teale, A treatment on neuralg. diseases depend. upon irritation of the spinal marrow etc. 1829. — Hinterberger, Abhandlung über die Entzündung des R.-M. u. s. w. Linz 1831. — W. and D. Griffin, Observ. on function. affect. of the spinal cord etc. Lond. 1834. — Ollivier l. c. II. p. 209. — Stilling, Physiologische und pathol. etc. Untersuch. über die Spinalirritation. Leipzig 1840. — Türck, Abhandl. über Spinalirritation. Wien 1843. — G. Hirsch, Beitr. zur Erkenntniss und Heilung der Spinalneurosen. Königsberg 1843. — Eisenmann, Zur Spinalirritation. Neue med.-chir. Zeitung 1844. Nr. 1. — A. Mayer, Ueber die Unzulässigkeit der Spinalirritation als besondere Krankheit. Mainz 1849. — Die Lehre von der sog. Spinalirritation in den letzten 10 Jahren. Archiv der Heilk. I. 1860. — Romberg, Nervenkrankheiten 3. Aufl. Bd. I. S. 184. 1853. — Wunderlich, Handb. der Pathologie und Therapie. 2. Aufl. III. S. 26. 1854 — Axenfeld, Des névroses. Paris 1863. p. 284. — Radcliffe, Reynolds' Syst. of med. II. p. 640. 1868. — Beard and Rockwell, A practical treatise on the uses of electricity. p. 350. 1871. — Hammond l. c. p. 397. 1873. — Leyden l. c. II. S. 3. 1875.

Einleitung und Begriffsbestimmung. Die Ansichten über die Existenzberechtigung, über die pathologische Stellung und Bedeutung des Symptomencomplexes, der seit Brown (1828) unter dem Namen der „Spinalirritation" eine grosse Rolle spielte, haben im Laufe der Zeit erhebliche Wandelungen erfahren. Bald sehr überschätzt, in ihrer Wichtigkeit und Häufigkeit bis ins Maasslose übertrieben, als Sammelname für zahlreiche Krankheitsformen der heterogensten Art, falls sich bei ihnen nur zufällig Rückenschmerz und Wirbelempfindlichkeit fand, gebraucht, galt die Spinalirritation eine Zeitlang für eine der gewöhnlichsten Krankheiten; bald wieder, besonders zu den Zeiten des exquisit pathologisch-anatomischen

Standpunktes, vollständig geleugnet, oder höchstens als ein sehr
häufiges und ziemlich werthloses Symptom betrachtet, ist sie dem
Gedächtniss der jetzt lebenden Generation von Aerzten fast ent-
schwunden.

Jedem aber, der reiche praktische Erfahrung hat und dieselbe
scharf ins Auge zu fassen versteht, wird nicht entgehen, dass es
nicht seltene Krankheitsfälle gibt, die entschieden mit der Hysterie,
mit der sie gewöhnlich zusammengeworfen werden, nicht verwechselt
werden dürfen, die anderseits auch mit den bekannten übrigen Krankheitsformen, besonders den gewöhnlichen spinalen, nicht übereinstimmen, während sie unter sich eine hinreichend grosse Aehnlichkeit und Uebereinstimmung zeigen.

Es sind dies Fälle, die — vorwiegend beim weiblichen Geschlechte vorkommend — sich auszeichnen durch eine sehr erhebliche Reizbarkeit und Gereiztheit der sensiblen Sphäre, bei gleichzeitig vorhandener motorischer Schwäche und Leistungsunfähigkeit,
und bei welchen eines der constantesten Symptome Rückenschmerz
und eine hochgradige Empfindlichkeit mancher Dornfortsätze der
Wirbelsäule gegen Druck ist. Fälle, in welchen gleichzeitig aus
dem ganzen Symptomenbilde und dem Verlauf eine gröbere anatomische Läsion des Nervensytems mit Sicherheit ausgeschlossen
werden kann.

Diese Krankheitsformen, die sich durch eine grosse Wandelbar-
keit der Symptome und durch eine grosse Mannigfaltigkeit der Localisation und des Krankheitsbildes auszeichnen, aber doch einige
wesentliche Züge immer miteinander gemein haben, wollen wir mit
dem Namen „Spinalirritation" bezeichnen und nehmen für diese die
Berechtigung einer hinlänglich charakterisirten Krankheitsform in
Anspruch. Freilich wird dieselbe, so lange ihre pathologische Anatomie noch so vollständig im Dunkeln ist, vorläufig nur als eine
symptomatische bezeichnet werden können.

Wir betonen dabei, dass ein ganzer Complex von Symptomen
zum Begriffe der Spinalirritation gehört, und dass alle übrigen bekannten Krankheitsformen, besonders alle Organerkrankungen und
greifbaren anatomischen Läsionen ausgeschlossen sein müssen. Damit
sind schon alle Fälle ausgeschieden, die so viel Verwirrung in die
Lehre von der Spinalirritation gebracht haben, bei welchen man
auf das blosse Vorhandensein des Spinalschmerzes und spinaler
Empfindlichkeit hin die Existenz der Spinalirritation statuirte.
Spinalschmerz kommt bei zahllosen Krankheiten vor, bei Hysterie,
bei Wechselfieber, bei zahlreichen Erkrankungen der Brust- und

Bauchorgane (man vergleiche nur die lehrreiche Zusammenstellung von Türck darüber); das beweist aber noch nicht, dass in diesen Fällen Spinalirritation vorhanden ist. Bei der Hysterie kommt nicht selten der ganze Symptomencomplex der Spinalirritation vor, ebenso wie nicht selten alle möglichen anderen Neurosen (Intercostalneuralgie, Migräne, Zwerchfellskrampf etc.) bei derselben vorkommen. Trotzdem kommt aber die Spinalirritation auch isolirt für sich vor und verdient eine gesonderte Betrachtung. Es ist Sache der Diagnostik, in jedem einzelnen Falle die selbständige oder secundäre Bedeutung des Leidens festzustellen.

Die Berechtigung der Spinalirritation, als besondere Krankheitsform besprochen zu werden, deshalb zu leugnen, weil man keine ihr zu Grunde liegende anatomische Veränderung des R.-M. kennt, ist angesichts der zahlreichen Lücken, welche die pathologische Anatomie gegenüber der klinischen Beobachtung bietet (wir erinnern z. B. an die Paralysis ascendens acuta, die Tetanie und v. A.), nicht erlaubt. .

Jedenfalls glauben wir, dem Praktiker in der folgenden Darstellung Krankheitsbilder vorzuführen, die ihm geläufig sind, und für die er weder mit der Diagnose Hysterie, noch mit der einer allgemeinen „Nervosität" oder irgend einer bekannten anatomischen Krankheitsform eine hinreichende Deckung findet.

Aetiologie.

Eine Prädisposition zu der Krankheit findet sich vor allen Dingen beim weiblichen Geschlecht. Die Zahl der an Spinalirritation leidenden Frauen ist sehr erheblich grösser als die der Männer; doch kommt das Leiden auch bei Männern vor. — Entschieden bevorzugt ist ferner das jugendliche Alter; die weitaus häufigsten Erkrankungen kommen zwischen dem 15. und 30. Lebensjahre vor. — Endlich spielt auch hier die hereditäre neuropathische Belastung eine sehr erhebliche Rolle.

Unter den directen Ursachen pflegt alles aufgeführt zu werden, was das Nervensystem aufregt, schwächt und in seiner Leistungsfähigkeit herabsetzt. Dahin gehören: Lebhafte psychische Einwirkungen, schwere Gemüthsbewegungen, Schrecken, Sorgen, Kummer, unglückliche Liebe, heftige Leidenschaften u. s. w.; ferner körperliche Ueberanstrengungen, Strapatzen, Nachtwachen, Nachtarbeit etc.; nicht minder sexuelle Ueberreizung und Excesse, im Uebermaass getriebene Onanie, fortgesetzte und häufige sexuelle Erregung ohne Befriedigung; endlich schlechte Ernährung, mangelhafte

Blutbildung, erschöpfende Krankheiten, Blut- und Säfteverluste. Alle diese Dinge können gelegentlich die Spinalirritation herbeiführen.

Man beschuldigt ferner Intoxicationen mit Alkohol oder mit Opium, traumatische Einwirkungen, Erkältung u. s. w. als gelegentliche Ursachen der Spinalirritation.

Zu den Zeiten, wo man alle Fälle mit Rückenschmerz und Spinalempfindlichkeit zur Spinalirritation rechnete, hat man die sog. symptomatische Spinalirritation bei zahllosen Erkrankungen peripherer Organe, besonders häufig bei Darm- und Uterinerkrankungen, angenommen und diese Krankheiten als Ursachen derselben betrachtet. Davon sollte heutzutage keine Rede mehr sein.

Da wir noch nicht wissen, was bei der Spinalirritation im R.-M. vorgeht, und da eine pathologische Anatomie derselben zur Zeit noch nicht existirt, ist es schwer, sich eine plausible Vorstellung von der Art und Weise der Wirkung aller dieser Ursachen zu machen. Wir unterdrücken deshalb gern alle Ausführungen über die Pathogenese dieser Krankheit.

Symptomatologie.

Die Entwicklung der Krankheit ist meist eine allmälige. Leichter Schmerz und Unbehagen im Rücken, besonders zwischen den Schulterblättern, stellen sich ein, anfangs nur bei besonderen Gelegenheiten, bei Aufregungen, Uebermüdung; allmälig mehr bleibend und auf immer geringere Veranlassungen hin. Dazu gesellen sich dann noch allerlei andere, excentrische Schmerzen, eine grössere nervöse Reizbarkeit, abnehmende Leistungsfähigkeit u. s. w.; das schreitet dann nach und nach bis zur vollen Entwicklung des Krankheitsbildes fort.

Manchmal aber entwickelt sich dasselbe auch rasch, in wenig Tagen, besonders nach der Einwirkung sehr energischer Ursachen auf prädisponirte Individuen.

Das Krankheitsbild gestaltet sich dann im Allgemeinen folgendermassen.

Ein mehr oder weniger erhebliches Krankheitsgefühl belästigt die Patienten; ein allgemeines Missbehagen, erhöhte psychische Reizbarkeit hat sich ihrer bemächtigt. In den meisten Fällen klagen sie besonders über Rückenschmerz, der bald da bald dort, am häufigsten zwischen den Schulterblättern, dann oben im Nacken, seltener in der Lendengegend localisirt wird. Er pflegt bei Bewegungen und Anstrengungen, bei allen Exacerbationen der Krankheit stärker zu werden.

Die Untersuchung enthüllt an der betreffenden Stelle gewöhnlich eine lebhafte Empfindlichkeit gegen Druck, Beklopfen, Ueberfahren mit einem heissen Schwamm, Elektricität und andere Reize. Diese Empfindlichkeit kann so gross sein, dass schon die leiseste Berührung lebhafte Schmerzäusserungen hervorruft, dass der Druck der Kleider unerträglich, Anlehnen des Rückens unmöglich wird. Gewöhnlich ist die Haut der betreffenden Rückenpartien hochgradig hyperästhetisch, meist sind aber auch die Dornfortsätze selbst gegen Druck sehr empfindlich. Grad und Charakter des Schmerzes sind in den einzelnen Fällen sehr verschieden; meist wird der Schmerz als ein mehr oder weniger lebhaftes Wehgefühl beschrieben, das oft die Einwirkung des Reizes erheblich lange Zeit überdauert. — Hammond beschreibt ausserdem noch einen tiefsitzenden Rückenschmerz, welcher bei Druck auch auf nicht empfindliche Wirbel, bei Bewegungen der Wirbelsäule, beim Stehen etc. auftreten soll.

Dazu gesellt sich dann noch eine Menge anderer Erscheinungen: vor allen Dingen sind es Schmerzen in den verschiedensten Theilen des Körpers, welche die Kranken belästigen. Neuralgiforme Schmerzen bald in den obern Extremitäten, oder im Hinterhaupt, im Gesicht; bald am Rumpf oder in den Eingeweiden, in Form verschiedener visceraler Neuralgien auftretend; bald in den untern Extremitäten, der Beckengegend, der Blase, den Genitalien. Schmerzen oft von grosser Heftigkeit und Energie, bald mehr flüchtig, bald mehr dauernd, nicht selten auf geringe Veranlassungen wiederkehrend.

Mit diesen Schmerzen sind manchmal auch Parästhesien verbunden: Kriebeln, Formication, Gefühl von Brennen und Hitze, manchmal auch von Kälte; doch treten diese Dinge weniger in den Vordergrund. Dasselbe gilt in noch höherem Maasse für wirkliche Anästhesie; dieselbe scheint nur sehr selten beobachtet zu sein.

Regelmässig aber beobachtet man ausgesprochene Störungen der Motilität; vor allen Dingen grosse Müdigkeit und Erschöpfbarkeit; die Kranken haben keine Ausdauer mehr beim Gehen, können dies nicht mehr lange thun und schliesslich gar nicht mehr, weil sie bei jedem Versuche dazu unerträgliche Schmerzen bekommen. Den meisten Kranken ist deshalb die ruhige Rückenlage am angenehmsten und sie verharren auch gewöhnlich in derselben. — Auch Handarbeiten, Stricken, Nähen, Clavierspielen, Schreiben etc.

werden mehr und mehr beschränkt und schliesslich ganz eingestellt, hauptsächlich wegen der dadurch erzeugten Schmerzen im Rücken oder den Extremitäten. Dabei besteht in der Regel keine wirkliche Lähmung: alle Bewegungen sind möglich, aber sie rufen lebhafte Schmerzen hervor und es fehlt die Ausdauer. Höchstens kommt es in vereinzelten Fällen zu einer mässigen, mehr diffusen Parese; aber eigentliche Paralyse gehört nicht zu den Symptomen der Spinalirritation.

Auf der andern Seite wird viel von spasmodischen Erscheinungen berichtet: nicht selten beobachtet man fibrilläre Zuckungen, Spasmen einzelner Muskeln, choreaartige Bewegungen, Singultus u. dgl. Selbst anhaltende Contracturen, epileptische Anfälle u. s. w. will man, wahrscheinlich aber mit Unrecht, als Folgen der Spinalirritation beobachtet haben.

Vasomotorische Störungen sind ebenfalls sehr gewöhnlich; die meisten Kranken zeigen abnorme Erregbarkeit der Gefässe, erröthen und erblassen leicht; die meisten leiden an auffallender Kälte der Hände und Füsse, die manchmal eine bläuliche, cyanotische Farbe zeigen.

Sehr gewöhnlich sind ferner Functionsstörungen in den vegetativen Organen, die in mannigfaltigster Form auftreten können: Aufstossen, Nausea, selbst Erbrechen kommen vor; Herzpalpitationen sind sehr gewöhnlich; seltener Athmungsstörungen, Krampfhusten u. dgl.; häufiger dagegen Blasenkrampf, gesteigerter Harndrang, reichliche Entleerung klaren, blassen Urins, während wirkliche Lähmungserscheinungen von Seiten der Blase und des Mastdarms wohl nicht hierher gehören.

Endlich gehören zu den fast regelmässigen Symptomen auch noch gesteigerte psychische Reizbarkeit und Verstimmung, mehr oder weniger hochgradige Schlaflosigkeit; manchmal etwas Schwindel, Ohrensausen, Unfähigkeit längere Zeit zu lesen, weil Flimmern vor den Augen und Sehstörung eintritt u. s. w.

Es ergibt sich aus alledem ein äusserst mannigfaltiges Bild der Krankheit. In der That sind die einzelnen Fälle auch sehr verschieden. Man kann versuchen, sie zu trennen, je nachdem mehr die oberen, mittleren oder unteren Partien des R.-M. der Hauptsitz des Leidens sind.

Sind vorwiegend die oberen Partien ergriffen, so sind Rückenschmerz und Spinalempfindlichkeit hauptsächlich an der Halswirbelsäule localisirt; Kopferscheinungen, Schwindel, Schlaflosigkeit, Sinnesstörungen, Schmerzen im Hinterhaupt und im Bereich des

Plexus brachialis treten in den Vordergrund; Uebligkeit, Erbrechen, Herzpalpitationen, Singultus u. s. w. sind nicht selten; die Motilität der oberen Extremitäten ist vorwiegend gestört.

Beim Sitz im Brusttheil sind neben den localen Erscheinungen an der Wirbelsäule besonders Intercostalneuralgien, Gastralgie, Nausea, Dyspepsie u. dgl. an der Tagesordnung; die unteren Extremitäten nehmen aber gewöhnlich an den Motilitäts- und Sensibilitätsstörungen ebenfalls erheblichen Antheil.

Ist vorwiegend der Lendentheil befallen, dann sind Neuralgien in den unteren Extremitäten und in den Beckenorganen, Blasenkrampf und Blasenschwäche, kalte Füsse, Schwäche der Beine u. s. w. die Haupterscheinungen.

Nicht selten kommt aber auch eine mehr oder weniger diffuse Verbreitung der Krankheit vor; die Wirbelsäule ist dann an mehreren Punkten, oft in grosser Ausdehnung schmerzhaft und die verschiedensten peripheren Symptome compliciren das Krankheitsbild.

Verlauf. Dauer. Ausgänge Ueber die Art des Beginns der Krankheit haben wir oben schon gesprochen. — Der Verlauf derselben ist in den meisten Fällen ein äusserst schwankender. Besserungen und Verschlimmerungen wechseln in der regellosesten Weise miteinander ab; bald da bald dort treten die Hauptsymptome und die spinale Empfindlichkeit auf; ohne nachweisbaren Grund erfolgt oft eine Verschlimmerung, ebenso aber auch die Besserung; und gerade dabei muss man sich vor therapeutischen Illusionen hüten.

Manche Fälle haben einen relativ acuten Verlauf, zeigen rasche Verschlimmerung, aber auch ebenso rasche Besserung und Genesung.

In der Mehrzahl der Fälle aber ist die Krankheit eine äusserst langwierige und chronische, und ihre Dauer berechnet sich nach Monaten und Jahren; es gibt wohl auch einzelne Kranke, welche mehr oder weniger das ganze Leben hindurch von zeitweiligen Aufällen der Krankheit zu leiden haben und die bei jeder geringsten Schädlichkeit sich einem Rückfall derselben ausgesetzt sehen.

Trotzdem kann wohl als Regel der Ausgang in Genesung betrachtet werden; bei einigermassen zweckmässigem Verhalten und bei Fernhaltung der Ursachen darf dieselbe in der Mehrzahl der Fälle erwartet werden; freilich gehört dazu oft viel Geduld, und die zahlreichen Verschlimmerungen und Rückfälle können die Heilung oft sehr verzögern.

Ob die Spinalirritation in schlimmen Fällen auch ihren Ausgang in schwerere, spinale Erkrankungsformen nehmen könne, scheint uns nicht hinreichend festgestellt. Die fast nur aus älterer

Zeit stammenden Beobachtungen bieten keine binreichende Garantie
gegen die Verwechselung der ersten Stadien schwerer spinaler Läsionen mit der functionellen Rückenmarksreizung. Diese Frage kann
also erst durch weitere sorgfältige Beobachtungen entschieden werden. Wie ja überhaupt die ganze Lehre von der Spinalirritation
einer erneuten Revision an der Hand sorgfältiger und kritisch ge-
sichteter klinischer Beobachtungen dringend bedarf.

Erst dann werden wir auch in der Lage sein, über das Wesen
der Spinalirritation eine begründetere Meinung zu haben, als
dies bis jetzt der Fall ist. Man wird allerdings kaum im Zweifel
darüber sein können, dass die Gebilde innerhalb des Rückgratscanals
der eigentliche Sitz der Erkrankung, sind und es ist aus dem
Ensemble der Symptome gewiss am wahrscheinlichsten, dass das
R.-M. selbst sich in einem Zustande krankhafter Functionirung befindet. Die Annahme, dass es sich um eine primäre Affection der
Spinalmeningen und erst secundäre Betheiligung der Nervenwurzeln
und des R.-M. selbst handle, hat doch zu wenig für sich.

Welche Veränderung aber dabei im R.-M. vorhanden sei,
darüber liegen keinerlei directe Beobachtungen vor. Die pathologische Anatomie der Spinalirritation existirt bis jetzt nicht; die
wenigen nekroskopischen Befunde, die vorliegen, sind theils nicht
constant, theils gehören sie ganz gewiss nicht zur Spinalirritation.
Wir sind deshalb auch bloss auf Vermuthungen und Hypothesen
über die wesentliche Veränderung des R.-M. bei der Spinalirritation
angewiesen. Solche Hypothesen existiren denn auch in zahlloser
Menge, und es würde zu weit führen, näher auf dieselben einzugehen. Wie different und geradezu entgegengesetzt die Meinungen
der Autoren in dieser Beziehung sind, geht schon daraus hervor,
dass Ollivier und zum Theil auch Stilling die Spinalirritation
auf Hyperämie des R.-M. zurückführen, während Hammond mit
aller Entschiedenheit darauf besteht, dass sie auf Anämie des
R.-M. und sogar speciell auf Anämie der Hinterstränge beruhe, und
dass ihr letzter Grund vielleicht im sympathischen (vasomotorischen)
Nervensystem zu suchen sei; Beard und Rockwell nehmen bald
Hyperämie, bald Anämie als Ursache an, während Hirsch und mit
ihm viele andere Autoren in der Spinalirritation nur ein sog. dyna-
misches Leiden, eine Functionsstörung des R.-M. sehen, ohne organische Entartung desselben; eine Irritation, welcher sehr verschiedene
Momente zu Grunde liegen können.

Alle diese Ansichten können mit gewichtigen Gründen vertheidigt
und bekämpft werden, wir haben dieselben hier nicht genauer ab-

zuwägen, da das Endresultat doch kein anderes sein würde, als das,
dass wir zur Zeit noch nichts genaueres wissen können. Am wahrscheinlichsten erscheint auch uns eine reine Functionsstörung gewisser nervöser Elemente des R.-M. (in deren Gefolge wohl auch
Hyperämie und Anämie des R.-M. auftreten kann, wenn die Störung
sich auf die vasomotorischen Bahnen erstreckt); doch erwarten wir
erst von der Zukunft eine definitive Entscheidung über diese immerhin nicht unwichtige Frage.

Diagnose.

Die Erkennung der Spinalirritation wird da nicht besonders
schwierig sein, wo der ganze oben geschilderte Symptomencomplex
vorhanden ist, wo neben Rückenschmerz und spinaler Empfindlichkeit
vielfach wechselnde excentrische Schmerzen, motorische Schwäche,
grosse psychische Reizbarkeit ohne ausgesprochene Anästhesie oder
Lähmung bestehen, wo alle Organveränderungen fehlen, und ein auf-
fallendes Missverhältniss zwischen der Intensität der subjectiven
Symptome und dem objectiven Befund constatirt werden kann, und
wo endlich ausgesprochene Schwankungen in dem Verlauf der Krankheit beobachtet werden.

Dabei hat man sich aber vor einer übereilten Feststellung der
Diagnose wohl zu hüten und darf sich zu derselben nur dann verstehen, wenn nach genauer Untersuchung und Erwägung aller Umstände die übrigen in Frage kommenden Möglichkeiten ausgeschlossen sind. In dieser Beziehung ist an folgendes zu denken:

Die Unterscheidung von Hyperämie des R.-M. ist um so
schwieriger, als früher die Fälle jedenfalls vielfach miteinander verwechselt wurden. Die lange Dauer des Leidens wird das Hauptgewicht für die Annahme der Spinalirritation haben; bei schwerer
Hyperämie pflegen paralytische Zustände selten zu fehlen. Hammond empfiehlt als Probemittel eine subcutane Strychnininjection,
welche bei Spinalirritation nützen, bei Hyperämie des R.-M. schaden soll.

Von Meningitis spinalis wird die Unterscheidung ebenfalls
oft ihre Schwierigkeiten haben. Doch werden bei dieser die Steifheit und schmerzhafte Spannung der Rückenmuskeln, die besonders
bei Bewegungen auftretende Schmerzhaftigkeit der Wirbelsäule,
etwa vorhandenes Fieber, spätere Lähmungen u. s. w. als diagnostische Kriterien von entscheidender Bedeutung benutzt werden
können.

Beginnende Meningealtumoren, zu deren Anfangssymptomen

ja Rückenschmerz und excentrische Neuralgien gehören, wird man vorwiegend an der Stabilität dieser Erscheinungen, an ihrer dauernden Localisation auf ganz bestimmte Nervenbahnen, weiterhin wohl auch an den auftretenden Lähmungserscheinungen erkennen können.

Auch von Myelitis wird die Unterscheidung sich gewöhnlich sehr bald ergeben. Bei ihr ist nur tiefer Druck auf die Dornfortsätze empfindlich, es besteht keine circumscripte Hauthyperästhesie in der Wirbelgegend, dagegen Gürtelgefühl, sehr bald ausgesprochene Anästhesie und Lähmung, Blasenlähmung, nicht selten schmerzhafte Contracturen und Spasmen, die bei Spinalirritation fehlen. Der schlimme Verlauf des Leidens, das Fehlen des bei der Spinalirritation so gewöhnlichen allgemein nervösen Zustandes werden ebenfalls für Myelitis zu verwerthen sein.

Von Hysterie wird eine Unterscheidung in vielen Fällen unthunlich sein, weil beide Krankheiten vieles miteinander Verwandte haben, und die Spinalirritation nicht selten im Krankheitsbilde der Hysterie vorkommt. Die specifisch hysterischen Symptome, Globus, allgemeine Krämpfe, bestimmte Lähmungsformen u. dgl. gehören nicht zum Symptomenbilde der Spinalirritation; auch fehlt bei dieser gewöhnlich die für die Hysterie so charakteristische eigenthümliche psychische Beschaffenheit, Launenhaftigkeit, Reizbarkeit u. dgl. Man wird deshalb aus einer eingehenden Beurtheilung des Gesammtverhaltens in vielen Fällen unterscheidende diagnostische Merkmale entnehmen können, während man in andern Fällen zur Annahme beider Krankheiten nebeneinander genöthigt ist.

Von der im folgenden Abschnitt zu schildernden Neurasthenia spinalis, die im Ganzen eine gewisse Verwandtschaft mit der Spinalirritation nicht verleugnen kann, unterscheidet sich diese dadurch, dass bei ihr die sensiblen Reizungserscheinungen überwiegen, dass hochgradige Wirbelempfindlichkeit vorhanden ist, dass sie vorwiegend beim weiblichen Geschlechte vorkommt (s. u. Diagnose der spinalen Nervenschwäche).

Die Merkmale, welche die Spinalirritation von Wirbelcaries und anderen groben Läsionen der Wirbelsäule unterscheiden, brauchen wohl hier nicht besonders aufgeführt zu werden.

Prognose.

Dieselbe wird wohl im Allgemeinen für günstig gehalten, ist es jedoch nicht unbedingt. Unter allen Umständen ist festzuhalten, dass die Krankheit meistens chronisch wird, viele Monate und Jahre lang dauern kann, und dass Recidive bei ihr sehr häufig sind.

Von Lebensgefahr ist allerdings keine Rede, aber den meisten Kranken ist doch ein langes und lästiges Siechthum beschieden, jeder Lebensgenuss ist ihnen verkürzt, sie werden von quälenden Schmerzen heimgesucht u. s. w. — alles Dinge, die bei der Stellung einer Prognose ebenfalls Berücksichtigung verdienen.

Therapie.

Die Behandlung der Spinalirritation hat ihre nicht geringen Schwierigkeiten. Es handelt sich um eine nicht so ganz leicht zu beseitigende Ernährungsstörung im R.-M. und ausserdem gewöhnlich auch um reizbare, launische, wenig energische Patienten, so dass die nöthige Consequenz und Energie in der Behandlung oft schwer zu erreichen sind.

Vor allen Dingen suche man etwaige Ursachen zu entfernen. Aus der Aufzählung der ätiologischen Momente ergibt sich leicht, was da Alles in Frage kommen kann.

Bei der directen Behandlung ist wohl die Hebung der Ernährung und des Tonus des Nervensystems, speciell des R.-M., die Hauptsache. In erster Linie ist also in den meisten Fällen ein allgemein tonisirendes Verfahren angezeigt: Gute und reichliche Ernährung, nicht zu zaghafter Gebrauch von Spirituosen (die Engländer empfehlen dieselben in grossen Dosen und Hammond verlangt direct Stimulantien: Brandy, Rum etc.). Als Unterstützungsmittel dienen Chinin und Eisen, die Zinkpräparate, Leberthran. Viel frische Luft ist allen Kranken unbedingt nöthig: active und passive Bewegung in derselben ist immer angezeigt; doch übertreibe man in dieser Beziehung die Anforderungen an die Patienten nicht, da ihnen öftere Ruhe in horizontaler Lage vielfach nöthig ist. Wo man es haben kann, ist Wald- und Bergluft zu versuchen; eine mässige Kaltwassercur dient zur Unterstützung dieses tonisirenden Verfahrens und wird besonders im Hochgebirgsklima von Nutzen sein.

Eines besonderen Rufes bei der Behandlung der Spinalirritation erfreut sich bei vielen Autoren das Strychnin (und andere Präparate der Nux vomica). Man gibt es entweder für sich oder in passender Verbindung mit andern Medicamenten. So empfiehlt Hammond eine Verbindung von Extr. nuc. vomic. (0,03) mit Zinkphosphid (0,005), mehrmals täglich zu geben. Ebenso scheint eine Verbindung von Eisen, Chinin und Nux vomica (in verschiedenen Präparaten) vielfach nützlich zu sein.

Ein weiteres wichtiges Heilmittel ist der galvanische Strom.

Hammond rühmt demselben grosse Erfolge nach, und auch ich besitze einige günstige Erfahrungen darüber.   Am besten scheint es zu sein, wenn man einen aufsteigenden stabilen Strom durch die Wirbelsäule gehen lässt und dabei die besonders schmerzhaften Partien zwischen die beiden Pole nimmt.   Der Strom darf nicht sehr stark, die Sitzungen müssen kurz sein.   Ausserdem hat man auch direct auf die besonders schmerzhaften Wirbel die Kathode manchmal mit Erfolg einwirken lassen. — Manchen hierhergehörigen Kranken werden auch die Methoden der allgemeinen Faradisation und der centralen Galvanisation von Nutzen sein (s. o. S. 181 ff.).

Endlich erfreuen sich die Ableitungsmittel seit lange einer ganz allgemeinen Empfehlung.   Am besten scheint ihre Application unmittelbar auf die erkrankten und besonders schmerzhaften Stellen am Rücken.   Von der Application von Vesicantien, Einreibung von Tart. emetic.-Salbe, von Terpentinöl, Veratrinsalbe u. s. w. werden mancherlei Wunderdinge berichtet.   Doch ist nicht selten eine wiederholte und längere Application dieser Mittel erforderlich.   Für leichtere Fälle genügen auch trockene Schröpfköpfe, und nur in ganz seltenen Fällen wird man seine Zuflucht zu Moxen oder zum Glüheisen nehmen dürfen.

Vor Blutentziehungen an der Wirbelsäule, die früher sehr Mode waren, wird man sich im Allgemeinen zu hüten haben.   Für die meisten Kranken passen sie wohl nicht; wohl aber können sie unter besonderen Verhältnissen, bei sehr robusten, vollsaftigen Individuen, bei Zeichen vorhandener Congestion sehr zweckmässig sein.

Gegenstand der symptomatischen Behandlung sind besonders die Rückenschmerzen und andere neuralgiforme Beschwerden. Hammond empfiehlt besonders die Opiate; weiterhin wäre die Application heissen Wassers oder Sandes längs der Wirbelsäule zu versuchen; ferner Kal. bromat., Vesicantien und andere Ableitungsmittel, Faradisation und Galvanisation etc. — Gegen vorhandene und zurückbleibende Schwächezustände ist besonders die Elektricität angezeigt.

8. Functionelle Rückenmarksschwäche. — Spinale Nervenschwäche.
Neurasthenia spinalis.

Beard and Rockwell, Practic. treatise on the uses of Electricity etc. 1871. p. 294. — Russel, Cases of paraplegia induced by exhaustion of the spinal cord. Med. Times 1863. Oct. 31; 1867. May 25. — A. Bourbon, De l'influence du coit et de l'onanisme dans la station sur la production des paraplégies. Paris 1859. — Leyden l.c. II. S. 22. — Erb, Bericht über die Versamml. mittelrhein. Aerzte am 15. Mai 1875 in Heidelberg. Betz' Memorabil. 1875. 5. Heft.

Einleitung und Begriffsbestimmung. Jedem Arzte kommen in der täglichen Praxis, vorwiegend wenn auch durchaus nicht ausschliesslich in den höheren Ständen der Gesellschaft, zahlreiche nervöse Erkrankungen vor, die an den verschiedenen Bezirken des Nervensystems zu Tage treten können. Eine anatomische Begründung für dieselben ist in der Regel nicht zu finden, und jedenfalls können erhebliche anatomische Veränderungen nach dem ganzen Krankheitsbilde und Verlauf ausgeschlossen werden. Es sind dies die Fälle, die unter den Namen der „Nervosität", des „Nervosismus", der „nervösen Schwäche" u. s. w. zusammengeworfen und gewöhnlich mit mehr oder weniger Missbehagen betrachtet werden. Beard und Rockwell haben eine ganz gute Charakteristik derselben gegeben und dafür den Namen Neurasthenie (Nervenschwäche) vorgeschlagen.

Es ist zweckmässig, diese Fälle etwas schärfer ins Auge zu fassen und einzelne Kategorien derselben von einander zu sondern. Die genauere Beobachtung zeigt leicht, dass diese Nervenschwäche in verschiedenen Formen auftreten und verschiedene Abtheilungen des Nervensystems einzeln befallen kann. Es kommen Fälle vor, in welchen das ganze Nervensystem mehr oder weniger ergriffen erscheint, andre in welchen vorwiegend das Gehirn betheiligt ist und wieder andere in welchen überwiegend die Functionen des R.-M. leiden. Gerade diese letzteren, die spinale Form der Neurasthenie, wollen wir hier betrachten.

Eigene reiche Erfahrung hat mich gelehrt, dass nicht selten solche Fälle zur Beobachtung kommen und dass sie von erheblicher praktischer Wichtigkeit sind. Denn sie machen nicht bloss dem Kranken, sondern nicht selten auch dem Arzte erhebliche Sorgen, weil das Krankheitsbild häufig eine auffallende Aehnlichkeit mit den ersten Stadien beginnender schwerer Rückenmarkserkrankung hat. Es ist natürlich wichtig, hier frühzeitig eine möglichst bestimmte Entscheidung zu treffen, da die Prognose beider Zustände ja eine sehr differente ist.

Wir verstehen also unter der spinalen Nervenschwäche jene Krankheitszustände, bei welchen ausgesprochene und unzweifelhafte Störungen der Rückenmarksfunctionen vorhanden sind, für welche sich aber keinerlei erhebliche anatomische Grundlagen auffinden oder annehmen lassen; eine Krankheitsform also, welche wir zur Zeit noch zu den functionellen Erkrankungen zählen müssen.

Ob und inwieweit diese Krankheitsform in wirkliche organische

Erkrankung des R.-M. überführen könne, lässt sich jetzt noch nicht
übersehen; nach meiner Erfahrung scheint mir dies jedenfalls selten
vorzukommen. Wohl aber ist das Symptomenbild der Neurasthenia
spinalis nicht selten im Beginn anatomischer Erkrankungen des R.-M.
vorhanden, dann aber wohl immer mit gleichzeitigen anderweitigen
Störungen, welche die beginnende anatomische Läsion erkennen
lassen.

Es kann nicht geleugnet werden, dass diese Krankheitsform in
vieler Beziehung Aehnlichkeit und Verwandtschaft hat mit der im
vorigen Abschnitt behandelten Spinalirritation, und es liesse sich
vielleicht der Satz verfechten, dass sie für das männliche Geschlecht
im Wesentlichen dasselbe ist, was die Spinalirritation für das weibliche. Gleichwohl werden sich aus der Darstellung charakteristische
Unterschiede ergeben, und ich glaube, dass man beide Krankheitsformen, wenn auch als verwandte, so doch nicht als identische wird
betrachten dürfen. Ueberhaupt wäre es wohl an der Zeit, durch
eine schärfere klinische und symptomatische Durcharbeitung dieser
spinalen „Neurosen" eine bessere Unterscheidung und Classificirung
derselben anzubahnen, um dadurch die Pathologie dieser noch so
sehr dunkeln Zustände etwas zu fördern.

Das Folgende soll nur ein Anfang davon sein. In der Literatur
finden sich nur wenige Angaben über die fragliche Krankheitsform:
bei O. Berger[1]) finde ich einen exquisiten Fall kurz erwähnt;
Scholz[2]) beschreibt einen solchen unter anderem Namen; das was
Leyden als „Spinalirritation durch Samenverluste" beschreibt, gehört
wohl auch zum grössten Theil hierher; ebenso vieles, was man als
Folge der Spermatorrhöe etc. beschrieben hat, worüber man die
vortreffliche Darstellung von Curschmann im IX. Bande 2. Abth.
dieses Handbuchs vergleichen möge.

Aetiologie.

Eine Prädisposition zu dieser Krankheitsform besteht besonders beim männlichen Geschlecht; dasselbe wird in weit über-
wiegender Häufigkeit befallen. Das jugendliche und mittlere Lebensalter sind der Erkrankung am meisten ausgesetzt.

Und ganz besonders sind es Leute aus neuropathisch belasteten
Familien, welche ein Hauptcontingent zu diesen Störungsformen stellen;
aus Familien, in welchen Psychosen, Hysterie und andere Neurosen

---

1) Zur Pathogenese der Hemikranie. Virch. Arch. Bd. 59. S. 335. 1874.
2) Ueber Rückenmarkslähmungen und deren Behandlung in Cudowa. S. 21.

zu Hause sind. Ferner sind es besonders die höheren Stände, in welchen die Krankheit häufig vorkommt; doch bleiben auch die niederen Stände durchaus nicht verschont.

Endlich können auch alle die sogleich zu erwähnenden directen Ursachen der Krankheit auch die Prädisposition zu derselben steigern und vielleicht hervorrufen.

Von diesen directen Ursachen kann ich nach meinen Erfahrungen besonders 3 Kategorien als vorzugsweise wirksam bezeichnen:

Geistige Ueberanstrengungen können manchmal auch die spinale Form der Neurasthenie herbeiführen: so angestrengte Berufsthätigkeit, schwere geistige Arbeit, besonders auch Nachtarbeit; in ähnlicher Weise wirken Sorgen und Aufregungen, heftige Gemüthsbewegungen und Leidenschaften, Spielen etc. bei prädisponirten Personen.

Weit wichtiger und häufiger aber sind geschlechtliche Excesse die Veranlassung der Krankheit: Onanie, sehr frühzeitig begonnen und lange Zeit fortgesetzt; übermässige Ausübung des Coitus: ich habe wiederholt bei sonst gesunden Männern nach sehr starken geschlechtlichen Excessen das ganze Symptomenbild der spinalen Nervenschwäche auftreten, aber bei passendem Verhalten nach wenig Wochen wieder verschwinden sehen. Der Begriff des geschlechtlichen „Excesses" ist natürlich sehr schwankend; aber gerade für die in Frage kommenden Individuen fängt der Excess gewöhnlich schon bei relativ geringen Leistungen an. — Auch längere Zeit fortgesetzte Excesse mässigen Grades sind manchmal zu beschuldigen, und die Affection tritt nicht selten nach den Flitterwochen auf. In gleicher Weise wirken auch bei disponirten Individuen häufig wiederholte geschlechtliche Aufregungen ohne Befriedigung. Nicht minder schädlich scheint nach französischen Autoren die im Stehen versuchte sexuelle Befriedigung zu sein.

In geringerem Grade scheint körperliche Ueberanstrengung wirksam zu sein; doch werden lange Märsche, fortgesetzte Strapatzen, Bergbesteigungen u. s. w. manchmal als Ursachen beschuldigt.

Am sichersten ist die krankmachende Wirkung, wenn mehrere von den genannten Momenten zusammentreffen: z. B. grosse geistige und körperliche Anstrengung, Störungen der Nachtruhe; daher ist das Leiden nicht selten bei Aerzten; oder wenn bei angestrengter geistiger Thätigkeit geschlechtliche Excesse nicht vermieden werden u. dgl.

24*

Ob es noch andere Ursachen für die Krankheit gibt, muss erst
noch festgestellt werden; doch ist es wahrscheinlich, dass schwere,
erschöpfende Krankheiten, dass schlechte Ernährung und andere die
Leistungsfähigkeit des Nervensystems herabstimmende Momente in
dieser Richtung wirksam sein können.

Symptomatologie.

Die Schilderung des Krankheitsbildes basirt fast ausschliesslich
auf den subjectiven Klagen der Kranken. Diese, meist jugendliche
Individuen oder Männer mittleren Lebensalters — beschweren sich
vor allen Dingen über eine Reihe von motorischen Störungen,
unter welchen eine auffallende Schwäche und rasche Ermüdung der
unteren Extremitäten obenan steht. Die Kranken haben in den Beinen
beständig das Gefühl hochgradiger Ermüdung, wie es Gesunde nur
nach erheblichen körperlichen Anstrengungen haben; das macht
sich schon des Morgens im Bett bemerklich. Sie sind unfähig,
längere Zeit anhaltend zu gehen oder zu stehen; besonders längeres
Stehen macht sie auffallend müde und abgespannt. Nach stärkeren
Anstrengungen tritt neben dem hochgradigen Ermüdungsgefühl leicht
Zittern der Beine ein, ebenso eine auffallende Steifheit der Beine,
wie sie Gesunde nur nach einer rechten Forcetour empfinden. —
Nach ungewohnten Anstrengungen, selbst sehr mässigen Grades,
tritt auffallend leicht jener eigenthümliche Muskelschmerz ein, dessen
Deutung noch so unklar ist.

Ich verstehe darunter jenen bekannten Muskelschmerz, der auch
bei Gesunden nach sehr lebhaften, ungewohnten Muskelanstrengungen,
z. B. wenn man nach langer Unterbrechung einmal wieder reitet, turnt,
Bergtouren macht oder dgl., so häufig eintritt. Er pflegt sich erst
circa 24 Stunden nach der Ueberanstrengung einzustellen, ist mit
leichter Schwellung des Muskels und Empfindlichkeit gegen Druck
verbunden und wird durch jede Contraction des betreffenden Muskels
hervorgerufen. Worin das Wesen dieses Schmerzes beruht, wissen wir
noch nicht. Derselbe tritt bei den uns hier beschäftigenden Kranken
ganz besonders leicht und nach relativ sehr geringen Anstrengungen auf.

In weit geringerem Grade als in den Beinen finden sich ähnliche Erscheinungen von leichter Ermüdung und geringerer Ausdauer
auch in den Armen.

Dazu gesellen sich dann mancherlei Störungen in der sensiblen Sphäre. Eine der gewöhnlichsten darunter ist ein eigenthümlicher Rückenschmerz, der wie es scheint in den Muskeln
des Rückens localisirt ist, bei bestimmten Bewegungen, beim Vor-

oder Rückwärtsbeugen der Wirbelsäule, bei gewissen Schulterbewegungen, oft auch beim Athmen oder Schlucken eintritt. Der Schmerz ist nicht sehr intensiv, in seinem Auftreten und seiner Localisation sehr wechselnd, nur selten längere Zeit an einer Stelle bestehend. Er wird gesteigert oder hervorgerufen durch leichte Erkältung, Luftzug, wohl auch nach Excessen in baccho oder venere.

Manchmal wird ein mehr diffuses Brennen in der Haut des Rückens, besonders zwischen den Schulterblättern beobachtet; damit ist meist Empfindlichkeit einzelner Dornfortsätze verbunden, ganz wie bei der Spinalirritation. — In andern Fällen endlich wird auch Kreuzschmerz beobachtet.

In den Extremitäten, besonders den unteren, steigert sich das oben schon erwähnte lästige und hochgradige Ermüdungsgefühl nicht selten zu leichten ziehenden und reissenden Schmerzen in einzelnen Nervengebieten. Diese Schmerzen pflegen nicht sehr heftig und meist ganz vorübergehend zu sein; sie treten vorwiegend bei Bewegungen und nach stärkeren Anstrengungen auf. Dabei sind nicht selten auch einzelne Muskeln steif und schmerzhaft. — Zu ausgesprochenen lancinirenden Schmerzen von der bekannten Art (s. o. S. 74) und Heftigkeit kommt es selten oder nie in solchen Fällen.

Sehr selten auch werden ausgesprochene Parästhesien angegeben; über leichtes Taubheitsgefühl oder Formication klagen manche Kranke besonders in Verbindung mit ausgesprochener Kälte der Füsse und dann besonders solche, welche diese Symptome kennen und fürchten (Mediciner).

Ganz gewöhnlich ist die Klage über kalte Hände und Füsse, wahrscheinlich der Hauptsache nach bedingt durch vasomotorische Störungen. Besonders die Füsse sind oft eisig kalt und selbst im Bett schwer zu erwärmen. Selten haben die Kranken mehr das Gefühl von Brennen in denselben und dann auch objectiv eine höhere Temperatur darin.

Sehr auffallend sind meist die Störungen der Geschlechtsfunction, und zwar erscheinen dieselben gewöhnlich in der Form der reizbaren Schwäche: die Erectionsfähigkeit und Potenz sind vermindert, beim Versuch des Coitus tritt mehr oder weniger verfrühte Ejaculation ein, wiederholte Ausführung desselben ist unmöglich. Nach dem Coitus bleibt meist auffallende Abgeschlagenheit, Gliederunruhe u. dgl. zurück, ein Halbschlummer mit Schweissausbruch folgt demselben oder dgl. — Meist nehmen alle Krankheitssymptome bei nicht ganz mässiger Befriedigung des Geschlechtstriebes oder selbst schon bei wiederholter geschlechtlicher Aufregung zu. Pollutionen oder Spermatorrhöe gehören nicht zu den regelmässigen Zügen des Krankheitsbildes, wenn sie nicht schon vorher bestanden und als Ursachen der Krankheit anzusehen sind. Doch trägt ihr häufigeres Auftreten nicht selten zur erheblichen Verschlimmerung des Leidens bei und wird von den Kranken sehr gefürchtet.

Die Blasenfunction ist in der Regel ganz normal; hie und da wird etwas Nachträufeln angegeben. — Natürlich fungirt auch der Sphincter ani normal. — Trophische Störungen an den untern Extremitäten, Decubitus oder dgl. kommen nie zur Beobachtung.

Zu diesen regelmässigen und häufigsten Erscheinungen gesellt sich dann meist noch eine Reihe von Symptomen, welche auf eine grössere Verbreitung der Nervenschwäche deuten. Darunter ist besonders zu erwähnen eine Schlaflosigkeit, welche gerade nicht sehr hochgradig zu sein pflegt, aber oft in eigenthümlicher Form eintritt, so dass die Kranken nach wenigen Stunden Schlafs erwachen, grosse Gliederunruhe empfinden und dann mehrere Stunden nicht einschlafen können; am Morgen fühlen sie sich dann besonders abgeschlagen. — Dazu kommt in manchen Fällen etwas Eingenommenheit des Kopfes, grössere Schreckhaftigkeit, nicht selten eine auffallend weiche Gemüthsstimmung, Weinerlichkeit etc. Ueber Schwindel habe ich nur selten klagen hören. — Die höheren Gehirnfunctionen, Gedächtniss, Intelligenz u. s. w., sowie die Sinnesorgane sind dabei völlig normal. Die geistige Leistungsfähigkeit kann ganz unvermindert sein, ist aber doch meist durch die hypochondrische Verstimmung der Kranken herabgesetzt.

Die vegetativen Functionen sind im Ganzen ungestört; am häufigsten begegnet man noch Störungen des Verdauungsapparats: Dyspepsie, Neigung zu Verstopfung, Flatulenz etc. Manchmal klagen die Kranken über Herzklopfen, manchmal über Beklemmung.

Das allgemeine Krankheitsgefühl ist dabei sehr gross. Bei den meisten Kranken der Art besteht entschiedene hypochondrische Verstimmung, Furcht vor Tabes u. s. w.; besonders bei Aerzten pflegt das sehr hervorzutreten und sie äusserst unglücklich zu machen.

Die allgemeine Ernährung sinkt in der Regel etwas; die Kranken werden etwas magerer, bekommen ein fahles Aussehen und werden in mässigem Grade anämisch. Sie zeigen dabei immer eine grosse Empfindlichkeit gegen Kälte und stärkeren Temperaturwechsel.

Allen diesen Klagen gegenüber ist nun der objective Befund

— und das ist von entscheidender Wichtigkeit — äusserst mager,
ja fast vollkommen negativ. Die genaueste Untersuchung lässt keine
Spur von Motilitätsstörung erkennen: alle Bewegungen geschehen
leicht und sicher; die feinsten und complicirtesten Bewegungen sind
möglich; die Kranken stehen auf Einem Fuss, sie stehen mit geschlossenen Augen ganz perfect; nur die Ausdauer in den Muskelactionen ist herabgesetzt.

Ebenso besteht auch nicht die leiseste Sensibilitätsstörung.
Empfindlichkeit der Dornfortsätze ist in der Regel nicht vorhanden.
Haut- und Schnenreflexe pflegen normal zu sein. Es besteht keine
Atrophie, keine Veränderung in der elektrischen Erregbarkeit.
Höchstens lässt sich in vielen Fällen ein mässiger Grad von An-
ämie, ein verändertes, leidendes Aussehen constatiren.

Die genaueste objective Untersuchung ergibt also gar keine
Veränderung, welche irgendwie im Verhältniss zu den subjectiven
Beschwerden der Kranken stünde.

Natürlich sind nicht alle Fälle gleich, sondern es kommen zahlreiche Verschiedenheiten in dem Krankheitsbilde vor; das eine oder
andere Symptom kann fehlen oder in dem einen Falle mehr ausgesprochen sein, als in dem andern; die Hauptzüge des vorstehenden Krankheitsbildes wird man aber wohl in den meisten Fällen
auffinden.

Ich wähle unter meinen Krankheitsgeschichten (deren ich bereits
mehr als zwei Dutzend besitze) folgenden Fall als Beispiel aus:
Patient, ein 35jähriger Grosshändler, stammt aus einer neuropathi-
schen Familie: zwei Schwestern waren im Irrenhaus, ein Bruder hat
Neigung zur Melancholie und nervösen Leiden; er selbst ist seit lange
„nervös". Mit 23 Jahren verheirathet, hat 3 Kinder; gibt an, in
sexueller Beziehung viel, vielleicht zu viel gethan zu haben, hat jedoch
nie unmittelbaren Nachtheil davon bemerkt. War wegen seiner Nervosität öfter im Seebad, mit vorübergehendem Erfolg. Hat sehr viel
Arbeit; täglich mindestens 8 Stunden Comptoir mit zeitweiligem Aufenthalt in dumpfen feuchten Magazinen. Langsame Zunahme aller
nervösen Erscheinungen; seit ca. 4 Wochen besteht folgendes Symptomenbild:

Hochgradige allgemeine Müdigkeit; lebhaftes Müdig-
keitsgefühl des Morgens im Bett; Unfähigkeit lange zu
marschiren, und wenn es geschieht, dann grosse Müdigkeit und lebhaftes Zittern der Beine. Bei mässigen ungewohnten Anstrengungen andern Tags lebhafte Muskelschmerzen (so jüngst
nach ¼ stündigem Schlittschuhlaufen). Kein Schwanken und keine
Unsicherheit beim Gehen; kein Schwindel. Auch etwas Müdigkeit
der Arme, Unsicherheit beim Schreiben.

Keine Schmerzen, kein Taubsein oder Formication in Beinen oder

Armen. Kein Kopfschmerz; nur häufig Druckgefühl am Scheitel.
Intelligenz und Gedächtniss gut; deprimirte, hypochondrische Stimmung. — Hie und da unbehagliches Gefühl im Rücken,
jedoch kein eigentlicher Schmerz. Sehr viel kalte Füsse, was
früher nie der Fall war. Grosse Empfindlichkeit gegen Kälte;
nach ihrer Einwirkung treten leichte ziehende Schmerzen in den Gliedern auf. — Schlaf schlecht; Patient wacht gewöhnlich gegen
3 Uhr auf und wacht dann 2—3 Stunden mit grosser Abgeschlagenheit und Unruhe in den Gliedern.

Blasenfunction ganz normal. — Geschlechtsfunction
in den letzten Wochen deutlich alterirt: grössere sexuelle Erregbarkeit, verfrühte Ejaculation, ungenügende Erection; nach dem Coitus
Ermattungsgefühl, Aufgeregtheit, unruhiger Halbschlummer.

Weinerliche Stimmung; ungewohnte Schreckhaftigkeit und
Verlegenheit; auffallende Unsicherheit, wenn er weiss, dass er beob-
achtet ist. — Oefter Herzklopfen und etwas Kurzathmigkeit beim
Treppensteigen. Appetit und Stuhl gut.

Die objective Untersuchung ergibt: Kräftig aussehender,
wohlgenährter Mann; innere Organe alle gesund. Motilität objectiv
ganz normal. Stehen mit geschlossenen Augen ganz gut. Keine Sensibilitätsstörung. Gehirnnerven alle normal. Leichte Anämie.

Verordnet wurde: Chinin und Eisen; kalte Abreibung am Morgen;
Bewegung im Freien; kräftige Nahrung; Mässigkeit in Arbeit und
Geschlechtsgenuss; später Hochgebirgsaufenthalt.

Nach einem halben Jahr stellte sich Pat. auf dem Rückweg aus
der Schweiz wieder vor: es geht ihm bedeutend besser. Kraft
und Leistungsfähigkeit der Beine, sowie die Frische der Stimmung
haben entschieden zugenommen. Pat. marschirt täglich seine 4—5
Stunden; nur selten tritt dann noch Zittern ein, noch seltener Muskelschmerz. Keine kalten Füsse mehr; Empfindlichkeit gegen Kälte
geringer. Schlaf viel besser, wenn auch noch nicht ganz gut. Geschlechtsfunction noch am wenigsten gebessert. Kopf immer frei.
Stimmung bedeutend besser; keine Weinerlichkeit mehr.

. Nach einem weiteren halben Jahre war der grösste Theil der
krankhaften Symptome geschwunden.

Verlauf. Dauer. Ausgänge. Die Krankheit beginnt meist
ganz allmälig und in schleichender Weise. Doch kommt es auch
vor, dass sie sich ziemlich rasch entwickelt: irgend eine Schädlichkeit, eine starke Anstrengung, ein Excess kann die Krankheit zum
Ausbruch bringen, und sie kann sich dann in wenig Tagen oder
Wochen bis zu einer bestimmten Höhe entwickeln. In solchen mehr
acuten Fällen besteht in den ersten Tagen lebhaftes allgemeines
Krankheitsgefühl, Abgeschlagenheit, Verminderung des Appetits u. dgl.

Gewöhnlich nehmen die Krankheitserscheinungen dann Wochen
und Monate lang allmälig zu und bleiben dann mehr oder weniger
stationär. Grosse Schwankungen, vorübergehende erhebliche Besse-

rung sind selten; häufig dagegen geringere Schwankungen in der
Intensität der Erscheinungen.

Bei passender Behandlung und Lebensweise tritt dann ebenso
allmälig Besserung ein; aber es können Monate und Jahre vergehen, ehe die letzten Spuren des Leidens getilgt erscheinen. Inter-
currente fieberhafte Erkrankungen scheinen manchmal günstig auf
den Verlauf zu wirken und die Wiederherstellung zu beschleunigen.
— Spuren der Krankheit können viele Jahre bestehen. Rückfälle
sind nicht selten und erfolgen oft auf geringe neue Schädlichkeiten.

Ob auch unheilbare Fälle vorkommen und ob die Krankheit
sehr lange Jahre fortbestehen kann, darüber ist meine Erfahrung
noch unzureichend. Jedenfalls aber kommen so schwere Fälle vor,
dass die Kranken ihrem Beruf entsagen, die Geselligkeit meiden und
ein elendes Dasein dahinschleppen müssen.

Es ist mir ebenso zweifelhaft, ob die Krankheit in irgend eine
greifbare chronische Erkrankungsform des R.-M. (Myelitis, Sklerose,
graue Degeneration) übergehen kann. Bisher ist mir dies noch nicht
vorgekommen und ich habe meine Diagnose bisher noch nicht in der
angedeuteten Richtung modificiren müssen. Doch können darüber
nur längere und ausgedehntere Erfahrungen entscheiden.

Ueber das Wesen der Krankheit jetzt schon eine ganz bestimmte Meinung auszusprechen, halte ich für verfrüht. Wir sind
noch viel zu wenig vertraut mit der Pathologie zahlreicher krankhafter Vorgänge im R.-M., als dass jetzt schon ein bestimmter Ausspruch über die eigentliche Grundlage des im Vorstehenden geschilderten Krankheitsbildes gestattet wäre.

Einige Bemerkungen mögen immerhin erlaubt sein!

Mit gutem Grunde kann wohl bei dem geschilderten Symptomencomplex an eine spinale Erkrankung gedacht werden: das gleichzeitige Auftreten der sensiblen und motorischen Beschwerden in
beiden Beinen, die vasomotorischen Störungen, die Rückenschmerzen,
besonders aber die sexuellen Functionsstörungen, die sich wohl am
einfachsten durch gesteigerte Reizbarkeit und Schwäche der Centren
im Lendenmark erklären lassen, sprechen wohl so entschieden für
den spinalen Sitz des Leidens, dass dagegen andere mögliche An-
nahmen (wie z. B. die Annahme einer Affection der Cauda equina)
zurücktreten müssen. Jedenfalls scheint uns die Annahme einer
spinalen Erkrankung zur Zeit die annehmbarste.

Weiterhin kann es sich wohl nur um eine im gewöhnlichen
Sinne functionelle Erkrankung handeln. Dafür sprechen das
Fehlen aller objectiven Störungen, das Fehlen aller Lähmungser-

scheinungen, der in der Regel günstige Verlauf. Unter diesen Umständen kann an eine erhebliche anatomische Veränderung im nervösen oder interstitiellen Gewebe des R.-M. nicht wohl gedacht werden; höchstens wäre vielleicht an Circulationsstörungen, an Hyperämie oder Anämie des R.-M. zu denken. Doch stimmt das schulmässige Bild dieser Krankheitsformen nicht mit dem der Neurasthenia spinalis. Immerhin muss ich zugeben, dass die Annahme einer Anämie des R.-M. für diese Fälle mancherlei Bestechendes hat. Aber es ist vorläufig unmöglich, diese Annahme irgend wie zu beweisen, sie mag deshalb als eine noch offene Frage zur Discussion gestellt bleiben.

Am natürlichsten erscheint es, auf feinere Ernährungsstörungen im R.-M. zu recurriren, die wir ja bei so vielen Krankheiten des Nervensystems vorläufig noch annehmen müssen.

Das Wort „reizbare Schwäche" deckt auch diesen Begriff wohl am besten und es tritt in unserm Krankheitsbilde die Schwäche ganz besonders hervor. Welcher Art die zu Grunde liegenden Ernährungsvorgänge sein mögen, darüber fehlt uns noch jede Kenntniss. Jedenfalls aber glauben wir dieselben mit Recht in das R.-M., besonders den untern Abschnitt desselben, in das Lendenmark verlegen zu dürfen. Am nächsten liegt noch die ganz annehmbare Vorstellung, dass es sich um eine Steigerung und Fixirung der physiologischen „Ermüdung" der nervösen Elemente handle, wie sie ja nach starken und anhaltenden Reizungen immer eintritt. In solchen pathologischen Fällen hätte man sich dann zu denken, dass diese Ermüdung nicht in der raschen und prompten Weise wieder ausgeglichen wird, wie dies unter physiologischen Verhältnissen der Fall zu sein pflegt.

Diagnose.

Entscheidend für die Diagnose ist hauptsächlich das entschiedene Missverhältniss zwischen den lebhaften subjectiven Klagen der Kranken und den fast negativen Resultaten der objectiven Untersuchung. Das Fehlen aller und jeder Motilitäts- und Sensibilitätsstörungen, aller Symptome, welche auf eine anatomische Läsion des R.-M. deuten, muss die Annahme einer rein functionellen Störung nahe legen. Kommt dazu das Vorhandensein allgemeiner nervöser Schwäche, von Schlaflosigkeit, psychischer Reizbarkeit, von neuropathischer Belastung und anderen ätiologischen Momenten (besonders sexuellen Ueberreizungen), so wird diese Annahme erheblich wahrscheinlicher. Immer aber gehört zur Feststellung der Diagnose viel praktische Erfahrung und Sicherheit in der

Untersuchung und nicht selten wird eine längere Beobachtungszeit erforderlich sein, ehe man mit derselben ins Reine kommt.

Einige Anhaltspunkte für die Unterscheidung von den bekannteren Rückenmarkserkrankungen mögen hier Platz finden.

Von beginnender Tabes, mit der sie wohl am häufigsten verwechselt wird, ist die Neurasth. spinal. wohl ziemlich leicht zu unterscheiden. Das Fehlen der lancinirenden Schmerzen, der Parästhesien und Sensibilitätsstörungen, des Gürtelgefühls, des Schwankens bei geschlossenen Augen und im Dunkeln, der motorischen Unsicherheit, der Ataxie wird dazu genügen. Vielleicht gibt auch die Prüfung der Sehnenreflexe einen wichtigen Anhaltspunkt, wenn es sich herausstellen sollte, dass dieselben auch in den frühen Stadien der Tabes schon fehlen.

Von activer Hyperämie des R.-M. kann die spinale Nervenschwäche durch das Fehlen der Schmerzen, der Hauthyperästhesie, der motorischen Reizungserscheinungen und wohl auch durch die lange Dauer des Leidens unterschieden werden. Von der passiven Hyperämie durch das Fehlen der paretischen Erscheinungen, des Gefühls der Schwere in den Beinen und wohl auch durch die ätiologischen Momente.

Von Myelitis incipiens wird die Unterscheidung durch das Fehlen der Parästhesien und Anästhesie, der Parese und Lähmung, der Blasenschwäche u. s. w. möglich sein.

Schwieriger wird manchmal die Unterscheidung von Spinalirritation sein. Wenn man festhält, dass es sich bei dieser mehr um sensible Reizungserscheinungen handelt, dass bei ihr die Rückenschmerzen, die Neuralgien, die Empfindlichkeit der Wirbel u. s. w. im Vordergrunde stehen, während bei der spinalen Schwäche die motorische Leistungsunfähigkeit, die sexuelle Schwäche Gegenstand der Hauptklagen bilden, wird man die richtige Deutung des Einzelfalls meist gewinnen. Dabei muss freilich zugegeben werden, dass es Fälle von zweifelhafter Deutung gibt, die gleichsam in der Mitte zwischen beiden Krankheitsformen stehen, von jeder etwas haben.

Jedenfalls darf man erst nach genauester objectiver Untersuchung und Erwägung aller Umstände und wo möglich nach einige Zeit fortgesetzter Beobachtung der Kranken die Diagnose mit Bestimmtheit stellen.

Es wird dadurch die Prognose in sehr wesentlichem Grade beeinflusst. Dieselbe ist für die Neurasthenia spinalis im Gegensatz zu den im Symptomenbilde einigermassen ähnlichen organischen Erkrankungen des R.-M. eine relativ günstige.

In den meisten Fällen tritt Heilung ein, wenn die Ursachen entfernt werden und ein passendes Verhalten eingehalten wird. Allerdings ist dazu gewöhnlich viel Zeit erforderlich, und die Kranken müssen sich auf Monate und selbst Jahre hinaus manche Entbehrung und Beschränkung des Lebensgenusses auferlegen. Dabei kann die Leistungsfähigkeit derselben, besonders auch die geistige, eine relativ grosse bleiben, vorausgesetzt dass grosse Regelmässigkeit in der Lebensweise eingehalten wird und alle Excesse fern bleiben.

Fast in allen Fällen werden aber die Kranken eine gewisse Einbusse an der früheren Fülle ihrer Gesundheit erlitten haben; sie bleiben für sehr lange Zeit, vielleicht für immer, in der Kategorie der „nervösen" Personen und müssen bei jeder irgend erheblichen neuen Schädlichkeit einen mehr oder weniger weitgehenden Rückfall ihres Leidens befürchten.

Besteht sehr erhebliche hereditäre Belastung, sind ungünstige Aussenverhältnisse, fortwirkende Ursachen vorhanden, so wird dadurch die Prognose natürlich erheblich getrübt. Dann bleibt die Krankheit bestehen, ohne jedoch wie es scheint eine unmittelbare Lebensgefahr zu bedingen. Ueber die Möglichkeit eines Uebergangs in anatomische Läsionen des R.-M. ist ein Urtheil vorläufig noch nicht gestattet.

Therapie.

Hier ist vor allen Dingen der causalen Indication zu genügen: die excessive Inanspruchnahme des Nervensystems muss entschieden vermieden werden, und es ist für die meisten Fälle geradezu nothwendig, für einige Zeit absolute Ruhe in Bezug auf die schädlichen Leistungen eintreten zu lassen. Das wird sich in jedem einzelnen Falle auf Grund der ätiologischen Momente besonders gestalten.

Eine besondere Sorgfalt erfordert dann weiterhin die Regelung der Lebensweise und Diät solcher Kranken. Sie müssen in jeder Beziehung regelmässig und gesundheitsgemäss leben und das mit grosser Ausdauer und Consequenz fortsetzen. Die Kranken sollen wenig und nur zu bestimmten Stunden arbeiten, die Arbeit öfter unterbrechen; sie sollen früh zu Bett gehen und möglichst viel schlafen; sie müssen reichliche und kräftige, leichtverdauliche Nahrung haben, in nicht zu seltenen Mahlzeiten; geistige Getränke sind in mässiger Menge zuträglich; viel Bewegung in freier Luft (doch nicht bis zur Uebermüdung und mit gehöriger Abwechselung: Spazierengehen, Bergsteigen, Schlittschublaufen, Gymnastik u. s. w.) ist unbedingt nöthig; bei sehr erschöpfbaren Kranken auch viel Sitzen

in freier, guter Luft; die Ausübung des Coitus muss möglichst ein-
geschränkt, jedoch in den meisten Fällen nicht ganz oder doch nur
vorübergehend ganz untersagt werden; unbefriedigte sexuelle Aufregungen sind möglichst zu meiden.

Unter den gegen die Krankheit selbst in Anwendung zu brin-
genden Curverfahren scheint mir der Gebrauch einer mässigen, dem
Kräftezustand und der Empfindlichkeit der Kranken wohl angepassten
Kaltwassercur besondere Berücksichtigung zu verdienen. Nasse
Abreibungen mit temperirtem, allmälig kälterem Wasser, Rücken-
waschungen, Fusswaschungen und Sitzbäder sind die geeignetsten
Verfahren und pflegen den Kranken bald mehr Frische und Leistungsfähigkeit zu geben. Douchen und sehr kalte Applicationen dürften
zu vermeiden sein.

Nicht minder wirksam habe ich in vielen Fällen Gebirgsluft
gefunden; ein längerer Aufenthalt im Hochgebirge, auf allmälig
zunehmender Höhe, pflegt solchen Kranken äusserst wohl zu thun
und die Leistungsfähigkeit ihrer unteren Extremitäten rasch wieder
zu erhöhen. Zweckmässig ist es, wo man es haben kann, mit
dieser Luftcur eine mässige Kaltwassercur zu verbinden. — Bei der
Auswahl der geeigneten Orte muss die Höhelage derselben, die
Qualität der Verpflegung und die grössere oder geringere Bequem-
lichkeit der Spaziergänge berücksichtigt werden; an sehr geeigneten
Orten der Art ist in der Schweiz und in Tirol kein Mangel.

Auch dem galvanischen Strom gebührt eine wichtige Stelle
unter den Heilmitteln der spinalen Nervenschwäche; er wird in der
gewöhnlichen Weise am Rücken angewendet (am besten aufsteigend
stabil mit Wechsel der Ansatzstellen, Strom nicht zu stark!) und
kann ausserdem zur directen Behandlung der Beine und eventuell
auch der Genitalien Anwendung finden. Er wird von den meisten
Kranken gut ertragen und fördert die Wiederherstellung.

Von Medicamenten sind fast nur die Eisen- und Chinaprä-
parate im Gebrauch und zu empfehlen; man kann sie in verschiedener Form und Combination geben. — Nützlich ist es manchmal,
dieselben in der von Hammond (siehe den vorigen Abschnitt)
empfohlenen Weise mit kleinen Dosen Nux vomica oder Strychnin
zu verbinden; doch sei man damit vorsichtig. — Je nach Umständen
können auch wohl andere Tonica in Frage kommen.

Nicht selten wird man auch über die Wahl und Anwendbarkeit
von Bädern zu entscheiden haben. Für anämische und herunter-
gekommene Individuen werden die Eisenbäder angezeigt sein;
sehr schonungsbedürftige, gegen Kälte sehr empfindliche Kranke

wird man zunächst besser nach den Thermalsoolen (Rehme. Nauheim u. s. w.) als in eine Kaltwassercur schicken. — Die Seebäder eignen sich als Nachcur für Kranke, die ans kalte Wasser gewohnt sind und gute Verdauung besitzen, ganz vortrefflich.

Unter allen Umständen müssen diese Curen längere Zeit consequent und wiederholt gebraucht werden; denn die Krankheit ist langwierig und pflegt dem ersten Anlauf nicht gleich zu weichen.

Etwaigen symptomatischen Indicationen, wie sie sich aus der Schlaflosigkeit, den Schmerzen, der Spermatorrhöe oder Pollutionen. der Impotenz, den Verdauungsstörungen u. s. w. gelegentlich ergeben, suche man mit den üblichen Mitteln gerecht zu werden.

Druck von J. B. Hirschfeld in Leipzig.